21世纪高等学校计算机
专业实用规划教材

数据库实用教程
（第四版）

◎ 董健全 郑宇 丁宝康 编著

U0289779

清华大学出版社

北京

内 容 简 介

本书是为全国高等院校计算机及相关专业开设数据库课程而精心组织和编写的一本实用教材。本次再版时做了修改和补充。

本书详细地介绍了数据库基本原理、方法和应用技术。内容包括数据库系统结构、关系运算、SQL 语言、规范化设计、实体联系模型、数据库设计全过程、数据库管理机制、分布式数据库、对象关系数据库、面向对象数据库、SQL Server 2016 和 PowerBuilder 2018 应用简介。

本书内容丰富，概念阐述细致清楚，有丰富的例题和习题，便于学生学习。本书的精髓是关系代数、SQL 语言、模式设计、ER 图、对象联系图和 UML 类图等内容。

本书既可作为高等学校有关专业的数据库课程教材，也可作为信息领域科技人员的参考书。

图书在版编目（CIP）数据

数据库实用教程/董健全，郑宇，丁宝康编著. —4 版. —北京：清华大学出版社，2020.7(2024.8重印)
21 世纪高等学校计算机专业实用规划教材
ISBN 978-7-302-55901-6

Ⅰ．①数…　Ⅱ．①董…②郑…③丁…　Ⅲ．①数据库系统—高等学校—教材　Ⅳ．①TP311.13

中国版本图书馆 CIP 数据核字(2020)第 108913 号

责任编辑：陈景辉
封面设计：刘　键
责任校对：焦丽丽
责任印制：沈　露

出版发行：清华大学出版社
　　　网　　址：https://www.tup.com.cn，https://www.wqxuetang.com
　　　地　　址：北京清华大学学研大厦 A 座　　　　　　　邮　　编：100084
　　　社 总 机：010-83470000　　　　　　　　　　　　邮　　购：010-62786544
　　　投稿与读者服务：010-62776969，c-service@tup.tsinghua.edu.cn
　　　质量反馈：010-62772015，zhiliang@tup.tsinghua.edu.cn
　　　课件下载：https://www.tup.com.cn，010-83470236
印 装 者：三河市铭诚印务有限公司
经　　销：全国新华书店
开　　本：185mm×260mm　　印　张：24　　　　　　字　　数：574 千字
版　　次：2001 年 9 月第 1 版　　2020 年 8 月第 4 版　　印　　次：2024 年 8 月第 6 次印刷
印　　数：5101～5600
定　　价：59.90 元

产品编号：083969-01

前　　言

　　"数据库"是普通高校计算机专业和信息管理专业的一门专业基础课。它的主要任务是研究如何存储、使用和管理数据。目的是使学生掌握数据库的基本原理、方法和应用技术,能有效地使用现有的数据库管理系统和软件开发工具,掌握数据库结构的设计和数据库应用系统的开发方式。

　　数据库技术是计算机软件领域的一个重要分支,产生于 20 世纪 60 年代末。多年来,数据库技术得到迅速发展,并已形成较为完整的理论体系和一大批实用系统,同时造就了C. W. Bachman、E. F. Codd 和 J. Gray 三位图灵奖得主。在人类进入 21 世纪知识经济的时候,信息已变为经济发展的战略资源,信息技术已成为社会生产力中重要的组成部分。人们充分认识到,数据库是信息化社会中信息资源管理与开发利用的基础。对于一个国家,数据库的建设规模、使用水平已成为衡量该国信息化程度的重要标志。因此,"数据库"是计算机技术中一门重要的课程。

　　《数据库实用教程(第三版)》一书自 2007 年 11 月出版以来,在计算机界同仁和学生中受到很大的关注。相比于第三版,本书对诸多章节内容和软件版本进行了更新与修订,并对高级技术应用的实例和实例程序的功能进行了补充与拓展。

　　本书详细介绍了数据库技术的基本原理、方法和应用技术,在每章后均配有适量的习题,以加强对数据库基本原理、方法的理解和掌握。

　　全书分为 5 篇共 13 章:基础篇(第 1、2 章)、运算篇(第 3、4 章)、设计篇(第 5~8 章)、发展篇(第 9~11 章)和应用篇(第 12、13 章)。

　　第 1 章介绍数据库技术的由来和发展过程。

　　第 2 章介绍数据库系统的数据模型、体系结构和全局结构等内容。

　　第 3 章介绍关系模型的运算理论:关系代数和关系演算。

　　第 4 章介绍关系数据库标准语言 SQL 的全貌。

　　第 5 章介绍关系数据库的模式设计理论,包括函数依赖、分解特性和范式等内容。

　　第 6 章介绍实体联系模型的基本要素、设计过程,并给出许多实例。

　　第 7 章介绍数据库应用系统设计的全过程,重点在概念设计和逻辑设计。

　　第 8 章介绍数据库的管理机制,包括事务的概念及恢复、并发控制、完整性控制和安全性控制。

　　第 9 章介绍分布式数据库系统的概念、数据存储、模式结构、查询处理。

　　第 10 章介绍对象联系图、对象关系数据库的定义语言和查询语言。

　　第 11 章介绍面向对象数据模型的基本概念、ODMG 标准和 UML 的类图。

　　第 12 章介绍 SQL Server 2016 的基本组成和使用技术。

第 13 章介绍软件开发工具 PowerBuilder 2018 的基本概念和数据库应用开发实例。

全书内容丰富,作者根据多年授课的经验,把全书分成若干板块,建议如下,供教学参考。

(1) 讲授。重点讲授第 1~8 章的内容。其中对于第 3 章中关系演算和第 5 章中理论性较强的内容,可根据情况适当压缩。

(2) 介绍。第 9 章的内容,教师可有针对性地选择某些内容,向学生传授。

(3) 自学。第 10、11 章面向对象数据库内容,教师可作适当引导,让学生自学或作为课外作业,以提高学生的工作能力和研究水平,拓宽知识面。

(4) 实习。第 12、13 章的内容可根据具体实习环境酌情采用,建议用作上机实习验证。

本书第一版组稿时,曾和西安交通大学顾学春教授、中国人民大学信息学院何军教授就全书的结构、取材进行了多次探讨。本书的出版还得到了复旦大学、上海大学、上海(国际)数据库研究中心的支持。姜连生、杨卫稼和陈长洪等老师为本书的出版做了大量工作。在此谨向他们表示衷心感谢。

限于水平,书中欠妥之处,敬请广大读者和专家批评指正。

作 者

2020 年 7 月

目　录

第 1 部分　基　础　篇

第 2 部分 运 算 篇

第 4 部分　发　展　篇

IX

第 5 部分　应　用　篇

第 1 部分
基 础 篇

20 世纪 60 年代末，数据库技术作为数据处理中的一门新技术发展起来，它是计算机软件技术领域的一个重要分支。经过多年发展，形成了较为完整的理论体系和实用技术。

这一部分的第 1 章首先概要介绍了数据管理技术中的人工管理、文件系统和倒排文件系统三个阶段的特点和问题，接着介绍了数据库技术的产生和特点，以及数据库的发展趋向。第 2 章介绍数据库系统的基本概念和基本结构，内容包括数据描述、数据模型、数据库的体系结构、DBMS 的组成及工作原理、DBS 的组成及全局结构。学习这些概念，旨在帮助读者对数据库的概貌有所了解。

第1章 数据库发展史

从 20 世纪 50 年代开始,计算机的应用由科学研究部门逐渐扩展到企业、行政部门。至 20 世纪 60 年代,数据处理已成为计算机的主要应用。数据处理也称为信息处理,是指从某些已知的数据出发,推导加工出一些新的数据。在数据处理中,通常计算比较简单,而数据管理比较复杂。数据管理是指数据的收集、整理、组织、存储、维护、检索、传送等操作,这部分操作是数据处理业务的基本环节,而且也是任何数据处理业务中必不可少的共有部分。本章介绍自从有计算机以来数据管理技术的发展阶段:人工管理阶段、文件系统阶段、倒排文件系统阶段和数据库阶段,以及数据库的发展趋向。

1.1 数据管理技术的发展

计算机的数据处理应用,首先要把大量的数据存放在存储器中。存储器的容量、存储速率直接影响到数据管理技术的发展。1956 年生产的第一台磁盘,其容量仅为 5MB,而目前已超过 TB 级,如表 1.1 所示。

表 1.1　磁盘容量的发展

时间/年	1956	1965	1971	1978	1981	1985	1995	2003	2006	2019
容量	5MB	30MB	100MB	600MB	1.2GB	5GB	10GB	180GB	750GB	14TB

使用计算机以后,数据处理的速度和规模都是手工方式或机械方式无法比拟的,随着数据处理量的增长,产生了数据管理技术。数据管理技术的发展,与计算机硬件(主要是外部存储器)、系统软件及计算机应用的范围有着密切的联系。在数据库阶段之前,数据管理技术的发展经历了人工管理、文件系统和倒排文件系统三个阶段,下面分别介绍。

1.1.1 人工管理阶段

20 世纪 50 年代中期以前,计算机主要用于科学计算,其他工作还没有展开。外部存储器只有磁带、卡片和纸带等,还没有磁盘等直接存储存取设备。软件只有汇编语言,尚无数据管理方面的软件。数据处理的方式基本上是批处理。这个时期的数据管理有下列特点。

(1) 数据不保存在计算机内。计算机主要用于计算,一般不需要长期保存数据。在进行某一课题计算时,将原始数据随程序一起输入内存,运算处理后将结果数据输出。随着计算任务的完成,用户作业退出计算机系统,数据空间随着程序空间一起被释放。

(2) 没有专用的软件对数据进行管理。每个应用程序都要包括存储结构、存取方法、输入输出方式等内容。程序中的存取子程序随着存储结构的改变而改变,因而数据与程序不具有独立性。当存储结构改变时,应用程序必须改变。此时,程序直接面向存储结构,因此数据的逻辑结构与物理结构没有区别。

（3）只有程序(Program)的概念,没有文件(File)的概念。数据的组织方式必须由程序员自行设计与安排。

（4）数据面向程序,即一组数据对应一个程序。

1.1.2 文件系统阶段

20世纪50年代后期至60年代中期,计算机不仅用于科学计算,还用于信息管理。随着数据量的增加,数据的存储、检索和维护已成为紧迫的需要,数据结构和数据管理技术迅速发展起来。此时,外部存储器已有磁盘、磁鼓等直接存储存取设备。软件领域出现了高级语言和操作系统。操作系统中的文件系统是专门管理外存的数据管理软件。数据处理的方式有批处理,也有联机实时处理。

这一阶段的数据管理有以下特点。

（1）数据以文件形式可以长期保存在外部存储器的磁盘上。由于计算机的应用转向信息管理,因此对文件要进行大量的查询、修改和插入等操作。

（2）数据的逻辑结构与物理结构有了区别,但比较简单。程序与数据之间具有"设备独立性",即程序只需用文件名就可与数据打交道,而不必关心数据的物理位置。由操作系统的文件系统提供存取方法(读/写)。

（3）文件组织已多样化。有索引文件、链接文件和直接存取文件等,但文件之间相互独立、缺乏联系。数据之间的联系要通过程序去构造。

（4）数据不再属于某个特定的程序,可以重复使用,即数据面向应用。但是文件结构的设计仍然是基于特定的用途,程序基于特定的物理结构和存取方法,因此程序与数据结构之间的依赖关系并未从根本上得到改变。

在文件系统阶段,由于具有设备独立性,当改变存储设备时,不必改变应用程序,但这只是初级的数据管理。在修改数据的物理结构时,仍然需要修改用户的应用程序,即应用程序具有"程序-数据依赖"性。有关物理表示的知识和访问技术将直接地体现在应用程序的代码中。

（5）对数据的操作以记录为单位。这是由于文件中只存储数据,不存储文件记录的结构描述信息。文件的建立、存取、查询、插入、删除、修改等所有操作,都要用程序来实现。

文件系统阶段是数据管理技术发展中的一个重要阶段。在这一阶段中,得到充分发展的数据结构和算法丰富了计算机科学,为数据管理技术的进一步发展打下了基础。至今,它仍是计算机软件科学的重要基础。

随着数据管理规模的扩大,数据量急剧增加,文件系统显露出三个缺陷。

（1）数据冗余(Redundancy)。由于文件之间缺乏联系,造成每个应用程序都有对应的文件,有可能同样的数据在多个文件中重复存储。

（2）不一致性(Inconsistency)。这往往是由数据冗余造成的。在进行更新操作时,稍不谨慎,就可能使同样的数据在不同的文件中不一样。

（3）数据联系弱(Poor Data Relationship)。这是由于文件之间相互独立,缺乏联系造成的。

【例 1.1】 某单位添置了一台计算机,各部门纷纷在计算机中建立了文件。例如,建立了职工档案文件、职工工资文件和职工保健文件。每一职工的电话号码在三个文件中重复出现。这就是"数据冗余"。如果某职工的电话号码要修改,就要修改三个文件中的数据,否则会引起同一数据在三个文件中不一样。产生上述问题的原因是三个文件中的数据之间没有联系。这种情况如图 1.1(a)所示。

如果在职工档案文件中存放电话号码值,而在另外文件中不存放电话号码值,而将存放档案文件中电话号码值的位置作为"指针",这种情况如图 1.1(b)所示。这样就能消除文件系统中的三个缺陷。此时电话号码不重复存储,只存储在档案文件中,而其他两个文件中的值为指针。修改时只需修改档案文件中的电话号码,而其他两个文件的值为指针值不必修改,这样就不会产生不一致的现象。三个文件中的数据通过指针,加强了联系。这种存储结构就进入了数据库方式。

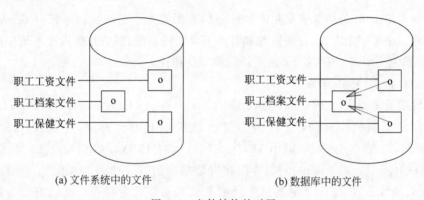

(a) 文件系统中的文件　　　　　　　　　　(b) 数据库中的文件

图 1.1　文件结构的对照

1.1.3　倒排文件系统阶段

在 20 世纪 60 年代中期,数据管理规模一再扩大,数据量急剧增加。为了提高系统性能,人们开始时只是对文件系统加以扩充,研制成倒排文件系统。倒排文件(Inverted File)是索引文件的推广。它对每个字段都提供单独的索引,这就使用户不仅能用关键码,而且也能按字段的任何组合较容易地检索记录。因此,这些文件很适合于信息检索系统,但是,它们的存储是相当昂贵的,因为这些索引可能比数据占有更多的存储空间。由于一个数据记录的任何变化会影响到一个或多个索引,因此数据的更新比较复杂和困难。

20 世纪 60 年代中期出现的许多系统(Database 或 Databank)还不能真正地称为数据库系统,实际上它们都是倒排文件系统。在数据库产生之前,倒排文件系统在当时的商务处理中起到了很大的作用。

1.2　数据库技术的产生和发展

1.2.1　数据库技术的产生

20 世纪 60 年代中期,数据管理技术处于文件系统和倒排文件系统阶段,满足不了当时计算机应用的需求。1963 年，美国 Honeywell 公司的数据存储系统（Integrated Data Store,IDS）投入运行。1965 年，美国一家火箭公司利用这个系统帮助设计了阿波罗登月火箭，推动了数据库技术的产生。许多厂商和组织也都投入新的数据管理技术的研究和开发中。此时，磁盘技术也取得重要进展，大容量和快速存取的磁盘陆续进入市场，成本也不高，这就为数据库技术的产生提供了良好的物质条件。

数据管理技术进入数据库阶段的标志是 20 世纪 60 年代末的三件大事：IMS 系统、DBTG 报告和 E. F. Codd 的文章。

1. IMS 系统（1968 年）

IBM 公司研制的 IMS（Information Management System）系统是一个典型的层次数据库系统。1968 年研制成功了 IMS/1，在 IBM360/370 机上投入运行，1969 年 9 月投入市场。后又于 1974 年推出 IMS/VS（Virtual System）版本，在操作系统 OS/VS 的支持下运行。

IMS 原本是 IBM 公司为满足阿波罗计划的数据库要求而与美国洛氏（Rockwell）公司一起开发的。这是一个庞大、花费资源和有点不灵巧的系统，但它是数据库系统中第一个商用产品，20 世纪 70 年代在商业、金融系统得到广泛应用。

2. DBTG 报告（1969 年）

美国数据系统语言协会（Conference On Data Systems Languages,CODASYL）是由用户和厂商自发组织的团体，成立于 1959 年。该组织有两大贡献，一是在 1960 年提出 COBOL 语言，二是在 1969 年提出 DBTG 报告。CODASYL 组织在 1967 年成立一个 DBTG（Data Base Task Group）小组，专门研究数据库语言。1969 年 DBTG 小组提出一份报告，即著名的"DBTG 报告"，在 1971 年 4 月正式通过了此份报告。这份报告为数据库和数据操作的环境建立了标准的规范。

以后，根据 DBTG 报告实现的系统一般称为 DBTG 系统（或 CODASYL 系统），它是一种网状数据库系统。现有的网状系统不少是采用 DBTG 方案的，例如 IDMS、IDS Ⅱ、DMS1100、TOTAL、IMAGE 等。DBTG 系统在 20 世纪 70 年代至 80 年代中期得到了广泛的、卓有成效的应用。

3. E. F. Codd 的文章（1970 年）

第一次提出关系模型的文章是 E. F. Codd 于 1970 年在美国计算机学会通信杂志（CACM）发表的 *A Relation Model of Date for Large Shared Data Banks* 一文。至今，它仍值得人们再次阅读，关系数据库的许多概念都是这篇文章思想的继承和发展。这篇文章奠定了关系数据库的理论基础，使关系数据库从一开始就建立在集合论和谓词演算的基础上。由于关系模型极其简单，它完全能为任何数据库系统提供统一的结构。交给用户用来设计数据库的逻辑结构只有一种——二维表，用户不必涉及链接、树、图、索引等方面的复杂事情。

由于关系数据库的语言属于非过程性语言，在当时条件下，效率偏低，因此 20 世纪 70 年代还处于实验阶段。20 世纪 80 年代，随着硬件性能的改善和系统性能的提高，关系数据库产品逐步投入市场，并逐步取代层次、网状产品，成为主流产品。目前成功的产品有 DB2、Sybase、Oracle、SQL Server 和 Informix 等。

1.2.2　数据库阶段的特点

数据库系统克服了文件系统的缺陷,提供了对数据更高级、更有效的管理。概括起来,数据库阶段的数据管理具有以下特点。

(1) 采用数据模型表示复杂的数据结构。数据模型不仅描述数据本身的特征,还要描述数据之间的联系。这种联系通过存取路径实现。通过所有存取路径表示自然的数据联系是数据库系统与传统文件系统的根本区别。这样,数据不再面向特定的某个或多个应用,而是面向整个应用系统。数据冗余明显减少,实现了数据共享。

(2) 有较高的数据独立性。数据的逻辑结构与物理结构之间的差别可以很大。用户以简单的逻辑结构操作数据而无须考虑数据的物理结构。数据库系统的结构分为用户的局部逻辑结构、数据库的整体逻辑结构和数据库的物理结构三级,如图 1.2 所示。用户(应用程序或终端用户)的数据和外存中的数据之间的转换由数据库管理系统实现。

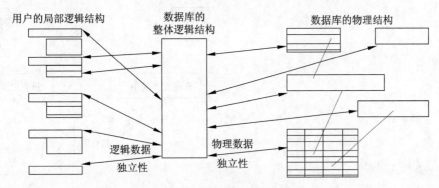

图 1.2　数据库系统的结构

数据独立性是指应用程序与数据库的数据结构之间相互独立。在物理结构改变时,尽量不影响整体逻辑结构、用户的逻辑结构以及应用程序,这样就认为数据库达到了物理数据独立性。在整体逻辑结构改变时,尽量不影响用户的逻辑结构以及应用程序,这样就认为数据库达到了逻辑数据独立性。

(3) 数据库系统为用户提供了方便的用户接口。用户可以使用查询语言或终端命令操作数据库,也可以用程序方式(如用 COBOL、C 一类高级语言和数据库语言联合编制的程序)操作数据库。

(4) 数据库系统提供以下四方面的数据控制功能。

① 数据库的并发控制:对程序的并发操作加以控制,防止数据库被破坏,杜绝向用户提供不正确的数据。

② 数据库的恢复:在数据库被破坏或数据不可靠时,系统有能力把数据库恢复到最近某个正确的状态。

③ 数据的完整性:保证数据库中数据始终是正确的。

④ 数据的安全性:保证数据的安全,防止数据丢失或被窃取、破坏。

(5) 增加了系统的灵活性。对数据的操作不一定以记录为单位,还可以以数据项为单位。

上述五个方面构成了数据库系统的主要特征。这个阶段的程序和数据之间的联系通过数据库管理系统(DBMS)实现,如图 1.3 所示。

8

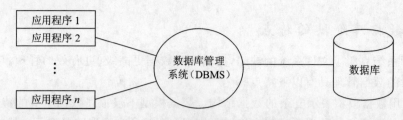

图 1.3 程序和数据之间的联系

从文件系统发展到数据库系统是信息处理领域的一个重大变化。在文件系统阶段,信息处理的传统方式如图 1.4(a)所示。人们关注的中心问题是系统功能的设计,因而程序设计处于主导地位,数据只起着满足程序设计需要的作用;而在数据库方式下,信息处理的传统方式已被如图 1.4(b)所示的新体系所取代,数据占据了中心位置。数据结构的设计成为信息系统首先关心的问题,而利用这些数据的应用程序设计则退居到以既定的数据结构为基础的外围地位。

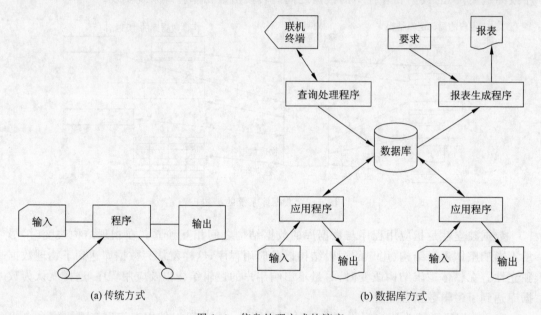

(a) 传统方式   (b) 数据库方式

图 1.4 信息处理方式的演变

目前世界上已有数以百万计的数据库系统在运行,其应用已深入人类社会生活的各个领域,如从企业管理、银行业务、资源分配、经济预测一直到信息检索、档案管理、普查、统计等,并在通信网络基础上建立了许多国际性的联机检索系统。20 世纪 90 年代初,我国在全国范围内装备了 12 个以数据库技术为基础的大型计算机系统,这些系统分布在邮电、银行、电力、铁路、气象、民航、情报、公安、军事、航天和财税等行业。现在几乎各行各业都普遍建立了以数据库为核心的信息系统。

1.2.3 数据库技术的术语

在数据库应用中,常用到 DB、DBMS、数据库技术、DBS 等术语,形式定义如下。

定义 1.1 数据库(Database,DB)。

DB 是长期存储在计算机内,有组织的、统一管理的相关数据的集合。DB 能为各种用户共享,具有较小冗余度、数据间联系紧密而又有较高的数据独立性等特点。

定义 1.2 数据库管理系统(Database Management System,DBMS)。

DBMS 是位于用户与操作系统(OS)之间的一层数据管理软件,如图 1.5 所示。它为用户或应用程序提供访问 DB 的方法,包括 DB 的建立、查询、更新及各种数据控制。

DBMS 总是基于某种数据模型,可以分为层次型、网状型、关系型和面向对象型等。

定义 1.3 数据库技术。

数据库技术是研究数据库的结构、存储、设计、管理和使用的一门软件学科。

数据库技术是在操作系统的文件系统的基础上发展起来的,而且 DBMS 本身要在操作系统支持下才能工作。数据库与数据结构之间的联系也很密切,数据库技术不仅要用到数据结构中链表、树、图等知识,而且还丰

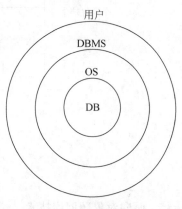

图 1.5　系统层次图

富了数据结构的内容。应用程序是使用数据库系统最基本的方式,因为系统中大量的应用程序都是用高级语言(例如 COBOL、C 等)加上数据库的操纵语言联合编制的。集合论、数理逻辑是关系数据库的理论基础,很多概念、术语、思想都直接用到关系数据库中。因此,数据库技术是一门综合性较强的学科。

定义 1.4 数据库系统(Database System,DBS)。

DBS 是能实现有组织地、动态地存储大量关联数据,方便多用户访问的,由计算机硬件、软件和数据资源组成的系统,即它是采用数据库技术的计算机系统。

1.2.4　数据库技术的发展

20 世纪 70 年代,层次型、网状型、关系型这三大数据库管理系统奠定了数据库技术的概念、原理和方法。20 世纪 80 年代起,数据库技术不断地与其他计算机分支结合,向更高一级的数据库技术发展。高级数据库技术有以下一些分支。

1. 分布式数据库技术

在这一阶段以前的数据库系统是集中式的。在文件系统阶段,数据分散在各个文件中,文件之间缺乏联系。集中式数据库把数据集中在一个数据库中进行集中管理,减少了数据冗余和不一致性,而且数据联系比文件系统强得多。但集中式系统也有弱点:一是随着数据量增加,系统相当庞大,操作复杂、开销大;二是数据集中存储,大量的通信都要通过主机,造成拥挤。随着小型计算机和微型计算机的普及和计算机网络软件和远程通信的发展,分布式数据库系统崛起了。

分布式数据库系统主要有下面三个特点。

(1) 数据库的数据物理上分布在各个场地,但逻辑上是一个整体。

(2) 每个场地既可以执行局部应用(访问本地 DB),也可以执行全局应用(访问异地 DB)。

(3) 各地的计算机由数据通信网络相连接。本地计算机不能单独胜任的处理任务,可以通过通信网络取得其他 DB 和计算机的支持。

分布式数据库系统兼顾了集中管理和分布处理两个方面,因而有良好的性能,具体结构

如图1.6所示。

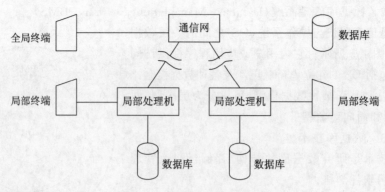

图1.6　分布式数据库系统

2. 面向对象数据库技术

在数据处理领域,关系数据库的使用已相当普遍、相当出色。但是现实中存在着许多具有更复杂数据结构的实际应用领域,已有的层次型、网状型、关系型三种数据模型对这些应用领域都显得力不从心。例如多媒体数据、多维表格数据、CAD数据等应用问题,需要更高级的数据库技术来表达,以便于管理、构造与维护大容量的持久数据,并使它们能与大型复杂程序紧密结合。而面向对象数据库正是适应这种形势发展起来的,它是面向对象的程序设计技术与数据库技术结合的产物。

面向对象数据库系统主要有以下两个特点。

(1) 面向对象数据模型能完整地描述现实世界的数据结构,能表达数据间嵌套、递归的联系。

(2) 具有面向对象技术的封装性(把数据与操作定义在一起)和继承性(继承数据结构和操作)的特点,提高了软件的可重用性。

3. 数据仓库

数据库系统是为了事务处理需求而设计和建立的,是成熟的信息基础设施,但它不能很好地支持决策分析。企业或组织的决策者在做出决策时,需要综合分析公司中各部门的大量数据,不仅需要访问当前数据,可能还需要访问历史数据,这些数据有可能在不同的位置,甚至由不同的系统管理。数据仓库可以满足这类分析的需要,它将来自多个数据源的历史数据和当前数据按照决策主题进行集成,扩展了DBMS技术,提供了对决策的支持。

数据仓库20世纪90年代初由美国著名信息工程专家William Inmon博士提出,他认为:"一个数据仓库通常是一个面向主题的、集成的、时变的、非易失的数据集合。"

数据仓库的最终目的是将企业范围内的全体数据集成到一个数据仓库中,用户可以方便地从中进行信息查询、产生报表和数据分析等。它是一个由决策支撑的环境,数据仓库的成功实现具有能提高企业决策能力、提高企业竞争优势、提高投资回报率等益处。

4. 云数据库

云计算是当前信息领域的热点,是分布式计算、并行计算、效用计算、网络存储、虚拟化等传统计算机和网络技术融合的产物。

按美国国家标准与技术研究院(NIST)的定义,云计算是一种按使用量付费的模式,这种模式提供可用的、便捷的、按需的网络访问，进入可配置的计算资源共享池(资源包括网络、服务器、存储、应用软件、服务)，这些资源能够被快速地提供，只需投入很少的管理工作，或与服务供应商进行很少的交流。

云环境下的数据库可以看作是云计算的一种运用，数据库即服务。云数据库是指被优化或部署到一个虚拟计算环境中的数据库，可以实现按需付费、按需扩展、高可用性以及存储整合等优势。

云数据库具有实例创建快速、支持只读实例、故障自动切换、数据备份、Binlog 备份、访问白名单、监控与消息通知等特性。

目前，比较著名的云数据库有 Amazon AWS、Microsoft SQL Azure、Google Cloud SQL、Twitter 和 Facebook 的 Cassandra 等。国内的阿里云、百度云、腾讯云、华为云也提供了云数据库服务。

5. 大数据

麦肯锡全球研究所对大数据给出的定义：一种规模大到在获取、存储、管理、分析方面大大超出了传统数据库软件工具能力范围的数据集合，具有海量的数据规模、快速的数据流转、多样的数据类型和价值密度低四大特征。IBM 给出了大数据的五个特点：Volume(大量)、Velocity(高速)、Variety(多样)、Value(低价值密度)、Veracity(真实性)。

从技术上看，大数据与云计算密不可分。大数据必然无法用单台的计算机进行处理，必须采用分布式架构。它的特色在于对海量数据进行分布式数据挖掘，但它必须依托云计算的分布式处理、分布式数据库和云存储、虚拟化技术。

6. 其他新型的数据库技术

数据库技术是计算机软件领域的一个重要分支，经过多年发展，已形成具有相当规模的理论体系和实用技术。目前，数据库技术的研究并没有停滞，仍在不断发展，并出现许多新的分支。如：演绎数据库、主动数据库、基于逻辑的数据库、时态数据库、模糊数据库、模糊演绎数据库、并行数据库、多媒体数据库、内存数据库、联邦数据库、工作流数据库、工程数据库及地理数据库等。

1.2.5 数据库技术的新特性和发展趋势

1. 商业智能成为重点

随着市场竞争的愈发激烈，企业需要不断更新和改善内部的信息管理与信息系统。从企业海量数据中获取有价值的信息，并为企业经营和管理提供依据，成为数据库技术商的核心。各数据库企业为提高市场占有率，大力宣传其商业智能的特点。如何实现数据库的商业智能化，成为数据库技术发展的一个重要方向。

2. 数据集成和数据仓库将向内容管理过渡

新一代数据库的出现，使得数据集成和数据仓库的实施更加简单，连续处理、准实时处理和小范围数据处理都将成为数据集成和分析人员所面临的新问题。另外，随着数据应用逐步过渡到数据服务，还会着重处理三个问题：关系型与非关系型数据的融合、数据分类、国际化多语言数据。

3. 主数据管理

在企业内部的应用整合和系统互联中，许多企业具有相同业务语义的数据被反复定义和存储,导致数据本身成为信息技术环境发展的障碍,为了有效地使用和管理这些数据,主数据管理将成为一个新的热点。

4. 时序数据库正在崛起

随着物联网的发展,传感器等产生了大量的数据,而这些数据往往都是以时间为顺序,在其他一些应用场景,如金融领域的股票交易、汇率等以及 DeVops 的监控数据,都是属于时序数据。

基于这些场景产生了时序数据库的概念,时序数据库可以对时间属性进行特殊的索引,实现数据的快速查询以及更高的压缩,如 InfluxDB 项目。InfluxDB 是一个使用 Go 语言开发的分布式时序、时间和指标数据库,无须外部依赖,特别适用于处理和分析资源监控数据。

5. 移动数据管理

越来越多的人拥有平板电脑、笔记本电脑或者智能手机,这些移动计算机都将装配无线联网设备,用户不再需要固定地连接在某一个固定的网络中,而是可以携带移动设备自由地移动。这样的计算环境称为移动计算(Mobile Computing)。研究移动计算环境中的数据管理技术,已成为目前分布式数据库研究的一个新的方向,即移动数据库技术。与基于固定网络的传统分布计算环境相比,移动计算环境具有以下特点:移动性、频繁断接性、带宽多样性、网络通信的非对称性、移动计算机的电源能力、可靠性要求较低和可伸缩性等。

小　结

本章先介绍数据管理技术中的人工管理、文件系统和倒排文件系统三个阶段的特点,同时指出文件系统的三个缺陷:数据的冗余、不一致性和联系弱。

接着介绍数据库技术的产生及特点。数据库管理技术从产生开始沿着层次型、网状型、关系型三个分支发展。数据库设计的一个重要目标是数据独立性,也就是应该使应用程序和数据库的数据结构之间相互独立,不受影响。目前,数据库技术在理论和应用上都已相当成熟。

在新的应用领域面前,传统的数据库技术显得不能胜任,因此数据库技术不断地与信息技术的其他分支相结合。数据库技术与网络技术相结合产生了分布式数据库技术;数据库技术与面向对象技术相结合产生了面向对象数据库。至今,数据库技术仍在不断发展中。

习　题　1

1. 人工管理阶段的数据管理有哪些特点?
2. 文件系统阶段的数据管理有哪些特点?
3. 文件系统阶段的数据管理有些什么缺陷?试举例说明。
4. 数据管理的数据库阶段产生的标志是哪三件事情?
5. 数据库阶段的数据管理有哪些特色?
6. 什么是数据独立性?在数据库中有哪两级独立性?
7. 试解释 DB、DBMS 和 DBS 三个概念。
8. 分布式数据库系统有哪些特点?
9. 面向对象数据库系统有哪些特点?

第 2 章　　数据库系统结构

本章介绍数据库技术中的基本概念和数据库系统的基本结构,内容包括数据描述、数据模型、数据库的体系结构、数据库管理系统。

2.1　数据描述

在数据处理中,数据描述将涉及不同的范畴。从事物的特性到计算机中的具体表示,实际上经历了三个阶段——概念设计中的数据描述、逻辑设计中的数据描述和物理存储介质中的数据描述。本节先介绍这三个阶段的数据描述,再介绍数据之间的联系该如何描述。

2.1.1　概念设计中的数据描述

数据库的概念设计是根据用户的需求设计数据库的概念结构。这一阶段用到下列四个术语。

(1) 实体(Entity):客观存在、可以相互区别的事物称为实体。实体可以是具体的对象,例如一名男学生,一辆汽车等;也可以是抽象的对象,例如一次借书,一场足球比赛等。

(2) 实体集(Entity Set):性质相同的同类实体的集合,称为实体集。例如所有的男学生,全国足球锦标赛的所有比赛等。

(3) 属性(Attribute):实体有很多特性,每一个特性称为属性。每一个属性有一个值域,其类型可以是整数型、实数型、字符串型等。例如学生有学号、姓名、年龄、性别等属性。

(4) 实体标识符(Identifier):能唯一标识实体的属性或属性集,称为实体标识符。有时也称为关键码(Key),或简称为键。例如学生的学号可以作为学生实体的标识符。

2.1.2　逻辑设计中的数据描述

数据库的逻辑设计是根据概念设计得到的概念结构来设计的数据库逻辑结构,即表达方式和实现方法。有许多不同的实现方法,因此逻辑设计中有许多套术语,下面列举最常用的一套术语。

(1) 字段(Field):标记实体属性的命名单位称为字段或数据项。它是可以命名的最小信息单位,所以又称为数据元素或初等项。字段的命名往往和属性名相同。例如学生有学号、姓名、年龄、性别等字段。

(2) 记录(Record):字段的有序集合称为记录。一般用一个记录描述一个实体,所以记录又可以定义为能完整地描述一个实体的字段集。例如一个学生记录,由有序的字段集组成:学号、姓名、年龄、性别。

（3）文件（File）：同一类记录的集合称为文件。文件是用来描述实体集的。例如所有的学生记录组成了一个学生文件。

（4）关键码（Key）：能唯一确定文件中每个记录的字段或字段集，称为记录的关键码（简称为键）。

概念设计和逻辑设计中两套术语的对应关系如表 2.1 所示。

表 2.1　术语的对应关系

概 念 设 计	对 应 关 系	逻 辑 设 计	概 念 设 计	对 应 关 系	逻 辑 设 计
实体	……↔	记录	实体集	……↔	文件
属性	……↔	字段（数据项）	实体标识符	……↔	关键码

在数据库技术中，每个概念都有类型（Type）和值（Value）之区分。例如，"学生"是一个实体类型，而具体的人"张三""李四"是实体值。记录也有记录类型和记录值之分。

类型是概念的内涵，而值是概念的外延。在不会引起误解时，不会仔细区分类型和值，例如将二者笼统地称为"记录"。

数据描述有两种形式：物理描述和逻辑描述。物理数据描述是指数据在存储设备上的存储方式的描述，物理数据是实际存放在存储设备上的数据，例如物理联系、物理结构、物理文件、物理记录等术语都是用来描述存储数据细节的。逻辑数据描述指程序员或用户用以操作的数据形式的描述，是抽象的概念化数据，例如逻辑联系、逻辑结构、逻辑文件、逻辑记录等术语都是用户观点的数据描述。

在数据库系统中，逻辑数据与物理数据之间可以差别很大。数据管理软件的功能之一，就是要把逻辑数据转换成物理数据，或者把物理数据转换成逻辑数据。

2.1.3　存储介质层次及数据描述

数据库系统的一个目标是使用户能简单、方便、容易地存取数据，不必关心数据库的存储结构和具体实现方式。但为了拓宽知识面，应对基本的存储介质和存储器中的数据描述有所了解。

1. 物理存储介质层次

根据访问数据的速度、成本和可靠性，计算机系统的存储介质可分成以下六类。

（1）高速缓冲存储器（Cache）：Cache 是访问速度最快，也是最昂贵的存储器，容量小，由操作系统直接管理。数据库技术通常不研究 Cache 的存储管理。

（2）主存储器（Main Memory）：又称为内存。机器指令可以直接对内存中的数据进行修改。但致命的一点是，在断电或系统崩溃时，内存数据会立即全部丢失。

（3）快擦写存储器（Flash Memory）：又称为"电可擦可编程只读存储器"（即 EEPROM），简称为"快闪存"。"快闪存"在掉电后仍能保持数据不丢失，操作速度略低于主存。目前已在小型数据库中广泛应用。

（4）磁盘存储器（Magnetic Disk）：磁盘存储器是以磁盘为存储介质的存储器。能长时间地联机存储数据，并能直接读取数据。在断电或系统崩溃后，数据不会丢失。

（5）光存储器（Optical Storage）：光存储器是"光盘只读存储器"（CD-ROM）。数据以光的形式存储在盘里，然后用一个激光器去读。CD-ROM 制作后，只能读不能写。还有一类"一写多读光盘"(WORM)。

(6) 磁带(Tape Storage)：磁带用于存储复制的数据或归档的数据。在存储器中，磁带价格最便宜，属于"顺序存取存储器"。

存储介质组成了计算机系统的存储层次，如图 2.1 所示，最高一级的高速缓存价格最昂贵，访问速度也最快。自上而下，每位(Bit)数据的成本越来越低，但访问速度越来越慢。图 2.1 中上面两层是计算机系统的基本存储器；中间两层称为"辅助存储器"或"联机存储器"；下面两层称为"第三级存储器"(Tertiary Storage)或"脱机存储器"。

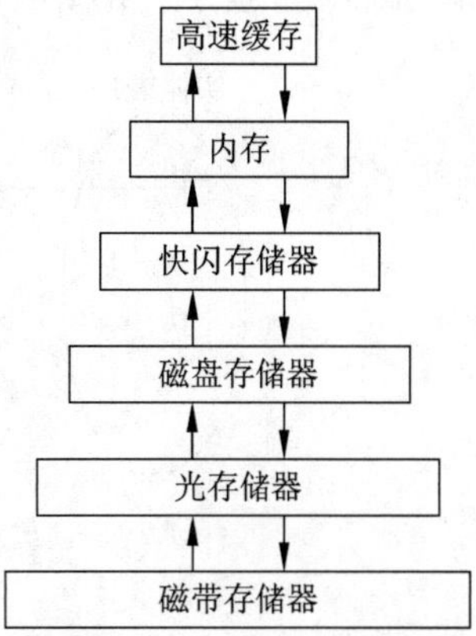

图 2.1 存储介质层次

2. 物理存储中的数据描述

在存储器中用到下列数据描述的术语。

(1) 位(Bit，比特)：一个二进制位称为"位"。一位只能取 0 或 1 两个状态之一。

(2) 字节(Byte)：8 个比特称为一个字节，可以存放一个字符所对应的 ASCII 码。

(3) 字(Word)：若干个字节组成一个字。一个字所含的二进制位的位数称为字长。各种计算机的字长是不一样的，例如有 8 位、16 位、24 位、32 位等等。

(4) 块(Block)：又称为物理块或物理记录。块是内存和外存交换信息的最小单位，每块的大小，通常为 $2^{10} \sim 2^{14}$ 字节。内、外存信息交换是由操作系统的文件系统管理的。

(5) 桶(Bucket)：外存的逻辑单位，一个桶可以包含一个物理块或多个在空间上不一定连续的物理块。

(6) 卷(Volume)：一个输入输出设备所能装载的全部有用信息，称为"卷"。例如磁带机的一盘磁带就是一卷，磁盘的一个盘组也是一卷。

2.1.4 数据联系的描述

现实世界中，事物是相互联系的。这种联系必然要在数据库中有所反映，即实体并不是孤立静止存在的，实体与实体之间有联系。

定义 2.1 联系(Relationship)是实体之间的相互关系。与一个联系有关的实体集个数，称为联系的元数。

例如，联系有一元联系、二元联系、三元联系等。下面先来介绍二元联系。

定义 2.2 二元联系有以下三种类型。

(1) 一对一联系：如果实体集 E1 中每个实体至多和实体集 E2 中的一个实体有联系，反之亦然，那么实体集 E1 和 E2 的联系称为"一对一联系"，记为"1：1"。

(2) 一对多联系：如果实体集 E1 中每个实体可以与实体集 E2 中任意个(零个或多个)实体间有联系，而 E2 中每个实体至多和 E1 中一个实体有联系，那么称 E1 对 E2 的联系是"一对多联系"，记为"1：N"。

(3) 多对多联系：如果实体集 E1 中每个实体可以与实体集 E2 中任意个(零个或多个)实体有联系，反之亦然，那么称 E1 和 E2 的联系是"多对多联系"，记为"M：N"。

【**例 2.1**】 飞机的座位和乘客之间是 1：1 联系，如图 2.2 所示。图中用方框表示实体集。工厂里车间和工人之间是 1：N 联系,如图 2.3 所示。学校里学生和课程之间是 M：N 联系,如图 2.4 所示。在图中,用单箭头指向"一端"的实体集,用双箭头指向"多端"的实体集。

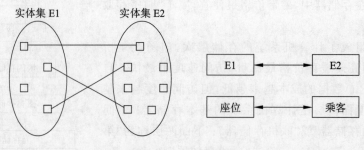

图 2.2 一对一联系

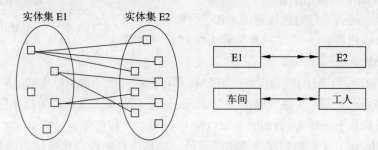

图 2.3 一对多联系

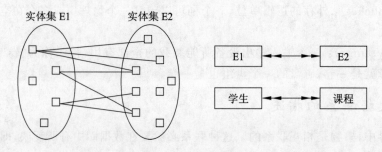

图 2.4 多对多联系

类似地,也可定义三元联系或一元联系。

【例 2.2】 图 2.5 表示三个实体集之间的三元联系,即确定执行某航班班次的飞机和驾驶员。图 2.6 表示一个实体集的实体之间的一元联系,即零件的组合关系,一个零件可以由若干子零件组成,而一个零件又可以是其他零件的子零件。

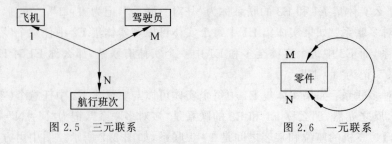

图 2.5 三元联系   图 2.6 一元联系

2.2　数据模型

模型是对现实世界的抽象。在数据库技术中,用模型的概念描述数据库的结构与语义,对现实世界进行抽象。能表示实体类型及实体间联系的模型称为"数据模型"(Data Model)。

数据模型的种类很多,目前被广泛使用的数据模型可分为两种类型,如图 2.7 所示。一种是独立于计算机系统的数据模型,完全不涉及信息在计算机中的表示,只是用来描述某个特定组织所关心的信息结构,这类模型称为"概念数据模型"。概念模型是按用户的观点对数据建模,强调其语义表达能力,概念应该简单、清晰、易于用户理解,它是对现实世界的第一层抽象,是用户和数据库设计人员之间进行交流的工具。这一类模型中最著名的是"实体联系模型"。

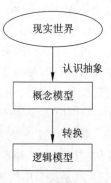

图 2.7　抽象的层次

另一种数据模型是直接面向数据库的逻辑结构,它是对现实世界的第二层抽象。这类模型直接与 DBMS 有关,称为"逻辑数据模型",一般又称为"结构数据模型"。例如层次型、网状型、关系型、面向对象等模型。这类模型有严格的形式化定义,以便于在计算机系统中实现。它通常有一组严格定义的无二义性语法和语义的数据库语言,人们可以用这种语言来定义、操纵数据库中的数据。

结构数据模型有严格的定义,如下所述。

定义 2.3　结构数据模型应包含数据结构、数据操作和数据完整性约束三个部分。

(1) 数据结构是指对实体类型和实体间联系的表达和实现。

(2) 数据操作是指对数据库的检索和更新(包括插入、删除和修改)两类操作。

(3) 数据完整性约束给出数据及其联系应具有的制约和依赖规则。

下面介绍几种主要数据模型的数据结构特性。

2.2.1　实体联系模型

实体联系模型(Entity Relationship Model,ER 模型)是 P. P. Chen 于 1976 年提出的。这个模型直接从现实世界中抽象出实体类型及实体间的联系,然后用实体联系图(ER 图)表示数据模型。设计 ER 图的方法称为 ER 方法。

ER 图是直接表示概念模型的有力工具,在 ER 图中有下面四个基本成分。

(1) 矩形框,表示实体类型(问题的对象)。

(2) 菱形框,表示联系类型(实体间联系)。

(3) 椭圆形框,表示实体类型或联系类型的属性。

相应的命名均记入各种框中。对于键的属性,在属性名下画一条横线。

(4) 连线。实体与属性之间,联系与属性之间用直线连接;联系类型与其涉及的实体类型之间也以直线相连,用来表示它们之间的联系,并在直线端部标注联系的类型(1∶1,1∶N 或 M∶N)。

下面通过例子说明设计 ER 图的过程。

【例 2.3】 为某仓库的管理设计一个 ER 模型。仓库主要管理零件的采购和供应等事项。仓库根据需要向外面供应商订购零件,而许多工程项目需要仓库提供零件。ER 图的建立过程如下所述。

(1) 首先确定实体类型。本问题有三个实体类型:零件(PART)、工程项目(PROJECT)、零件供应商(SUPPLIER)。

(2) 确定联系类型。PROJECT 和 PART 之间是 M:N 联系,PART 和 SUPPLIER 之间也是 M:N 联系,分别命名为 P_P 和 P_S。

(3) 把实体类型和联系类型组合成 ER 图。

(4) 确定实体类型和联系类型的属性。实体类型 PART 的属性有:零件编号(PNO)、零件名称(PNAME)、颜色(COLOR)、重量(WEIGHT)。实体类型 PROJECT 的属性有:项目编号(JNO)、项目名称(JNAME)、项目开工日期(DATE)。实体类型 SUPPLIER 的属性有:供应商编号(SNO)、供应商名称(SNAME)、地址(SADDR)。

联系类型 P_P 的属性是某项目需要某零件的数量(TOTAL)。联系类型 P_S 的属性是某供应商供应某种零件的数量(QUANTITY)。联系类型的数据在数据库技术中称为"相交数据"。联系类型中的属性是实体发生联系时产生的属性,而不应该包括实体的属性或标识符。

(5) 确定实体类型的键,在 ER 图中属于键的属性名下画一条横线。具体的 ER 图如图 2.8 所示。

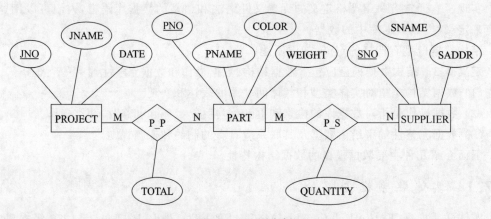

图 2.8　ER 图实例

联系类型也可以发生在三个实体类型之间,也就是三元联系。例如在例 2.3 中,如果规定某个工程项目指定需要某个供应商的零件,那么 ER 图就如图 2.9 所示了。

同一个实体类型的实体之间也可以发生联系,这种联系是一元联系,有时亦称为递归联系。例如零件之间有组合关系,一种零件可以是其他部件的子零件,也可以由其他零件组合而成。这个联系可以用图 2.10 所示。

ER 模型有两个明显的优点:一是简单,容易理解,能真实地反映用户的需求;二是与计算机无关,用户容易接受。因此 ER 模型已成为软件工程的一个重要设计方法。

但是 ER 模型只能说明实体间语义的联系,还不能进一步说明详细的数据结构。在数据库设计时,遇到实际问题总是先设计一个 ER 模型,然后再把 ER 模型转换成计算机能实现的数据模型,例如关系模型。

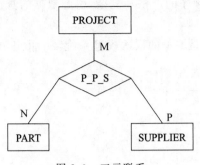

图 2.9　三元联系

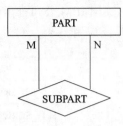

图 2.10　一元联系

2.2.2　层次模型

用树形(层次)结构表示实体类型及实体间联系的数据模型称为层次模型(Hierarchical Model)。树的节点是记录类型,每个非根节点有且只有一个父节点。上一层记录类型和下一层记录类型之间的联系是 1∶N 联系。

【例 2.4】　图 2.8 的 ER 图可以转换成图 2.11 的层次模型。

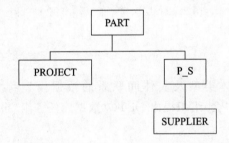

PART（PNO, PNAME, COLOR, WEIGHT）

PROJECT（JNO, JNAME, DATE, PNO, TOTAL）

P_S（PNO, SNO, QUANTITY）

SUPPLIER（SNO, SNAME, SADDR）

图 2.11　层次模型例子

这个模型表示,每种零件(PART)有若干工程项目(PROJECT)需要,而每种零件有若干供应商(SUPPLIER)供应。这里,把 PART 与 PROJECT 间 M∶N 联系转换成只表示其 1∶N 联系,而联系类型 P_P 合并到记录类型 PROJECT 中。PART 与 SUPPLIER 间的 M∶N 联系也只表示出 1∶N 联系,但联系类型 P_S 单独成为一个记录类型。

图 2.12 是这个模型的一个具体实例。

层次模型的特点是记录之间的联系通过指针来实现,查询效率较高。与文件系统的数据管理方式相比,层次模型是一个飞跃,用户和设计者面对的是逻辑数据而不是物理数据,用户不必花费大量的精力考虑数据的物理细节。逻辑数据与物理数据之间的转换由 DBMS 完成。

层次模型有两个缺点,一是只能表示 1∶N 联系,虽然系统有多种辅助手段实现 M∶N 联系,但较复杂,用户不易掌握;二是由于层次顺序的严格和复杂,引起数据的查询和更新操作很复杂,因此应用程序的编写也比较复杂。

1968 年,美国 IBM 公司推出的 IMS 系统是典型的层次模型系统,20 世纪 70 年代在商业上得到了广泛应用。

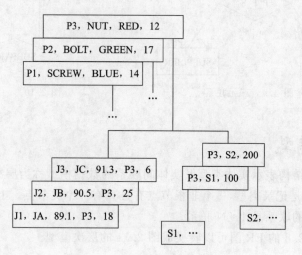

图 2.12　层次模型的具体实例

2.2.3　网状模型

用有向图结构表示实体类型及实体间联系的数据模型称为网状模型。1969 年,CODASYL(数据系统语言协会)组织提出 DBTG(数据库任务组)报告中的数据模型是网状模型的主要代表。

有向图中的节点是记录类型,箭头表示从箭尾处的记录类型到箭头处的记录类型间的联系是 1∶N 联系。

【例 2.5】　图 2.8 的 ER 图可以转换成图 2.13 的网状模型。

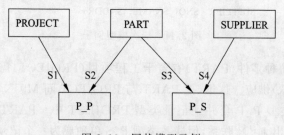

图 2.13　网状模型示例

这张图中有五个节点和四条有向边。ER 图中的实体类型和联系类型都转换成记录类型。每个 M∶N 联系用两个 1∶N 联系实现。例如 PROJECT 和 PART 间的 M∶N 联系用两个联系 S1 和 S2 实现,即 PROJECT 和 P_P 间的 1∶N 联系,PART 和 P_P 间的 1∶N 联系。

这个模型的具体值(局部)如图 2.14 所示。图上只画出 PROJECT、PART 和 P_P 的记录及其联系。假设零件有四种：P1、P2、P3 和 P4，工程项目有三个：J1、J2 和 J3。图中用 P1、P2、P3、P4、J1、J2、J3 等符号直接表示 PART 和 PROJECT 的记录，用"J1 P1 50"表示 P_P 的记录。记录之间的联系用指针表示。

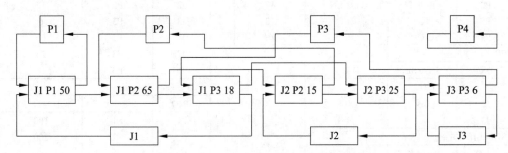

图 2.14　网状模型的实例（局部）

网状模型的特点是记录之间的联系通过指针实现，M∶N 联系也容易实现（一个 M∶N 联系可拆成两个 1∶N 联系），查询效率较高。

网状模型的缺点是数据结构复杂和编程复杂。

网状模型有许多成功的 DBMS 产品，20 世纪 70 年代的 DBMS 产品大部分是网状系统，例如 Honeywell 公司的 IDS/Ⅱ，HP 公司的 IMAGE/3000，Burroughs 公司的 DMSⅡ，Univac 公司的 DMS1100，Cullinet 公司的 IDMS，CINCOM 公司的 TOTAL 等。

由于层次系统和网状系统的天生缺点，因此从 20 世纪 80 年代中期起其市场已被关系模型产品所取代。

2.2.4　关系模型

关系模型（Relational Model）的主要特征是用二维表格表达实体集。与前两种模型相比，数据结构简单，容易让初学者理解。关系模型是由若干关系模式组成的集合。关系模式相当于前面提到的记录类型，它的实例称为关系，每个关系实际上是一张二维表格。

【例 2.6】　图 2.8 的 ER 图可以转换成表 2.2 的关系模型，转换的方法是把 ER 图中的实体类型和 M∶N 的联系类型分别转换成关系模式即可。在属性名下加一横线表示模式的键。联系类型相应的关系模式属性由联系类型属性和与之联系的实体类型的键一起组合而成。关系模型的实例如表 2.2 和图 2.15 所示。

表 2.2　关系模型的实例

关系模式	PART(<u>PNO</u>, PNAME, COLOR, WEIGHT)
关系模式	PROJECT(<u>JNO</u>, JNAME, DATE)
关系模式	SUPPLIER(<u>SNO</u>, SNAME, SADDR)
关系模式	P_P(<u>JNO</u>,<u>PNO</u>, TOTAL)
关系模式	P_S(<u>PNO</u>,<u>SNO</u>, QUANTITY)

在层次和网状模型中联系是用指针实现的，而在关系模型中基本的数据结构是表格，记录之间的联系通过模式的键体现。例如要检索哪些工程项目中使用了（NUT，RED）零件，系统首先在 PART 关系中根据（NUT，RED）值找到记录的键值是 P3；然后在关系 P_P 中查找使用零件 P3 的项目有 J1、J2、J3 三个；最后在关系 PROJECT 中查到 J1、J2、J3 的项目

PART关系

PNO	PNAME	COLOR	WEIGHT
P1	SCREW	BLUE	14
P2	BOLT	GREEN	17
P3	NUT	RED	12
P4	SCREW	RED	19

PROJECT关系

JNO	JNAME	DATE
J1	JA	89.1
J2	JB	90.5
J3	JC	91.3

SUPPLIER关系

SNO	SNAME	SADDR
S1	PICC	SHANGHAI
S2	FADC	BEIJING

P_P关系

JNO	PNO	TOTAL
J1	P1	50
J2	P2	15
J3	P3	6
J1	P2	65
J2	P3	25
J1	P3	18

P_S关系

PNO	SNO	QUANTITY
P1	S1	100
P2	S2	200
P2	S1	150
P3	S2	300
P4	S2	100

图 2.15 关系模型的实例

名分别为 JA、JB 和 JC。这三个模式中键起到了导航数据的作用。

关系模型和层次、网状模型的最大差别是用键而不是用指针导航数据,其表格简单,用户易懂,用户只需用简单的查询语句就可以对数据库进行操作,并不涉及存储结构、访问技术等细节。关系模型是数学化的模型。由于把表格看成一个集合,因此集合论、数理逻辑等知识可引入到关系模型中来。SQL 是关系数据库的代表性语言,已得到广泛的应用。

20 世纪 70 年代对关系数据库的研究主要集中在理论和实验系统的开发方面。20 世纪 80 年代初才形成产品,但很快得到广泛的应用和普及,并最终取代层次、网状数据库产品。典型的关系 DBMS 产品有 DB2、Oracle、Sybase、SQL Server 和微机型产品 FoxPro、Access 等。

2.2.5 面向对象模型

虽然关系模型比层次、网状模型简单灵活,但还不能表达现实世界中存在的许多复杂的数据结构,例如 CAD 数据、图形数据、嵌套递归的数据,它们需要更高级的数据库技术表达这类信息。

面向对象概念最早出现在 1968 年的 Smalltalk 语言中,随后迅速渗透到计算机领域的每一个分支,现已使用在数据库技术中。面向对象数据库是面向对象概念与数据库技术相结合的产物。

面向对象模型(Object-Oriented Model)中基本的概念是对象和类。

1. 对象

对象(Object)是现实世界中实体的模型化,与记录概念相仿,但远比记录复杂。每个对象有一个唯一的标识符,把状态(State)和行为(Behavior)封装(Encapsulate)在一起。其中,对象的状态是该对象属性值的集合,对象的行为是在对象状态上操作的方法集。

2. 类

将属性集和方法集相同的所有对象组合在一起,构成了一个类(Class)。类的属性值域可以是基本数据类型(整型、实型、字符串型),也可以是记录类型和集合类型。也就是,类可以有嵌套结构。系统中所有的类组成了一个有根的有向无环图,叫类层次。

一个类可以从类层次的直接或间接祖先那里继承所有的属性和方法。用这个方法实现了软件的可重用性(Reuse)。

【例2.7】 对于图2.8的ER图,可以设计成图2.16的面向对象模型。模型中有五个类,分别是P_P、P_S、PROJECT、PART、SUPPLIER。其中类P_P的属性PR取值为类PROJECT中的对象(即"嵌套"),属性PA取值为类PART中的对象;类P_S的属性PA取值为类PART中的对象,属性PS取值为类SUPPLIER中的对象,这就充分表达了图2.8中ER图的全部语义。

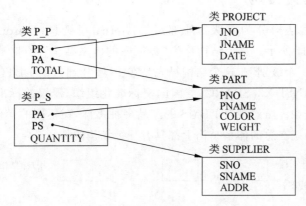

图2.16　面向对象模型的类层次示例

面向对象模型能完整地描述现实世界的数据结构,具有丰富的表达能力,但模型相对比较复杂,涉及的知识比较多,因此面向对象数据库尚未达到关系数据库的普及程度。

2.2.6　半结构化模型

随着互联网的迅速发展,Web上各种半结构化、非结构化数据源已经成为重要的信息来源。所谓半结构化数据是指数据具有一定的结构,但结构不规则、不完整,或者结构是隐含的,如HTML文档,通常把这类数据称为半结构化数据。

半结构化数据模型具有以下特征。

(1)数据结构自描述性。半结构化数据模型的结构与数据相交融,在研究和应用中不需要区分"元数据"和"一般数据"。

(2)数据结构描述的动态性。数据的变化通常会导致结构模式的变化,整体上具有动态可变的结构模式。

(3)数据结构描述的复杂性。结构难以纳入现有的各种描述框架,实际应用中不易进行清晰的理解与把握,但也因此具有更高的灵活性。

XML模型就是一种半结构化数据模型。XML指可扩展标记语言(EXtensible Markup Language)。和关系模型相比,XML数据模型它具有以下特点。

XML数据是分层数据,关系数据用逻辑关系模型表示。

XML数据能够自描述,而关系数据不能。

XML数据具有固定排序,而关系数据没有。

有些关系型数据库管理系统也支持半结构化数据模型。如IBM的DB2从V9开始就支持关系模型和XML模型两种数据模型。SQL Server 2000开始引入对XML的支持,在

数据库系统结构

SQL Server 2005 中进行了增强和扩展,支持 XML 数据模型,并在后续版本中不断增强了对 XML 的支持。

相对于结构化数据,半结构化数据的构成更为复杂和更具不确定性,但也具有更高的灵活性,能够适应更为广泛的应用需求。

2.3　数据库的体系结构

2.3.1　三级模式结构

数据库的体系结构分为三级:外部级(External)、概念级(Conceptual)和内部级(Internal),如图 2.17 所示。这个结构称为"数据库的体系结构",有时亦称为"三级模式结构"或"数据抽象的三个级别"。这个结构早先是在 1971 年通过的 DBTG 报告中提出,后来收集到 1975 年的 ANSI/X3/SPARC(美国国家标准化组织/授权的标准委员会/系统规划与需求委员会)报告中。虽然现在 DBMS 的产品多种多样,在不同的操作系统(OS)支持下工作,但是大多数系统在总的体系结构上都具有三级结构的特征。

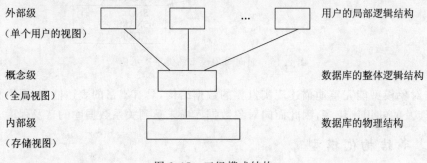

图 2.17　三级模式结构

从某个角度看到的数据特性,称为"数据视图"(Data View)。

外部级最接近用户,是单个用户所能看到的数据特性。单个用户使用的数据视图的描述称为"外模式"。

概念级涉及所有用户的数据定义,也就是全局性的数据视图。全局数据视图的描述称为"概念模式"。

内部级最接近于物理存储设备,涉及物理数据存储的结构。物理存储数据视图的描述称为"内模式"。

数据库的三级模式在 DBTG 报告中分别称为子模式、模式和物理模式。数据的三级抽象术语如表 2.3 所示。

表 2.3　数据抽象的术语

级　别	数 据 模 型	用数据定义语言描述后的称呼	DBTG 报告中的称呼
外部级	外模型	外模式	子模式
概念级	概念模型	概念模式	模式
内部级	内模型	内模式	物理模式

数据库的三级模式结构是对数据的三个抽象级别。它把数据的具体组织留给 DBMS 去做,用户只要抽象地处理数据,而不必关心数据在计算机中的表示和存储,这样就减轻了用户使用系统的负担。

三级结构之间往往差别很大,为了实现这三个抽象级别的联系和转换,DBMS 在三级结构之间提供两个层次的映像(Mapping):外模式/模式映像、模式/内模式映像。这里模式是概念模式的简称。

数据库的三级模式结构,即数据库系统的体系结构如图 2.18 所示。

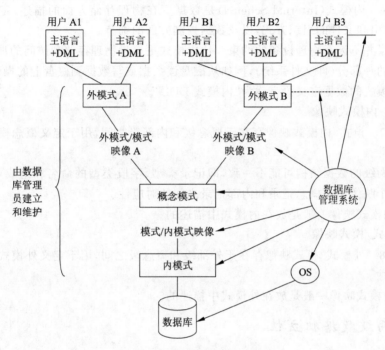

图 2.18 数据库系统的体系结构

2.3.2 三级结构和两级映像

1. 概念模式

定义 2.4 概念模式(Conceptual Schema)是数据库中全部数据的整体逻辑结构的描述。它由若干概念记录类型组成,还包含记录间联系、数据的完整性和安全性等要求。

数据按外模式的描述提供给用户,按内模式的描述存储在磁盘中,而概念模式提供了连接这两级的相对稳定的中间观点,并使得两级中任何一级的改变都不受另一级的牵制。

概念模式必须不涉及存储结构、访问技术等细节。只有这样,概念模式才能达到"物理数据独立性"。

描述概念模式的数据定义语言称为"模式 DDL"(Schema Data Definition Language)。在大多数情况中,概念模式简称为"模式"。

2. 外模式

定义 2.5 外模式(External Schema)是用户与数据库系统的接口,是用户用到的那部分数据的描述。外模式由若干外部记录类型组成。

26

用户使用数据操纵语言(DML)语句对数据库进行操作,实际上是对外模式的外部记录进行操作。例如读一个记录值,实际上用户读到的是一个外部记录值(即逻辑值),而不是数据库的内部记录值。

描述外模式的数据定义语言称为"外模式 DDL"。有了外模式后,程序员不必关心概念模式,只与外模式发生联系,按照外模式的结构存储和操纵数据。实际上,外模式是概念模式的逻辑子集。

3. 内模式

定义 2.6 内模式(Internal Schema)是数据库在物理存储方面的描述,定义所有内部记录类型、索引和文件的组织方式,以及数据控制方面的细节。

内部记录并不涉及物理设备的约束。比内模式更接近物理存储和访问的那些软件机制是操作系统的一部分(即文件系统),例如从磁盘读数据或写数据到磁盘上的操作等。

描述内模式的数据定义语言称为"内模式 DDL"。

4. 模式/内模式映像

定义 2.7 模式/内模式映像存在于概念级和内部级之间,用于定义概念模式和内模式之间的对应性。

由于这两级的数据结构可能不一致,即记录类型、字段类型的命名和组成可能不一样,因此需要这个映像说明概念记录和内部记录之间的对应性。

模式/内模式映像一般是放在内模式中描述的。

5. 外模式/模式映像

定义 2.8 外模式/模式映像存在于外部级和概念级之间,用于定义外模式和概念模式之间的对应性。

外模式/模式映像一般是放在外模式中描述的。

2.3.3 两级数据独立性

由于数据库系统采用三级模式结构,因此系统具有数据独立性的特点。

定义 2.9 数据独立性(Data Independence)是指应用程序和数据库的数据结构之间相互独立,不受影响。

数据独立性分为物理数据独立性和逻辑数据独立性两个级别。

1. 物理数据独立性

如果数据库的内模式要修改,即数据库的物理结构发生变化,那么只要对模式/内模式映像作相应修改,就可以使概念模式尽可能地保持不变。也就是对内模式的修改尽量不影响概念模式,当然对于外模式和应用程序的影响更小,这样,就可以说数据库达到了物理数据独立性(简称物理独立性)。

2. 逻辑数据独立性

如果数据库的概念模式要修改,例如增加记录类型或增加数据项,那么只要对外模式/模式映像作相应修改,就可以使外模式和应用程序尽可能地保持不变。这样,就可以说数据库达到了逻辑数据独立性(简称逻辑独立性)。

2.3.4 用户及用户界面

用户是指使用数据库的应用程序或联机终端用户。编写应用程序的语言可以是

COBOL、PL/1、C、C++、Java 这一类的高级程序设计语言。在数据库技术中,这些语言称为主语言(Host Language)。

DBMS 还提供数据操纵语言(Data Manipulation Language,DML),让用户或程序员使用。DML 可自成系统,在终端上直接对数据库进行操作,这种 DML 称为交互型 DML;也可嵌入在主语言中使用,称为嵌入式 DML,此时主语言是经过扩充能处理 DML 语句的语言。

用户界面是用户和数据库系统之间的一条分界线,在界限下面,用户是不可知的。用户界面定在外部级上,用户对于外模式是可知的。

数据库的三级模式结构是一个理想的结构,使数据库系统达到了高度的数据独立性。但是它给系统增加了额外的开销。首先,要在系统中保存三级结构、两级映像的内容,并进行管理;其次,用户与数据库之间的数据传输要在三级结构中来回转换,增加了时间开销。然而,随着计算机硬件性能的迅速提高和操作系统的不断完善,数据库系统的性能越来越好。在目前现有的 DBMS 商品软件中,不同系统的数据独立性程度是不同的。一般说来,关系数据库系统在支持数据独立性方面优于层次型、网状型系统。

2.4　数据库管理系统

2.4.1　数据库管理系统的工作模式

数据库管理系统(DBMS)是指数据库系统中对数据进行管理的软件系统,它是数据库系统的核心组成部分。对 DB 的一切操作,包括定义、查询、更新及各种控制,都是通过DBMS 进行的。DBMS 的工作模式示意图如图 2.19 所示。

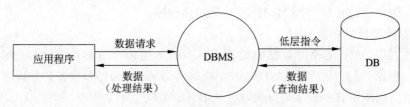

图 2.19　DBMS 的工作模式示意图

DBMS 的工作模式如下所述。

(1) 接收应用程序的数据请求和处理请求。

(2) 将用户的数据请求(高级指令)转换成复杂的机器代码(低层指令)。

(3) 实现对数据库的操作。

(4) 从对数据库的操作中接收查询结果。

(5) 对查询结果进行处理(格式转换)。

(6) 将处理结果返回给用户。

DBMS 总是基于某种数据模型,因此可以把 DBMS 看成是某种数据模型在计算机系统上的具体实现。根据数据模型的不同,DBMS 可以分为层次型、网状型、关系型、面向对象型等。

在不同的计算机系统中,由于缺乏统一的标准,即使同种数据模型的DBMS,在用户接口、系统功能等方面也常常是不相同的。

用户对数据库进行操作,是由DBMS把操作从应用程序带到外部级、概念级,再导向内部级,进而通过OS操纵存储器中的数据。同时,DBMS为应用程序在内存开辟一个DB的系统缓冲区,用于数据的传输和格式的转换。三级结构定义则存放在数据字典中。用户访问数据库的过程示意图如图2.20所示,从中可看出DBMS所起的核心作用。DBMS的主要目标是使数据作为一种可管理的资源来处理。

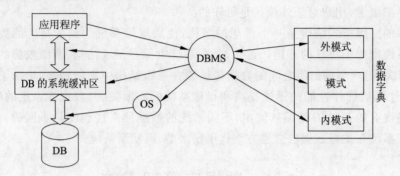

图2.20 用户访问数据库的过程

2.4.2 数据库管理系统的主要功能

DBMS的主要功能有以下五个方面。

1. 数据库的定义功能

DBMS提供DDL定义数据库的三级结构、两级映像,定义数据的完整性约束、保密限制等约束。因此,在DBMS中应包括DDL的编译程序。

2. 数据库的操纵功能

DBMS提供DML实现对数据的操作。基本的数据操作有两类:检索(查询)和更新(包括插入、删除、更新)。因此,在DBMS中应包括DML的编译程序或解释程序。

依照语言的级别,DML又可分为过程性DML和非过程性DML两种。

过程性DML是指用户编程时,不仅需要指出"做什么"(需要什么样的数据),还需要指出"怎么做"(怎样获得这些数据)。

非过程性DML是指用户编程时,只需要指出"做什么",不需要指出"怎么做"。

层次、网状的DML都属于过程性语言,而关系型DML属于非过程性语言。非过程性语言易学,操作方便,深受广大用户欢迎。但非过程性语言增加了系统的开销,一般采用查询优化的技术来弥补。

通常查询语言是指DML中的检索语句部分。

3. 数据库的保护功能

数据库中的数据是信息社会的战略资源,对数据的保护是至关重要的大事。DBMS对数据库的保护通过四个方面实现,因而在DBMS中应包括以下四个子系统。

(1) 数据库的恢复。在数据库被破坏或数据不正确时,系统有能力把数据库恢复到正确的状态。

（2）数据库的并发控制。在多个用户同时对同一个数据进行操作时，系统应能加以控制，防止破坏 DB 中的数据。

（3）数据完整性控制。保证数据库中数据及语义的正确性和有效性，防止任何对数据造成错误的操作。

（4）数据安全性控制。防止未经授权的用户存取数据库中的数据，以免数据的泄露、更改或破坏。

DBMS 的其他保护功能还有系统缓冲区的管理以及数据存储的某些自适应调节机制等。

4. 数据库的维护功能

这部分内容包括数据库的数据载入、转换、转储，数据库的改组以及性能监控等功能。这些功能分别由各个实用程序（Utilities）完成。

5. 数据字典

数据库系统中存放三级结构定义的数据库称为数据字典（Data Dictionary，DD）。对数据库的操作都要通过 DD 才能实现。DD 中还存放数据库运行时的统计信息，例如记录个数、访问次数等。管理 DD 的子系统称为"DD 系统"。

上面是一般的 DBMS 所具备的功能，通常在大、中型计算机上实现的 DBMS 功能较强、较全，在微型计算机上实现的 DBMS 功能较弱。

还应指出，应用程序并不属于 DBMS 的范围。应用程序是用主语言和 DML 编写的。程序中 DML 语句由 DBMS 执行，而其余部分仍由主语言编译程序完成。

2.4.3 数据库管理系统的模块组成

从模块结构来观察，DBMS 由两大部分组成：查询处理器和存储管理器。

（1）查询处理器有四个主要成分：DDL 编译器、DML 编译器、嵌入式 DML 的预编译器及查询运行核心程序。

（2）存储管理器有四个主要成分：权限和完整性管理器、事务管理器、文件管理器及缓冲区管理器。

2.5.2 节将对这部分内容做详细解释。

2.5 数据库系统

本节介绍数据库系统（DBS）的组成、DBS 的全局结构、DBS 结构的分类和 DBS 的效益等四部分内容。

2.5.1 数据库系统的组成

DBS 是采用了数据库技术的计算机系统。DBS 是一个实际可运行的，按照数据库方法存储、维护和向应用系统提供数据支持的系统，它是数据库、硬件、软件和数据库管理员的集合体。

1. 数据库

数据库（DB）是与一个企业组织各项应用有关的全部数据的集合。DB 分为两类：一类是应用数据的集合,称为物理数据库,它是数据库的主体;另一类是各级数据结构的描述,称为描述数据库,由 DD 系统管理。

2. 硬件

这部分内容包括中央处理机、内存、外存、输入输出设备等硬件设备。在 DBS 中特别要关注内存、外存、I/O 存取速度、可支持终端数和性能稳定性等指标,现在还要考虑支持联网的能力和配备必要的后备存储器等因素。此外,还要求系统有较高的通道能力,以提高数据的传输速度。

3. 软件

这部分内容包括 DBMS、OS、各种主语言和应用开发支撑软件等程序。

DBMS 是 DBS 的核心软件,要在 OS 支持下才能工作。

为了开发应用系统,需要各种主语言,这些语言大都属于第三代语言(3GL)范畴,例如 COBOL、C、PL/I 等;有些是属于面向对象程序设计语言,例如 Visual C++、Java 等语言。

应用开发支撑软件是为应用开发人员提供的高效率、多功能的交互式程序设计系统,一般属于第四代语言(4GL)范畴,包括报表生成器、表格系统、图形系统、具有数据库访问和表格 I/O 功能的软件、数据字典系统等。它们为应用程序的开发提供了良好的环境,可使生产率提高 20~100 倍。目前,典型的数据库应用开发工具有 Visual Basic 6.0、PowerBuilder 10.0 和 Delphi 6.0 等系统。

4. 数据库管理员

要想成功地运转数据库,就要在数据处理部门配备管理人员——数据库管理员 (Database Administrator,DBA)。DBA 必须具有下列素质:熟悉企业全部数据的性质和用途;对所有用户的需求有充分的了解;对系统的性能非常熟悉;兼有系统分析员和运筹学专家的品质和知识。DBA 的定义如下所述。

定义 2.10 DBA 是控制数据整体结构的一组人员,负责 DBS 的正常运行,承担创建、监控和维护数据库结构的责任。

DBA 的主要职责有以下六点。

(1) 定义模式。

(2) 定义内模式。

(3) 与用户的联络,包括定义外模式、应用程序的设计、提供技术培训等专业服务。

(4) 定义安全性规则,对用户访问数据库的授权。

(5) 定义完整性规则,监督数据库的运行。

(6) 数据库的转储与恢复工作。

DBA 有两个很重要的工具,一个是一系列的实用程序,例如 DBMS 中的装配、重组、日志、恢复、统计分析等程序;另一个是 DD 系统,管理着三级结构的定义,DBA 可以通过 DD 系统掌握整个系统的工作情况。

由于职责重要和任务复杂,DBA 一般是由业务水平较高、资历较深的人员担任。

2.5.2 数据库系统的全局结构

DBS 的全局结构如图 2.21 所示。这个结构从用户、界面、DBMS 和磁盘四个层次考虑各模块功能之间的联系。实际上,在 DBMS 和磁盘之间还应有一个 OS(操作系统)层次,

OS 提供了 DBS 最基本的服务(读写磁盘)。这里主要考虑 DBMS 的功能,因此把 OS 略去了。下面对图 2.21 做较为详细的解释。

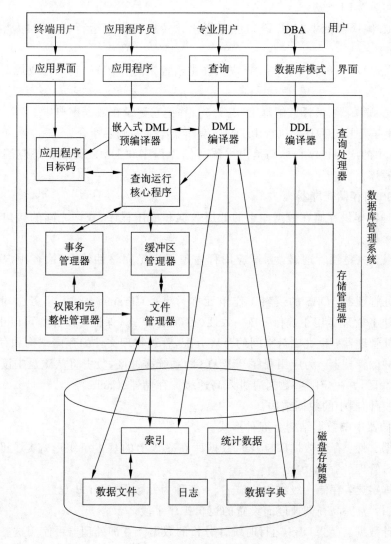

图 2.21 DBS 的全局结构

1. 数据库用户

按照与系统交互方式的不同,数据库用户可分为四类。

(1) DBA:DBA 负责三级结构的定义和修改,DBA 和 DBMS 之间的界面是数据库模式。

(2) 专业用户:指数据库设计中的上层人士(例如系统分析员)。他们使用专用的数据库查询语言操作数据。专业用户和 DBMS 之间的界面是数据库查询。

(3) 应用程序员:指使用主语言和 DML 语言编写应用程序的计算机工作者。他们开发的程序称为应用程序。应用程序员和 DBMS 之间的界面是应用程序。

(4) 终端用户:指使用应用程序的非计算机人员,例如银行的出纳员、商店里的售货等,他们使用终端进行记账、收款等工作。终端用户和 DBMS 的界面是应用程序的运行界面。

2. DBMS 的查询处理器

这部分可分为四个成分。

(1) DML 编译器:对 DML 语句进行优化并转换成查询运行核心程序能执行的低层指令。

(2) 嵌入式 DML 的预编译器:把嵌入在主语言中的 DML 语句处理成规范的过程调用形式。

(3) DDL 编译器:编译或解释 DDL 语句,并把它记录在数据字典中。

(4) 查询运行核心程序:执行由 DML 编译器产生的低层指令。

图 2.21 中的应用程序目标码是由主语言编译程序和 DML 编译器对应用程序编译后产生的目标程序。

3. DBMS 的存储管理器

存储管理器提供存储在数据库中的低层数据和应用程序、查询之间的接口。存储管理器可分为四个成分。

(1) 权限和完整性管理器:测试应用程序是否满足完整性约束,检查用户访问数据的合法性。

(2) 事务管理器:DBS 的逻辑工作单元称为事务(Transaction),事务由对 DB 的操作序列组成。事务管理器用于确保 DB 一致性(正确性)状态,保证并发操作可以正确执行。

(3) 文件管理器:负责磁盘空间的合理分配,管理物理文件的存储结构和存取方式。

(4) 缓冲区管理器:为应用程序开辟 DB 的系统缓冲区,负责将从磁盘中读出的数据送入内存的缓冲区,并决定哪些数据应进入高速缓冲存储器(Cache)。

4. 磁盘存储器中的数据结构

磁盘存储器中的数据结构有五种形式。

(1) 数据文件:存储数据库自身。数据库在磁盘上的基本组织形式是文件,这样可以充分利用 OS 管理外存的功能。

(2) 数据字典:存储三级结构的描述,一般称为元数据(Metadata)。

(3) 索引:为提高查询速度而设置的逻辑排序手段。

(4) 统计数据:存储 DBS 运行时统计分析的数据。查询处理器可使用这些信息更有效地查询处理。

(5) 日志:存储 DBS 运行时对 DB 的操作情况,以备以后查阅数据库的使用情况及数据库恢复时使用。

2.5.3 数据库系统结构的分类

根据计算机的系统结构不同,DBS 可分为集中式、客户机/服务器式、并行式和分布式四种。

1. 集中式 DBS

如果 DBS 运行在单个计算机系统中,并与其他的计算机系统没有联系,那么这种 DBS 称为集中式 DBS。集中式 DBS 遍及从微型计算机上的单用户 DBS 直到大型计算机上的高性能 DBS,其结构如图 2.22 所示。这种系统的计算机只有一台即可。有若干台设备控制器控制着磁盘、打印机和磁带等设备。计算机和设备控制器能够并发执行。

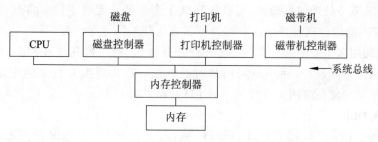

图 2.22 集中式 DBS 结构

计算机系统有单用户系统和多用户系统两种。微型计算机和工作站可归于单用户系统,一般只有一个 CPU。多用户系统有多台计算机,可以为大量的用户服务,因而多用户系统也称为服务器系统。

目前通用的计算机系统都已设计成多处理机,但其并行程序大都是粗放型,即只带少量的处理机(2～4 个),每个查询并不是分割在多台处理机上并行执行,而是只在一台处理机上执行,但允许多个查询并发执行(以分时方式)。这种系统的查询吞吐量非常大。

设计成单处理机的 DBS 也能处理多任务,以分时方法允许多个查询并发执行,即实现了粗放型的并行机制。

2. 客户机/服务器式 DBS

随着计算机网络技术的发展和微型计算机的广泛使用,客户机/服务器式(Client/Server,C/S)的系统结构得到了应用。C/S 结构的关键在于功能的分布,一些功能放在前端机(即客户机)上执行,另一些功能放在后端机(即服务器)上执行。功能的分布在于减少计算机系统的各种瓶颈问题。C/S 系统的一般结构如图 2.23 所示。

图 2.23 C/S 系统的一般结构

(1) 前端部分:由一些应用程序构成,例如格式处理、报表输出、数据输入、图形界面等,用于实现前端处理和用户界面。

(2) 后端部分:包括存取结构、查询优化、并发控制、恢复等系统程序,用于完成事务处理和数据访问控制。

前端和后端间的界面是数据库查询语言或应用程序。前端部分由客户机完成,后端部分由服务器完成。功能分布的结果减轻了服务器的负担,从而使服务器有更多精力完成事务处理和数据访问控制,支持更多的用户,提高系统的功能。服务器的软件系统实际上就是一个 DBMS。

单服务器的 C/S 式 DBS 实际上仍是集中式 DBS,只有多服务器的 C/S 式 DBS 才算是分布式 DBS。

3. 并行式 DBS

现在数据库的数据量急剧提高,巨型数据库的容量已达到"太拉"级(1 太拉为 10^{12},记作 T),此时要求事务处理速度极快,每秒处理数千个事务才能使系统正常运行。集中式和 C/S 式 DBS 都不能应付这种环境。并行计算机系统能解决这个问题。

并行系统使用多个 CPU 和多个磁盘进行并行操作,提高数据处理和 I/O 速度。并行处理时,许多操作同时进行,而不是采用分时的方法。在大规模并行系统中,CPU 不是几个,而是数千个。即使在商用并行系统中,CPU 也可达数百个。

4. 分布式 DBS

分布式 DBS(Distributed DBS,DDBS)是一个用通信网络连接起来的场地(Site,也称为节点)的集合,每个场地都可以拥有集中式 DBS 的计算机系统。

DDBS 的数据具有"分布性"特点,数据在物理上分布在各个场地。这是 DDBS 与集中式 DBS 的最大区别。

DDBS 的数据具有"逻辑整体性"特点,分布在各地的数据逻辑上是一个整体,用户使用起来如同一个集中式 DBS。这是 DDBS 与分散式 DBS 的主要区别。

本书大部分篇幅研究集中式 DBS,第 9 章介绍 DDBS,对 C/S 式 DBS 和并行式 DBS 未进行介绍。

2.5.4 数据库系统的效益

DBS 使计算机应用深入到社会的每个角落。人们可以从 DBS 获得很大的效益,具体有以下七个方面。

(1) 灵活性。数据库容易扩充,以适应用户新的要求;也容易移植,以适应新的硬件环境和更大的数据容量。

(2) 简易性。由于精心设计的数据库能模拟企业的运转情况,并提供企业详细的数据资料,因此能使管理部门和使用部门方便地运用和理解数据库。

(3) 面向用户。由于数据库能反映企业的实际运转情况,因此基本上能满足用户的要求,为企业的信息系统和信息化奠定了基础。

(4) 有效的数据控制。对数据实现集中控制,能保证所有用户在同样的数据上操作,而且数据对所有部门具有相同的语义。数据的冗余减少到最小程度,消除了数据的不一致性。

(5) 加快应用系统的开发速度。系统分析员和程序员可以集中精力于应用的逻辑方面,而不必关心物理设计和文件设计的细节,后援和恢复问题均由系统来保证。由于 DML 命令功能强,因此编写应用程序比较方便,进一步提高了程序员的生产效率。

(6) 维护方便。数据独立性使得修改数据库结构时尽量不影响已有的应用程序,使得程序维护的工作量大为减少。

(7) 标准化。数据库方法能促进整个企业乃至全社会的数据一致性和使用的标准化工作。

小　　结

本章介绍数据库系统的基本概念和基本结构。

在数据库领域,应该准确使用术语,深刻了解实体间 1∶1、1∶N 和 M∶N 三种联系的意义。

数据模型是对现实世界进行抽象的工具,用于描述现实世界的数据、数据联系、数据语义和数据约束等方面内容。实体联系模型是最常用的概念模型,关系模型是当今的主流模型。面向对象模型是今后发展的方向。

数据库是存储在一起集中管理的相关数据的集合。数据库的体系结构是对数据的三个抽象级别。它把数据的具体组织留给 DBMS 去做,用户只需抽象地处理逻辑数据,而不必关心数据在计算机中的存储,减轻了用户使用系统的负担。由于三级结构之间往往差别很大,存在着两级映像,因此使 DBS 具有较高的数据独立性:物理数据独立性和逻辑数据独立性。这是本章的一个重点。

DBMS 是位于用户与 OS 之间的一层数据管理软件。数据库语言分为 DDL 和 DML 两类。DBMS 主要由查询处理器和存储管理器两大部分组成。

DBS 是包含 DB 和 DBMS 的计算机系统。DBS 的全局结构体现了 DBS 的模块功能结构。这是本章的又一个重点。

习 题 2

1. 名词解释。

逻辑数据	物理数据	联系的元数	1∶1 联系
1∶N 联系	M∶N 联系	数据模型	概念数据模型
结构数据模型	层次模型	网状模型	关系模型
外模式	概念模式	内模式	外模式/模式映像
模式/内模式映像	数据独立性	物理数据独立性	逻辑数据独立性
主语言	DDL	DML	过程性语言
非过程性语言	DD	DD 系统	

2. 逻辑记录与物理记录,逻辑文件与物理文件有些什么联系和区别?

3. 设某商业集团数据库有三个实体集。一是"商品"实体集,属性有商品号、商品名、规格、单价等;二是"商店"实体集,属性有商店号、商店名、地址等;三是"供应商"实体集,属性有供应商编号、供应商名、地址等。

供应商与商品之间存在"供应"联系,每个供应商可供应多种商品,每种商品可向多个供应商订购,每个供应商供应每种商品有个月供应量;商店与商品间存在"销售"联系,每个商店可销售多种商品,每种商品可在多个商店销售,每个商店销售每种商品有个月计划数。

试画出反映上述问题的 ER 图,并将其转换成关系模型。

4. 试述 ER 模型、层次模型、网状模型、关系模型和面向对象模型的主要特点。

5. 数据之间的联系在各种结构数据模型中是怎么实现的?

6. DB 的三级模式结构描述了什么问题?试详细解释。

7. 试述概念模式在数据库结构中的重要地位。

8. 什么是数据独立性?其目的是什么?

9. 数据独立性与数据联系这两个概念有什么区别?

10. 试述 DBMS 的工作模式。

11. 试述 DBMS 的主要功能。

12. 试述 DBMS 对数据库的保护功能。

13. 试述 DBMS 对数据库的维护功能。

14. 从模块结构看,DBMS 由哪些部分组成?

15. DBS 有哪几部分组成?

16. DBS 中 DD 有什么作用?

17. 什么是 DBA? DBA 应具有什么素质? DBA 的职责是什么?

18. 试对 DBS 的全局结构做详细解释。

19. 使用 DBS 的用户有哪几类?

20. DBMS 的查询处理器有哪些功能?

21. DBSM 的存储管理器有哪些功能?

22. 磁盘存储器中有哪五类主要的数据结构?

第2部分
运 算 篇

关系运算理论是关系数据库查询语言的理论基础。只有掌握了关系运算理论，才能深刻理解关系数据库查询语言的本质和熟练使用查询语言。

第3章主要介绍关系数据模型的基本概念、关系运算和关系表达式的优化问题，其中关系运算和关系表达式的优化问题是本课程的重点内容之一。第4章介绍结构化查询语言SQL数据库的体系结构，然后结合实例较详细地介绍了SQL的数据定义、数据查询和数据更新功能，最后介绍嵌入式SQL的使用规定和技术。

第 3 章　关系运算

本章主要介绍关系数据模型的基本概念,关系运算和关系表达式的优化问题,其中关系运算和关系表达式的优化问题是本课程的重点内容之一。关系运算是关系数据模型的理论基础。

3.1　关系数据模型

3.1.1　关系数据模型的定义

用二维表格表示实体集,用关键码表示实体间联系的数据模型称为关系模型。

下面用集合代数来定义作为二维表格的关系。

定义 3.1　域(Domain)是值的集合。例如,学生性别的域是{男,女},学生成绩的域是 $0\sim100$ 的整数集合。

定义 3.2　给定一组域 D_1,D_2,$\cdots$,D_n。D_1,D_2,$\cdots$,D_n 上的笛卡儿积定义为集合:
$$D_1 \times D_2 \times \cdots \times D_n = \{(d_1,d_2,\cdots,d_n) \mid d_i \in D_i, i=1,2,\cdots,n\}$$
其中每一个元素 $(d_1,d_2,\cdots,d_n)$ 称为一个元组,元素中每一个值 d_i 称为元组分量。

若 $D_i(i=1,2,\cdots,n)$ 为有限集,其基数为 $m_i(i=1,2,\cdots,n)$,则 $D_1 \times D_2 \times \cdots \times D_n$ 的基数为:
$$\prod_{i=1}^{n} m_i$$

例如,给出两个域,教师名域 $D_1=\{汪宏伟,钱红\}$ 和课程名域 $D_2=\{数据结构,离散数学,计算机原理\}$,那么 D_1 和 D_2 的笛卡儿积定义为集合:

$$D_1 \times D_2 = \{(汪宏伟,数据结构),(汪宏伟,离散数学),(汪宏伟,计算机原理),$$
$$(钱红,数据结构),(钱红,离散数学),(钱红,计算机原理)\}$$

它表示教师名和课程名的所有可能的组合。其中,(汪宏伟,数据结构)、(汪宏伟,离散数学)、(汪宏伟,计算机原理)都是元组。汪宏伟、数据结构、离散数学都是分量。该笛卡儿积的基数为 $2\times3=6$,也就是说,$D_1 \times D_2$ 一共有 $2\times3=6$ 个元组。

定义 3.3　域 D_1,D_2,$\cdots$,D_n 上的笛卡儿积的子集称为在域 D_1,D_2,$\cdots$,D_n 上的关系,用 $R(D_1,D_2,\cdots,D_n)$ 表示,这里 R 表示关系的名字,n 为关系的目或度(Arity)。关系的成员为元组,即笛卡儿积的子集的元素 $(d_1,d_2,\cdots,d_n)$,值 d_i 为元组的第 i 个分量。例如,用教师名代替教师(假设无同名教师存在),用课程名代替课程,教师任教的课程可用关系 TC(教师,课程)表示,它是教师名域和课程名域的笛卡儿积的子集,任一学期教师任课的记录

是这个关系的元组,比如:

$$TC = \{(汪宏伟,数据结构),(钱红,离散数学)\}$$

TC 表示本学期汪宏伟老师上数据结构课程,钱红老师上离散数学课程。

还可以用集合论的观点来定义关系:关系是一个元数为 $k(k \geqslant 1)$ 的元组集合,即这个关系中有若干元组,每个元组有 k 个属性值。把关系看成是一个集合,集合中的元素是元组,即可将关系看成是一张二维表格。

表 3.1 是一张职工表,它是一张二维表格。

表 3.1 职工表(实体集)

职工编号	姓　名	部　门	性　别	年　龄	身份证号码
2113	程晓清	销售部	男	30	310110＊＊＊03062405
2116	刘红英	财务部	女	30	310110＊＊＊05082506
2136	李小刚	管理部	男	28	310110＊＊＊06092507
2138	蒋　民	采购部	男	41	310110＊＊＊08082405
2141	王国洋	销售部	男	39	310110＊＊＊09092407

从表 3.1 所示职工表的实例,可以归纳出关系具有如下特点。

(1) 关系(表)可以看成是由行和列(5 行和 6 列)交叉组成的二维表格。它表示的是一个实体集合。

(2) 表中一行称为一个元组,可用来表示实体集中的一个实体。

(3) 表中的列称为属性,给每一列起一个名称即属性名,表中的属性名不能相同。

(4) 列的取值范围称为域,同列具有相同的域,不同的列可有相同的域。例如,性别的取值范围是{男,女};职工编号和年龄都为整数域。

(5) 表中任意两行(元组)不能相同。能唯一标识表中不同行的属性或属性组称为主键。

尽管关系与二维表格、传统的数据文件有类似之处,但它们又有区别,严格地说,关系是一种规范化了的二维表格,具有如下性质。

(1) 属性值是原子的,不可分解。

(2) 没有重复元组。

(3) 没有行序。

(4) 理论上没有列序,为方便,使用时有列序。

3.1.2　关键码和表之间的联系

在关系数据库中,关键码(简称为键)是关系模型的一个重要概念。通常键由一个或几个属性组成,有如下四种键。

(1) 超键:在一个关系中,能唯一标识元组的属性或属性集称为关系的超键。

(2) 候选键:如果一个属性集能唯一标识元组,且又不含有多余的属性,那么这个属性集称为关系的候选键。

(3) 主键:若一个关系中有多个候选键,则选其中一个为关系的主键。用主键实现关系定义中"表中任意两行(元组)不能相同"的约束。包含在任何一个候选键中的属性称为主属性(Primary Attribute)，不包含在任何键中的属性称为非主属性(Nonprimary Attribute)或非键属性(Non-key Attribute)。

例如，表 3.1 的关系中，设属性集 k＝(职工编号，部门)，虽然 k 能唯一地标识职工，但 k 只能是关系的超键，还不能作候选键使用。因为 k 中"部门"是一个多余属性，只有"职工编号"能唯一标识职工。因而"职工编号"是一个候选键。还有"身份证号"也可以是一个候选键。另外，如果规定"不允许有同名同姓的职工"，那么"姓名"也可能是一个候选键。关系的候选键可以有多个，但不能同时使用，只能使用一个，例如使用"职工编号"来标识职工，那么"职工编号"就是主键了。

（4）外键：若一个关系 R 中包含有另一个关系 S 的主键所对应的属性组 F，则称 F 为 R 的外键。并称关系 S 为参照关系，关系 R 为依赖关系。

例如，职工关系和部门关系分别为：

职工(职工编号，姓名，部门编号，性别，年龄，身份证号码)

部门(部门编号，部门名称，部门经理)

职工关系的主键为职工编号，部门关系的主键为部门编号，在职工关系中，部门编号是它的外键。更确切地说，部门编号是部门表的主键，将它作为外键放在职工表中，实现两个表之间的联系。在关系数据库中，表与表之间的联系就是通过公共属性实现的。一般在主键的属性下面加下画线，在外键的属性下面加波浪线。

3.1.3 关系模式、关系子模式和存储模式

关系模型基本上遵循数据库的三级体系结构。在关系模型中，概念模式是关系模式的集合，外模式是关系子模式的集合，内模式是存储模式的集合。

1. 关系模式

关系模式是对关系的描述，它包括模式名、组成该关系的诸属性名、值域名和模式的主键。具体的关系称为实例。

【例 3.1】 图 3.1 是一个教学模型的实体联系图。实体类型"学生"的属性 SNO、SNAME、AGE、SEX、SDEPT 分别表示学生的学号、姓名、年龄、性别和学生所在系；实体类型"课程"的属性 CNO、CNAME、CDEPT、TNAME 分别表示课程号、课程名、课程所属系和任课教师。学生用 S 表示，课程用 C 表示。S 和 C 之间有 M∶N 的联系(一个学生可选多门课程，一门课程可以被多个学生选修)，联系类型 SC 的属性成绩用 GRADE 表示。图 3.1 表示的实体联系图(ER 图)转换成关系模式集如图 3.2 所示。ER 图向关系模型的转换技术将在第 7 章中做详细介绍。表 3.2 是这个关系模式的实例。

又如图 3.1 表示的是学生关系的基本情况，相应的关系模式为：

S(SNO, SNAME, AGE, SEX, SDEPT)

这个关系模式描述了学生的数据结构，它是图 3.1 中学生关系(表格)的关系模式。

关系模式是用数据定义语言(DDL)定义的。关系模式的定义包括：模式名、属性名、值域名以及模式的主键。由于不涉及物理存储方面的描述，因此关系模式仅仅是对数据本身的特征的描述。

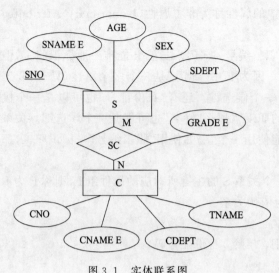

图 3.1　实体联系图

学生关系模式S(<u>SNO</u>, SNAME, AGE, SEX, SDEPT)
学习关系模式SC(<u>SNO</u>,　<u>CNO</u>,　GRADE)
课程关系模式C(<u>CNO</u>, CNAME, CDEPT, TNAME)

图 3.2　关系模式集

表 3.2　三个关系

SNO	SNAME	AGE	SEX	SDEPT
S1	程　宏	19	男	计算机
S3	刘莎莎	18	女	通信
S4	李刚畸	20	男	法学
S6	蒋天云	19	男	国际贸易
S9	王　莉	21	女	计算机

（a）学生关系

CNO	CNAME	CDEPT	TNAME
C2	离散数学	计算机	汪宏伟
C3	高等数学	通信	钱　红
C4	数据结构	计算机	马　良
C1	计算机原理	计算机	李　兵

（b）课程关系

SNO	CNO	GRADE
S3	C3	87
S1	C2	88
S4	C3	79
S9	C4	83
S1	C3	76
S6	C3	68
S1	C1	78
S6	C1	88
S3	C2	64
S1	C4	86
S9	C2	78

（c）学习关系

2. 关系子模式

有时,用户使用的数据不是直接来自关系模式中的数据,而是从若干关系模式中抽取满足一定条件的数据。这种结构可用关系子模式实现。关系子模式是用户所需数据的结构的描述,其中包含这些数据来自哪些模式和应满足哪些条件。

【例 3.2】　用户需要用到成绩子模式 G(SNO, SNAME, CNO, GRADE)。子模式 G 对应的数据来源于表 S 和表 SC,构造时应满足它们的 SNO 值相等。子模式 G 的构造过程如图 3.3 所示。

子模式定义语言还可以定义用户对数据进行操作的权限,例如是否允许读、修改等。由于关系子模式来源于多个关系模式,因此是否允许对子模式的数据进行插入和修改就不一定了。

G

SNO	SNAME	CNO	GRADE
S1	程 宏	C2	88
S3	刘莎莎	C3	87
:	:	:	:

S

SNO	SNAME	AGE	SEX	SDEPT
S1	程 宏	19	男	计算机
S3	刘莎莎	18	女	通 信
:	:	:	:	:

SC

SNO	CNO	GRADE
S3	C3	87
S1	C2	88
:	:	:

图 3.3　子模式 G 的定义

3. 存储模式

存储模式描述了关系是如何在物理存储设备上存储的。关系存储时的基本组织方式是文件。由于关系模式有关键码，因此存储一个关系可以用散列方法或索引方法实现。如果关系中元组数目较少（100 以内），那么也可以用堆文件方式实现。此外，还可以对任意的属性集建立辅助索引。

3.1.4　关系模型的完整性规则

关系模型的完整性规则是对数据的约束。关系模型提供了三类完整性规则：实体完整性规则、参照完整性规则、用户定义的完整性规则。其中实体完整性规则和参照完整性规则是关系模型必须满足的完整性的约束条件，称为关系完整性规则。

1. 实体完整性规则

完整性约束条件示例如图 3.4 所示。在图 3.4 中给出导师表和研究生表，其中导师表的主键是导师编号，研究生表的主键是学号，这两个主键的值在表中是唯一的和确定的，这样才能有效地标识每一个导师和研究生。主键不能取空值（NULL），空值不是 0，也不是空字符串，是没有值，或是不确定的值，所以空值无法标识表中的一行。为了保证每一个实体有唯一的标识符，主键不能取空值。

实体完整性规则：关系中元组的主键值不能为空。

例如，图 3.4 所示研究生表的主键是学号，不包含空的数据项；导师表的主键是导师编号，也不包含空的数据项，所以，这两个表都满足实体完整性规则。

2. 参照完整性规则

在关系数据库中，关系与关系之间的联系是通过公共属性实现的。这个公共属性是一个表的主键和另一个表的外键。外键必须是另一个表的主键的有效值，或者是一个"空值"。例如，图 3.4 中研究生表与导师表之间的联系是通过导师编号实现的，导师编号是导师表的主键、研究生表的外键。研究生表中的导师编号必须是导师表中导师编号的有效值，或者"空值"，否则，就是非法的数据。从图 3.4 所示的研究生表中，可以看到学号为"S107"的研究生没有固定的导师，所以他的导师编号为"空值"；而学号为"S110"的研究生的导师编号为"318"，由于导师表中不存在导师编号"318"，所以这个值是非法的。

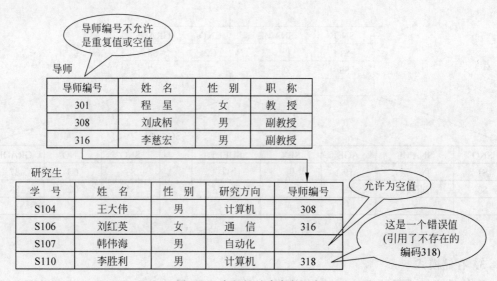

图 3.4　完整性约束条件示例

参照完整性规则的形式定义如下：

如果属性集 K 是关系模式 R1 的主键，同时也是关系模式 R2 的外键，那么在 R2 的关系中，K 的取值只允许两种可能，或者为空值，或者等于 R1 关系中某个主键值。

这条规则在使用时，有以下三点须注意。

（1）外键和相应的主键可以不同名，只要定义在相同值域上即可。

（2）R1 和 R2 也可以是同一个关系模式，表示了同一个关系中不同元组之间的联系。例如表示课程之间先修联系的模式 R（CNO，CNAME，PCNO），其属性表示课程号、课程名、先修课程的课程号，R 的主键是 CNO，而 PCNO 就是一个外键，表示 PCNO 值一定要在关系中存在（某个 CNO 值）。

（3）外键值是否允许空，应视具体问题而定。在模式中，若外键是该模式主键中的成分时，则外键值不允许空，否则允许空。

在上述形式定义中，R1 称为"参照关系"模式，R2 称为"依赖关系"模式。在软件开发工具 PowerBuilder 中，分别称为主表和副表；在 Visual FoxPro 系统中，分别称为父表和子表。

上述两类完整性规则是关系模型必须满足的规则，应该由系统自动支持。

3. 用户定义的完整性规则

这是针对某一具体数据的约束条件，由应用环境决定。它反映某一具体应用所涉及的数据必须满足的语义要求。系统应提供定义和检验这类完整性的机制，以便用统一的系统方法处理它们，不再由应用程序承担这项工作。例如学生成绩应该大于或等于 0，职工的工龄应小于年龄，人的身高不能超过 3m 等。

3.1.5　关系模型的形式定义

关系模型有三个组成部分：数据结构、数据操作、完整性规则。

（1）数据库中全部数据及其相互联系都被组织成关系（即二维表格）的形式。关系模型基本的数据结构是关系。

（2）关系模型提供一组完备的高级关系运算，以支持对数据库的各种操作。关系运算分为关系代数和关系演算两类。

（3）关系模型的三类完整性规则。

3.2 关 系 代 数

3.2.1 关系查询语言和关系运算

关系数据库的数据操纵语言（DML）的语句分为查询语句和更新语句两大类。查询语句用于描述用户的各类检索要求；更新语句用于描述用户的插入、修改和删除等操作。

关系查询语言根据其理论基础的不同分为两大类。

（1）关系代数语言：查询操作是以集合操作为基础的运算。

（2）关系演算语言：查询操作是以谓词演算为基础的运算。

关系查询语言是一种比 Pascal、C 等程序设计语言更高级的语言。Pascal、C 一类语言属于过程性（Procedural）语言，在编程时必须给出获得结果的操作步骤，即指出"干什么"和"怎么干"。关系查询语言属于非过程（Nonprocedural）语言，编程时只需指出需要什么信息，而不必给出具体的操作步骤，即只要指出"干什么"，而不必指出"怎么干"。

各类关系查询语言均属于非过程性语言，但其"非过程性"的强弱程度不一样。关系代数语言的非过程性较弱，在查询表达式中必须指出操作的先后顺序；关系演算语言的非过程性较强，操作顺序仅限于量词的顺序。

3.2.2 关系代数的五个基本操作

关系代数是以集合代数为基础发展起来的，它是以关系为运算对象的一组高级运算的集合。

由于关系定义为元数相同的元组集合，因此把关系看成集合，集合代数中的操作（并、差、交、笛卡儿积）就可以引入到关系运算中来。还有一些操作是针对关系数据库环境专门设计的，比如对关系进行垂直分割（投影）、水平分割（选择）、关系的结合（连接）等。

关系代数有五个基本的操作。

1. 并（Union）

设关系 R 和关系 S 具有相同的元数 n（即两个关系都有 n 个属性），且相应的属性取自同一个域，则关系 R 和关系 S 的并由属于 R 或属于 S 的元组组成，其结果仍为 n 元的关系，记为 R∪S。形式定义如下：

$$R \cup S \equiv \{t \mid t \in R \lor t \in S\}$$

其中，t 是元组变量，R 和 S 的元数相同。两个关系的并运算是将两个关系中的所有元组构成一个新关系。并运算要求两个关系属性的性质必须一致且并运算的结果要消除重复的元组。

【例 3.3】 有库存和进货两个关系如表 3.3 所示，要将两个关系合并为一个关系，可用并运算实现。

表 3.3　关系代数的并运算

商品编号	品名	数量
2008230	冰箱	19
2008234	彩电	50
2007156	空调	20

商品编号	品名	数量
2008124	电熨斗	30
2008310	微波炉	18

商品编号	品名	数量
2008230	冰箱	19
2008234	彩电	50
2007156	空调	20
2008124	电熨斗	30
2008310	微波炉	18

　　（a）库存关系　　　　　　　（b）进货关系　　　　　　　（c）并运算结果

2. 差（Difference）

设关系 R 和关系 S 具有相同的元数 n,且相应的属性取自同一个域,则关系 R 和 S 的差由属于 R 而不属于 S 的所有元组组成。其结果仍为 n 元的关系。记为 R−S。形式定义如下:

$$R-S \equiv \{t \mid t \in R \wedge t \overline{\in} S\}$$

其中,t 是元组变量,R 和 S 的元数相同。

【例 3.4】　有考生成绩合格者名单和身体不合格者名单两个关系,按录取条件将成绩合格且身体健康的考生产生录取名单关系。这个任务可以用差运算来完成如表 3.4 所示。

表 3.4　关系代数的差运算

考生号	考生号	考生号
20013211	20013211	20011231
20011231	20017156	20018124
20017156	20013610	
20018124		
20013610		

　　（a）成绩合格考生　　　　　（b）身体不合格考生　　　　　（c）差运算结果

3. 笛卡儿积（Cartesian Product）

设关系 R 和关系 S 的元数分别为 r 和 s。定义 R 和 S 的笛卡儿积 R×S 是一个 $(r+s)$ 元的元组集合,每个元组的前 r 个分量(属性值)来自 R 的一个元组,后 s 个分量是 S 的一个元组,记为 R×S。形式定义如下:

$$R \times S \equiv \{t \mid t = \langle t^r, t^s \rangle \wedge t^r \in R \wedge t^s \in S\}$$

其中,t^r、t^s 中 r、s 为上标,分别表示有 r 个分量和 s 个分量,若 R 有 n 个元组,S 有 m 个元组,则 R×S 有 $n \times m$ 个元组。

【例 3.5】　在学生和必修课程两个关系上,产生选修关系:要求每个学生必须选修所有必修课程。这个选修关系可以用两个关系的笛卡儿积运算来实现如表 3.5 所示。

4. 投影（Projection）

这个操作是对一个关系进行垂直分割,消去某些列,并重新安排列的顺序,再删去重复元组。

设关系 R 是 k 元关系,R 在其分量 $A_{i_1}, A_{i_2}, \cdots, A_{i_m}$ ($m \leqslant k, i_1, i_2, \cdots, i_m$ 为 $1 \sim k$ 的整数)上的投影用 $\pi_{i_1, i_2, \cdots, i_m}(R)$ 表示,它是从 R 中选择若干属性列组成的一个 m 元元组的集合,形式定义如下:

$$\pi_{i_1, i_2, \cdots, i_m}(R) \equiv \{t \mid t = \langle t_{i_1}, t_{i_2}, \cdots, t_{i_m} \rangle \wedge \langle t_1, t_2, \cdots, t_k \rangle \in R\}$$

表 3.5　关系代数的笛卡儿积运算

SNO	SNAME
S1	程　宏
S3	刘莎莎
S4	李刚畸

（a）学生关系

CNO	CNAME	CREDIT
C4	数据结构	6
C1	计算机原理	6
C3	高等数学	8

（b）课程关系

SNO	SNAME	CNO	CNAME	CREDIT
S1	程　宏	C4	数据结构	6
S1	程　宏	C1	计算机原理	6
S1	程　宏	C3	高等数学	8
S3	刘莎莎	C4	数据结构	6
S3	刘莎莎	C1	计算机原理	6
S3	刘莎莎	C3	高等数学	8
S4	李刚畸	C4	数据结构	6
S4	李刚畸	C1	计算机原理	6
S4	李刚畸	C3	高等数学	8

（c）学习关系

【例 3.6】 已知职工表如表 3.1 所示,对职工表进行投影操作。

（1）列出所有职工的职工编号、姓名、部门。关系代数表示为:

$$\pi_{职工编号,姓名,部门}(职工)$$

结果如表 3.6 所示。

（2）列出职工表中的所有部门,关系代数表示为:

$$\pi_{部门}(职工)$$

结果如表 3.7 所示。

注意,由于投影的结果消除了重复元组,所以,结果只有 4 个元组。

表 3.6　关系代数的投影运算实例一

职工编号	姓　名	部　门
2113	程晓清	销售部
2116	刘红英	财务部
2136	李小刚	管理部
2138	蒋　民	采购部
2141	王国洋	销售部

表 3.7　关系代数的投影运算实例二

部　门
销售部
财务部
管理部
采购部

5. 选择（Selection）

这个操作是根据某些条件对关系进行水平分割,即选择符合条件的元组。条件用命题公式 F 表示,F 中的运算对象是常量(用引号括起来)或元组分量(属性名或列的序号),运算符有算术比较运算符($<$、$\leqslant$、$>$、$\geqslant$、$=$、$\neq$,这些符号统称为 θ 符)和逻辑运算符($\wedge$、$\vee$、$\neg$)。

关系 R 关于公式 F 的选择操作用 $\sigma_F(R)$ 表示,形式定义如下:

$$\sigma_F(R) = \{t \mid t \in R \wedge F(t) = true\}$$

其中,σ 为选择运算符,$\sigma_F(R)$ 表示从 R 中挑选满足公式 F 的元组所构成的关系。

【例 3.7】 已知学生表 S 如表 3.2 所示,对学生表进行选择操作:列出所有女同学的基本情况。选择的条件是:SEX='女'。用关系代数表示为:$\sigma_{SEX='女'}(S)$,也可以用属性序号表示属性名:$\sigma_{4='女'}(S)$,结果如表 3.8 所示。

表 3.8　关系代数的选择运算

SNO	SNAME	AGE	SEX	SDEPT
S3	刘莎莎	18	女	通信
S9	王　莉	21	女	计算机

3.2.3　关系代数的组合操作

3.2.2 节所述五个基本操作可以组合成下列四个操作。

1. 交(Intersection)

设关系 R 和关系 S 具有相同的元数 n（即两个关系都有 n 个属性），而且相应的属性取自同一个域。关系 R 和 S 的交记为 R∩S，结果仍为 n 元的关系。由既属于 R 又属于 S 的元组组成。形式定义如下：

$$R \cap S \equiv \{t \mid t \in R \wedge t \in S\}$$

其中，t 是元组变量，R 和 S 的元数相同。关系的交可以由关系的差来表示，即：

$$R \cap S \equiv R - (R - S) \quad 或 \quad R \cap S \equiv S - (S - R)$$

【例 3.8】 假设有优秀学生和优秀学生干部两个表如表 3.9(a)、(b)所示。要求检索既是优秀学生又是优秀学生干部的学生。这个检索可以用交操作来实现。结果如表 3.9(c)所示。

表 3.9　关系代数的交运算

SNO	SNAME
S3	刘莎莎
S4	李刚畸
S5	李小刚
S8	姜　名
S19	王　燕

SNO	SNAME
S1	程　宏
S4	李刚畸
S5	李小刚
S7	柳庆国

SNO	SNAME
S4	李刚畸
S5	李小刚

（a）优秀学生关系 S1　　　　　（b）优秀学生干部关系 S2　　　　　（c）新关系(S1∩S2)

2. 连接(Join)

连接操作可将两个关系连在一起，形成一个新的关系。连接操作是笛卡儿积和选择操作的组合。连接分为 θ 连接和 F 连接两种。

(1) θ 连接：θ 连接是从关系 R 和 S 的笛卡儿积(R×S)中选取属性值满足某一 θ 操作的元组，记为 $R \underset{i\theta j}{\bowtie} S$，这里 i 和 j 分别是关系 R 和 S 中的第 i 个、第 j 个属性的序号，θ 是算术比较符。形式定义如下：

$$R \underset{i\theta j}{\bowtie} S \equiv \sigma_{i\,\theta\,(r+j)}(R \times S)$$

其中，r 是关系 R 的元数。该式表示 θ 连接是在关系 R 和 S 的笛卡儿积中挑选第 i 个分量和第 $(r+j)$ 个分量满足 θ 运算的元组。如果 θ 为等号"＝"，那么这个连接操作称为等值连接。

(2) F 连接：F 连接是从关系 R 和 S 的笛卡儿积中选取属性间满足某一公式 F 的元组，记为 $R \underset{F}{\bowtie} S$。这里 F 是形为 $F_1 \wedge F_2 \wedge \cdots \wedge F_n$ 的公式，每个 F_i 是形为 $i\theta j$ 的式子。而 i

和 j 分别为关系 R 和 S 的第 i 个分量和第 j 个分量的序号。

【例 3.9】 表 3.10(a)、(b)、(c)分别是关系 SC、C 和 CL,表 3.10(d)是 $SC \underset{2=1}{\bowtie} C$ 的值,表 3.10(e)是 $SC \underset{2=1 \wedge 3>2}{\bowtie} CL$ 的值。

表 3.10 关系代数的连接运算

SNO	CNO	GRADE
S3	C3	87
S1	C2	88
S4	C3	79
S1	C3	76
S5	C2	91
S6	C1	78

(a) 关系 SC

CNO	CNAME	CDEPT	TNAME
C2	离散数学	计算机	汪宏伟
C3	高等数学	通信	钱 红
C4	数据结构	计算机	马 良
C1	计算机原理	计算机	李 兵

(b) 关系 C

CNO	G	LEVEL
C2	85	A
C3	85	A

(c) 关系 CL

SNO	SC. CNO	GRADE	C. CNO	CNAME	CDEPT	TNAME
S3	C3	87	C3	高等数学	通信	钱 红
S1	C2	88	C2	离散数学	计算机	汪宏伟
S4	C3	79	C3	高等数学	通信	钱 红
S1	C3	76	C3	高等数学	通信	钱 红
S5	C2	91	C2	离散数学	计算机	汪宏伟
S6	C1	78	C1	计算机原理	计算机	李 兵

(d) $SC \underset{2=1}{\bowtie} C$

SNO	SC. CNO	GRADE	CL. CNO	G	LEVEL
S3	C3	87	C3	85	A
S1	C2	88	C2	85	A
S5	C2	91	C2	85	A

(e) $SC \underset{2=1 \wedge 3>2}{\bowtie} CL$

3. 自然连接(Natural Join)

自然连接是一种特殊的等值连接,它要求两个关系中进行比较的分量必须是相同的属性组,并且要在结果中把重复的属性去掉。两个关系的自然连接用 R ⋈ S 表示,具体计算过程如下:

(1) 计算 R×S。

(2) 设 R 和 S 的公共属性是 $A_1, A_2, \cdots, A_K$,挑选 R×S 中满足 $R.A_1 = S.A_1, \cdots, R.A_K = S.A_K$ 的那些元组。

(3) 去掉 $S.A_1, S.A_2, \cdots, S.A_K$ 这些列(保留 $R.A_1, R.A_2, \cdots, R.A_K$)。

因此,R ⋈ S 可用下式定义:

$$R \bowtie S \equiv \pi_{i_1, i_2, \cdots, i_m} (\sigma_{R.A_1 = S.A_1 \wedge \cdots \wedge R.A_K = S.A_K} (R \times S))$$

【例 3.10】 表 3.11(c)表示关系 SC 和 C 的自然连接,这里

$$SC \bowtie C \equiv \pi_{SNO, SC.CNO, GRADE, CNAME, CDEPT, TNAME} (\sigma_{SC.CNO = C.CNO} (SC \times C))$$

表 3.11　关系代数的自然连接运算

SNO	CNO	GRADE
S3	C3	87
S1	C2	88
S4	C3	79
S1	C3	76
S5	C2	91
S6	C1	78

（a）关系 SC

CNO	CNAME	CDEPT	TNAME
C2	离散数学	计算机	汪宏伟
C3	高等数学	通信	钱 红
C4	数据结构	计算机	马 良
C1	计算机原理	计算机	李 兵

（b）关系 C

SNO	CNO	GRADE	CNAME	CDEPT	TNAME
S3	C3	87	高等数学	通信	钱 红
S1	C2	88	离散数学	计算机	汪宏伟
S4	C3	79	高等数学	通信	钱 红
S1	C3	76	高等数学	通信	钱 红
S5	C2	91	离散数学	计算机	汪宏伟
S6	C1	78	计算机原理	计算机	李 兵

（c）SC ⋈ C

自然连接是构造新关系的有效方法,是关系代数中常用的一种运算,在关系数据库理论中起着重要作用。利用投影、选择和自然连接操作可以任意地分解和构造关系。

4. 除(Division)

设两个关系 R 和 S 的元数分别为 r 和 s(设 $r>s>0$),那么 $R÷S$ 是一个 $(r-s)$ 元的元组的集合。$R÷S$ 是满足下列条件的最大关系:其中每个元组 t 与 S 中每个元组 u 组成的新元组 $\langle t,u \rangle$ 必在关系 R 中。为方便起见,这里假设 S 的属性为 R 中后 s 个属性。

$R÷S$ 的具体计算过程如下:

(1) $T=\pi_{1,2,\cdots,r-s}(R)$

(2) $W=(T \times S)-R$

(3) $V=\pi_{1,2,\cdots,r-s}(W)$

(4) $R÷S=T-V$

即 $R÷S \equiv \pi_{1,2,\cdots,r-s}(R)-\pi_{1,2,\cdots,r-s}((\pi_{1,2,\cdots,r-s}(R) \times S)-R)$。

【例 3.11】 表 3.12(a)表示学生学习关系 SC,表 3.12(b)表示课程成绩条件关系 CG,表 3.12(c)表示满足课程成绩条件(离散数学为优和数据结构为优)的学生情况关系,用(SC÷CG)表示。

3.2.4　关系代数表达式及其应用实例

在关系代数运算中,由五种基本操作经过有限次复合的表达式称为关系代数表达式。这种表达式的运算结果仍是一个关系,可以用关系代数表达式表示各种数据查询操作。

表 3.12　关系代数的除法运算

SNAME	SEX	CNAME	CDEPT	GRADE
李志鸣	男	离散数学	通信	优
刘月莹	女	离散数学	计算机	良
吴　康	男	离散数学	通信	优
王文晴	女	数据结构	计算机	优
吴　康	男	高等数学	通信	良
王文晴	女	离散数学	计算机	优
刘月莹	女	数据结构	计算机	优
李志鸣	男	数据结构	通信	优
李志鸣	男	高等数学	通信	良

（a）学生学习关系 SC

CNAME	GRADE
离散数学	优
数据结构	优

（b）课程成绩条件关系 CG

SNAME	SEX	CDEPT
李志鸣	男	通信
王文晴	女	计算机

（c）SC÷CG

查询语句的关系代数表达式的一般形式是：

$$\pi\cdots(\sigma\cdots(R\times S))$$

或者

$$\pi\cdots(\sigma\cdots(R\bowtie S))$$

上面的式子表示：首先取得查询涉及的关系，再执行笛卡儿积或自然连接操作得到一张中间表格，然后对该中间表格执行水平分割（选择操作）和垂直分割（投影操作），见例 3.12 的（2）～（5）。当查询涉及否定或全部、包含值时，上述形式就不能表达了，就要用到差操作或除法操作，见例 3.12 的（6）～（8）。

【例 3.12】　设供应商、零件、工程之间的供应关系是一个三元联系，其 ER 图的原型见第 2 章的图 2.9。这个 ER 图转换成关系模式有四个，其结构如下所示。

供应商关系：S(SNO, SNAME, SADDR)

零件关系：P(PNO, PNAME, COLOR, WEIGHT)

工程项目关系：J(JNO, JNAME, JCITY, BALANCE)

供应情况关系：SPJ(SNO,PNO,JNO, PRICE, QTY)

上述各属性的含义：供应商编号（SNO）、供应商名称（SNAME）、供应商地址（SADDR）、零件编号（PNO）、零件名称（PNAME）、颜色（COLOR）、重量（WEIGHT）、工程项目编号（JNO）、工程名称（JNAME）、工程所属城市（JCITY）、工程项目余额（BALANCE）、零件单价（PRICE）、供应数量（QTY）。

试用关系代数表达式表示每个查询语句。

（1）检索供应零件给工程 J1 的供应商编号 SNO 与零件编号 PNO。

$$\pi_{SN0,\ PN0}(\sigma_{JNO='J1'}(SPJ))$$

该式表示先对关系 SPJ 执行选择操作，然后执行投影操作。另外，表达式中也可以不写属性名，而写属性的序号：

$$\pi_{1,2}(\sigma_{3='J1'}(SPJ))$$

（2）检索供应零件给工程 J1，且零件编号为 P1 的供应商编号 SNO。

$$\pi_{SNO}(\sigma_{JNO='J1'\wedge PNO='P1'}(SPJ))$$

（3）检索使用了编号为 P3 零件的工程编号和名称。

$$\pi_{JNO,JNAME}(\sigma_{PNO='P3'}(J \bowtie SPJ))$$

这个查询涉及关系 J 和 SPJ,因此先要对这两个关系执行自然连接操作,然后再对其执行选择和投影操作。

（4）检索供应零件给工程 J1,且零件颜色为红色的供应商名称 SNAME 和地址 SADDR。

$$\pi_{SNAME, SADDR}(\sigma_{JNO='J1' \wedge COLOR='红色'}(S \bowtie SPJ \bowtie P))$$

（5）检索使用了零件编号为 P3 或 P5 零件的工程编号 JNO。

$$\pi_{JNO}(\sigma_{PNO='P3' \vee PNO='P5'}(SPJ))$$

（6）检索至少使用了编号为 P3 和 P5 零件的工程编号 JNO。

$$\pi_3(\sigma_{3=8 \wedge 2='P3' \wedge 7='P5'}(SPJ \times SPJ))$$

这里(SPJ×SPJ)表示关系 SPJ 自身相乘的笛卡儿积操作。这里的 σ 是对关系(SPJ×SPJ)进行选择操作,其中的条件(3＝8∧2＝'P3'∧7＝'P5')表示同一个工程,既使用了零件 P3 又使用了零件 P5。

（7）检索不使用编号为 P3 零件的工程编号 JNO 和工程名称 JNAME。

$$\pi_{JNO,JNAME}(J) - \pi_{JNO,JNAME}(\sigma_{PNO='P3'}(J \bowtie SPJ))$$

这里要用到集合差操作。先检索全部工程号,再检索使用了编号为 P3 零件的工程,最后执行两个集合的差操作。

（8）检索使用了全部零件的工程名称 JNAME。

编写这个查询语句的关系代数表达式的过程如下:

① 工程使用零件情况可用操作 $\pi_{JNO,PNO}(SPJ)$ 表示。

② 全部零件用操作 $\pi_{PNO}(P)$ 表示。

③ 使用了全部零件的工程编号可用除法操作表示,操作结果是工程编号 JNO 集:

$$(\pi_{JNO,PNO}(SPJ) \div \pi_{PNO}(P))$$

④ 根据 JNO 检索工程名称 JNAME,可以用自然连接和投影操作组合而成:

$$\pi_{JNAME}(J \bowtie (\pi_{JNO,PNO}(SPJ) \div \pi_{PNO}(P)))$$

（9）检索使用零件包含编号为 S1 的供应商所供应的全部零件的工程编号 JNO。

① 工程使用 S1 供应商所提供的零件情况可用操作 $\pi_{JNO,PNO}(\sigma_{SNO='S1'}(SPJ))$ 表示。

② 编号为 S1 的供应商所供应的全部零件情况可用操作 $\pi_{PNO}(\sigma_{SNO='S1'}(SPJ))$ 表示。

③ 使用零件包含编号为 S1 的供应商所供应的全部零件的工程编号,可以用除法操作表示:

$$\pi_{JNO,PNO}(\sigma_{SNO='S1'}(SPJ)) \div \pi_{PNO}(\sigma_{SNO='S1'}(SPJ))$$

3.2.5 扩充的关系代数操作

为了在关系代数操作时多保存一些信息,下面引进"外连接"和"外部并"两种操作。

1. 外连接(Outer Join)

在关系 R 和关系 S 做自然连接时,选择两个关系在公共属性上值相等的元组构成新关系的元组。此时,关系 R 中某些元组有可能在关系 S 中不存在公共属性上值相等的元组,造成关系 R 中这些元组的值在操作时被舍弃。由于同样的原因,关系 S 中某些元组也有可能被舍弃。为了在操作时能保存这些将被舍弃的元组,提出了"外连接"操作。

如果关系 R 和关系 S 做自然连接时,把原该舍弃的元组也保留在新关系中,同时在这些元组新增加的属性上填上空值(Null),这种操作称为"外连接"操作,用符号 R ⟖ S 表示。

如果关系 R 和关系 S 做自然连接时,只把关系 R 中原该舍弃的元组放到新关系中,那么这种操作称为"左外连接"操作,用符号 R ⟕ S 表示。

如果关系 R 和关系 S 做自然连接时,只把关系 S 中原该舍弃的元组放到新关系中,那么这种操作称为"右外连接"操作,用符号 R ⟖ S 表示。

【例 3.13】 表 3.13 表示关系代数的外连接运算。

表 3.13　关系代数的外连接运算

A	B	C
a	b	c
b	b	f
c	a	d

（a）关系 R

B	C	D
b	c	d
b	c	e
a	d	b
e	f	g

（b）关系 S

A	B	C	D
a	b	c	d
a	b	c	e
c	a	d	b

（c）R ⋈ S

A	B	C	D
a	b	c	d
a	b	c	e
c	a	d	b
b	b	f	null
null	e	f	g

（d）R ⟖ S

A	B	C	D
a	b	c	d
a	b	c	e
c	a	d	b
b	b	f	null

（e）R ⟕ S

A	B	C	D
a	b	c	d
a	b	c	e
c	a	d	b
null	e	f	g

（f）R ⟖ S

2. 外部并（Outer Union）

前面定义两个关系的并操作时,要求关系 R 和关系 S 具有相同的关系模式。如果关系 R 和关系 S 的关系模式不同,构成的新关系属性由关系 R 和关系 S 的所有属性组成(公共属性只取一次),新关系的元组由属于关系 R 或属于关系 S 的元组构成,同时元组在新增加的属性上填上空值,那么这种操作称为外部并操作。

【例 3.14】 表 3.14 是表 3.13 中关系 R 和关系 S 执行外部并后的结果。

表 3.14　关系代数的外部并运算

A	B	C	D	A	B	C	D
a	b	c	null	null	b	c	e
b	b	f	null	null	a	d	b
c	a	d	null	null	e	f	g
null	b	c	d				

在分布式数据库中还经常用到下面一种"半连接"操作。

3. 半连接（Semijoin）

关系 R 和关系 S 的半连接操作记为 R ⋉ S,定义为关系 R 和关系 S 的自然连接在关系

R 的属性集上的投影,即 $R \ltimes S \equiv \pi_R(R \bowtie S)$。

这里 π_R 的下标 R 表示关系 R 的属性集。

也可以用另一种方法计算 $R \ltimes S$:先求出关系 S 在关系 R 和关系 S 的公共属性集上的投影,再求关系 R 和这个投影的自然连接,即 $R \ltimes S = R \bowtie \pi_{R \cap S}(S)$。显然,半连接的交换律是不成立的,即 $R \ltimes S \neq S \ltimes R$。

【例 3.15】 表 3.15 是两个关系做自然连接和半连接的例子。

表 3.15 关系代数的半连接运算

A	B	C		B	C	D		A	B	C	D		A	B	C		B	C	D
a	b	c		b	c	d		a	b	c	d		a	b	c		b	c	d
d	b	c		b	c	e		a	b	c	e		d	b	c		b	c	e
b	b	f		a	d	b		b	b	c	d		c	a	d		a	d	b
c	a	d						b	b	c	e								
								c	a	d	b								

(a) 关系 R   (b) 关系 S   (c) $R \bowtie S$ (d) $R \ltimes S$ (e) $S \ltimes R$

*3.3 关 系 演 算

关系演算运算是以数理逻辑中的谓词演算为基础,用公式表示关系运算的条件。关系演算根据所用到的变量不同可分为元组关系演算和域关系演算,前者以元组为变量,后者以域为变量,分别简称为元组演算和域演算。

3.3.1 元组关系演算

1. 原子公式和公式的定义

元组关系演算用表达式 $\{t \mid P(t)\}$ 表示。其中 t 是元组变量,表示一个定长的元组;P 是公式,公式由原子公式组合而成。

定义 3.4 原子公式(Atoms)有下列三种形式。

(1) R(s):R 是关系名,s 是元组变量。R(s)表示这样一个命题:s 是关系 R 的一个元组。所以,关系 R 可表示为 $\{s \mid R(s)\}$。

(2) $s[i]\theta u[j]$:s 和 u 是元组变量,θ 是算术比较运算符。$s[i]\theta u[j]$ 表示这样一个命题:元组 s 的分量 i 与元组 u 的分量 j 满足比较关系 θ。例如 $s[2]>u[1]$ 表示元组 s 的第二个分量必须大于元组 u 的第一个分量。

(3) $s[i]\theta c$ 或 $c\theta u[j]$:s 和 u 是元组变量,c 是常量。$s[i]\theta c$ 或 $c\theta u[j]$ 表示元组 s(或 u)的第 i 个(或第 j 个)分量与常量 c 满足比较关系 θ。例如 $s[3]='5'$ 表示元组 s 的第三个分量值为 5。

在定义关系演算操作时,要用到"自由"(Free)或"约束"(Bound)变量概念。在一个公式中,如果元组变量的前面没有用到存在量词 ∃ 或全称量词 ∀ 等符号,那么称之为自由元组变量,否则称之为约束元组变量。约束变量类似于程序设计语言中过程内部定义的局部变量,自由变量类似于过程外部定义的外部变量或全局变量。

定义 3.5　公式(Formulas)、公式中的自由元组变量、约束元组变量按下列方式递归定义：

(1) 每个原子公式是一个公式。其中的元组变量是自由变量。

(2) 如果 P1 和 P2 是公式,那么 P1∧P2、P1∨P2、¬P1 和 P1=>P2 也是公式,分别表示如下命题："P1 和 P2 同时为真"；"P1 和 P2 中的一个或同时为真"；"P1 为假"；"若 P1 为真,则 P2 为真"。公式中的变量是自由的还是约束的,同在 P1 和 P2 中一样。

(3) 如果 P 是公式,那么(∃t)(P)也是公式。(∃t)(P)表示这样一个命题："存在一个元组 t 使得公式 P 为真"。元组变量 t 在 P 中是自由的,在(∃t)(P)中是约束的。P 中其他元组是自由的或约束的,在(∃t)(P)中没有变化。

(4) 如果 P 是公式,则(∀t)(P)也是公式,它表示这样一个命题：对于所有元组 t 使公式 P 为真。元组变量的自由约束性与(3)相同。

(5) 在公式中,各种运算符的优先次序为：

① 算术比较运算符；

② 量词次之；

③ 逻辑运算符最低,且¬的优先级高于∧和∨的优先级；

④ 加括号时,括号中运算符优先,同一括号内的运算符之优先级遵循①、②、③。

(6) 有限次地使用上述五条规则得到的公式是元组关系演算公式,其他公式都不是元组关系演算公式。

【例 3.16】　表 3.16 的(a)、(b)是关系 R 和 S,(c)～(g)分别是下面五个元组表达式的值：

R1={t|S(t)∧t[1]>2}

R2={t|R(t)∧¬S(t)}

R3={t|(∃u)(S(t)∧R(u)∧t[3]<u[2])}

R4={t|(∀u)(R(t)∧S(u)∧t[3]>u[1])}

R5={t|(∃u)(∃v)(R(u)∧S(v)∧u[1]>v[2]∧t[1]=u[2]∧t[2]=v[3]∧t[3]=u[1])}

表 3.16　元组关系演算的例子

A	B	C
1	2	3
4	5	6
7	8	9

(a) 关系 R

A	B	C
1	2	3
3	4	6
5	6	9

(b) 关系 S

A	B	C
3	4	6
5	6	9

(c) R1

A	B	C
4	5	6
7	8	9

(d) R2

A	B	C
1	2	3
3	4	6

(e) R3

A	B	C
4	5	6
7	8	9

(f) R4

R.B	S.C	R.A
5	3	4
8	3	7
8	6	7
8	9	7

(g) R5

在元组关系演算的公式中,有下列三个等价的转换规则:

(1) $P_1 \wedge P_2$ 等价于 $\neg(\neg P_1 \vee \neg P_2)$; $P_1 \vee P_2$ 等价于 $\neg(\neg P_1 \wedge \neg P_2)$。

(2) $(\forall s)(P_1(s))$ 等价于 $\neg(\exists s)(\neg P_1(s))$; $(\exists s)(P_1(s))$ 等价于 $\neg(\forall s)(\neg P_1(s))$。

(3) $P_1 \Rightarrow P_2$ 等价于 $\neg P_1 \vee P_2$。

2. 关系代数表达式到元组表达式的转换

可以把关系代数表达式等价地转换为元组表达式。由于所有的关系代数表达式都能用五个基本操作组合而成,因此只需把五个基本操作转换为元组演算表达式。下面举例说明。

【例3.17】 设关系 R 和 S 都是三元关系,那么关系 R 和 S 的五个基本操作可直接转化成等价的元组关系演算表达式:

R∪S 可用 $\{t | R(t) \vee S(t)\}$ 表示;

R−S 可用 $\{t | R(t) \wedge \neg S(t)\}$ 表示;

R×S 可用 $\{t | (\exists u)(\exists v)(R(u) \wedge S(V) \wedge t[1]=u[1] \wedge t[2]=u[2] \wedge t[3]=u[3] \wedge t[4]=v[1] \wedge t[5]=v[2] \wedge t[6]=v[3])\}$ 表示。

设投影操作是 $\pi_{2,3}(R)$,那么元组表达式可写成:

$$\{t \mid (\exists u)(R(u) \wedge t[l]=u[2] \wedge t[2]=u[3])\}$$

$\sigma_F(R)$ 可用 $\{t | R(t) \wedge F'\}$ 表示,F' 是 F 的等价表示形式。例如 $\sigma_{2='d'}(R)$ 可写成 $\{t | (R(t) \wedge t[2]='d')\}$。

【例3.18】 设关系 R 和 S 都是二元关系,把关系代数表达式 $\pi_{1,4}(\sigma_{2=3}(R \times S))$ 转换成元组表达式的过程由里向外进行,如下所述。

(1) R×S 可用 $\{t | (\exists u)(\exists v)(R(u) \wedge S(v) \wedge t[1]=u[1] \wedge t[2]=u[2] \wedge t[3]=v[1] \wedge t[4]=v[2])\}$ 表示。

(2) 对于 $\sigma_{2=3}(R \times S)$,只要在上述表达式的公式中加上 "$\wedge t[2]=t[3]$" 即可。

(3) 对于 $\pi_{1,4}(\sigma_{2=3}(R \times S))$,可得到下面的元组表达式:

$$\{w \mid (\exists t)(\exists u)(\exists v)(R(u) \wedge S(v) \wedge t[1]=u[1] \wedge t[2]=u[2] \wedge t[3]=v[1] \wedge t[4]=v[2] \wedge t[2]=t[3] \wedge w[1]=t[1] \wedge w[2]=t[4])\}$$

(4) 再对上式化简,去掉元组变量 t,可得下式:

$$\{w \mid (\exists u)(\exists v)(R(u) \wedge S(v) \wedge u[2]=v[1] \wedge w[1]=u[1] \wedge w[2]=v[2])\}$$

【例3.19】 对于例3.12中查询语句的关系代数表达式形式也可以用元组表达式形式表示。

(1) 检索供应零件给工程 J1 的供应商编号 SNO 与零件编号 PNO。

$$\{t \mid (\exists u)(SPJ(u) \wedge u[3]='J1' \wedge t[1]=u[1] \wedge t[2]=u[2])\}$$

(2) 检索供应零件给工程 J1,且零件编号为 P1 的供应商编号 SNO。

$$\{t \mid (\exists u)(SPJ(u) \wedge u[2]='P1' \wedge u[3]='J1' \wedge t[1]=u[1])\}$$

(3) 检索使用了编号为 P3 零件的工程编号和名称。

$$\{t \mid (\exists u)(\exists v)(J(u) \wedge SPJ(v) \wedge v[2]='P3' \wedge u[1]=v[3] \wedge t[1]=u[1] \wedge t[2]=u[2])\}$$

(4) 检索供应零件给工程 J1,且零件颜色为红色的供应商名称 SNAME 和地址 SADDR。

$$\{t \mid (\exists u)(\exists v)(\exists w)(S(u) \wedge SPJ(v) \wedge P(w) \wedge u[1]=v[1] \wedge v[2]$$

$$=w[1] \wedge W[3]='红色' \wedge v[3]='J1' \wedge t[1]=u[2] \wedge t[2]=u[3])\}$$

（5）检索使用了零件编号为 P3 或 P5 零件的工程编号 JNO。

$$\{t \mid (\exists u)(SPJ(u) \wedge (u[2]='P3' \vee u[2]='P5') \wedge t[1]=u[3])\}$$

（6）检索至少使用了编号为 P3 和 P5 零件的工程编号 JNO。

$$\{t \mid (\exists u)(\exists v)(SPJ(u) \wedge SPJ(v) \wedge u[3]=v[3] \wedge u[2]='P3' \wedge v[2]='P5' \wedge t[1]$$
$$=u[3])\}$$

（7）检索不使用编号为 P3 零件的工程编号 JNO 和工程名称 JNAME。

$$\{t \mid (\exists u)(\forall v)(J(u) \wedge SPJ(v) \wedge (u[1]=v[3]\Rightarrow v[2]\neq'P3') \wedge t[1]=u[1] \wedge t[2]$$
$$=u[2])\}$$

（8）检索使用了全部零件的工程名称 JNAME。

$$\{t \mid (\exists u)(\forall v)(\exists w)(J(u) \wedge P(v) \wedge SPJ(w) \wedge u[1]=w[3] \wedge v[1]=w[2] \wedge t[1]$$
$$=u[2])\}$$

（9）检索使用零件包含编号为 S1 的供应商所供应的全部零件的工程编号 JNO。

$$\{t \mid (\exists u)(SPJ(u) \wedge (\forall v)(SPJ(v) \wedge (v[1]='S1'\Rightarrow(\exists w)(SPJ(w) \wedge w[3]$$
$$=u[3] \wedge w[2]=v[2]))) \wedge t[1]=u[3])\}$$

3.3.2　域关系演算

1. 域关系演算表达式

域关系演算(Domain Relational Calculus)类似元组关系演算,不同之处是用域变量代替元组变量的每一个分量,域变量的变化范围是某个值域而不是一个关系。可以像元组演算一样定义域演算的原子公式和公式。

原子公式有两种形式:

（1）$R(t_1, t_2, \cdots, t_k)$,R 是一个 k 元关系,每个 t_i 是常量或域变量;

（2）$x\theta y$,其中 x、y 是常量或域变量,但至少有一个是域变量,θ 是算术比较符。

域关系演算的公式中也可使用 $\wedge$、$\vee$、$\neg$ 和 $\Rightarrow$ 等逻辑运算符,也可用 $(\exists x)$ 和 $(\forall x)$ 形成新的公式,但变量 x 是域变量,不是元组变量。

自由域变量、约束域变量等概念和元组演算中一样,这里不再重复。

域演算表达式是形为:

$$\{t_1, t_2, \cdots, t_k \mid P(t_1, t_2, \cdots, t_k)\}$$

的表达式,其中 $P(t_1, t_2, \cdots, t_k)$ 是关于自由域变量 $t_1, t_2, \cdots, t_k$ 的公式。

【**例 3.20**】　表 3.17(a)、(b)、(c)是三个关系 R、S、W,(d)、(e)、(f)分别表示下面三个域表达式的值:

$$R1=\{xyz \mid R(xyz) \wedge x<5 \wedge y>3\}$$
$$R2=\{xyz \mid R(xyz) \vee (S(xyz) \wedge y=4)\}$$
$$R3=\{xyz \mid (\exists u)(\exists v)(R(zxu) \wedge W_{(yv)} \wedge u>v)\}$$

2. 元组表达式到域表达式的转换

把元组表达式转换为域表达式很容易,转换规则如下:

（1）对于 k 元的元组变量 t,可引入 k 个域变量 $t_1, t_2, \cdots, t_k$,在公式中 t 用 $t_1, t_2, \cdots, t_k$ 替换,元组分量 $t[i]$ 用 t_i 替换。

表 3.17　域关系演算的例子

A	B	C
1	2	3
4	5	6
7	8	9

(a) 关系 R

A	B	C
1	2	3
3	4	6
5	6	9

(b) 关系 S

D	E
7	5
4	8

(c) 关系 W

A	B	C
4	5	6

(d) R1

A	B	C
1	2	3
4	5	6
7	8	9
3	4	6

(e) R2

B	D	A
5	7	4
8	7	7
8	4	7

(f) R3

(2) 对于每个量词($\exists u$)或($\forall u$),若 u 是 m 元的元组变量,则引入 m 个新的域变量 u_1,u_2,$\cdots$,u_m。在量词的辖域内,u 用 u_1,u_2,$\cdots$,u_m 替换,$u[i]$用 u_i 替换,($\exists u$)用($\exists u_1$),($\exists u_2$),$\cdots$,($\exists u_m$)替换,($\forall u$)用($\forall u_1$),($\forall u_2$),$\cdots$,($\forall u_m$)替换。

【例 3.21】　对于例 3.18 转换成的元组表达式:

$$\{w \mid (\exists u)(\exists v)(R(u) \wedge S(v) \wedge u[2] = v[1] \wedge w[1] = u[1] \wedge w[2] = v[2])\}$$

可用上述转换方法转换成域表达式:

$$\{w_1 w_2 \mid (\exists u_1)(\exists u_2)(\exists v_1)(\exists v_2)(R(u_1 u_2) \wedge S(v_1 v_2) \wedge u_2 = v_1 \wedge w_1 = u_1 \wedge w_2 = v_2)\}$$

再进一步简化,可消去域变量 u_1、v_1、v_2,得到下式:

$$\{w_1 w_2 \mid (\exists u_2)(R(w_1 u_2) \wedge S(u_2 w_2))\}$$

【例 3.22】　对于例 3.19 的查询,可转换成下列域表达式:

(1) 检索供应零件给工程 J1 的供应商编号 SNO 与零件编号 PNO。

$$\{t_1 t_2 \mid (\exists u_1)(\exists u_2)(\exists u_3)(\exists u_4)(\exists u_5)(SPJ(u_1 u_2 u_3 u_4 u_5) \wedge u_3 = 'J1' \wedge t_1 = u_1 \wedge t_2 = u_2)\}$$

进而可简化为:

$$\{t_1 t_2 \mid (\exists u_4)(\exists u_5)(SPJ(t_1 t_2 'J1' u_4 u_5))\}$$

(2) 检索供应零件给工程 J1,且零件编号为 P1 的供应商编号 SNO。

$$\{t_1 \mid (\exists u_4)(\exists u_5)(SPJ(t_1 'P1' 'J1' u_4 u_5))\}$$

(3) 检索使用了编号为 P3 零件的工程编号和名称。

$$\{t_1 t_2 \mid (\exists u_1)(\exists u_2)(\exists u_3)(\exists u_4)(\exists v_1)(\exists v_2)(\exists v_3)(\exists v_4)(\exists v_5)(J(u_1 u_2 u_3 u_4)$$
$$\wedge SPJ(v_1 v_2 v_3 v_4 v_5) \wedge v_2 = 'P3' \wedge u_1 = v_3 \wedge t_1 = u_1 \wedge t_2 = u_2)\}$$

可简化为:

$$\{t_1 t_2 \mid (\exists u_3)(\exists u_4)(\exists v_1)(\exists v_4)(\exists v_5)(J(t_1 t_2 u_3 u_4) \wedge SPJ(v_1 'P3' t_1 v_4 v_5))\}$$

读者可以自己写出其他查询语句的域表达式。

3.3.3　关系运算的安全性和等价性

1. 关系运算的安全性

从关系代数操作的定义可以看出,任何一个有限关系上的关系代数操作结果都不会导

致无限关系和无穷验证,所以关系代数系统总是安全的。然而,元组关系演算系统和域关系演算系统可能产生无限关系和无穷验证。例如:$\{t|\neg R(t)\}$表示所有不在关系 R 中的元组的集合,是一个无限关系。无限关系的演算需要具有无限存储容量的计算机;另外若判断公式$(\exists u)(w(u))$和$(\forall u)(w(u))$的真和假,需对所有的元组 u 验证,即要求进行无限次验证。显然这是毫无意义的。因此对元组关系演算要进行安全约束。安全约束是对关系演算表达式施加限制条件,对表达式中的变量取值规定一个范围,使之不产生无限关系和无穷次验证,这种表达式被称为是安全表达式。在关系演算中,约定运算只对表达式中公式涉及的关系值范围内的变量进行操作,这样就不会产生无限关系和无穷次验证问题,关系演算才是安全的。

2. 关系运算的等价性

并、差、笛卡儿积、投影和选择是关系代数最基本的操作,并构成了关系代数运算的最小完备集。已经证明,在这个基础上,关系代数、安全的元组关系演算、安全的域关系演算在关系的表达和操作能力上是等价的。

关系运算主要有关系代数、元组演算和域演算三种,典型的关系查询语言也已研制出来,它们典型的代表是 ISBL、QUEL 和 QBE 语言。

ISBL(Information System Base Language)是 IBM 公司英格兰底特律科学中心在 1976 年研制出来的,用在一个实验系统 PRTV(Peterlee Relational Test Vehicle)上。ISBL 语言与关系代数非常接近,每个查询语句都近似于一个关系代数表达式。

QUEL(Query Language)是美国伯克利加州大学研制的关系数据库系统 INGRES 的查询语言,1975 年投入运行,并由美国关系技术公司制成商品推向市场。QUEL 是一种基于元组关系演算的并具有完整的数据定义、检索、更新等功能的数据语言。

QBE(Query By Example,按例查询)是一种特殊的屏幕编辑语言。QBE 是 M. M. Zloof 提出的,在约克镇 IBM 高级研究实验室为图形显示终端用户设计的一种域演算语言。1978 年在 IBM370 上实现。QBE 使用起来很方便,属于人机交互语言,用户可以是没有计算机知识和数学基础的非程序用户。现在,QBE 的思想已渗入许多 DBMS 中。

还有一个语言 SQL,这是介乎关系代数和元组演算之间的一种关系查询语言,现已成为关系数据库的标准语言,将在第 4 章详细介绍。

3.4 查 询 优 化

3.4.1 关系代数表达式的优化问题

查询处理的代价通常取决于磁盘访问,磁盘访问比内存访问速度要慢得多。对于一个给定的查询,通常会有很多可能的处理策略,也就是可以写出许多等价的关系代数表达式。就所需磁盘访问次数而言,策略好坏差别很大,有时甚至相差几个数量级。因此,系统多花点时间在选择一个较好的查询处理策略上是值得的,即便该查询语句只执行一次。

在关系代数表达式中需要指出若干关系的操作步骤。那么,系统应该以什么样的操作顺序,才能做到既省时间,又省空间,而且效率也比较高呢?这个问题称为查询优化问题。

在关系代数运算中,笛卡儿积和连接运算是最费时间的。若关系 R 有 m 个元组,关系 S 有 n 个元组,那么 R×S 就有 $m×n$ 个元组。当关系很大时,R 和 S 本身就要占较大的外存空间,由于内存的容量是有限的,只能把 R 和 S 的一部分元组读进内存,如何有效地执行笛卡儿积操作,花费较少的时间和空间,就有一个查询优化的策略问题。

【例 3.23】 设关系 R 和 S 都是二元关系,属性名分别为 A、B 和 C、D。设有一个查询可用关系代数表达式表示:

$$E1 = \pi_A(\sigma_{B=C \wedge D='99'}(R×S))$$

也可以把选择条件 D='99'移到笛卡儿积中的关系 S 前面:

$$E2 = \pi_A(\sigma_{B=C}(R×\sigma_{D='99'}(S)))$$

还可以把选择条件 B=C 与笛卡儿积结合成等值连接形式:

$$E3 = \pi_A(R \underset{B=C}{\bowtie} \sigma_{D='99'}(S))$$

这三个关系代数表达式是等价的,但执行的效率大不一样。显然,求 E1、E2、E3 的大部分时间是花在连接操作上。

对于 E1,先做笛卡儿积,要把 R 的每个元组与 S 的每个元组连接起来。在外存储器中,每个关系以文件形式存储。设关系 R 和 S 的元组个数都是 10000,每个物理存储块可存放 5 个元组,那么关系 R 有 2000 块,S 也有 2000 块。而内存只给这个操作 100 块的内存空间。此时执行笛卡儿积操作较好的方法是先让 R 的第一组 99 块数据装入内存,然后关系 S 逐块转入内存去做元组的连接;再把关系 R 的第二组 99 块数据装入内存,然后关系 S 逐块转入内存去做元组的连接。

这样关系 R 每块只装入内存一次,装入块数是 2000;而关系 S 的每块需要装入内存(2000/99)次,装入内存的块数是(2000/99)×2000,因而执行 R×S 的总装入块数是:

$$2000 + (2000/99) × 2000 ≈ 42\,400(块)$$

若每秒装入内存 20 块,则需要约 35 分钟。这里还没有考虑连接后产生的元组写入外存的时间。

对于 E2 和 E3,由于先做选择,设 S 中 D='99'的元组只有几个,因此关系的每块只需装入内存一次,则关系 R 和 S 的总装入块数为 4000,约 3 分钟,相当于求 E1 花费时间的 1/10。

如果对关系 R 和 S 在属性 B、C、D 上建立索引,那么花费时间还要少得多。

这种差别的原因是计算 E1 时 S 的每个元组装入内存多次,而计算 E2 和 E3 时,S 的每个元组只进内存一次。在计算 E3 时把笛卡儿积和选择操作合并成等值连接操作。

从此例可以看出,如何安排选择、投影和连接的顺序是一个很重要的问题。

3.4.2 关系代数表达式的等价变换规则

两个关系代数表达式等价是指用同样的关系实例代替两个表达式中相应关系时所得到的结果是一样的。也就是得到相同的属性集和相同的元组集,但元组中属性的顺序可能不一致。两个关系代数表达式 E1 和 E2 的等价写成 E1≡E2。

涉及连接和笛卡儿积的等价变换规则有下面两条。

1. 连接和笛卡儿积的交换律

设 E1 和 E2 是关系代数表达式,F 是连接的条件,那么下列式子成立(不考虑属性间的顺序）：

$$E1 \underset{F}{\bowtie} E2 \equiv E2 \underset{F}{\bowtie} E1$$

$$E1 \bowtie E2 \equiv E2 \bowtie E1$$

$$E1 \times E2 \equiv E2 \times E1$$

2. 连接和笛卡儿积的结合律

设 E1、E2 和 E3 是关系代数表达式，F1 和 F2 是连接条件，F1 只涉及 E1 和 E2 的属性，F2 只涉及 E2 和 E3 的属性，那么下列式子成立：

$$(E1 \underset{F1}{\bowtie} E2) \underset{F2}{\bowtie} E3 \equiv E1 \underset{F1}{\bowtie} (E2 \underset{F2}{\bowtie} E3)$$

$$(E1 \bowtie E2) \bowtie E3 \equiv E1 \bowtie (E2 \bowtie E3)$$

$$(E1 \times E2) \times E3 \equiv E1 \times (E2 \times E3)$$

涉及选择的规则有下面的规则 3～12。

3. 投影的串接

设 L1，L2，…，Ln 为属性集，并且 L1⊆L2⊆…⊆Ln，那么下式成立：

$$\pi_{L1}(\pi_{L2}(\cdots(\pi_{Ln}(E))\cdots)) \equiv \pi_{L1}(E)$$

4. 选择的串接

$$\sigma_{F1}(\sigma_{F2}(E)) \equiv \sigma_{F1 \wedge F2}(E)$$

由于 F1∧F2 = F2∧F1，因此选择的交换律也成立：

$$\sigma_{F1}(\sigma_{F1}(E)) \equiv \sigma_{F2}(\sigma_{F1}(E))$$

5. 选择和投影操作的交换

$$\pi_{L}(\sigma_{F}(E)) \equiv \sigma_{F}(\pi_{L}(E))$$

这里要求 F 只涉及 L 中的属性，如果条件 F 还涉及不在 L 中的属性集 L1，那么就有下式成立：

$$\pi_{L}(\sigma_{F}(E)) \equiv \pi_{L}(\sigma_{F}(\pi_{L \cup L1}(E)))$$

6. 选择对笛卡儿积的分配律

$$\sigma_{F}(E1 \times E2) \equiv \sigma_{F}(E1) \times E2$$

这里要求 F 只涉及 E1 中的属性。

如果 F 形为 F1∧F2，且 F1 只涉及 E1 的属性，F2 只涉及 E2 的属性，那么使用规则 4 和 6 可得到下列式子：

$$\sigma_{F}(E1 \times E2) \equiv \sigma_{F1}(E1) \times \sigma_{F2}(E2)$$

此外，如果 F 形为 F1∧F2，且 F1 只涉及 E1 的属性，F2 只涉及 E1 和 E2 的属性，那么可得到下列式子：

$$\sigma_{F}(E1 \times E2) \equiv \sigma_{F2}(\sigma_{F1}(E1) \times E2)$$

也就是把一部分选择条件放到笛卡儿积中关系的前面。

7. 选择对并的分配律

$$\sigma_{F}(E1 \cup E2) \equiv \sigma_{F1}(E1) \cup \sigma_{F2}(E2)$$

这里要求 E1 和 E2 具有相同的属性名，或者 E1 和 E2 表达的关系的属性有对应性。

8. 选择对集合差的分配律

$$\sigma_{F}(E1 - E2) \equiv \sigma_{F}(E1) - \sigma_{F}(E2)$$

或

$$\sigma_F(E1-E2)\equiv\sigma_F(E1)-E2$$

这里也要求 E1 和 E2 的属性有对应性。恒等式右边的 $\sigma_F(E2)$ 也可以不做选择操作，直接用 E2 代替，但往往求 $\sigma_F(E2)$ 比求 E2 容易。

9. 选择对自然连接的分配律

如果 F 只涉及表达式 E1 和 E2 的公共属性，那么选择对自然连接的分配律成立：

$$\sigma_F(E1\bowtie E2)\equiv\sigma_F(E1)\bowtie\sigma_F(E2)$$

10. 投影对笛卡儿积的分配律

$$\pi_{L1\cup L2}(E1\times E2)\equiv\pi_{L1}(E1)\times\pi_{L2}(E2)$$

这里要求 L1 是 E1 中的属性集，L2 是 E2 中的属性集。

11. 投影对并的分配律

$$\pi_L(E1\cup E2)\equiv\pi_L(E1)\cup\pi_L(E2)$$

这里要求 E1 和 E2 的属性有对应性。

12. 选择与连接操作的结合

根据 F 连接的定义可得

$$\sigma_F(E1\times E2)\equiv E1\underset{F}{\bowtie}E2$$

$$\sigma_{F1}(E1\underset{F2}{\bowtie}E2)\equiv E1\underset{F2\wedge F2}{\bowtie}E2$$

涉及集合操作的有下面两条规则。

13. 并和交的交换律

$$E1\cup E2\equiv E2\cup E1$$

$$E1\cap E2\equiv E2\cap E1$$

14. 并和交的结合律

$$(E1\cup E2)\cup E3\equiv E1\cup(E2\cup E3)$$

$$(E1\cap E2)\cap E3\equiv E1\cap(E2\cap E3)$$

3.4.3 优化的一般策略

这里介绍的优化策略与关系的存储技术无关，主要是如何安排操作的顺序。但经过优化后的表达式不一定是所有等价表达式中执行时间最少的。此处不讨论执行时间最少的"最优问题"，只是介绍优化的一般技术。主要有以下一些策略。

(1) 在关系代数表达式中尽可能早地执行选择操作。对于有选择运算的表达式，应尽量提前执行选择操作，以得到较小的中间结果，减少运算量和读外存块的次数。

(2) 把笛卡儿积和其后的选择操作合并成 F 连接运算。因为两个关系的笛卡儿积是一个元组数较大的关系(中间结果)，而做了选择操作后，可能会获得很小的关系。这两个操作一起做，即对每一个连接后的元组，立即检查是否满足选择决定条件，再决定取舍，将会减少时间和空间的开销。

(3) 同时计算一连串的选择和投影操作，以免分开运算造成多次扫描文件，从而能节省操作时间。

因为选择和投影都是一元操作符，它们把关系中的元组看成是独立的单位，所以可以对每个元组连续做一串操作(当然顺序不能随意改动)。如果在一个二元运算后面跟着一串一元运算,那么也可以结合起来同时操作。

(4)如果在一个表达式中多次出现某个子表达式,那么应该将该子表达式预先计算出结果保存起来,以免重复计算。

(5)适当地对关系文件进行预处理。关系以文件形式存储,根据实际需要对文件进行排序或建立索引文件,这样能使两个关系在进行连接时,可以很快地、有效地对应起来。有时,建立永久的排序文件和索引文件需要占据大量空间,因此也可临时产生文件,这只是花些时间,但还是合算的。

(6)在计算表达式前应先估计一下怎么计算合算。例如,计算 R×S,应先查看一下 R 和 S 的物理块数,然后再决定哪个关系可以只进内存一次,而另一关系进内存多次,这样才合算。

3.4.4　优化算法

关系代数表达式的优化是由 DBMS 的 DML 编译器完成的。对一个关系代数表达式进行语法分析,可以得到一棵语法树,叶子是关系,非叶子节点是关系代数操作。利用前面的等价变换规则和优化策略来对关系代数表达式进行优化。

算法 3.1　关系代数表达式的优化。

输入:一个关系代数表达式的语法树。

输出:计算表达式的一个优化序列。

方法:依次执行下面每一步。

(1)使用等价变换规则 4 把每个形为 $\sigma_{F1 \wedge \cdots \wedge Fn}(E)$ 的子表达式转换成选择串接形式:

$$\sigma_{F1}(\cdots \sigma_{Fn}(E) \cdots)$$

(2)对每个选择操作,使用规则 4~9,尽可能地把选择操作移近树的叶端(即尽可能早地执行选择操作)。

(3)对每个投影操作,使用规则 3、5、10、11,尽可能把投影操作移近树的叶端。规则 3 可能使某些投影操作消失,而规则 5 可能会把一个投影分成两个投影操作,其中一个将靠近叶端。如果一个投影是针对被投影的表达式的全部属性,则可消去该投影操作。

(4)使用规则 3~5,把选择和投影合并成单个选择、单个投影或一个选择后跟一个投影。使多个选择、投影能同时执行或在一次扫描中同时完成。

(5)将上述步骤得到的语法树的内节点分组。每个二元运算(×、∪、-)节点与其直接祖先(不超过别的二元运算节点)的一元运算节点(σ 或 π)分为一组。如果它的子孙节点一直到叶都是一元运算符(σ 或 π),则也并入该组。但是,如果二元运算是笛卡儿积,而且后面不是与它组合成等值连接的选择时,则不能将选择与这个二元运算组成同一组。

(6)生成一个程序,每一组节点的计算是程序中的一步,各步的顺序是任意的只要保证任何一组不会在它的子孙组之前计算。

【例 3.24】　对于工程项目数据库。

供应商关系　　　S(SNO, SNAME, SADDR)

零件关系　　　　P(PNO, PNAME, COLOR, WEIGHT)

工程关系　　　　J(JNO, JNAME, JCITY, BALANCE)

供应关系　　　　SPJ(SNO，PNO，JNO，PRICE，QTY)

现有一个查询语句：检索供应给工程 J1 零件为红色的供应商名称和地址。

$$\pi_{\text{SNAME,SADDR}}(\sigma_{\text{JNO='J1'} \wedge \text{COLOR='红色'}}(S \bowtie SPJ \bowtie P))$$

对于上述式子中的 $\bowtie$ 符号用 π、σ、$\times$ 操作表示，可得下式：

$$\pi_{\text{SNAME,SADDR}}(\sigma_{\text{JNO='J1'} \wedge \text{COLOR='红色'}}(\pi_L(\sigma_{\text{S.SNO=SPJ.SNO} \wedge \text{SPJ.PNO=P.PNO}}(S \times SPJ \times P))))$$

此处 L 是 SNO，SNAME，SADDR，PNO，JNO，PRICE，QTY，PNAME，COLOR，WEIGHT。关系代数表达式构成的语法树如图 3.5 所示，下面使用优化算法对语法树进行优化。

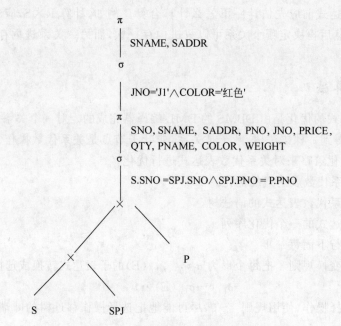

图 3.5　关系代数表达式构成的语法树

(1) 将每个选择运算分裂成两个选择运算，共得到四个选择操作。

$$\sigma_{\text{JNO='J1'}}$$

$$\sigma_{\text{COLOR='红色'}}$$

$$\sigma_{\text{S.SNO=SPJ.SNO}}$$

$$\sigma_{\text{SPJ.PNO=P.PNO}}$$

(2) 使用等价变换规则 4～8，把四个选择运算尽可能地向树的叶端靠拢。据规则 4 和 5，可以把 $\sigma_{\text{JNO='J1'}}$ 和 $\sigma_{\text{COLOR='红色'}}$ 移到投影和另两个选择操作下面，直接放在笛卡儿积外面得到子表达式：

$$\sigma_{\text{COLOR='红色'}}(\sigma_{\text{JNO='J1'}}(S \times SPJ) \times P)$$

其中，内层选择仅涉及关系 SPJ，外层选择仅涉及关系 P，所以上式可变换成：

$$(\sigma_{\text{JNO='J1'}}(SPJ) \times S) \times \sigma_{\text{COLOR='红色'}}(P)$$

$\sigma_{\text{SPJ.PNO=P.PNO}}$ 不能再往叶端移动了，因为它的属性涉及两个关系 SPJ 和 S，但 $\sigma_{\text{S.SNO=SPJ.SNO}}$ 还可向下移，与笛卡儿积交换位置。

然后根据规则 3，再把两个投影合并成一个投影 $\pi_{\text{SNO,SNAME}}$。这样，原来的语法树

(图 3.5)变成了如图 3.6 所示的形式。

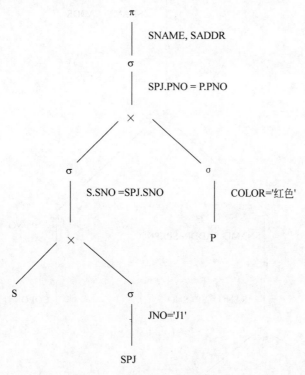

图 3.6　优化过程中的语法树

（3）据规则 5,把投影和选择进行交换,在 σ 前增加一个 π 操作。用

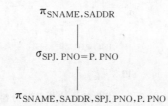

代替 $\pi_{\text{SNAME,SADDR}}$ 和 $\sigma_{\text{SPJ.PNO}=\text{P.PNO}}$。

再把 $\pi_{\text{SNAME,SADDR,SPJ.PNO,P.PNO}}$ 分成 $\pi_{\text{SNAME,SADDR,SPJ.PNO}}$ 和 $\pi_{\text{P.PNO}}$,使它们分别对 $\sigma_{\text{S.SNO}=\text{SPJ.SNO}}(\cdots)$ 和 $\sigma_{\text{COLOR}='\text{红色}'}(\text{P})$ 做投影操作。

再据规则 5,将投影 $\pi_{\text{SNAME,SADDR,SPJ.PNO}}$ 和 $\pi_{\text{P.PNO}}$ 分别与前面的选择运算形成两个串接运算:

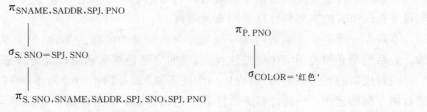

再把 $\pi_{\text{S.SNO,SNAME,SADDR,SPJ.PNO}}$ 往叶端移,形成图 3.7 的语法树。图 3.7 中用虚线划分了两个运算组。

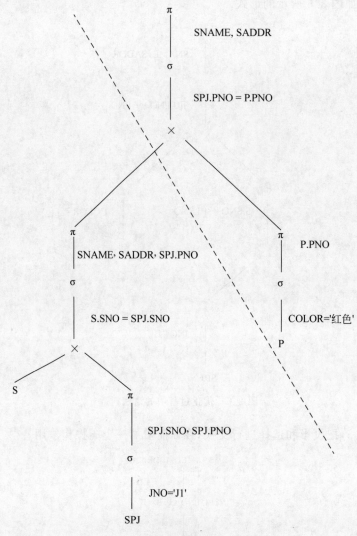

图 3.7　优化的语法树及其分组

（4）执行时从叶端依次向上进行，每组运算只对关系扫描一次。

小　　结

关系运算理论是关系数据库查询语言的理论基础。只有掌握了关系运算理论，才能深刻理解查询语言的本质和熟练使用查询语言。

本章先介绍了关系模型的基本概念。关系定义为元组的集合，但关系又有它特殊的性质。关系模型必须遵循实体完整性规则、参照完整性规则和用户定义的完整性规则。

关系代数的五个基本操作（构成一个完备集）以及四个组合操作，是本章的重点。要能进行两方面的运用：一是计算关系代数表达式的值；二是根据查询语句写出关系代数表达式的表示形式。

关系演算是基于谓词演算的关系运算，理论性较强。主要理解表达式的语义，计算其值,并能根据简单的查询语句写出元组表达式。

查询优化是指系统对关系代数表达式要进行优化组合,以提高系统效率。本章介绍了关系代数表达式的若干变换规则和优化的一般策略,然后提出了一个查询优化的算法。

习　题　3

1. 名词解释。

关系模型	关系模式	关系实例	属性
域	元组	超键	候选键
主键	外键	实体完整性规则	参照完整性规则
过程性语言	非过程性语言	无限关系	无穷验证

2. 为什么关系中的元组没有先后顺序?

3. 为什么关系中不允许有重复元组?

4. 关系与普通表格、文件有什么区别?

5. 笛卡儿积、等值连接、自然连接三者之间有什么区别?

6. 设有关系 R 和 S(见表 3.18),计算 $R \cup S$,$R-S$,$R \cap S$,$R \times S$,$\pi_{3,2}(S)$,$\sigma_{B<'5'}(R)$,$R \underset{2<2}{\bowtie} S$,$R \bowtie S$。

表 3.18　习题 3.6

R:

A	B	C
3	6	7
2	5	7
7	2	3
4	4	3

S:

A	B	C
3	4	5
7	2	3

7. 如果 R 是二元关系,那么下列元组表达式的结果是什么?
$$\{t \mid (\exists u)(R(t) \wedge R(u) \wedge (t[1] \neq u[1] \vee t[2] \neq u[2]))\}$$

8. 假设 R 和 S 分别是三元和二元关系,试把表达式 $\pi_{1,5}(\sigma_{2=4 \vee 3=4}(R \times S))$ 转换成等价的。

(1) 汉语查询句子;(2) 元组表达式;(3) 域表达式。

9. 假设 R 和 S 都是二元关系,试把元组表达式 $\{t \mid R(t) \wedge (\exists u)(S(u) \wedge u[1] \neq t[2])\}$ 转换成等价的。

(1) 汉语查询句子;(2) 域表达式;(3) 关系代数表达式。

10. 试把域表达式 $\{ab \mid R(ab) \wedge R(ba)\}$ 转换成等价的。

(1) 汉语查询句子;(2) 关系代数表达式;(3) 元组表达式。

11. 有两个关系 R(A, B, C) 和 S(D, E, F),试把下列关系代数表达式转换成等价的元组表达式。

(1) $\pi_A(R)$;(2) $\sigma_{B='17'}(R)$;(3) $R \times S$;(4) $\pi_{A,F}(\sigma_{C=D}(R \times S))$。

12. 设有三个关系:

S(SNO, SNAME, AGE, SEX, SDEPT)
SC(SNO, CNO, GRADE)
C(CNO, CNAME, CDEPT, TNAME)

试用关系代数表达式表示下列查询语句。

(1) 检索 LIU 老师所授课程的课程号、课程名。

(2) 检索年龄大于 23 岁的男学生的学号与姓名。

(3) 检索学号为 S3 学生所学课程的课程名与任课教师名。

(4) 检索至少选修 LIU 老师所授课程中一门课的女学生姓名。

(5) 检索 WAN 同学不学的课程的课程号。

(6) 检索至少选修两门课程的学生学号。

(7) 检索全部学生都选修的课程的课程号与课程名。

(8) 检索选修课程包含 LIU 老师所授课程的学生学号。

13. 试用元组表达式表示习题 12 题的各个查询语句。

14. 试用域表达式表示习题 12 题的各个查询语句。

15. 在习题 12 题的三个关系中,用户有一查询语句:检索数学系的学生选修计算机课程的课程名和任课教师姓名。

(1) 试写出该查询的关系代数表达式。

(2) 画出该查询初始的关系代数表达式的语法树。

(3) 使用 3.4.4 节优化算法,对语法树进行优化,试写出该查询优化的关系代数表达式。

(4) 画出优化后的语法树。

16. 为什么要对关系代数表达式进行优化?

第4章 结构化查询语言

结构化查询语言(Structured Query Language,SQL)是一种介于关系代数与关系演算之间的语言,其功能包括查询、操纵、定义和控制四个方面,是一种通用的功能极强的关系数据库标准语言。目前,SQL 语言已经被确定为关系数据库系统的国际标准,被绝大多数商品化的关系数据库系统采用,得到用户的普遍接受。

4.1 SQL 概述

4.1.1 SQL 的发展历程

SQL 语言于 1974 年由 Boyce 和 Chamberlin 提出,在 IBM 公司研制的关系数据库原型系统 System R 上实现了这种语言。由于它具有功能丰富、使用方式灵活、语言简洁易学等突出优点,在计算机工业界和计算机用户中备受欢迎。1986 年 10 月,美国国家标准化协会(ANSI)的数据库委员会批准了 SQL 作为关系数据库语言的美国标准。同年公布了标准 SQL 文本。1987 年 6 月国际标准化组织(ISO)将其采纳为国际标准。这个标准也称为"SQL-86"。之后 SQL 标准化工作不断地进行着,相继出现了"SQL-89""SQL-2"和"SQL-3"。SQL 成为国际标准后,对数据库以外的领域也产生了很大影响,不少软件产品将 SQL 的数据查询功能与图形功能、软件工程工具、软件开发工具、人工智能程序结合起来。SQL 已成为关系数据库领域中的一种主流语言。

4.1.2 SQL 数据库的体系结构

SQL 数据库的体系结构基本上也是三级模式结构如图 4.1 所示。但术语与传统的关系模型术语不同。在 SQL 中,外模式对应于视图,模式对应于基本表,元组称为"行",属性称为"列"。内模式对应于存储文件。

SQL 数据库的体系结构具有如下特征:

(1) 一个 SQL 模式(Schema)是表和约束的集合。

(2) 一个表(Table)是行(Row)的集合。每行是列(Column)的序列,每列对应一个数据项。

(3) 一个表可以是一个基本表,也可以是一个视图。基本表是实际存储在数据库中的表。视图是从基本表或其他视图中导出的表,它本身不独立存储在数据库中,也就是说数据库中只存放视图的定义而不存放视图的数据,这些数据仍存放在导出视图的基本表中。因此视图是一个虚表。

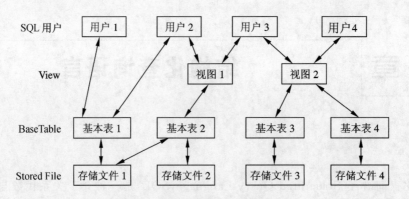

图 4.1 SQL 数据库的体系结构

(4) 一个基本表可以跨一个或多个存储文件,一个存储文件也可存放一个或多个基本表,一个表可以带若干索引,索引也存放在存储文件中。每个存储文件与外部存储器上一个物理文件对应。存储文件的逻辑结构组成了关系数据库的内模式。

(5) 用户可以用 SQL 语句对视图和基本表进行查询等操作。在用户看来,视图和基本表是一样的,都是关系(即表格)。

(6) SQL 用户可以是应用程序,也可以是终端用户。SQL 语句可嵌入在宿主语言的程序中使用,宿主语言有 FORTRAN、COBOL、Pascal、PL/I、C 和 Ada 等语言;SQL 也能作为独立的用户接口,供交互环境下的终端用户使用。

4.1.3 SQL 的组成

SQL 主要分为以下四个部分。

(1) 数据定义:也称为 SQL DDL,用于定义 SQL 模式、基本表、视图和索引。

(2) 数据操纵:也称为 SQL DML。数据操纵分为数据查询和数据更新两类。其中数据更新又分为插入、删除和修改三种操作。

(3) 数据控制:也称为 SQL DCL。数据控制包括对基本表和视图的授权、完整性规则的描述、事务控制语句等。

(4) 嵌入式 SQL 的使用:这部分内容涉及 SQL 语句嵌入宿主语言程序中的使用规则。

4.2 SQL 的数据定义

SQL 的数据定义部分包括对 SQL 模式(Schema)、基本表(关系,Table)、视图(View)、索引(Index)的创建和撤销操作。

4.2.1 SQL 模式的创建和撤销

1. SQL 模式的创建

在 SQL-2 中,一个 SQL 模式(即"数据库模式")被定义为基本表的集合。一个 SQL 模式由模式名和模式拥有者的用户名或账号来确定,并包含模式中每一个元素(基本表、视图、索引等)的定义。创建了一个 SQL 模式,就是定义了一个存储空间。

SQL 模式的创建可用 CREATE 语句实现,其句法如下:

CREATE SCHEMA <模式名> AUTHORIZATION <用户名>

例如,下面语句定义了教学数据库的 SQL 模式。

CREATE SCHEMA ST_COURSE AUTHORIZATION 张铭

该模式名为 ST_COURSE,拥有者为张铭。

在 SQL 中还有一个"目录"(Catalog)概念。目录是 SQL 环境中所有模式的集合。一个目录由一个特殊模式 INFORMATION_SCHEMA 组成,它负责提供所有模式描述是元素的信息,这些信息除了关系、视图、索引等的定义外,还包括实体完整性规则、引用完整性规则等内容。

由于"SQL 模式"这个名称学术味太重,因此大多数 DBMS 中不愿采用这个名词,而是采用"数据库"(Database)这个名词。也就是大多数系统中创建 SQL 模式不是用 CREATE SCHEMA…字样,而是用 CREATE DATABASE…字样。

2. SQL 模式的撤销

当一个 SQL 模式及其所属的基本表、视图等元素都不需要时,可以用 DROP 语句撤销这个 SQL 模式。DROP 语句的句法如下:

DROP SCHEMA <模式名>[CASCADE|RESTRICT]

撤销的方式有以下两种。

CASCADE(连锁式)方式:执行 DROP 语句时,把 SQL 模式及其下属的基本表、视图、索引等所有元素全部撤销。

RESTRICT(约束式)方式:执行 DRPO 语句时,只有当 SQL 模式中没有任何下属元素时,才能撤销 SQL 模式,否则拒绝执行 DROP 语句。

例如,要撤销 SQL 模式 ST_COURSE 及其下属所有的元素,可用下列语句实现。

DROP SCHEMA ST_COURSE CASCADE

4.2.2 SQL 提供的基本数据类型

下面是 SQL 提供的一些基本数据类型。

1. 数值型

INTEGER	长整数(也可写成 INT)
SMALLINT	短整数
REAL	取决于机器精度的浮点数
DOUBLE PRECISION	取决于机器精度的双精度浮点数
FLOAT(n)	浮点数,精度至少为 n 位数字
NUMERIC(p, d)	定点数,由 p 位数字(不包括符号、小数点)组成,小数点后面有 d 位数字(也可写成 DECIMAL(P, d)或 DEC(P, d))

2. 字符串型

CHAR(*n*)　　　　　　长度为 *n* 的定长字符串

VARCHAR(*n*)　　　　　具有最大长度为 *n* 的变长字符串

3. 位串型

BIT(*n*)　　　　　　　长度为 *n* 的二进制位串

BIT VARYING(*n*)　　最大长度为 *n* 的变长二进制位串

4. 时间型

DATE　　　　　　　　日期,包含年、月、日,形为 YYYY-MM-DD

TIME　　　　　　　　时间,包含一日的时、分、秒,形为 HH：MM：SS

SQL　　　　　　　　允许在上面列出的域上执行比较操作,但算术操作只限于数值型。

SQL　　　　　　　　允许用户使用 CREATE DOMAIN 语句定义新的域,例如：

```
CREATE DOMAIN  PERSON_NAME  CHAR(10)
```

定义了一个新的域 PERSON_NAME,以后就可把它作为基本数据类型看待,用户在定义其他列时可以采用 PERSON_NAME 作为数据类型。

4.2.3　基本表的创建、修改和撤销

如果在系统中创建了一个 SQL 模式,那么就可以在该模式中创建基本表。对基本表结构有创建、修改和撤销三种操作。

1. 基本表的创建

创建基本表,就是定义基本表的结构。基本表结构的定义可用 CREATE 语句实现：

CREATE TABLE SQL 模式名.基本表名

(列名 类型,

…

完整性约束,

…)

定义基本表结构,需指出它放在哪个模式中,后面为简单起见,模式名省略不写。每个属性的类型可以是基本类型,也可以是用户事先定义的域名。完整性规则主要有三种子句：主键子句(PRIMARY KEY)、检查子句(CHECK)和外键子句(FOREIGN KEY)。

【**例 4.1**】　在有关工程项目的数据库中,有四个关系,其结构如下所述。

供应商关系：S(<u>SNO</u>, SNAME, SADDR)

零件关系：P(<u>PNO</u>, PNAME, COLOR, WEIGHT)

工程项目关系：J(<u>JNO</u>, JNAME, JCITY, BALANCE)

供应情况关系：SPJ(<u>SNO,PNO,JNO</u>, PRICE, QTY)

供应商关系 S 可用下列语句创建：

```
CREATE TABLE S
    (SNO CHAR(4) NOT NULL,
    SNAME CHAR(20) NOT NULL,
    SADDR CHAR(20),
    PRIMARY KEY(SNO));
```

这里定义的关系 S 有三个属性,分别是供应商号(SNO)、供应商名(SNAME)和地址(SADDR),属性的类型都是字符型,长度分别是 4、20 和 20 个字符。主键是供应商号 SNO。在 SQL 中允许属性值为空值,当规定某一属性值不能为空值时,就要在定义该属性时写上保留字 NOT NULL。本例中,规定供应商号和供应商名不能取空值。由于已规定供应商号为主键,所以对属性 SNO 定义中的 NOT NULL 可以省略不写。

对于基本表 P、J、SPJ,可以用下列语句创建:

```
CREATE TABLE P
    (PNO CHAR(4) NOT NULL,
    PNAME CHAR(20) NOT NULL,
    COLOR  CHAR(8),
    WEIGHT SMALLINT,
    PRIMARY KEY (PNO));
CREATE TABLE J
    (JNO CHAR(4) NOT NULL,
    JNAME CHAR(20),
    JCITY CHAR(20),
    BALANCE  NUMERIC(7,2),
    PRIMARY KEY(JNO));
CREATE TABLE SPJ
    (SNO CHAR(4)  NOT NULL,
    PNO CHAR(4) NOT NULL,
    JNO CHAR(4) NOT NULL,
    PRICE NUMERIC(7,2),
    QTY  SMALLINT,
    PRIMARY KEY(SNO,PNO,JNO),
    FOREIGN KEY(SNO)REFERENCES S(SNO),
    FOREIGN KEY(PNO)REFERENCES P(PNO),
    FOREIGN KEY(JNO)REFERENCES J(JNO),
    CONSTRAINT C_QTY CHECK(QTY BETWEEN 0 AND 10000));
```

上述各属性的含义是:零件号(PNO)、零件名(PNAME)、颜色(COLOR)、重量(WEIGHT)、单价(PRICE)、工程项目号(JNO)、工程项目名称(JNAME)、城市(JCITY)、余额(BALANCE)、供应数量(QTY)。

基本表 SPJ 的定义中有五个属性,主键是(SNO,PNO,JNO)。此外,它还定义了三个外键,并指出外键 SNO 和基本表 S 中 SNO 属性相对应,外键 PNO 和基本表 P 中 PNO 属性相对应,外键 JNO 和基本表 J 中 JNO 属性相对应,此处对应的属性名恰好同名,实际上也可以不同名,只要指出其对应属性即可。外键体现了关系数据库的参照完整性。定义中还使用了一个检查子句,通过约束名 C_QTY 指出供应数量 QTY 为 0~10 000。CHECK 子句中的条件可以很复杂,甚至可以嵌有 SELECT 语句。

2. 基本表结构的修改

在基本表建立后,可以根据实际需要对基本表的结构进行修改,即增加新的属性或删除原有的属性。

(1) 增加新的属性用 ALTER…ADD…语句,其句法如下:

ALTER TABLE 基本表名 ADD 新属性名 新属性类型完整性约束

【例 4.2】 在基本表 S 中增加一个电话号码(TELE)属性,可用下列语句:

```
ALTER TABLE S ADD TELE CHAR(12);
```

注意,新增加的属性不能定义为 NOT NULL。基本表在增加一属性后,原有元组在新增加的属性列上的值都被定义为空值(NULL)。

(2) 删除原有的属性用 ALTER…DROP…语句,其句法如下:

```
ALTER TABLE 基本表名 DROP 属性名 [CASCADE|RESTRICT]
```

此处 CASCADE 方式表示:在基本表中删除某属性时,所有引用该属性的视图和约束也要一起自动地被删除。而 RESTRICT 方式表示在没有视图或约束引用该属性时,才能在基本表中删除该属性,否则拒绝删除操作。

【例 4.3】 在基本表 S 中删除电话号码(TELE)属性,并且将引用该属性的所有视图和约束也一起删除,可用下列语句:

```
ALTER TABLE S DROP  TELE CASCADE;
```

(3) 删除指定的完整性约束条件,其句法如下:

```
ALTER TABLE 基本表名 DROP 约束名;
```

【例 4.4】 在基本表 SPJ 中删除对属性 QTY 的约束,可用下列语句:

```
ALTER TABLE SPJ DROP C_QTY;
```

另外,可以用下列语句增加(即恢复)对属性 QTY 的约束:

```
ALTER TABLE SPJ ADD CONSTRAINT C_QTY CHECK(QTY BETWEEN 0 AND 10000)
```

3. 删除基本表

删除基本表可以用 DROP TABLE 语句删除基本表。其句法如下:

```
DROP TABLE 基本表名   [CASCADE|RESTRICT]
```

此处的 CASCADE 和 RESTRICT 的语义同前面句法中的语义一样。在一个基本表删除后,其所有数据也就丢失了,使用时要谨慎。

4.2.4 视图的创建和撤销

在 SQL 中,外模式一级数据结构的基本单位是视图(View),视图是从若干基本表和(或)其他视图构造出来的表。这种构造方式采用 SELECT 语句实现。在创建一个视图时,系统把视图的定义存放在数据字典中,而并不存储视图对应的数据,在用户使用视图时才去求对应的数据。因此,视图被称为"虚表"。

1. 视图的创建

创建视图可用 CREATE VIEW 语句实现。其句法如下:

```
CREATE VIEW   视图名(列名表)
AS SELECT 查询语句
```

【例 4.5】 对工程项目数据库中的基本表 S、P、J、SPJ,用户经常要用到有关项目使用零件情况信息：工程号(JNO)、工程项目名称(JNAME)、供应商号(SNO)、供应商名(SNAME)、零件号(PNO)、零件名(PNAME)、供应数量(QTY)等列的数据,可用下列语句建立视图：

```
CREAT VIEW JSP_NAME(JNO,JNAME,SNO,SNAME,PNO,PNAME,QTY)
    AS SELECT J.JNO,JNAME,S.SNO,SNAME,P.PNO,PNAME,QTY
        FROM S, P, J, SPJ
        WHERE  S.SNO = SPJ.SNO
            AND  P.PNO = SPJ.PNO
            AND  J.JNO = SPJ.JNO;
```

此处,视图中列名顺序与 SELECT 子句中的列名顺序一致,因此视图名 JSP_NAME 后的列名可省略。

2. 视图的撤销

可以用 DROP VIEW 语句把视图从系统中撤销。其句法如下：

```
DROP VIEW 视图名
```

【例 4.6】 撤销 JSP_NAME 视图,可用下列语句实现：

```
DROP  VIEW  JSP_NAME;
```

4.2.5 索引的创建和撤销

在 SQL-86 和 SQL-89 标准中,基本表没有关键码概念,用索引机制弥补,而且至今仍有许多关系 DBMS 使用索引创建和撤销语句,因此在此加以介绍。

索引属于物理存储的路径概念,而不是逻辑的概念。在定义基本表时,还要定义索引,就把数据库的物理结构和逻辑结构混合在一起了。因此,在 SQL-2 中,直接使用主键概念,在创建基本表时用主键子句定义主键。

下面介绍 SQL 标准中和现在许多 DBMS 中使用的索引技术。

1. 索引的创建

创建索引可用 CREATE INDEX 语句实现。其句法如下：

```
CREATE [UNIQUE] INDEX 索引名 ON 基本表名
    (<列名>[<次序>][, <列名>[<次序>]]…)
```

其中,基本表名指定要建索引的基本表的名字。索引可以建在该表的一列或多列上,各列名之间用逗号分隔。每个<列名>后面还可以用<次序>指定索引值的排列次序,包括 ASC <升序>和 DESC <降序>两种,默认值为 ASC。UNIQUE 表示此索引的每一个索引值只对应唯一的数据记录。

【例 4.7】 如果工程项目表用下列语句创建：

```
CREATE TABLE J
    (JNO CHAR(4),
    JNAME CHAR(20),
    JCITY CHAR(20));
```

则可对基本表 J 建立一个索引：

```
CREATE INDEX  JNO_INDEX  ON  J(JNO);
```

此语句表示对基本表 J 的列 JNO 建立索引,索引键的名为 JNO_INDEX。如果要求列 JNO 的值在基本表 J 中不重复,那么在 INDEX 前加上保留字 UNIQUE:

```
CREATE UNIQUE INDEX  JNO_INDEX  ON  J(JNO);
```

SQL 中的索引是非显式索引,也就是在索引创建以后,用户在索引撤销前不会再用到该索引键的名,但是索引在用户查询时会自动起作用。

一个索引键也可以对应多个列。索引排列时可以是升序,也可以是降序,升序排列用 ASC 表示,降序排列用 DESC 表示,默认时表示升序排列。例如,可以对基本表 SPJ 中的(SNO,PNO,JNO)建立索引:

```
CREATE UNIQUE INDEX  SPJ_INDEX  ON  SPJ(SNO ASC,PNO ASC,JNO DESC);
```

2. 索引的撤销

索引的撤销可用 DROP INDEX <索引名>语句实现。

【例 4.8】 撤销索引 JNO_INDEX 和 SPJ_INDEX,可用下面语句:

```
DROP INDEX JNO_INDEX ONJ,SPJ_INDEX ON SPJ;
```

4.3 SQL 的数据查询

数据查询是关系运算理论在 SQL 语言中的主要体现。SQL 的数据查询只有一条 SELECT 语句,而且它是用途最广泛的一条语句,功能非常强大。在学习时,应注意把 SELECT 语句和关系代数表达式联系起来考虑问题。

4.3.1 SELECT 语句格式

1. SELECT 语句的来历

在关系代数中最常用的式子是下列表达式:

$$\pi_{A_1,\cdots,A_n}(\sigma_F(R_1 \times R_2 \times \cdots \times R_m))$$

这里 $R_1,R_2,\cdots,R_m$ 为关系,F 是公式,$A_1,A_2,\cdots,A_n$ 为属性。

针对上述表达式,SQL 为此设计了 SELECT…FROM…WHERE 句型:

```
SELECT   A1,A2,…,An
FROM     R1,R2,…,Rm
WHERE    F
```

这个句型是从关系代数表达式演变来的,但 WHERE 子句中的条件表达式 F 要比关系代数中的公式更灵活。

在 WHERE 子句的条件表达式 F 中可使用下列运算符。

(1) 算术比较运算符:<、<=、>、>=、=、<>或!=。

(2) 逻辑运算符:AND、OR、NOT。

(3) 集合成员资格运算符:IN、NOT IN。

(4) 谓词:EXISTS(存在量词)、ALL、SOME、UNIQUE。

(5) 聚合函数:AVG(平均值)、MIN(最小值)、MAX(最大值)、SUM(和)、COUNT(计数)。

F 中的运算对象还可以是另一个 SELECT 语句,即 SELECT 语句可以嵌套。

另外,SELECT 语句的查询结果之间还可以进行集合的并、交、差操作,集合运算符为 UNION(并)、INTERSECT(交)、EXCEPT(差)。

由于 WHERE 子句中条件表达式可以很复杂,因此 SELECT 句型能表达的语义远比演变前的关系代数表达式复杂得多,SELECT 语句能表达所有的关系代数表达式。

2. SELECT 语句的句法

SELECT 语句完整的句法如下:

```
SELECT [DISTINCT] 目标表的列名或列表达式序列
FROM 基本表名和(或)视图序列|表引用
[ WHERE   行条件表达式 ]
[ GROUP BY   列名序列
    [ HAVING  组条件表达式 ]]
[ ORDER BY   列名[ ASC|DESC ],… ]
```

句法中[ ]表示该成分可有可无。

整个语句的执行过程如下:

(1) 读取 FROM 子句中基本表、视图的数据,执行笛卡儿积操作(或读取表引用所返回的查询结果或多表连接的结果)。

(2) 选取满足 WHERE 子句中给出的条件表达式的元组。

(3) 按 GROUP 子句中指定列的值分组,同时提取满足 HAVING 子句中组条件表达式的那些组。

(4) 按 SELECT 子句中给出的列名或列表达式求值输出。

(5) ORDER 子句对输出的目标表进行排序,按附加说明 ASC 升序排列,或按 DESC 降序排列。

SELECT 语句中,WHERE 子句称为"行条件子句",GROUP 子句称为"分组子句",HAVING 子句称为"组条件子句",ORDER 子句称为"排序子句"。

4.3.2 单表查询

SQL 语言的所有查询都是利用 SELECT 语句完成的。下面通过例子介绍其使用方法。

【例 4.9】 假设项目零件供应数据库中有四个基本表(关系)。

供应商关系: S(SNO, SNAME, SADDR)

零件关系: P(PNO, PNAME, COLOR, WEIGHT)

工程项目关系: J(JNO, JNAME, JCITY, BALANCE)

供应情况关系: SPJ(SNO,PNO,JNO, PRICE, QTY)

上述四个关系的当前值如表 4.1 所示。

表 4.1 四个关系的当前值

供应商关系:S

SNO	SNAME	SADDR	SNO	SNAME	SADDR
S1	原料公司	南京北门 23 号	S4	配件公司	江西上饶 58 号
S2	红星钢管厂	上海浦东 100 号	S5	原料公司	北京红星路 88 号
S3	零件制造公司	南京东晋路 55 号	S8	东方配件厂	天津叶西路 100 号

零件关系: P

PNO	PNAME	COLOR	WEIGHT	PNO	PNAME	COLOR	WEIGHT
P1	钢筋	黑	25	P4	螺丝	黄	12
P2	钢管	白	26	P5	齿轮	红	18
P3	螺母	红	11				

工程项目关系: J

JNO	JNAME	JCITY	BALANCE	JNO	JNAME	JCITY	BALANCE
J1	东方明珠	上海	0.00	J5	炼钢工地	天津	123.00
J2	炼油厂	长春	−11.20	J6	南浦大桥	上海	234.70
J3	地铁三号	北京	678.00	J7	红星水泥厂	江西	343.00
J4	明珠线	上海	456.00				

供应情况关系: SPJ

SNO	PNO	JNO	PRICE	QTY	SNO	PNO	JNO	PRICE	QTY
S1	P1	J1	22.60	80	S5	P5	J1	22.80	20
S1	P1	J4	22.60	60	S5	P5	J4	22.80	60
S1	P3	J1	22.80	100	S8	P3	J1	13.00	20
S1	P3	J4	22.80	60	S1	P3	J6	22.80	6
S3	P3	J5	22.10	100	S3	P4	J6	11.90	6
S3	P4	J1	11.90	30	S4	P2	J6	33.80	8
S3	P4	J4	11.90	60	S5	P5	J6	22.80	8
S4	P2	J4	33.80	60					

试用 SQL 语句表达下列查询语句。

① 检索供应零件给编号为 J1 的工程的供应商编号 SNO。

```
SELECT DISTINCT SNO
FROM SPJ
WHERE JNO = 'J1';
```

SELECT 子句后面的 DISTINCT 表示要在结果中去掉重复的供应商号 SNO。

查询结果如下:

```
SNO
----
S1
S3
S5
S8
```

所影响的行数为 4 行。

② 检索供应零件给工程 J1,且零件编号为 P1 的供应商编号 SNO。

```
SELECT SNO
```

```
FROM SPJ
WHERE JNO = 'J1' AND PNO =  'P1';
```

查询结果如下：

```
SNO
－－－－
S1
```

所影响的行数为 1 行。

③ 查询全体工程项目的详细信息。

```
SELECT  *
FROM J;
```

如果要查询 FROM 子句后面指定的基本表的全体属性时，可以用"＊"来表示。所以上面的语句等价于：

```
SELECT JNO, JNAME, JCITY, BALANCE
FROM J;
```

④ 查询没有正余额的工程编号、名称及城市，结果按工程编号升序排列。

```
SELECT JNO,JNAME,JCITY
FROM J
WHERE BALANCE IS NULL   OR BALANCE < = 0
ORDER  BY  JNO;
```

查询结果如下：

```
JNO     JNAME          JCITY
－－－－  －－－－－－－－－－－－  －－－－－－－－－－－－－
J1      东方明珠        上海
J2      炼油厂          长春
```

所影响的行数为 2 行。

在这个例子中用到了谓词 IS NULL，当 BALANCE 值为空时，BALANCE IS NULL 的值为真（TRUE），否则为假（FALSE）。与 IS NULL 相对的谓词是 IS NOT NULL，当 BALANCE 值为非空值时，BALANCE IS NOT NULL 的值为真（TRUE），否则为假（FALSE）。

⑤ 求使用零件数量为 100～1000 的工程的编号、零件号和数量。

```
SELECT JNO,PNO,QTY
FROM SPJ
WHERE QTY BETWEEN 100 AND 1000;
```

查询结果如下：

```
JNO    PNO    QTY
－－－－   －－－－   －－－－－－
J1     P3     100
J5     P3     100
```

所影响的行数为 2 行。

⑥ 查询上海的供应商名称,假设供应商关系的 SADDR 列的值都以城市名开头。

```
SELECT SNAME
FROM S
WHERE  SADDR  LIKE  '上海%';
```

查询结果如下:

```
SNAME
---------------------
红星钢管厂
```

所影响的行数为 1 行。

在这个例子的条件表达式中,用到了字符串匹配操作符 LIKE。

LIKE 谓词的一般形式是:

```
列名  LIKE  字符串常数
```

这里,列名的类型必须是字符串或可变字符串。在字符串常数中通配符的含义如下。

%(百分号): 表示可以与任意长度(可以为零)的字符串匹配。

_(下画线): 表示可以与任意单个字符匹配。

所有其他的字符只代表自己。

4.3.3　多表查询

实现来自多个关系的查询时,如果要引用不同关系中的同名属性,则在属性名前加关系名,即用"关系名.属性名"的形式表示,以便区分。

在多个关系上的查询可以用连接查询表示,也可以用嵌套查询来表示。

【例 4.10】　试用 SQL 语句表达下列每个查询语句。

① 检索使用了 P3 零件的工程名称。

```
SELECT DISTINCT JNAME
FROM J,SPJ
WHERE SPJ.JNO = J.JNO AND PNO = 'P3';
```

查询结果如下:

```
JNAME
---------------------
东方明珠
炼钢工地
明珠线
南浦大桥
```

所影响的行数为 4 行。

这个 SELECT 语句执行时,要对关系 SPJ 和 J 做连接操作。执行连接操作的表示方法是 FROM 子句后面写上执行连接操作的表名 SPJ 和 J,再在 WHERE 子句中写上连接的条件 SPJ.JNO=J.JNO。

② 检索供应零件给工程 J1,且零件颜色为红色的供应商编号 SNO。

这个查询要从两个关系中检索数据,因而有多种写法。

第一种写法(连接查询)。

```
SELECT DISTINCT SNO
FROM SPJ,P
WHERE SPJ.PNO = P.PNO
AND JNO = 'J1'
AND COLOR = '红';
```

查询结果如下:

```
SNO
----
S1
S5
S8
```

所影响的行数为 3 行。

第二种写法(嵌套查询)。

```
SELECT DISTINCT SNO
FROM SPJ
WHERE JNO = 'J1'
    AND PNO IN
      (SELECT PNO
        FROM P
        WHERE COLOR = '红');
```

SQL 允许多层嵌套。嵌套的子查询在外层查询处理之前求解。先求出内层查询的结果,再求出外层查询的结果。本例中先在表 P 中求出红色零件号 PNO,然后再在表 SPJ 中根据 PNO 的值和工程编号 JNO 为 J1 的值求出供应商编号 SNO。

从本例看到,查询涉及多个关系时用嵌套查询逐次求解层次分明,具有结构化程序设计的特点,并且嵌套查询的执行效率也比连接查询的笛卡儿积效率高。在嵌套查询中,最常用的谓词是 IN。若用户能确切知道内层查询返回的是单值,则可以用比较运算符($<$、$<=$、$>$、$>=$、$=$、$<>$等)。

这个例子的嵌套查询还有另外一种写法。

```
SELECT DISTINCT SNO
FROM SPJ
WHERE JNO = 'J1'
    AND '红' IN
      (SELECT   COLOR
        FROM P
        WHERE   P.PNO = SPJ.PNO);
```

本例中的内层查询称为相关子查询,子查询中查询条件依赖于外层查询中的值。因此子查询要反复求值供外层查询使用,而在第二种写法(嵌套查询)中内外查询仅执行一次。从概念上讲,相关子查询的一般处理过程是:首先取外层查询中 SPJ 关系的第一个元组,根据它的值与内层查询相关的属性值(即 PNO 值)处理内层查询,若 WHERE 子句返回值为真(即内层查询结果非空表示内层有满足条件的元组),则取此元组放入结果表中;然后再检查外层查询中 SPJ 关系的第二个元组,重复这一过程,直至 SPJ 表全部检查完毕为止。所以相关子查询的处理不止一次,要反复求值,供外层查询使用。

第三种写法(使用存在量词的嵌套查询)。

```
SELECT DISTINCT SNO
FROM SPJ
WHERE JNO = 'J1'
  AND EXISTS
      (SELECT *
        FROM P
        WHERE SPJ.PNO = P.PNO
          AND  COLOR = '红');
```

这里,EXISTS 是存在量词∃,若内层查询结果非空,则外层查询的 WHERE 后面的条件为真,否则为假。一般地,在 SQL 中 EXISTS(SELECT 语句)为真,当且仅当内层 SELECT 语句的查询结果非空(即至少存在一行)。本例中,对于 SPJ 中的每一个工程编号为"J1"的元组,只要其零件颜色为"红",则表示该零件被工程 J1 使用,是满足条件的元组。

③ 检索至少使用了零件编号为 P3 和 P5 的工程编号 JNO。

```
SELECT DISTINCT X.JNO
FROM  SPJ AS X, SPJ AS Y
WHERE X.JNO = Y.JNO
  AND X.PNO = 'P3'
  AND Y.PNO = 'P5';
```

同一个关系 SPJ 在一层中出现两次,为区别,引入两个元组变量(即别名)X 和 Y。在语句中应用元组变量对列名进行限定。保留字 AS 在语句中可省略。

④ 检索不使用编号为 P3 零件的工程编号 JNO 和名称 JNAME。

```
SELECT JNO,JNAME
 FROM J
WHERE NOT EXISTS
  (SELECT *
  FROM SPJ
  WHERE PNO = 'P3'
    AND SPJ.JNO = J.JNO);
```

查询结果如下:

```
JNO        JNAME
----       ----
J2         炼油厂
J3         地铁三号
J7         红星水泥厂
```

所影响的行数为 3 行。

⑤ 求使用了全部零件的工程名称。

在表 J 中找工程,要求这个工程使用了全部零件。换言之,在表 J 中找工程,不存在一种零件是这个工程没有使用的。按照此语义,就可以写出查询语句的 SELECT 表达方式:

```
SELECT   JNAME
FROM   J
WHERE NOT EXISTS
(SELECT   *
FROM   P
WHERE NOT EXISTS
        (SELECT   *
         FROM   SPJ
         WHERE   J.JNO = SPJ.JNO
           AND   P.PNO = SPJ.PNO));
```

查询结果如下:

```
JNAME
---------------------
明珠线
```

所影响的行数为 1 行。

⑥ 求至少用了供应商编号为 S1 所供应的全部零件的工程编号 JNO。

在表 SPJ 中找工程,不存在供应商 S1 供应的零件,而该工程没有使用这些零件。按照此语义,就可以写出查询语句的 SELECT 表达方式:

```
SELECT DISTINCT JNO
FROM SPJ X
WHERE NOT EXISTS
    (SELECT *
     FROM SPJ Y
     WHERE Y.SNO = 'S1'
       AND NOT EXISTS
        (SELECT *
            FROM SPJ Z
            WHERE Z.JNO = X.JNO
              AND Z.PNO = Y.PNO));
```

查询结果如下:

```
JNO
----
J1
J4
```

所影响的行数为 2 行。

此处保留字 DISTINCT 表示要去掉重复的 JNO 值,否则查询结果中可能有重复的 JNO 值。

从上面两个例子可看到:在 SQL 中要表达涉及"全部"值的查询时,可以将问题转换为两次否定的语义表达形式(即:"不存在……,……没有……"),然后用两次 NOT EXISTS

的方式来实现。

4.3.4 连接操作

连接条件可在 WHERE 中指定也可在 FROM 子句中指定。在 FROM 子句中指定连接条件时,SQL-2 将连接操作符分为连接类型和连接条件两部分,如表 4.2 和表 4.3 所示。连接类型决定了如何处理连接条件中不匹配的元组。连接条件决定了两个关系中哪些元组应该匹配。连接类型中的 OUTER 字样可不写。

表 4.2 连接类型和说明

连 接 类 型	说 明
INNER JOIN	内连接:结果为两个连接表中的匹配行的连接
LEFT OUTER JOIN	左外连接:结果包括左表(出现在 JOIN 子句的最左边)中的所有行,不包括右表中的不匹配行
RIGHT OUTER JOIN	右外连接:结果包括右表(出现在 JOIN 子句的最右边)中的所有行,不包括左表中的不匹配行
FULL OUTER JOIN	完全外连接:结果包括所有连接表中的所有行,不论它们是否匹配
CROSS JOIN	交叉连接:结果包括两个连接表中所有可能的行组合。交叉连接返回的是两个表的笛卡儿积

表 4.3 连接条件和说明

连 接 条 件	说 明
ON 连接条件	具体列出两个关系在哪些相应属性上做连接条件比较。连接条件应写在连接类型的右边

【例 4.11】 使用连接操作表示下列查询。

① 检索至少使用了零件编号为 P3 和 P5 的工程编号 JNO。

```
SELECT DISTINCT X.JNO
FROM SPJ X INNER JOIN
     SPJ Y ON X.JNO = Y.JNO
WHERE (X.PNO = 'P3') AND (Y.PNO = 'P5')
```

此查询在例 4.10 的③中用 WHERE 子句指定连接条件。

② 在关系 J 和 SPJ(如表 4.1 所示)中检索每个工程使用 P3 零件的情况,输出 JNO、JNAME、SNO、PNO、QTY。如果为了尽可能多地输出信息,那么这个查询可用下面的 SELECT 语句表示:

```
SELECT J.JNO, J.JNAME, SPJ1.SNO, SPJ1.QTY AS P3_QTY
FROM J FULL OUTER JOIN
  (SELECT * FROM SPJ WHERE PNO = 'P3') SPJ1 ON J.JNO = SPJ1.JNO;
```

查询结果如下:

```
JNO   JNAME               SNO   P3_QTY
____  _____  ____  _____

J1    东方明珠            S1    100
```

J1	东方明珠	S8	20
J2	炼油厂	NULL	NULL
J3	地铁三号	NULL	NULL
J4	明珠线	S1	60
J5	炼钢工地	S3	100
J6	南浦大桥	S1	6
J7	红星水泥厂	NULL	NULL

所影响的行数为 8 行。

4.3.5　聚合函数

SQL 提供了下列聚合函数：

COUNT(＊)	计算元组的个数
COUNT(列名)	对一列中的值计算个数
SUM(列名)	求某一列值的总和(此列的值必须是数值)
AVG(列名)	求某一列值的平均值(此列的值必须是数值)
MAX(列名)	求某一列值的最大值
MIN(列名)	求某一列值的最小值

【例 4.12】　对关系 J、S、P、SPJ 进行查询。

① 求供应 P3 零件的供应商个数。

```
SELECT  COUNT(DISTINCT(SNO))  COUNT_P3
FROM SPJ
WHERE  PNO = 'P3';
```

查询结果如下：

```
COUNT_P3
-----------
3
```

所影响的行数为 1 行。

这个查询结果只有一行和一列,就是供应 P3 零件的供应商个数。谓词 DISTINCT 用在列名前表示消除该列中重复的值。在这个例子中,又说明了 SELECT 子句的另一种用法,即可以赋给查询输出的列一个别名(ALIAS),输出的结果将用这个别名,使输出结果的意义更清楚。

② 求项目余额的最大值、最小值、总值和平均值,输出的列名分别为：MAX_ NUMBER、MIN_NUMBER、SUM_NUMBER、AVG_NUMBER。

```
SELECT  MAX(BALANCE) AS  MAX_NUMBER,MIN(BALANCE) AS MIN_NUMBER,
        SUM(BALANCE) AS SUM_NUMBER,AVG(BALANCE) AS AVG_NUMBER
FROM J;
```

查询结果如下：

```
MAX_NUMBER    MIN_NUMBER    SUM_NUMBER    AVG_NUMBER
----------    ----------    ----------    ----------
```

85

第4章

结构化查询语言

| 678.00 | −11.20 | 1823.50 | 260.500000 |

所影响的行数为 1 行。

在实际使用时,AS 字样可省略。

4.3.6　数据分组

以上两个例子完成的是对关系中所有查询的元组进行聚合运算,但在实际应用中,经常需要将查询结果进行分组,然后再对每个分组进行统计,SQL 语言提供了 GROUP BY 子句和 HAVING 子句来实现分组统计。具体用法请见下面的例子。

【例 4.13】　对关系 J、S、P、SPJ 进行查询。

① 统计每个供应商供应不同零件的种数和供应总数量。

```
SELECT  SNO,COUNT(DISTINCT PNO) COUNT_QTY,SUM(QTY) SUM_QTY
FROM  SPJ
GROUP BY  SNO;
```

查询结果如下:

```
SNO     COUNT_QTY    SUM_QTY
----    ---------    --------
S1      2            306
S3      2            196
S4      1            68
S5      1            88
S8      1            20
```

所影响的行数为 5 行。

② 统计上海地区的项目使用零件的种数(超过 3 种)和零件总数量。要求查询结果按零件的种数升序排列,种数相同时按总数量降序排列。

```
SELECT SPJ.JNO, COUNT(DISTINCT (SPJ.PNO)) COUNT_PNO,SUM(QTY) SUM_QTY
FROM  J,SPJ
WHERE  J.JCITY = '上海'  AND  J.JNO = SPJ.JNO
GROUP BY SPJ.JNO
HAVING COUNT(DISTINCT (PNO))> 3
ORDER BY 2,3 DESC;
```

查询结果如下:

```
JNO     COUNT_PNO    SUM_QTY
----    -----------  --------
J1      4            250
J6      4            28
J4      5            300
```

所影响的行数为 3 行。

在这个例子中,首先,根据 WHERE 子句的条件,对关系 J 和 SPJ 执行连接操作找出满足条件为上海的工程的元组;再按工程号 JNO 的值对上海的工程进行分组,将 JNO 列的值相同的元组分为一组;对每一个分组进行聚合操作;并按 HAVING 子句的条件对产生

的元组进行选择,消除只使用 3 种以下零件的元组;最后,再对结果进行排序。该查询也可以用内连接表示如下:

```
SELECT SPJ.JNO, COUNT(DISTINCT SPJ.PNO) AS COUNT_PNO, SUM(SPJ.QTY)
        AS SUM_QTY
FROM J INNER JOIN
        SPJ ON J.JNO = SPJ.JNO
WHERE (J.JCITY = '上海')
GROUP BY SPJ.JNO
HAVING (COUNT(DISTINCT SPJ.PNO) > 3)
ORDER BY COUNT(DISTINCT SPJ.PNO), SUM(SPJ.QTY) DESC;
```

4.3.7 集合操作

1. 集合的并、交、差操作

当两个子查询结果的结构完全相同时,可以让这两个子查询执行并、交、差操作。

(1) 并操作:

```
(SELECT 查询语句 1)
UNION    [ALL]
(SELECT 查询语句 2)
```

这里如果未使用 ALL 选项,则表示返回结果中消除了重复元组;若使用了 ALL 选项,则表示返回结果中未消除重复元组。下面交和差操作中的 ALL 选项也是这个语义。

(2) 交操作:

```
(SELECT 查询语句 1)
INTERSECT   [ALL]
(SELECT 查询语句 2)
```

(3) 差操作:

```
(SELECT 查询语句 1)
EXCEPT   [ALL]
(SELECT 查询语句 2)
```

2. 集合的比较操作

在 SELECT 语句的条件表达式中,允许进行集合的比较操作。这类操作有四个:集合成员的资格比较、集合成员的算术比较、空关系的测试以及重复元组的测试。

1) 集合成员的资格比较

集合成员的资格比较形式如下:

```
元组    IN   (集合)
元组    NOT  IN  (集合)
```

这里的集合可以是一个 SELECT 语句,或是元组的集合,但它们的结构应与前面元组的结构相同。

IN 操作表示:如果元组在集合内,那么其逻辑值为 True,否则为 False;NOT IN 操作表示:如果元组不在集合内,那么其逻辑值为 True,否则为 False。

【**例 4.14**】 对关系 J、S、P、SPJ 进行查询。

① 求不使用编号为 P3 零件的工程编号 JNO 和名称 JNAME。

```
SELECT  JNO,JNAME
FROM  J
WHERE  JNO  NOT  IN
    (SELECT  JNO
    FROM S,SPJ
    WHERE S.SNO = SPJ.SNO
      AND PNO = 'P3');
```

查询结果如下：

```
JNO     JNAME
----    ----

J2      炼油厂
J3      地铁三号
J7      红星水泥厂
```

所影响的行数为 3 行。

② 检索至少不使用 P3 和 P5 这两种零件的工程编号 JNO。

```
SELECT  JNO
FROM  J
WHERE  JNO  NOT  IN
    (SELECT  JNO
    FROM  SPJ
    WHERE  PNO  IN ('P3', 'P5'))
ORDER BY JNO;
```

查询结果如下：

```
JNO
----
J2
J3
J7
```

所影响的行数为 3 行。

这里子查询是把使用 P3 或 P5 零件的工程编号找出来,外查询是把不使用 P3 和 P5 这两种零件的工程编号找出来。查询结果按工程编号排序。

2) 集合成员的算术比较

集合成员的算术比较形式如下：

```
元组 θ  SOME(集合)
元组 θ  ALL(集合)
```

这里要求"元组"与集合中"元素"的结构一致。θ 是算术比较运算符。θ SOME 操作表示左边的那个元组与右边集合中至少一个元素满足 θ 运算。θ ALL 操作表示左边的元组与右边集合中每一个元素满足 θ 运算。SQL 中规定 ANY 是 SOME 的同义词,早期的标准用

ANY。现在有些系统仍未改为 SOME。

【例 4.15】 对关系 J、S、P、SPJ 进行查询。

① 求供应工程 J1 零件为红色的供应商编号 SNO。

此查询在例 4.10 的②中用 IN 表示。实际上 IN 可用"＝SOME"代替：

```
SELECT DISTINCT SNO
FROM SPJ
WHERE JNO = 'J1'
    AND PNO = SOME(SELECT PNO
                    FROM P
                    WHERE COLOR = '红');
```

② 求不使用编号为 P3 零件的工程编号 JNO 和名称 JNAME。

此查询在例 4.10 的④中用 NOT EXISTS 表示，在例 4.14 中用 NOT IN 表示，在这里可以用"＜＞ALL"表示：

```
SELECT JNO, JNAME
FROM J
WHERE   JNO <> ALL(SELECT JNO
                    FROM SPJ
                    WHERE PNO = 'P3');
```

③ 查询最昂贵的商品价格。

```
SELECT DISTINCT PNO,PRICE
FROM SPJ
WHERE PRICE >= ALL(SELECT PRICE
                    FROM SPJ);
```

查询结果如下：

```
PNO  PRICE
---- ----------
P2   33.80
```

所影响的行数为 1 行。

④ 查询至少使用了"东方配件厂"一种零件的工程编号。

```
SELECT DISTINCT JNO
FROM  SPJ
WHERE SNO = ANY(SELECT SNO
                 FROM S
                 WHERE  SNAME = '东方配件厂');
```

查询结果如下：

```
JNO
----
J1
```

所影响的行数为 1 行。

在该查询中，谓词 ANY 的意思是只要 SNAME 的值出现在 ANY 后面跟的子查询结果中,条件就成立(为真),否则就不成立(为假)。"＝ANY"和谓词"IN"是等价的。

3) 空关系的测试

可以用 EXISTS 来测试一个集合是否为非空,或空。其形式如下:

```
EXITSTS (集合)
NOT EXITSTS (集合)
```

前一个操作,当集合非空时(即至少存在一个元素),其逻辑值为 True,否则为 False。后一个操作,当集合为空时,其值为 True,否则为 False。

这些操作在例 4.10 中已使用过,此处不再举例。

4) 重复元组的测试

可以用谓词 UNIQUE 来测试一个集合里是否有重复元组存在。形式如下:

```
UNIQUE (集合)
NOT UNIQUE(集合)
```

前一个操作,当集合中不存在重复元组时,其逻辑值为 True,否则为 False。后一个操作,当集合中存在重复元组时,其逻辑值为 True,否则为 False。

4.4 SQL 的数据更新

SQL 的数据更新包括数据插入、数据删除和数据修改三种操作,下面分别介绍。

4.4.1 数据插入

向 SQL 基本表中插入数据的语句是 INSERT 语句,INSERT 语句通常有三种形式。

(1) 插入单个元组的 INSERT 语句格式为:

```
INSERT INTO 基本表名 [(列名序列)]
        VALUES (元组值)
```

这个语句把 VALUES 后面的元组值插入指定的基本表中,VALUES 后的元组值列的顺序必须与基本表的列名序列顺序一一对应。

如基本表后没有列名序列,表示在 VALUES 后的元组值中提供了插入元组的每个分量值,分量的顺序和基本表中列名序列的顺序一致。

如基本表后有列名序列,则表示在 VALUES 后的元组值中只提供插入元组对应于列名中的分量值,元组的顺序和列名表的顺序一致。基本表后有列名序列时,必须包括关系的所有非空属性,也自然应包括关键码属性。

【例 4.16】 向基本表 J 中插入一个元组('J8','地铁二号线','上海',689.00),可用下列语句实现:

```
INSERT INTO J(JNO,JNAME,JCITY,BALANCE)
        VALUES ('J8','地铁二号线','上海',689.00);
```

也可以用下列语句实现:

```
INSERT INTO J
```

```
            VALUES ('J8','地铁二号线','上海',689.00);
```

【例 4.17】 向供应商关系 S 插入一个元组('S10','黎鸣零件厂'),此处关系 S 的供应商地址列为空值,可用下列语句实现:

```
INSERT INTO S(SNO,SNAME)
        VALUES ('S10','黎鸣零件厂')
```

(2)插入多个元组的 INSERT 语句格式为:

```
INSERT INTO 基本表名 [(列名序列)]
        VALUES (元组值 1),(元组值 2),…,(元组值 n)
```

这个语句把 VALUES 后面的多个元组值插入到指定的基本表中,VALUES 后的元组值列的顺序与基本表的列名序列顺序相对应。

【例 4.18】 向供应情况关系 SPJ 插入三个元组,此处关系 SPJ 的 PRICE 列为空值,可用下列语句实现:

```
INSERT INTO SPJ(SNO,PNO,JNO,QTY)
        VALUES ('S2','P1','J8',60),('S2','P2','J8',80),('S2','P3','J8',90);
```

(3)插入查询结果的 INSERT 语句格式为:

```
INSERT INTO 基本表名 [(列名序列)]
            <SELECT 语句>
```

这个语句把 SELECT 语句的查询结果插入到指定的基本表中。

【例 4.19】 把工程项目使用零件的总数存入另一个已知的基本表 PJ_TOTAL(JNO,JNAME,PTOTAL),其中属性 JNO、JNAME、PTOTAL 分别表示工程号,工程名称和使用零件总数。可用下列语句实现:

```
INSERT INTO PJ_TOTAL(JNO,JNAME,PTOTAL)
    SELECT J.JNO,JNAME,SUM(QTY)
    FROM SPJ,J
    WHERE SPJ.JNO = J.JNO
        GROUP BY J.JNO,JNAME;
```

查询语句的 SELECT 子句中目标列可以为值表达式,所以使用插入查询结果的 INSERT 语句格式可以为新插入的元组某些分量赋值。

【例 4.20】 向供应情况关系 SPJ 插入工程编号为 J7 的供应零件记录,并且供应给 J7 的零件和供应给工程编号为 J1 的零件及供应商相同,但每一种零件的供应量修改为 60。

```
INSERT INTO SPJ
    SELECT SNO,PNO,'J7',PRICE,60
    FROM SPJ
    WHERE JNO = 'J1';
```

4.4.2 数据删除

SQL 的数据删除语句句法如下:

```
DELETE   FROM   <基本表名>
[WHERE <条件表达式>]
```

这个语句用于删除指定的基本表中满足<条件表达式>的元组,其中的 WHERE <条件表达式>是一个条件可选项。

"DELETE FROM <基本表名>"用于删除指定基本表中的所有元组,使用时要谨慎。

【例 4.21】 ① 删除工程号为 J4 的所有零件供应记录。

```
DELETE FROM SPJ WHERE JNO = 'J4';
```

② 把名称为'东方配件厂'的供应商供应给工程的所有零件从 SPJ 表中删除。

```
DELETE   FROM SPJ
   WHERE SNO IN
      (SELECT SNO
       FROM S
       WHERE SNAME = '东方配件厂') ;
```

注意,DELETE 语句只能从一个关系中删除元组,而不能一次从多个关系中删除元组。要删除多个元组,就要写多个 DELETE 语句。

4.4.3　数据修改

SQL 的数据修改语句句法如下:

```
UPDATE <基本表名>
SET 列名 = <值表达式> [,列名 = <值表达式>…]
[WHERE <条件表达式>]
```

这个语句用于修改指定基本表中满足 WHERE 子句<条件表达式>的元组列值。SET 子句用于指定修改方法,即用<值表达式>取代相应的属性列值。如果省略 WHERE 子句,则表示要修改表中的所有元组相应属性列值。

【例 4.22】 对关系 S、P、J、SPJ 中的值进行修改。

① 将供应商 S5 提供的零件 P4 的价格提高 6%。

```
UPDATE   SPJ
SET   PRICE = PRICE * (1 + 0.06)
WHERE PNO = 'P4'
AND SNO = 'S5';
```

② 将工程名为明珠线的所有供应数量提高 10%。

```
UPDATE   SPJ
SET   QTY = QTY * 1.1
WHERE JNO IN
        (SELECT JNO
         FROM J
         WHERE   JNAME = '明珠线');
```

③ 当供应商 S3 提供的零件 P5 的单价低于该零件的平均单价时,将其提高 6％。

```
UPDATE SPJ
SET PRICE = PRICE * 1.06
WHERE   SNO = 'S3'
AND   PNO = 'P5'
AND   PRICE <(SELECT AVG(PRICE)
             FROM SPJ
             WHERE   PNO = 'P5');
```

4.4.4 对视图的更新操作

视图定义后,用户就像对待基本表一样对视图进行查询(SELECT)操作。但对视图中的元组进行更新操作就不一样了。这是由于视图是不实际存储数据的虚表,对视图的更新最终要转换为对基本表的更新。

对于视图元组的更新操作(INSERT、DELETE、UPDATE),有以下三条规则:

(1) 如果一个视图是从多个基本表使用连接操作导出的,那么不允许对这个视图执行更新操作。

(2) 如果在导出视图的过程中,使用了分组和聚合操作,也不允许对这个视图执行更新操作。

(3) 如果视图是从单个基本表使用选择、投影操作导出的,并且包含了基本表的主键或某个候选键,这样的视图称为"行列子集视图",可以被执行更新操作。

在 SQL-2 中,允许更新的视图在定义时,必须加上 WITH CHECK OPTION 短语。

【例 4.23】 下面讨论对视图更新的几个例子。

① 设有一个视图定义:

```
CREATE VIEW PROJECT_SPJ
 AS SELECT J.JNO,JNAME,PNAME,SNAME,QTY
    FROM S,P,J,SPJ
    WHERE SPJ.JNO = J.JNO
        AND SPJ.PNO = P.PNO
        AND SPJ.SNO = S.SNO;
```

这个视图定义了工程项目使用的零件,是由四个表连接而成的。

如果用户要在视图中执行插入操作:

```
INSERT INTO PROJECT_SPJ
  VALUES('J3', '地铁三号', '钢管', '原料公司', 100);
```

若在基本表 S 中,供应商名为'原料公司'的供应商号有多个,则向 SPJ 中插入元组时,供应商号 SNO 就无法确定。因此,对这个视图的更新是不允许的。也就是前面规则(1)中的情况。

② 设有一个视图定义,包括每个工程项目使用零件总数:

```
CREATE VIEW PROJECT_SUM(JNO, TOTAL)
 AS SELECT JNO, SUM(QTY)
    FROM SPJ
    GROUP BY JNO;
```

视图 PROJECT_SUM 虽然是从单个基本表导出，但导出时使用了分组和聚集操作，据规则（2）也是不能更新的。例如，在未更改基本表 SPJ 时，要在视图 PROJECT_SUM 中更改项目使用零件总数（TOTAL 的值），显然是不切实际的。

③ 如果定义一个有关城市为'上海'的工程项目视图：

```
CREATE VIEW SHAIHANG_J(JNO,JNAME,BALANCE)
    AS SELECT JNO,JNAME,BALANCE
        FROM J
        WHERE JCITY = '上海';
```

这个视图是从单个关系中只使用选择和投影导出的，并且包括键 JNO，因此是可以更新的。例如，执行插入操作：

```
INSERT INTO SHAIHANG_J
VALUES('J9', '教授楼', 1500)
```

系统自动会把它转换成下列语句：

```
INSERT  INTO  J
VALUES('J9', '教授楼', '上海', 1500);
```

4.5 嵌入式 SQL

4.5.1 SQL 的运行环境

1. 嵌入式 SQL

SQL 有两种使用方式：一种是在终端交互方式下使用，称为交互式 SQL；另一种是嵌入在高级语言的程序中使用，称为嵌入式 SQL，而这些高级语言可以是 C、Ada、Pascal、COBOL 或 PL/1 等，称为宿主语言。本节介绍嵌入式 SQL 的使用规定和使用技术。

由于 SQL 是基于关系数据模型的语言，而高级语言是基于基本数据类型（整型、字符串型、记录、数组等）的语言，因此两者尚有很大差别。例如，SQL 语句不能直接使用指针、数组等数据结构，而高级语言一般不能直接对集合进行操作。为了能在宿主语言的程序中嵌入 SQL 语句，必须做某些规定。

嵌入式 SQL 的实现，有两种处理方式：一种是扩充宿主语言的编译程序，使之能处理 SQL 语句；另一种是采用预处理方式。目前多数系统采用后一种方式。

预处理方式是先用预处理程序对源程序进行扫描，识别出 SQL 语句，并处理成宿主语言的函数调用形式，然后再用宿主语言的编译程序把源程序编译成目标程序。通常 DBMS 制造商提供一个 SQL 函数定义库，供编译时使用。源程序的预处理和编译的过程如图 4.2 所示。

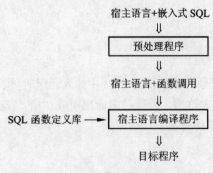

图 4.2 源程序的预处理和编译过程

2. SQL 的宿主语言的接口

嵌入式 SQL 和宿主语言程序间信息的传递是通过共享变量实现的。这些共享变量先由宿主语言程序定义，再用 SQL 的 DECLARE 语句说明，随后 SQL 语句就可引用这些变量。共享变量也就成了 SQL 和宿主语言的接口。

SQL-2 规定，SQLSTATE 是一个特殊的共享变量，起着解释 SQL 语句执行状况的作用，它是一个由五个字符组成的字符数组。当一个 SQL 语句执行成功时，系统自动给 SQLSTATE 赋上全零值（即"00000"），表示未发生错误，否则其值为非全零，分别表示执行 SQL 语句时发生的各种错误情况。例如"02000"用来表示未找到元组。在执行一个 SQL 语句后，程序可以根据 SQLSTATE 的值转向不同的分支，以控制程序的流向。

4.5.2 嵌入式 SQL 的使用规定

在宿主语言的程序中使用 SQL 语句有以下规定。

（1）为区分 SQL 语句与宿主语言语句，在所有的 SQL 语句前必须加上前缀标识 EXEC SQL，并以 END_EXEC 作为语句结束标志。格式如下：

EXEC SQL < SQL 语句> END_EXEC

结束标志在不同的宿主语言中是不同的，在 C 语言和 Pascal 语言程序中规定结束标志不用 END_EXEC，而使用分号"；"。

（2）允许嵌入的 SQL 语句引用宿主语言的程序变量（称为共享变量），并规定在引用这些变量时必须在这些变量前加冒号"："作为前缀标识，以示与数据库中变量有区别而且这些变量由宿主语言的程序定义，并由 SQL 的 BEGIN DECLARE SECTION 与 END DECLARE SECTION 语句之间说明。而主语言不能引用数据库中的字段变量。

【例 4.24】 在 C 语言程序中说明共享变量：

```
EXEC SQL BEGIN DECLARE SECTION;
       int qty, raise;
       char givenjno[5],jname[21],givensno[5],sname[21],saddr[21];
       char SQLSTATE[6];
EXEC SQL END DECLARE SECTION;
```

上面第一行语句到第五行语句组成了一个说明节，第二行至第四行说明了八个共享变量。其中字符数组的长度都比原来字符串长度大 1，这是由 C 语言中规定变量值在作字符串使用时应有结束符"\ 0"引起的。

（3）游标。SQL 语言与主语言具有不同的数据处理方式。SQL 是面向集合的，一条 SQL 语句原则上可以产生或处理多条记录。而宿主语言是面向记录的，一次只能处理一条记录。为此引入游标来协调这两种不同的处理方式。通过游标机制，把集合操作转换成单记录处理方式。

与游标有关的语句有下列四个。

① 定义游标语句（DECLARE）。游标是与某一查询结果相联系的符号名，用 DECLARE 语句定义。这是一个说明语句，定义中的 SELECT 语句并不立即执行，句法如下：

```
EXEC SQL DECLARE <游标名> CURSOR FOR
    < SELECT 语句>
[FOR UPDATE OF <字段 1>[,…n]]
END_EXEC
```

其中,FOR UPDATE OF 子句的作用是允许用游标对当前记录进行修改操作。如果要利用游标删除当前记录,则不必加 FOR UPDATE OF 子句。

② 打开游标语句(OPEN)。打开游标语句使游标处于活动状态。与游标相应的查询语句被执行。游标指向查询结果的第一个记录之前。句法如下:

```
EXEC SQL OPEN <游标名> END_EXEC
```

③ 推进游标语句(FETCH)。此时游标推进一个记录,并把游标指向的记录(称为当前行)中的值取出,送到 INTO 子句后相应的主变量中。句法如下:

```
EXEC SQL FETCH FROM <游标名> INTO <变量表> END_EXEC
```

FETCH 语句常用于宿主语言程序的循环结构中,并借助宿主语言的处理语句逐一处理查询结果中的一个个元组。

④ 关闭游标语句(CLOSE)。关闭游标,使它不再和查询结果相联系。关闭了的游标,可以再次打开,与新的查询结果相联系。句法如下:

```
EXEC SQL CLOSE <游标名> END_EXEC
```

在游标处于活动状态时,可以修改或删除游标指向的元组。

4.5.3 嵌入式 SQL 的使用技术

在嵌入式 SQL 中,SQL 的数据定义 DDL 与控制语句 DCL 都不需要使用游标。它们是嵌入式 SQL 中最简单的一类语句,不需要返回结果数据,也不需要使用主变量。只要给语句加上前缀 EXEC SQL 和语句结束符 END_EXEC 即可嵌入。

1. 不涉及游标的嵌入式 SQL DML 语句

(1) 对于 INSERT、DELETE 和 UPDATE 语句,只要加上前缀标识 EXEC SQL 和结束标志 END_EXEC,就能嵌入在宿主语言程序中使用。

【例 4.25】 给出在 C 语言中不涉及游标的嵌入式 SQL DML 的更新语句的使用例子。

① 在关系 S 中插入一个新的供应商,各属性值已在相应的共享变量中:

```
EXEC SQL INSERT
    INTO S(SNO,SNAME,SADDR)
    VALUES(:givensno,:sname,:saddr);
```

② 从关系 SPJ 中删除一个供应商提供的各种零件,假设这个供应商的名称由共享变量 sname 提供。

```
EXEC SQL DELETE
        FROM SPJ
        WHERE SNO = (SELECT SNO
                FROM S
                WHERE SNAME = :sname);
```

③ 把名称为"黎鸣零件厂"的供应商提供的全部零件的价格增加某个值(值由共享变量 raise 提供)。

```
EXEC SQL UPDATE SPJ
        SET PRICE = PRICE + : raise
        WHERE SNO IN
          (SELECT SNO
             FROM S
              WHERE SNAME = '黎鸣零件厂');
```

(2) 对于 SELECT 语句,如果已知查询结果肯定是单元组时,可直接嵌入在主程序中使用,此时在 SELECT 语句中增加一个 INTO 子句,指出找到的值应送到相应的共享变量中去。

【例 4.26】 在关系 S 中根据共享变量 givensno 的值检索供应商的名称和地址:

```
EXEC SQL   SELECT SNAME, SADDR
            INTO :sname, :saddr
            FROM S
            WHERE SNO = :givensno;
```

此处 sname、saddr、givensno 都是共享变量,已在主程序中定义,并用 SQL 的 DECLARE 语句加以说明,在引用时加上":"作为前缀标识,以示与数据库中变量的区别。程序已预先给 givensno 赋值,而 SQL 查询结果(单元组)将送到变量 sname、saddr 中。

2. 涉及游标的嵌入式 SQL DML 语句

(1) 当 SELECT 语句查询结果是多个元组时,此时要用游标机制把多个元组一次一个地传送给宿主语言程序处理。

【例 4.27】 在关系 SPJ 中检索某工程(工程名称由共享变量 givenjname 给出)使用零件信息(SNO,PNO,QTY),下面是该查询的 C 语言程序段:

```
EXEC SQL BEGIN DECLARE SECTION;
    int qty, rise;
    char sno[5], pno[5], givenjname, SQLSTATE[6];
EXEC SQL END DECLARE SECTION;

EXEC SQL DECLARE spjx CURSOR FOR
    SELECT SNO, PNO, QTY
    FROM SPJ
    WHERE JNO = (SELECT JNO
                  FROM J
                  WHERE JNAME = :givenjname);
EXEC SQL OPEN spjx;
while(1)
  {EXEC SQL FETCH FROM psjx
            INTO :sno, :pno, :qty;
    if (SQLCA.SQLSTATE == '02000')   / * SQLSTATE 为 02000 表示未找到数据,可用来表示已经取
                          完查询结果中的所有元组 * /
        break;
    if (SQLCA.SQLSTATE!= '00000')    / * SQLSTATE 不为全零, 表示取数据出错 * /
```

第 4 章

结构化查询语言

```
        break;
...                                    / * 对游标所取的数据进行处理 * /
    print("% s, % s, % d",sno,pno,qty);
}
EXEC SQL CLOSE SPJX;
```

（2）对游标指向的元组进行修改或删除操作。

在游标处于活动状态时，可以修改或删除游标指向的元组。

【例 4.28】 在例 4.27 中，如果对找到的元组需做如下处理：删除供应商 S3 提供的零件，将 S2 提供的零件修改为原提供零件数加上由共享变量 rise 提供的值，再显示零件信息（SNO，PNO，QTY），那么例 4.27 中从游标定义语句开始应改为如下形式：

```
EXEC SQL DECLARE spjx CURSOR FOR
    SELECT SNO,PNO,QTY
    FROM SPJ
    WHERE JNO = (SELECT JNO
                FROM J
                WHERE JNAME = :givenjname)
    FOR UPDATE OF QTY;
EXEC SQL OPEN spjx;
While(1)
    {EXEC SQL FECCH FROM spjx
            INTO   :sno,:pno,:qty;
    if (SQLCA.SQLSTATE == '02000')        / * 已经取完查询结果中的所有元组 * /
        break;
    if (SQLCA.SQLSTATE!= '00000')        / * 取数据出错 * /
        break;
    if (sno == 'S3')
        EXEC SQL DELETE FROM SPJ
                WHERE CURRENT OF spjx;
    else
     {if (sno == 'S2')
       {EXEC SQL UPDATE SPJ
                SET QTY = QTY + : rise
                WHERE CURRENT OF spjx;
        qty = qty + rise;}
        print("% s, % s, % d",sno,pno,qty);
    }
    }
```

3. 滚动游标的定义和推进

在 4.5.2 节中提到的游标，在推进时只能沿查询结果中元组顺序从头到尾一行行推进，并且不能返回，这就给使用带来不便。SQL-2 提供了滚动游标（Scroll Cursor）技术解决这个问题，在推进滚动游标时可以进退自如。下面分别介绍滚动游标的定义和推进。

（1）滚动游标定义的句法如下：

```
EXEC SQL DECLARE <游标名> SCROLL CURSOR FOR
    < SELECT 语句>
END_EXEC
```

与 4.5.2 节中游标定义语句相比,这里只是多了个关键字 SCROLL。

滚动游标的打开和关闭语句与 4.5.2 节中一样。

(2) 滚动游标的推进句法如下:

这里,NEXT 表示将游标从当前位置推进一行;

PRIOR 表示将游标从当前位置返回一行;

FIRST 表示将游标移向查询结果的第一行;

LAST 表示将游标移向查询结果的最后一行。

后两种句法举例说明。

RELATIVE 3 表示将游标从当前位置推进三行;

RELATIVE-5 表示将游标从当前位置返回五行;

ABSOLUTE 4 表示将游标移向查询结果的第四行;

ABSOLUTE-6 表示将游标移向查询结果的倒数第六行。

4.5.4　动态 SQL 语句

前面提到的嵌入式 SQL 语句都必须在源程序中完全确定,然后再由预处理程序预编译和宿主语言编译程序编译。在实际问题中,源程序往往还不能包括用户的所有操作,用户对数据库的操作有时在系统运行时才能提出来,这时要用到嵌入式 SQL 的动态技术才能实现。

动态 SQL 技术主要有两个 SQL 语句。

1. 动态 SQL 预备语句

EXEC SQL PREPARE <动态 SQL 语句名> FROM <共享变量或字符串>;

这个语句设置了两个变量:<动态 SQL 语句名>和<共享变量或字符串>。共享变量或字符串的赋值是通过程序运行由用户提供的一个完整的 SQL 语句。

2. 动态 SQL 执行语句

EXEC SQL EXECUTE <动态 SQL 语句名>;

动态 SQL 语句使用时,还可以有两点改进:

(1) 当预备语句中组合而成的 SQL 语句只需执行一次时,预备语句和执行语句可合并成一个语句。

EXEC SQL EXECUTE IMMEDIATE <共享变量或字符串>;

(2) 当预备语句中组合而成的 SQL 语句的条件值尚缺时,可以在执行语句中用 USING 短语补上。

```
EXEC SQL EXECUTE <动态 SQL 语句名> USING <共享变量>;
```

【例 4. 29】 下面两个 C 语言的程序段说明了动态 SQL 语句的使用技术。

①

```
EXEC SQL BEGIN DECLARE SECTION;
        char  *  query;
EXEC SQL END DECLARE SECTION;
scanf(" % s", query);                           /* 从键盘输入一个 SQL 语句 * /
EXEC SQL PREPARE   que  FROM : query;
EXEC SQL EXECUTE   que;
```

这个程序段表示从键盘输入一个 SQL 语句到字符数组中,字符指针 query 指向字符串的第一个字符。

如果执行语句只做一次,那么程序段最后两个语句可合并成一个语句。

```
EXEC SQL EXECUTE IMMEDIATE : query;
```

②

```
char   *  query = "UPDATE   SPJ
                  SET QTY = QTY  *  1.3
                  WHERE SNO = ?";
EXEC SQL PREPARE   dynprog  FROM :query;
     char sno[5] = "S2";
EXEC SQL  EXECUTE dynprog   USING :sno;
```

这里第一个 char 语句表示用户组合成一个 SQL 语句,但有一个值(供应商编号)还不能确定,因此用"?"表示;第二个语句是动态 SQL 预备语句;第三个语句(char 语句)表示取到了供应商编号的值;第四个语句是动态 SQL 执行语句,"?"值到共享变量 sno 中取。

小　　结

本章是本课程的重点章节。SQL 语言是关系数据库的标准语言,已广泛应用在商用系统中。SQL 语言的数据查询是介于关系代数和元组演算之间的一种语言。

本章先介绍了 SQL 数据库的体系结构,然后结合实例较详细地介绍了 SQL 语言。

SQL 的数据定义部分包括对 SQL 模式、基本表、视图的创建和撤销。

SQL 的数据查询是本章要求掌握的重点内容。SELECT 语句的格式有三种:连接查询、嵌套查询和存在量词方式。语句中包括聚合函数、分组子句、排序子句的使用技术,以及 SELECT 语句中的各种限定用法。

SQL 的数据更新包括插入、删除、修改操作,以及对视图更新操作的规则。

本章最后介绍了嵌入式 SQL 的使用规定和使用技术。

有条件的读者,最好在读书学习的同时进行上机练习,在上机的过程中进一步深刻理解掌握本章的内容。上机的重点是 SQL 的数据定义、数据查询和数据更新操作。

习 题 4

1. 名词解释。

基本表	视图	实表	虚表
相关子查询	连接查询	嵌套查询	交互式 SQL
嵌入式 SQL	共享变量	游标	滚动游标

2. 对于教学数据库的三个基本表。

S(SNO, SNAME, AGE, SEX, SDEPT)

SC(SNO, CNO, GRADE)

C(CNO, CNAME, CDEPT, TNAME)

试用 SQL 的查询语句表达下列查询。

(1) 检索 LIU 老师所授课程的课程号和课程名。

(2) 检索年龄大于 23 岁的男学生的学号和姓名。

(3) 检索学号为 S3 的学生所学课程的课程名和任课教师名。

(4) 检索至少选修 LIU 老师所授课程中一门课程的女学生姓名。

(5) 检索 WANG 同学不学的课程的课程号。

(6) 检索至少选修两门课程的学生学号。

(7) 检索全部学生都选修的课程的课程号与课程名。

(8) 检索选修课程包含 LIU 老师所授课程的学生学号。

3. 设有两个基本表 R(A,B,C) 和 S(D,E,F)，试用 SQL 查询语句表达下列关系代数表达式。

(1) $\pi_A(R)$

(2) $\sigma_{B='17'}(R)$

(3) $R \times S$

(4) $\pi_{A,F}(\sigma_{C=D}(R \times S))$

4. 设有两个基本表 R(A，B，C) 和 S(A，B，C)，试用 SQL 查询语句表达下列关系代数表达式。

(1) $R \cup S$

(2) $R \cap S$

(3) $R - S$

(4) $\pi_{A,B}(R) \bowtie \pi_{B,C}(S)$

5. 试叙述 SQL 语言的关系代数特点和元组演算特点。

6. 试用 SQL 查询语句表达下列对教学数据库中三个基本表 S、SC、C 的查询。

(1) 统计有学生选修的课程门数。

(2) 求选修 C4 课程的学生的平均年龄。

(3) 求 LIU 老师所授课程的每门课程的学生平均成绩。

(4) 统计每门课程的学生选修人数（超过 10 人的课程才统计）。要求输出课程号和选修人数，查询结果按人数降序排列，若人数相同，按课程号升序排列。

（5）检索学号比 WANG 同学大,而年龄比他小的学生姓名。

（6）检索姓名以 WANG 打头的所有学生的姓名和年龄。

（7）在 SC 中检索成绩为空值的学生学号和课程号。

（8）求年龄大于女同学平均年龄的男学生姓名和年龄。

（9）求年龄大于所有女同学年龄的男学生姓名和年龄。

7. 试用 SQL 更新语句表达对教学数据库中三个基本表 S、SC、C 的各个更新操作。

（1）向基本表 S 中插入一个学生元组('S9','WU',18)。

（2）在基本表 S 中检索每一门课程成绩都大于或等于 80 分的学生学号、姓名和性别,并将检索结果保存到另一个已存在的基本表 STUDENT(SNO, SNAME, SEX)中。

（3）在基本表 SC 中删除尚无成绩的选课元组。

（4）把 WANG 同学的学习选课和成绩全部删去。

（5）把选修 MATHS 课不及格的成绩全改为空值。

（6）把低于总平均成绩的女同学成绩提高 5%。

（7）在基本表 SC 中修改 C4 课程的成绩,若成绩小于或等于 75 分时提高 5%,若成绩大于 75 分时提高 4%(用两个 UPDATE 语句实现)。

8. 假设某仓库管理关系模型有下列五个关系模式。

零件 PART(PNO, PNAME, COLOR, WEIGHT)

项目 PROJECT(JNO, JNAME, DATE)

供应商 SUPPLIER(SNO, SNAME, SADDR)

供应 P_P(JNO, PNO, TOTAL)

采购 P_S(PNO, SNO, QUANTITY)

（1）试用 SQL DDL 语句定义上述五个基本表,并说明主键和外键。

（2）试将 PROJECT、P_P、PART 三个基本表的自然连接定义为一个视图 VIEW1,PART、P_S、SUPPLIER 三个基本表的自然连接定义为一个视图 VIEW2。

（3）试在上述两个视图的基础上进行数据查询:检索上海的供应商所供应的零件的编号和名称;检索项目 J4 所用零件的供应商编号和名称。

9. 对于教学数据库中基本表 SC,已建立下列视图。

```
CREATE VIEW S_GRADE(SNO, C_NUM, AVG_GRADE)
    AS SELECT SNO,COUNT(CNO), AVG(GRADE)
        FROM SC
        GROUP BY SNO;
```

试判断下列查询和更新是否允许执行。若允许,写出转换到基本表 SC 上的相应操作。

（1）SELECT * FROM S_GRADE;

（2）SELECT SNO, C_NUM
    FROM S_GRADE
    WHERE AVG_GRADE > 80;

（3）SELECT SNO, AVG_GRADE
    FROM S_GRADE
    WHERE C_NUM >(SELECT C_NUM
                    FROM S_GRADE

```
              SNO = 'S4');
```

(4) UPDATE S_GRADE
    SET C_NUM = C_NUM + 1
    WHERE SNO = 'S4';

(5) DELETE FROM S_GRADE
    WHERE C_NUM > 4;

10. 预处理方式对于嵌入式 SQL 的实现有什么重要意义？

11. 在宿主语言的程序中使用 SQL 语句有哪些规定？

12. SQL 的集合处理方式与宿主语言单记录处理方式之间该如何协调？

13. 嵌入式 SQL 的 DML 语句何时不必涉及游标？何时必须涉及游标？

第 3 部分
设 计 篇

目前,数据库已应用于各类应用系统中,例如 MIS(管理信息系统)、DSS(决策支持系统)、OAS(办公自动化系统)等。实际上,数据库已成为现代信息系统的基础与核心部分。如果数据库设计得不合理,即使使用性能良好的 DBMS 软件,也很难使应用系统达到最佳状态,仍然会出现文件系统存在的冗余、异常和不一致问题。总之,数据库设计的优劣将直接影响信息系统的质量和运行效果。规范化设计理论对关系数据库结构的设计起着重要的作用。

这一部分的第 5 章介绍关系数据库的规范化设计理论,主要包括数据依赖、范式和模式设计方法。其中数据依赖起着核心作用,范式是关系模式的设计标准。第 6 章首先介绍实体联系模型(ER 模型)的基本要素、属性和联系的设计,然后介绍扩充 ER 模型的表示方法,最后介绍关系式目录的扩充 ER 图和若干实例,以加强对 ER 模型设计方法的理解。第 7章主要讨论数据库设计(DBD)的方法和步骤,详细介绍 DBD 的全过程。第 8 章介绍数据库恢复、并发、完整性、安全性等四个方面的基本概念和实现的基本方法,并较详细地介绍了SQL 对这四个方面的支持和应用实例。学习这些概念,旨在帮助读者在使用实际数据库产品和设计数据库系统时,能很快掌握并灵活运用数据库系统知识和技术。

第5章 规范化设计

本章介绍关系数据库的规范化设计理论(即"模式设计理论")。这个理论主要包括三个方面的内容:数据依赖、范式和模式设计方法。其中数据依赖起着核心作用,数据依赖研究数据之间的联系,范式是关系模式的标准。

规范化设计理论对关系数据库结构的设计起着重要的作用。

本章介绍最重要的一种数据依赖——函数依赖,关系模式分解的两大特性——无损分解和保持依赖以及范式、模式分解方法,最后介绍模式进一步规范化的内容。

5.1 关系模式的设计问题

5.1.1 关系模型的外延和内涵

一个关系模型包括外延(Extension)和内涵(Intension)两个方面的内容。

外延就是通常所说的关系、表或当前值。由于用户经常对关系进行插入、删除和修改操作,因此外延是与时间有关的,随着时间的推移在不断变化。

内涵是对数据的定义以及数据完整性约束的定义。对数据的定义包括对关系、属性、域的定义和说明。对数据完整性约束的定义涉及面较广,主要包括以下两个方面。

静态约束:涉及数据之间的联系(称为"数据依赖"(Data Dependences))、主键和值域的设计。

动态约束:定义各种操作(插入、删除、修改)对关系值的影响。一般,把内涵称为关系模式,所以关系模式应包括这些内容。

5.1.2 泛关系模式与数据库模式

本章讨论问题的框架如图 5.1 所示。

对于一个现实问题,它有一个属性集 U,其中每个属性 A_i 对应一个值域,而不同的属性可以有相同的值域。现实问题的所有属性组成的关系模式记为 R(U)。关系 r 是关系模式 R(U)的当前值,是元组的集合。这样的关系模式和关系一般称为泛关系模式(Universal Relation Schema)和泛关系(Universal Relation)。

但在实际使用时,往往 R(U)和 r 不是恰当的形式,而必须用一个关系模式的集合 $\rho = \{R_1, R_2, \cdots, R_k\}$ 代替 R(U),其中每个 R_i 的属性是 U 的子集。有时就用 R_i 表示其属性集,

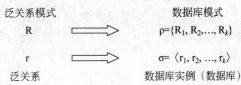

图 5.1 泛关系模式与数据库模式

因此有 $R_1 \cup R_2 \cup \cdots \cup R_k = U$。这里 ρ 称为数据库模式(Database Schema)。对数据库模式的每一个关系模式 R_i 赋予一个当前值,就得到数据库实例(简称为数据库)。

因此,在计算机中数据并不是存储在泛关系 r 中,而是存储在数据库 σ 中。

本章主要介绍如何把泛关系模式分解成规范的、较优的数据库模式。

5.1.3 关系模式的冗余和异常问题

在数据管理中,数据冗余一直是影响系统性能的大问题。数据冗余是指同一个数据在系统中多次重复出现。在文件系统中,由于文件之间没有联系,引起一个数据在多个文件中出现。数据库系统克服了文件系统的这种缺陷,但对于数据冗余问题仍然应加以关注。如果一个关系模式设计得不好,仍然会出现像文件系统一样的数据冗余、异常、不一致等问题。

【例 5.1】 设有一个关系模式 R(SNO,CNO,CNAME,TNAME),其属性分别表示学生学号、选修课程的课程号、课程名、任课老师姓名,具体实例如图 5.2 所示。

SNO	CNO	CNAME	TNAME
S2	C4	Pascal	WEN
S4	C4	Pascal	WEN
S6	C4	Pascal	WEN
S6	C2	ADA	LIU
S4	C2	ADA	LIU
S8	C6	BASIC	MA

图 5.2 关系模式 R 的实例

虽然这个模式只有四个属性,但在使用过程中会出现以下问题。

① 数据冗余。如果一门课程有多个学生选修,那么在关系中要出现多个元组,也就是这门课程的课程名和任课老师姓名要重复多次。

② 操作异常。由于数据的冗余,在对数据操作时会引起各种异常。

* 修改异常。例如 C4 课程有三个学生选修,在关系中就会有三个元组。如果这门课程的教师改为 CHEN 老师,那么这三个元组的教师姓名都要改为 CHEN 老师。若有一个元组的教师姓名未改,就会造成这门课程的任课老师不唯一,产生不一致现象。

* 插入异常。如果需安排一门新课程(C8,DELPHI,CHEN),在尚无学生选修时,要把这门课程的数据值存储到关系中去时,在属性 SNO 上就会出现空值。在数据库技术中空值的语义是非常复杂的,对带空值元组的检索和操作也十分麻烦。

* 删除异常。如果在图 5.2 中要删除学生 S8 选课元组,那么就要把这门课程的课程名和教师姓名一起删除,这也是一种不合适的现象。

因此,关系模式 R 的设计不是一个合适的设计。

在例 5.1 中,关系模式 R 存在数据冗余和操作异常现象。如果用下面两个关系模式 R1 和 R2 代替 R:R1(SNO,CNO)和 R2(CNO,CNAME,TNAME),其关系实例如图 5.3 所示。

SNO	CNO
S2	C4
S4	C4
S6	C4
S6	C2
S4	C2
S8	C6

CNO	CNAME	TNAME
C4	Pascal	WEN
C2	ADA	LIU
C6	BASIC	MA

(a) 关系模式R1的实例　　　　　(b) 关系模式R2的实例

图 5.3　关系模式 R2 的实例

这样分解后,例 5.1 中提到的冗余和异常现象基本消除了。每门课程的课程名和教师姓名只存放一次,即使这门课程还没有学生选修,其课程名和教师姓名也可存放在关系 R2 中。

但是将 R 分解成 R1 和 R2 两个模式是否是最佳分解,也不是绝对的。如果要查询学生所学课程的任课教师,就要对两个关系做连接操作,连接的代价是很大的。而在原来模式 R 的关系中,就可直接找到上述结果。到底什么样的关系模式是最优的,标准是什么,如何实现,都是本章要讨论的问题。

5.1.4　本章的符号规定

为了便于阅读,本章对使用的符号有如下规定:

(1) 英文字母表首部的大写字母"A,B,C,…"表示单个的属性。

(2) 英文字母表尾部的大写字母"…,U,V,W,X,Y,Z"表示属性集。

(3) 大写字母 R 表示关系模式,小写字母 r 表示其关系。为叙述方便,有时也用属性名的组合写法表示关系模式。若模式有 A、B、C 三个属性,就用 ABC 表示关系模式。

(4) 属性集$\{A_1,A_2,\cdots,A_n\}$简写为 $A_1A_2\cdots A_n$。属性集 X 和 Y 的并集 $X\cup Y$ 简写为 XY。$X\cup\{A\}$简写为 XA 或 AX。

5.2　函 数 依 赖

在数据库中,数据之间存在着密切的联系。在数据库技术中,把数据之间存在的联系称为"数据依赖"。设计人员的一个职责就是要把数据依赖找出来。在数据库规范化设计中,数据依赖起着关键的作用。其中,函数依赖是基本的一种依赖,它是关键码概念的推广。

5.2.1　函数依赖的定义

在数据库中,属性值之间会发生联系。例如每个学生只有一个姓名,每门课程只有一个任课教师,每个学生学一门课程只能有一个总评成绩等。这类联系称为函数依赖,其形式定义如下。

定义 5.1　设有关系模式 R(U),X 和 Y 是属性集 U 的子集,函数依赖(Functional Dependency,FD)是形为 X→Y 的一个命题,只要 r 是 R 的当前关系,对 r 中任意两个元组 t 和 s,都有 t[X]=s[X]蕴涵 t[Y]=s[Y],那么 FD X→Y 在关系模式 R(U)中成立。

这里 t[X]表示元组 t 在属性集 X 上的值,其余类同。X→Y 读作"X 函数决定 Y",或"Y 函数依赖于 X"。FD 是对关系模式 R 的一切可能的关系 r 定义的。对于当前关系 r 的任意两个元组,如果 X 值相同,则要求 Y 值也相同,即有一个 X 值就有 Y 值与之对应,或者说 Y 值由 X 值决定。因而这种依赖称为函数依赖。

【例 5.2】 有一个关于学生选课、教师任课的关系模式:

R(SNO, SNAME, CNO, GRADE, CNAME, TNAME, TAGE)

属性分别表示学生学号、姓名、选修课程的课程号、成绩、课程名、任课教师姓名和年龄等意义。

如果规定,每个学号只能有一个学生姓名,每个课程号只能决定一门课程,那么可写成下列 FD 形式:

SNO→SNAME
CNO→CNAME

每个学生每学一门课程,有一个成绩,那么可写出下列 FD:

(SNO, CNO)→GRADE

还可以写出其他一些 FD:

CNO→(CNAME, TNAME, TAGE)
TNAME→TAGE

【例 5.3】 设关系模式 R(ABCD),在 R 的关系中,属性值间有这样的联系:A 值与 B 值有一对多联系,即每个 A 值有多个 B 值与之联系,而每个 B 值只有一个 A 值与之联系;C 值与 D 值之间有一对一联系,即每个 C 值只有一个 D 值与之联系,每个 D 值只有一个 C 值与之联系。试根据这些规则写出相应的函数依赖。

【解】 从 A 值与 B 值有一对多联系,可写出函数依赖 B→A。

从 C 值与 D 值有一对一联系,可写出两个函数依赖 C→D 和 D→C。

5.2.2 FD 的逻辑蕴涵

由于函数依赖是用命题形式定义的,因此函数依赖之间存在着逻辑蕴涵的关系。比如 A→B 和 B→C 在关系模式 R 中成立,那么 A→C 在 R 中是否成立?这个问题就是 FD 之间的逻辑蕴涵问题。

定义 5.2 设 F 是在关系模式 R(U)上成立的函数依赖集,X 和 Y 是属性集 U 的子集。如果从 F 推导出 X→Y 也在 R(U)上成立,那么称 F 逻辑蕴涵 X→Y,记为 F⊨X→Y。

定义 5.3 设 F 是函数依赖集,被 F 逻辑蕴涵的函数依赖全体构成的集合,称为函数依赖集 F 的闭包(Closure),记为 F^+。即:

$$F^+ = \{X \rightarrow Y \mid F \models X \rightarrow Y\}$$

5.2.3 FD 的推理规则

从已知的一些 FD,可以推导出另外一些 FD,这就需要一系列推理规则。FD 的推理规则最早出现在 1974 年 W. W. Armstrong 的论文里,这些规则常被叫作"Armstrong 公理"。

下面的推理规则是他人于 1977 年提出的改进形式。

设 U 是关系模式 R 的属性集,F 是 R 上成立的只涉及 U 中属性的函数依赖集。FD 的推理规则有以下三条:

A1(自反性,Reflexivity):若 $Y \subseteq X \subseteq U$,则 $X \rightarrow Y$ 在 R 上成立。

A2(增广性,Augmentation):若 $X \rightarrow Y$ 在 R 上成立,且 $Z \subseteq U$,则 $XZ \rightarrow YZ$ 在 R 上成立。

A3(传递性,Transitivity):若 $X \rightarrow Y$ 和 $Y \rightarrow Z$ 在 R 上成立,则 $X \rightarrow Z$ 在 R 上成立。

定理 5.1 FD 推理规则 A1、A2 和 A3 是正确的。也就是,如果 $X \rightarrow Y$ 是从 F 用推理规则导出,那么 $X \rightarrow Y$ 在 F^+ 中。

证明:根据 FD 的定义和使用反证法来证明。

(1) A1 是显然的。因为不可能在一个关系中存在两个元组在 X 上是相等的,而在 X 的某个子集 Y 上不相等。

(2) 假设 R 的某个关系 r 中存在两个元组 t 和 s 违反 $XZ \rightarrow YZ$,即 $t[XZ] = s[XZ]$,但 $t[YZ] \neq s[YZ]$。

从 $t[YZ] \neq s[YZ]$ 可知 $t[Y] \neq s[Y]$ 或 $t[Z] \neq s[Z]$。如果 $t[Y] \neq s[Y]$,则与已知的 $X \rightarrow Y$ 矛盾;如果 $t[Z] \neq s[Z]$,则与假设的 $t[XZ] = s[XZ]$ 矛盾。因此,假设不成立,从而得出 A2 是正确的。

(3) 假设 R 的某个关系 r 中存在两个元组 t 和 s 违反 $X \rightarrow Z$,即 $t[X] = s[X]$,但 $t[Z] \neq s[Z]$。

如果 $t[Y] \neq s[Y]$,则与已知的 $X \rightarrow Y$ 矛盾;如果 $t[Y] = s[Y]$,则与已知的 $Y \rightarrow Z$ 矛盾。因而 A3 是正确的。

【例 5.4】 已知关系模式 R(ABC),$F = \{A \rightarrow B, B \rightarrow C\}$,求 F^+。

根据 FD 的推理规则,可推出 F 的 F^+ 有 43 个 FD。

例如,据规则 A1 可推出 $A \rightarrow \varnothing$($\varnothing$ 表示空属性集),$A \rightarrow A$,…据已知的 $A \rightarrow B$ 及规则 A2 可推出 $AC \rightarrow BC$,$AB \rightarrow B$,$A \rightarrow AB$,…据已知条件及规则 A3 可推出 $A \rightarrow C$ 等。读者可自行推出这 43 个 FD。

定义 5.4 对于 FD $X \rightarrow Y$,如果 $Y \subseteq X$,那么称 $X \rightarrow Y$ 是一个"平凡的 FD";否则称为"非平凡的 FD"。

正如名称所示,平凡的 FD 并没有实际意义,根据规则 A1 就可推出。人们感兴趣的是非平凡的 FD。只有非平凡的 FD 才和"真正的"完整性约束条件相关。

已经证明,$\{A1, A2, A3\}$ 是函数依赖的一个正确的和完备的推理规则集。推理规则的正确性是指"从 FD 集 F 使用推理规则集推出的 FD 必定在 F^+ 中",完备性是指"F^+ 中的 FD 都能从 F 集使用推理规则集导出"。也就是正确性保证了推出的所有 FD 是正确的,完备性保证了可以推出所有被蕴涵的 FD。这就保证了推导的有效性和可靠性。

除了上述 A1、A2、A3 三条规则外,FD 还有几个实用的推理规则,这些规则可从上面三条规则导出。这些规则如下:

A4(合并性,Union):$\{X \rightarrow Y, X \rightarrow Z\} \models X \rightarrow YZ$。

A5(分解性,Decomposition):$\{X \rightarrow Y, Z \subseteq Y\} \models X \rightarrow Z$。

A6(伪传递性):$\{X \rightarrow Y, WY \rightarrow Z\} \models WX \rightarrow Z$。

A7(复合性,Composition):$\{X \rightarrow Y, W \rightarrow Z\} \models XW \rightarrow YZ$。

A8 $\{X \rightarrow Y, W \rightarrow Z\} \models X \bigcup (W - Y) \rightarrow YZ$。

其中 A8 是 1992 年由 Darwer 提出的,称为"通用一致性定理"(General Unification Theorem)。

从 A4 和 A5,立即可得到下面的定理。

定理 5.2 如果 $A_1 A_2 \cdots A_n$ 是关系模式 R 的属性集,那么 $X \to A_1 A_2 \cdots A_n$ 成立的充分必要条件是 $X \to A_i (i=1,2,\cdots,n)$ 成立。

5.2.4 FD 和关键码的联系

有了 FD 概念后,可以把关键码和 FD 联系起来。实际上,函数依赖是关键码概念的推广。

定义 5.5 设关系模式 R 的属性集是 U,X 是 U 的一个子集。如果 $X \to U$ 在 R 上成立,那么称 X 是 R 的一个超键。如果 $X \to U$ 在 R 上成立,但对于 X 的任一真子集 X_1 都有 $X_1 \to U$ 不成立,那么称 X 是 R 上的一个候选键。本章的键都是指候选键。

【例 5.5】 在学生选课、教师任课的关系模式中:

R(SNO, SNAME, CNO, GRADE, CNAME, TNAME, TAGE)

如果规定:每个学生每学一门课只有一个成绩,每个学生只有一个姓名,每个课程号只有一个课程名,每门课程只有一个任课教师,那么根据这些规则,可以知道(SNO,CNO)能函数决定 R 的全部属性,并且是一个候选键。虽然(SNO,SNAME,CNO,TNAME)也能函数决定 R 的全部属性,但相比之下,只能说是一个超键,而不能说是候选键,因为其中含有多余属性。

5.2.5 属性集的闭包

在实际使用中,经常要判断能否从已知的 FD 集 F 推导出 FD $X \to Y$,那么可先求出 F 的闭包 F^+,然后再看 $X \to Y$ 是否在 F^+ 中。但是从 F 求 F^+ 是一个复杂且困难的问题(NP 完全问题,指数级问题)。下面引入属性集闭包概念,将使判断问题化为多项式级时间问题。

定义 5.6 设 F 是属性集 U 上的 FD 集,X 是 U 的子集,那么(相对于 F)属性集 X 的闭包用 X^+ 表示,它是一个从 F 集使用 FD 推理规则推出的所有满足 $X \to A$ 的属性 A 的集合:

$$X^+ = \{属性 A \mid X \to A 在 F^+ 中\}$$

从属性集闭包的定义,立即可得出下面的定理。

定理 5.3 $X \to Y$ 能用 FD 推理规则推出的充分必要条件是 $Y \subseteq X^+$。

从属性集 X 求 X^+ 并不太难,花费的时间与 F 中全部依赖的数目成正比,是一个多项式级时间问题。

【例 5.6】 属性集 U 为 ABCD,FD 集为 $\{A \to B, B \to C, D \to B\}$。据属性集闭包的定义,可求出 $A^+ = ABC, (AD)^+ = ABCD, (BD)^+ = BCD,$ 等。

5.2.6 FD 集的最小依赖集

如果关系模式 R(U)上的两个函数依赖集 F 和 G,有 $F^+ = G^+$,则称 F 和 G 是等价的函数依赖集。

函数依赖集 F 中的 FD 很多,应该从 F 中去掉平凡的 FD、无关的 FD、FD 中无关的属性,以求得 F 的最小依赖集 F_{min}。形式定义如下:

定义 5.7 设 F 是属性集 U 上的 FD 集。如果 F_{min} 是 F 的一个最小依赖集,那么 F_{min} 应满足下列四个条件:

(1) $F_{min}^+ = F^+$;

(2) 每个 FD 的右边都是单属性;

(3) F_{min} 中没有冗余的 FD(即 F 中不存在这样的函数依赖 X→Y,使得 F 与 F−{X→Y}等价);

(4) 每个 FD 的左边没有冗余的属性(即 F 中不存在这样的函数依赖 X→Y,X 有真子集 W 使得 F−{X→Y}∪{W→Y}与 F 等价)。

显然,每个函数依赖集至少存在一个最小依赖集,但并不一定唯一。

【例 5.7】 设 F 是关系模式 R(ABC)的 FD 集,F={A→BC,B→C,A→B,AB→C},试求 F_{min}。

【解】 ① 先把 F 中的 FD 写成右边是单属性形式:

$$F=\{A→B,A→C,B→C,A→B,AB→C\}$$

显然多了一个 A→B,可删去。得 F={A→B,A→C,B→C,AB→C}。

② F 中 A→C 是冗余的,可删去。得 F={A→B,B→C,AB→C}。

③ F 中 AB→C 可从 B→C 推出,因此 AB→C 也可删去。最后得 F={A→B,B→C},即所求的 F_{min}。

5.3 关系模式的分解特性

5.3.1 模式分解问题

定义 5.8 设有关系模式 R(U),R_1,R_2,…,R_k 都是 R 的子集(这里把关系模式看成是属性的集合),U=R_1∪R_2∪…∪R_k。关系模式 R_1,R_2,…,R_k 的集合用 ρ 表示,ρ={R_1,R_2,…,R_k}。用 ρ 代替 R 的过程称为关系模式的分解。这里 ρ 称为 R 的一个分解,ρ 也称为数据库模式。

实际上,这个定义已在图 5.1 中表示。在 5.1 节中已提到,R 分解成 ρ 的目的是为了消除数据冗余和操作异常现象。那么 σ 和 r 是否表示同一个数据库? 如果两者表示不同的内容,那么这个分解就没有什么意义了。

可以从两个角度来考虑分解。

(1) σ 和 r 是否等价,即是否表示同样的数据。这个问题用"无损分解"特性表示。

(2) 在模式 R 上有一个 FD 集 F,在 ρ 的每一个模式 R_i 上有一个 FD 集 F_i,那么{F_1,F_2,…,F_n}与 F 是否等价。这个问题用"保持依赖"特性表示。

5.3.2 无损分解

【例 5.8】 设有关系模式 R(ABC),分解成 ρ={AB,AC}。

① 图 5.4(a)是 R 上的一个关系 r,图 5.4(b)、图 5.4(c)是 r 在模式 AB 和 AC 上的投影 r_1 和 r_2。显然,此时有 $r_1 \bowtie r_2 = r$。也就是在 r 投影、连接以后仍然能恢复成 r,即未丢失信息,这正是大家所希望的。这种分解称为"无损分解"。

R	A	B	C
	1	1	1
	1	2	1

r_1	A	B
	1	1
	1	2

r_2	A	C
	1	1

(a)　　　　　　　　　　　(b)　　　　　　　　　　　(c)

图 5.4　未丢失信息的分解

② 图 5.5(a)是 R 上的一个关系 r,图 5.5(b)和图 5.5(c)是 r 在模式 AB 和 AC 上的投影 r_1 和 r_2,图 5.5(d)是 $r_1 \bowtie r_2$。此时 $r_1 \bowtie r_2 \neq r$。也就是 r 在投影、连接以后比原来 r 的元组还要多(增加了噪声),把原来的信息丢失了。这种分解是我们不希望产生的。这种分解称为"损失分解"。

r	A	B	C
	1	1	4
	1	2	3

r_1	A	B
	1	1
	1	2

r_2	A	C
	1	4
	1	3

$r_1 \bowtie r_2$	A	B	C
	1	1	4
	1	1	3
	1	2	4
	1	2	3

(a)　　　　　　　　(b)　　　　　　　　(c)　　　　　　　　(d)

图 5.5　丢失信息的分解

定义 5.9　设 R 是一个关系模式,F 是 R 上的一个 FD 集。R 分解成数据库模式 $\rho = \{R_1, R_2, \cdots, R_k\}$。如果对 R 中满足 F 的每一个关系 r,都有

$$r = \pi_{R_1}(r) \bowtie \pi_{R_2}(r) \bowtie \cdots \bowtie \pi_{R_k}(r)$$

那么称分解 ρ 相对于 F 是"无损连接分解"(Lossless Join Decomposition),简称为"无损分解",否则称为"损失分解"(Lossy Decomposition)。其中符号 $\pi_{R_i}(r)$ 表示关系 r 在模式 R_i 属性上的投影。r 的投影连接表达式 $\pi_{R_1}(r) \bowtie \cdots \bowtie \pi_{R_k}(r)$ 用符号 $m_\rho(r)$ 表示,即 $m_\rho(r) = \overset{K}{\underset{i=1}{\bowtie}} \pi_{R_i}(r)$。

r 和 $m_\rho(r)$ 之间的联系有下面三个性质。

设 $\rho = \{R_1, R_2, \cdots, R_k\}$ 是关系模式 R 的一个分解,r 是 R 的任一关系,$r_i = \pi_{R_i}(r)(1 \leqslant i \leqslant k)$,那么有下列性质:

(1) $r \subseteq m_\rho(r)$;

(2) 若 $s = m_\rho(r)$,则 $\pi_{R_i}(s) = r_i$;

(3) $m_\rho(m_\rho(r)) = m_\rho(r)$,这个性质称为幂等性(Idempotent)。

上述三个性质可用图 5.6 表示。

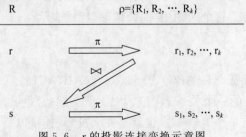

图 5.6　r 的投影连接变换示意图

应注意,上述性质有一个先决条件,即 r 是 R 的一个关系。也就是在先存在 r(泛关系)的情况下,再去谈论分解,这是关系数据库理论中著名的"泛关系假设"(Universal Relation Assumption)。在存在泛关系情况下,泛关系的投影连接变换的示意图可修改为图 5.7。

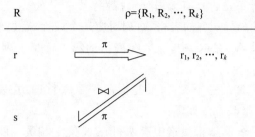

图 5.7　泛关系假设下的示意图

如果谈论模式分解时,先不提泛关系 r 的存在性,而先说存在一个数据库实例 $\sigma\langle r_1, r_2, \cdots, r_k \rangle$,再设 $\underset{i=1}{\overset{K}{\bowtie}} \pi_{r_i}(r) = s$,那么 $\pi_{R_i}(s)$ 就未必与 r_i 相等了。示意图见图 5.8。原因就是 r_i 中可能有"悬挂"元组(Dangling Tuple,破坏泛关系存在的元组)。下面以例 5.9 为例对这种情况进行说明。

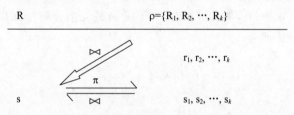

图 5.8　无泛关系假设时的示意图

【例 5.9】　设关系模式 R(ABC) 分解成 $\rho = \{AB, BC\}$。图 5.9(a) 和图 5.9(b) 分别是模式 AB 和 BC 上的值 r_1 和 r_2,图 5.9(c) 是 $r_1 \bowtie r_2$ 的值。显然 $\pi_{BC}(r_1 \bowtie r_2) \neq r_2$。这里 r_2 中元组 $(b_2 c_2)$ 就是一个悬挂元组,由于它的存在,使得 r_1 和 r_2 不存在泛关系 r。

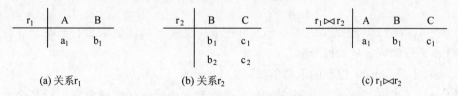

图 5.9　关系 r_1 和 r_2 不存在泛关系

模式分解能消除数据冗余和操作异常现象,并能使数据库中存储悬挂元组,即存储泛关系中无法存储的信息。但是分解以后,检索操作需要做笛卡儿积或连接操作。这将付出时间代价。一般认为,为了消除冗余和异常现象,对模式进行分解是值得的。

5.3.3　无损分解的测试方法

在把关系模式 R 分解成 ρ 以后,如何测试分解 ρ 是否是无损分解? 已有人提出一个"追踪"(Chase)算法,用于测试一个分解是否是无损分解。

算法 5.1 无损分解的测试。

输入：关系模式 $R=A_1A_2\cdots A_n$，F 是 R 上成立的函数依赖集，$\rho=\{R_1,R_2,\cdots,R_k\}$ 是 R 的一个分解。

输出：判断 ρ 相对于 F 是否具有无损分解特性。

方法：(1) 构造一张 k 行 n 列的表格，每列对应一个属性 A_j($1\leqslant j\leqslant n$)，每行对应一个模式 R_i($1\leqslant i\leqslant k$)。如果 A_j 在 R_i 中，那么在表格的第 i 行第 j 列处填上符号 a_j，否则填上 b_{ij}。

(2) 把表格看成模式 R 的一个关系，反复检查 F 中每个 FD 在表格中是否成立，若不成立，则修改表格中的值。修改方法如下：

对于 F 中一个 FD $X\rightarrow Y$，如果表格中有两行在 X 值上相等，在 Y 值上不相等，那么把这两行在 Y 值上也改成相等的值。如果 Y 值中有一个是 a_j，那么另一个也改成 a_j；如果没有 a_j，那么用其中一个 b_{ij} 替换另一个值(尽量把下标 ij 改成较小的数)。一直到表格不能修改为止(这个过程称为 chase 过程)。

(3) 若修改的最后一张表格中有一行是全 a，即 $a_1a_2\cdots a_n$，那么称 ρ 相对于 F 是无损分解，否则称损失分解。

【例 5.10】 设关系模式 R(ABCD)，R 分解成 $\rho=\{AB,BC,CD\}$。如果 R 上成立的函数依赖集 $F_1=\{B\rightarrow A,C\rightarrow D\}$，那么 ρ 相对于 F_1 是否是无损分解？如果 R 上成立的函数依赖集 $F_2=\{A\rightarrow B,C\rightarrow D\}$ 呢？

【解】

① 相对于 F_1，chase 过程的示意图如图 5.10 所示。

	A	B	C	D			A	B	C	D
AB	a_1	a_2	b_{13}	b_{14}		AB	a_1	a_2	b_{13}	b_{14}
BC	b_{21}	a_2	a_3	b_{24}		BC	a_1	a_2	a_3	a_4
CD	b_{31}	b_{32}	a_3	a_4		CD	b_{31}	b_{32}	a_3	a_4
(a) 初始表格						(b) 修改后的表格				

图 5.10　相对于 F_1，chase 过程的示意图

据 $B\rightarrow A$，可把 b_{21} 改成 a_1；据 $C\rightarrow D$，可把 b_{24} 改成 a_4。此时第二行已是全 a 行，因此相对于 F_1，R 分解成 ρ 是无损分解。

② 相对于 F_2，chase 过程的示意图如图 5.11 所示。

据 $C\rightarrow D$，可把 b_{24} 改成 a_4；据 $A\rightarrow B$，不能修改表格。此时表格没有一行是全 a 行，因此相对于 F_2，R 分解成 ρ 是损失分解。

	A	B	C	D			A	B	C	D
AB	a_1	a_2	b_{13}	b_{14}		AB	a_1	a_2	b_{13}	b_{14}
BC	b_{21}	a_2	a_3	b_{24}		BC	b_{21}	a_2	a_3	a_4
CD	b_{31}	b_{32}	a_3	a_4		CD	b_{31}	b_{32}	a_3	a_4
(a) 初始表格						(b) 修改后的表格				

图 5.11　相对于 F_2，chase 过程的示意图

在 chase 过程中,如果把 b 改成 a,则表示从其他模式和已知的 FD 使得该模式可以增加一个属性。如果改成另一个 b_{ij},表示模式相应关系中该属性值虽然还没有,但其值应与其他关系中的值相等。

当最后一张表格中存在一行全 a 时,这行表示的模式中可以包含 R 的所有属性,也就回到原来的表格,即 $m_\rho(r) = r$。因此,分解是无损分解。

当最后一张表格中不存在全 a 行时,也就是回不到原来的表格,即 $m_\rho(r) \neq r$。因此,分解是损失分解。

当 ρ 中只包含两个关系模式时,存在一个较简单的测试定理。

定理 5.4 设 $\rho = \{R_1, R_2\}$ 是关系模式 R 的一个分解,F 是 R 上成立的 FD 集,那么分解 ρ 相对于 F 是无损分解的充分必要条件是:

$$(R_1 \cap R_2) \to (R_1 - R_2) \quad \text{或} \quad (R_1 \cap R_2) \to (R_2 - R_1)$$

这个定理的证明可以用算法 5.1 的 chase 过程来实现。

5.3.4 保持函数依赖的分解

分解的另一个特性是在分解的过程中能否保持函数依赖集,如果不能保持 FD,那么数据的语义就会出现混乱。

定义 5.10 设 F 是属性集 U 上的 FD 集,Z 是 U 的子集,F 在 Z 上的投影用 $\pi_Z(F)$ 表示,定义为:

$$\pi_Z(F) = \{X \to Y \mid X \to Y \in F^+, \text{且 } XY \subseteq Z\}$$

定义 5.11 设 $\rho = \{R_1, R_2, \cdots, R_k\}$ 是 R 的一个分解,F 是 R 上的 FD 集,如果有 $\bigcup\limits_{i=1}^{K} \pi_{R_i}(F) \models F$,那么称分解 ρ 保持函数依赖集 F。

从定义 5.10 可知 $F \models \bigcup\limits_{i=1}^{K} \pi_{R_i}(F)$,从定义 5.11 可知 $\bigcup\limits_{i=1}^{K} \pi_{R_i}(F) \models F$,因此,在分解 ρ 保持函数依赖情况下有 $\left(\bigcup\limits_{i=1}^{K} \pi_{R_i}(F) \right)^+ = F^+$。

根据定义 5.11,测试一个分解是否保持 FD,比较可行的方法是逐步验证 F 中每个 FD 是否被 $\bigcup\limits_{i=1}^{K} \pi_{R_i}(F)$ 逻辑蕴涵。

如果 F 的投影不蕴涵 F,而用 $\rho = \{R_1, R_2, \cdots, R_k\}$ 表达 R,很可能会找到一个数据库实例 σ 满足投影后的依赖,但不满足 F。对 σ 的更新也有可能使 r 违反 FD。下面的例子说明了这种情况。

【例 5.11】 设关系模式 R(WNO, WS, WG) 的属性分别表示职工的工号、工资级别和工资数目。FD 有 WNO→WS,WS→WG。

R 分解成 $\rho = \{R_1, R_2\}$,其中 $R_1 = \{WNO, WS\}$,$R_2 = \{WNO, WG\}$,可以验证这个分解是无损分解。

R_1 上的 FD 是 WNO→WS,R_2 上的 FD 是 WNO→WG。但从这两个 FD 推导不出在 R 上成立的 FD WS→WG,因此分解 ρ 把 WS→WG 丢失了,即 ρ 不保持 F。图 5.12(a) 和图 5.12(b) 是两个关系 r_1 和 r_2,图 5.12(c) 是 $r_1 \bowtie r_2$。r_1 和 r_2 分别满足 $\pi_{R_1}(F)$ 和 $\pi_{R_2}(F)$。但 $r_1 \bowtie r_2$ 违反了 WS→WG。

WNO	WS		WNO	WG		WNO	WS	WG
W1	8级		W1	2000		W1	8级	2000
W2	6级		W2	1600		W2	6级	1600
W3	6级		W3	1400		W3	6级	1400

(a) 关系r₁   (b) 关系r₂   (c) r₁⋈r₂

图 5.12   丢失 FD 的分解

如果某个分解能保持 FD 集,那么在数据输入或更新时,只要每个关系模式本身的 FD 约束被满足,就可以确保整个数据库中数据的语义完整性不受破坏。显然这是一种良好的特性。

5.3.5 本节小结

本节讨论的关系模式分解的两个特性实际上涉及两个数据库模式的等价问题,这种等价包括数据等价和依赖等价两个方面。数据等价是指两个数据库实例应表示同样的信息内容,用"无损分解"衡量。如果是无损分解,那么对泛关系反复的投影和连接都不会丢失信息。依赖等价是指两个数据库模式应有相同的依赖集闭包。在依赖集闭包相等的情况下,数据的语义是不会出差错的。违反数据等价或依赖等价的分解很难说是一个好的模式设计。

但是要同时达到无损分解和保持 FD 的分解也不是一件容易的事情,需要认真对待。下面的例子表示关系模式 R(ABC)在不同函数依赖集上即使对同样的分解也会产生不同的结果。

【例 5.12】 设关系模式 R(ABC),ρ={AB,AC}是 R 的一个分解。试分析分别在 $F_1=${A→B},$F_2=${A→C,B→C},$F_3=${B→A},$F_4=${C→B,B→A}情况下,ρ 是否具有无损分解和保持 FD 的分解特性。

【解】

① 相对于 $F_1=${A→B},分解 ρ 是无损分解且保持 FD 的分解。

② 相对于 $F_2=${A→C,B→C},分解 ρ 是无损分解,但不保持 FD 集。因为 B→C 丢失了。

③ 相对于 $F_3=${B→A},分解 ρ 是损失分解但保持 FD 集的分解。

④ 相对于 $F_4=${C→B,B→A},分解 ρ 是损失分解且不保持 FD 集的分解。

从上例可以看出分解的无损分解与保持 FD 的分解两个特性之间没有必然的联系。

5.4 关系模式的范式

关系模式的好与坏,用什么标准衡量? 这个标准就是模式的范式(Normal Forms,NF)。范式有 1NF、2NF、3NF、BCNF 等多种。范式的种类与数据依赖有着直接的联系。

5.4.1 第一范式

定义 5.12 如果关系模式 R 的每个关系 r 的属性值都是不可分的原子值,那么称 R 是第一范式(First Normal Form，1NF)的模式。

满足 1NF 的关系称为规范化的关系，否则称为非规范化的关系。关系数据库研究的关系都是规范化的关系。例如关系模式 R(NAME，ADDRESS，PHONE)，如果一个人有两个电话号码(PHONE)，那么在关系中至少要出现两个元组，以便存储这两个号码。

1NF 是关系模式应具备的最起码的条件。

5.4.2　第二范式

即使关系模式是 1NF，但很可能具有不受欢迎的冗余和异常现象。因此需把关系模式做进一步的规范化。

如果关系模式中存在局部依赖，就不是一个好的模式，需要把关系模式分解，以排除局部依赖，使模式达到 2NF 的标准。具体定义如下所述。

定义 5.13　对于 FD W→A，如果存在 X⊂W 有 X→A 成立，那么称 W→A 是局部依赖(A 局部依赖于 W)；否则称 W→A 是完全依赖。

完全依赖也称为"左部不可约依赖"。

定义 5.14　如果 A 是关系模式 R 的候选键中的属性，那么称 A 是 R 的主属性；否则称 A 是 R 的非主属性。

定义 5.15　如果关系模式 R 是 1NF，且每个非主属性完全函数依赖于候选键，那么称 R 是第二范式(2NF)的模式。如果数据库模式中每个关系模式都是 2NF，则称数据库模式为 2NF 的数据库模式。

【例 5.13】　设关系模式 R(SNO，CNO，GRADE，TNAME，TADDR)的属性分别表示学生学号、选修课程的编号、成绩、任课教师姓名和教师地址等意义。(SNO，CNO)是 R 的候选键。

R 上有两个 FD：(SNO，CNO)→(TNAME，TADDR)和 CNO→(TNAME，TADDR)，因此前一个 FD 是局部依赖，R 不是 2NF 模式。此时 R 的关系就会出现冗余和异常现象。例如某一门课程有 100 个学生选修，那么在关系中就会存在 100 个元组，因而教师的姓名和地址就会重复 100 次。

如果把 R 分解成 R_1(CNO，TNAME，TADDR)和 R_2(SNO，CNO，GRADE)后，局部依赖(SNO，CNO)→(TNAME，TADDR)就消失了。R_1 和 R_2 都是 2NF 模式。

在关系模式 R 中消除非主属性对候选键的局部依赖的方法如下所述。

算法 5.2　分解成 2NF 模式集的算法。

设关系模式 R(WXYZ)，主键是 WX，R 上还存在 FD X→Z(也就是 WX→Z 是一个局部依赖)。此时应把 R 分解成两个模式：

R_1(XZ)，主键是 X；

R_2(WXY)，主键是 WX，外键是 X(REFERENCES　R_1)。

利用外键和主键的连接可以从 R_1 和 R_2 重新得到 R。

如果 R_1 和 R_2 还不是 2NF，则重复上述过程，一直到数据库模式中每一个关系模式都是 2NF 为止。

5.4.3　第三范式

定义 5.16　如果 X→Y，Y→A，且 Y↛X 和 A∉Y，那么称 X→A 是传递依赖(A 传递依

赖于 X)。

定义 5.17 如果关系模式 R 是 1NF,且每个非主属性都不传递依赖于 R 的候选键,那么称 R 是第三范式(3NF)的模式。如果数据库模式中每个关系模式都是 3NF,则称其为 3NF 的数据库模式。

【例 5.14】 例 5.13 中的 R_1(CNO,TNAME,TADDR)是 2NF 模式。如果 R_1 中存在 FD:CNO→TNAME 和 TNAME→TADDR,那么 CNO→TADDR 就是一个传递依赖,即 R_1 不是 3NF 模式。此时 R_1 的关系中也会出现冗余和异常操作。例如一个教师开设五门课程,那么关系中就会出现五个元组,教师的地址就会重复五次。

如果把 R_1 分解成 R_{11}(TNAME,TADDR)和 R_{12}(CNO,TNAME)后,CNO→TADDR 就不会出现在 R_{11} 和 R_{12} 中。这样 R_{11} 和 R_{12} 都是 3NF 模式。

在关系模式 R 中消除非主属性对候选键的传递依赖的方法如下所述。

算法 5.3 分解成 3NF 模式集的算法。

设关系模式 R(WXY),主键是 W,R 上还存在 FD X→Y。这样 W→Y 就是一个传递依赖。此时应把 R 分解成两个模式:

R_1(XY),主键是 X;

R_2(WX),主键是 W,外键是 X(REFERENCES R_1)。

利用外键和主键相匹配机制,R_1 和 R_2 通过连接可以重新得到 R。

如果 R_1 和 R_2 还不是 3NF,则重复上述过程,一直到数据库模式中每一个关系模式都是 3NF 为止。

从定义 5.13 和定义 5.16 可以知道,局部依赖的存在必定蕴涵着传递依赖的存在。也就是,如果 R 是 3NF 模式,那么 R 也是 2NF 模式。

局部依赖和传递依赖是模式产生冗余和异常的两个重要原因。由于 3NF 模式中不存在非主属性对候选键的局部依赖和传递依赖,因此消除了很大一部分存储异常,具有较好的性能。而对于非 3NF 的 1NF、2NF,甚至非 1NF 的关系模式,由于它们性能上的弱点,一般不宜作为数据库模式,通常需要将它们变换成 3NF 或更高级的范式,这种变换过程,称为"关系的规范化处理"。

3NF 有个等价的定义,如下所述。

定义 5.18 设 F 是关系模式 R 的 FD 集,如果对 F 中每个非平凡的 FD X→Y,都有 X 是 R 的超键,或者 Y 的每个属性都是主属性,那么称 R 是 3NF 的模式。

这个定义表明,如果非平凡的 FD X→Y,X 不包含超键(并且 Y 不是主属性),那么 Y 必传递依赖于候选键,因此 R 不是 3NF 模式。

5.4.4 BCNF

在 3NF 模式中,并未排除主属性对候选键的传递依赖,仍有可能有冗余和异常现象。因此有必要提出更高一级的范式。Boyce 和 Codd 分别在 1972 年提出了这种范式,故称为"BCNF"

定义 5.19 如果关系模式 R 是 1NF,且每个属性都不传递依赖于 R 的候选键,那么称 R 是 BCNF 的模式。如果数据库模式中每个关系模式都是 BCNF,则称为 BCNF 的数据库模式。

【例 5.15】 设关系模式 R(BNO，BNAME，AUTHOR)的属性分别表示书号、书名和作者名。如果规定，每个书号只有一个书名，但不同书号可以有相同书名；每本书可以有多个作者，但每个作者参与编著的书名应该互不相同。这样的规定可以用下列两个 FD 表示：

$$BNO \rightarrow BNAME \text{ 和 } (AUTHOR, BNAME) \rightarrow BNO$$

R 的关键码为(BNAME，AUTHOR)或(BNO，AUTHOR)，因而模式 R 的属性都是主属性，R 是 3NF 模式。但从上述两个 FD 可知，属性 BNAME 传递依赖于关键码(AUTHOR，BNAME)，因此 R 不是 BCNF 模式。例如一本书由多个作者编写时，其书名与书号间的联系在关系中将多次出现，带来冗余和操作异常现象。

如果把 R 分解成 R_1(BNO，BNAME)和 R_2(BNO，AUTHOR)，能解决上述问题，且 R_1 和 R_2 都是 BCNF。但有可能引起新的问题，例如这个分解把(AUTHOR，BNAME)→BNO 丢失了，数据语义将会引起新的矛盾。

从定义 5.17 和定义 5.19 可以知道，如果 R 是 BCNF 模式，那么 R 也是 3NF 模式。

BCNF 也有个等价的定义，如下所述。

定义 5.20 设 F 是关系模式 R 的 FD 集，如果对 F 中每个非平凡的 FD X→Y，都有 X 是 R 的超键，那么称 R 是 BCNF 的模式。

这个定义表明，如果非平凡的 FD X→Y 中 X 不包含超键，那么 Y 必定传递依赖于候选键，因此 R 不是 BCNF 模式。

5.4.5 分解成 BCNF 模式集的方法

这个方法的基本思路如下所述。

对于关系模式 R 的分解 ρ(初始时 ρ={R})，如果 ρ 中有一个关系模式 R_i 相对于 $\pi_{R_i}(F)$ 不是 BCNF，据定义 5.20 可知，R_i 中存在一个非平凡 FD X→Y，有 X 不包含超键。此时把 R_i 分解成 XY 和 R_i −Y 两个模式。重复上述过程，一直到 ρ 中每一个模式都是 BCNF。

上述方法能保证把 R 无损分解成 ρ，但不一定能保证 ρ 能保持 FD(例 5.15 说明了这种情况)。

5.4.6 分解成 3NF 模式集的方法

这个方法的基本思路如下所述。

(1) 对于关系模式 R 和 R 上成立的 FD 集 F，先求出 F 的最小依赖集，然后再把最小依赖集中那些左部相同的 FD 用合并性合并起来。

(2) 对最小依赖集中每个 FD X→Y 去构成一个模式 XY。

(3) 在构成的模式集中，如果每个模式都不包含 R 的候选键，那么把候选键作为一个模式放入模式集中。

这样得到的模式集是关系模式 R 的一个分解，并且这个分解既是无损分解，又能保持 FD，并且每个模式都是 3NF。

【例 5.16】 设关系模式 R(ABCDE)，R 的最小依赖集为{A→B，C→D}。从依赖集可知 R 的候选键为 ACE。

先根据最小依赖集，可知 ρ={AB，CD}。然后再加入由候选键组成的模式 ACE。因此

规范化设计

最后结果 $\rho = \{AB, CD, ACE\}$ 是一个 3NF 模式集,R 相对于该依赖集是无损分解且保持 FD。

5.4.7 模式设计方法的原则

至此,读者对关系模式的分解有了较全面的了解。关系模式 R 相对于函数依赖集 F 分解成数据库模式 $\rho = \{R_1, R_2, \cdots, R_k\}$,一般应具有三个特性:

(1) ρ 是 BCNF 模式集,或 3NF 模式集;

(2) 无损分解,即对于 R 上任何满足 F 的泛关系应满足 $r = m_\rho(r)$;

(3) 保持函数依赖集 F,即 $\left(\bigcup_{i=1}^{K} \pi_{R_i}(F)\right) \models F$。

数据库设计者在进行关系数据库设计时,应作权衡,尽可能地使数据库模式保持最好的特性。一般尽可能设计成 BCNF 模式集。如果设计成 BCNF 模式集时达不到保持 FD 的特点,那么只能降低要求,设计成 3NF 模式集,以求达到保持 FD 和无损分解的特点。

模式分解并不单指把泛关系模式分解成数据库模式,也可以把数据库模式转换成另一个数据库模式,分解和转换的关键是要"等价"地分解。一个好的模式设计方法应符合三条原则:表达性、分离性和最小冗余性。

表达性涉及两个数据库模式的等价问题,即数据等价和语义等价,分别用无损分解和保持依赖来衡量。

分离性是指在关系中只存储有直接联系的属性值,而不要把有间接联系的属性值放在一张表中。应该把有间接联系的属性值放在不同的表中。实际上"分离"就是清除冗余和异常现象。如能达到这个目的,就分离,否则将更糟。分离的基准是一系列范式。在分解成 BCNF 模式集时,分离与依赖等价有时是不兼容的。

最小冗余性要求分解后的模式个数和模式中属性总数应最少。目的是节省存储空间,提高操作效率,消除不必要的冗余。但要注意,实际使用时并不一定要达到最小冗余,有时带点冗余对提高查询速度是有好处的。

5.5 节讨论另外两种对数据库设计有一定用处的数据依赖和范式,但基本的模式设计思想还是这些。

*5.5 模式的进一步规范化

前面提到的 FD 有效地表达了属性值之间的多对一联系,它是现实世界中广泛存在也是最基本的一种数据依赖。但 FD 还不足以刻画现实世界中属性值之间的一对多联系,本节介绍的多值依赖和联系依赖能刻画一部分一对多联系。与这两种依赖有关的范式是 4NF 和 5NF。

5.5.1 多值依赖的定义

【例 5.17】 模式 R(DNAME, TNAME, SNAME)的属性分别表示学校的系名、教师名和学生名,存储每个系里的教师和学生。例如系 d1 有两个教师 t1 和 t2,三个学生 s1、s2 和 s3,那么在关系中就要出现六个元组,否则数据就不完整如图 5.13 所示。显然,这里存在着数据冗余和操作异常现象。如果一个系有 20 个教师和 100 个学生,那么关系中就要出现 2000 个元组。

DNAME	TNAME	SNAME
d1	t1	s1
d1	t1	s2
d1	t1	s3
d1	t2	s1
d1	t2	s2
d1	t2	s3
d2	t3	s4

图 5.13　模式 R 的实例

产生问题的原因是教师和学生没有直接的联系。教师与系有直接的联系,学生与系有直接的联系,但教师与学生之间的联系是间接的联系。把有间接联系的属性放在一个模式中就会产生冗余和异常现象。

在模式 R 中,一个系有很多教师(一对多联系),一个系有很多学生(一对多联系),但教师与学生间没有直接联系。这种属性间的一对多联系称为多值依赖。

多值依赖的形式定义如下。

定义 5.21　设 U 是关系模式 R 的属性集,X 和 Y 是 U 的子集,Z=R-X-Y,小写的 xyz 表示属性集 XYZ 的值。对于 R 的关系 r,在 r 中存在元组 (x,y_1,z_1) 和 (x,y_2,z_2) 时,也就存在元组 (x,y_2,z_1) 和 (x,y_1,z_2),那么称多值依赖(Multivalued Dependency,MVD)$X \rightarrow\rightarrow Y$ 在模式 R 上成立。

在例 5.17 中,模式 R 中的属性值间的一对多联系可用 MVD 表示:

$$DNAME \rightarrow\rightarrow TNAME \quad 和 \quad DNAME \rightarrow\rightarrow SNAME$$

5.5.2　关于 FD 和 MVD 的推理规则集

关于 FD 和 MVD,已经找到一个完备的推理规则集,这个集合有八条规则,三条是关于 FD 的(即 5.2 节中提到的 A1、A2、A3 规则),三条是关于 MVD 的,还有两条是关于 FD 和 MVD 相互推导的规则。具体如下:

设 U 是关系模式 R 上的属性集,W、V、X、Y、Z 为 U 的子集,关于 FD 和 MVD 的推理规则有以下八条。

A1(FD 的自反性):若 $Y \subseteq X$,则 $X \rightarrow Y$。

A2(FD 的增广性):若 $X \rightarrow Y$,且 $Z \subseteq U$,则 $XZ \rightarrow YZ$。

A3(FD 的传递性):若 $X \rightarrow Y$,$Y \rightarrow Z$,则 $X \rightarrow Z$。

A4(MVD 的补规则,Complementation):若 $X \rightarrow\rightarrow Y$,则 $X \rightarrow\rightarrow U - XY$。

A5(MVD 的增广性):若 $X \rightarrow\rightarrow Y$,且 $V \subseteq W$,则 $WX \rightarrow\rightarrow VY$。

A6(MVD 的传递性):若 $X \rightarrow\rightarrow Y$,$Y \rightarrow\rightarrow X$,则 $X \rightarrow\rightarrow Z - Y$。

A7(复制性,Replication):若 $X \rightarrow Y$,则 $X \rightarrow\rightarrow Y$。

A8(接合性,Coalescence Rule):若 $X \rightarrow\rightarrow Y$,$W \rightarrow Z$,并且 $Z \subseteq Y$,$W \cap Y = \varnothing$,那么 $X \rightarrow Z$。

像 A1~A3 的证明一样,可以用反证法证明规则 A4~A8 的正确性。

已经证明,推理规则 A1~A8 对于 FD 和 MVD 是完备的。和 FD 一样,也存在着平凡的 MVD。

定义 5.22 对于属性集 U 上的 MVD $X \rightarrow\rightarrow Y$,如果 $Y \subseteq X$ 或者 $XY = U$,那么称 $X \rightarrow\rightarrow Y$ 是一个平凡的 MVD,否则称 $X \rightarrow\rightarrow Y$ 是一个非平凡的 MVD。

这是因为从 $Y \subseteq X$ 可根据 A1 和 A7 推出 $X \rightarrow\rightarrow Y$,从 $XY = U$ 可根据 A1、A7 和 A4 推出 $X \rightarrow\rightarrow Y$。

根据规则 A1~A8,还可以推出另外的推理规则。

A9(MVD 的并规则):若 $X \rightarrow\rightarrow Y, X \rightarrow\rightarrow Z$,则 $X \rightarrow\rightarrow YZ$。

A10(MVD 的交规则):若 $X \rightarrow\rightarrow Y, X \rightarrow\rightarrow Z$,则 $X \rightarrow\rightarrow Y \cap Z$。

A11(MVD 的差规则):若 $X \rightarrow\rightarrow Y, X \rightarrow\rightarrow Z$,则 $X \rightarrow\rightarrow Y - Z, X \rightarrow\rightarrow Z - Y$。

A12(MVD 的伪传递):若 $X \rightarrow\rightarrow Y, WY \rightarrow\rightarrow Z$,则 $WX \rightarrow\rightarrow Z - WY$。

A13(混合伪传递):若 $X \rightarrow\rightarrow Y, XY \rightarrow Z$,则 $X \rightarrow Z - Y$。

在有 FD 和 MVD 的情况下,也可以用 chase 过程来测试关系模式 R 相对于已知的 FD 和 MVD 集分解成 ρ 是否为无损分解。

另外,也可以用无损分解概念来定义 MVD。

定义 5.23 若 U 是关系模式 R 的属性集,X、Y、Z 是 U 的一个分割。若对 R 的每一个关系 r,都有 $r = \pi_{XY}(r) \bowtie \pi_{XZ}(r)$,则称 MVD $X \rightarrow\rightarrow Y$ 在 R(U) 上成立。

这个定义说明,如果一个模式可以无损分解成两个模式,那么蕴涵着一个多值依赖。

5.5.3 第四范式

定义 5.24 设 D 是关系模式 R 上成立的 FD 和 MVD 集合。如果 D 中每个非平凡的 MVD $X \rightarrow\rightarrow Y$ 的左部 X 都是 R 的超键,那么称 R 是 4NF 的模式。

【例 5.18】 在例 5.17 的模式 R(DNAME, TNAME, SNAME) 中,键是(TNAME, SNAME),在多值依赖 DNAME$\rightarrow\rightarrow$TNAME 和 DNAME$\rightarrow\rightarrow$SNAME 的左部未包含键,因此 R 不是 4NF。若把 R 分解成 R_1(DNAME, TNAME) 和 R_2(DNAME, SNAME) 以后,则 R_1 和 R_2 都是 4NF。

从 4NF 的定义可知,是 4NF 的模式肯定是 BCNF 模式。

5.5.4 连接依赖

在定义 5.23 中,MVD 定义为一个模式无损分解为两个模式。类似地,对于一个模式无损分解成 n 个模式的数据依赖,称为连接依赖,形式定义如下所述。

定义 5.25 设 U 是关系模式 R 的属性集,$R_1, R_2, \cdots, R_n$ 是 U 的子集,并满足 $U = R_1 \cup R_2 \cup \cdots \cup R_n$,$\rho = \{R_1, R_2, \cdots, R_n\}$ 是 R 的一个分解。如果对于 R 的每个关系 r 都有 $m_\rho(r) = r$,那么称连接依赖(Join Dependency, JD)在模式 R 上成立,记为 $*(R_1, R_2, \cdots, R_n)$。

定义 5.26 如果 $*(R_1, R_2, \cdots, R_n)$ 中某个 R_i 就是 R,那么称这个 JD 是平凡的 JD。

【例 5.19】 设关系模式 R(SPJ) 的属性分别表示供应商、零件、项目等含义,表示三者之间的供应联系。如果规定,模式 R 的关系是三个二元投影(SP, PJ, JS)的连接,而不是其中任何两个的连接,如图 5.14 所示,那么模式 R 中存在着一个连接依赖 $*(SP, PJ, JS)$。

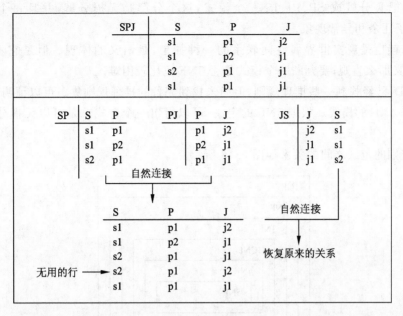

图 5.14　关系 SPJ 是三个二元投影的连接而不是其中任何两个的连接

在模式 R 存在这个连接依赖时,其关系将存在冗余和异常现象。例如在元组插入或删除时就会出现各种异常(见图 5.15)。

SPJ	S	P	J
	s1	p1	j2
	s1	p2	j1

在插入元组(s2, p1, j1)时,
必须再插入元组(s1, p1, j1);
否则将违反联接依赖*(SP, PJ, JS)

SPJ	S	P	J
	s1	p1	j2
	s1	p2	j1
	s2	p1	j1
	s1	p1	j1

• 元组(s2, p1, j1)可直接删除
• 元组(s1, p1, j1)被删除时, 必须再删除其他三个元组中的一个, 才能不违反连接依赖*(SP, PJ, JS)

图 5.15　在 SPJ 中更新问题的例子

5.5.5　第五范式

定义 5.27　如果关系模式 R 的每个 JD 均由 R 的候选键蕴涵,那么称 R 是 5NF 的模式。在有的文献中,5NF 也称为投影连接范式(Project-Join NF,PJNF)。

这里 JD 可由 R 的键蕴涵,是指 JD 可由键推导得到。如果 JD $*(R_1, R_2, \cdots, R_n)$ 中某个 R_i 就是 R,那么这个 JD 是平凡的 JD;如果 JD 中某个 R_i 包含 R 的键,那么这个 JD 可用 chase 方法验证。

【例 5.20】　在例 5.19 中提到的 R(SPJ)中, $*(SP, PJ, JS)$ 是非平凡的 JD,因此 R 不是

5NF。应该把 R 分解成 SP、PJ、JS 三个模式,这个分解是无损分解,并且每个模式都是5NF,清除了冗余和异常现象。

连接依赖也是现实世界属性间联系的一种抽象,是语义的体现。但是它不像 FD 和 MVD 的语义那么直观,要判断一个模式是否 5NF 也比较困难。

对于 JD,已经找到一些推理规则,但尚未找到完备的推理规则集。可以证明,5NF 的模式也一定是 4NF 的模式。根据 5NF 的定义,可以得出一个模式总是可以无损分解成 5NF 模式集。

不同级别的范式之间的关系如图 5.16 所示。

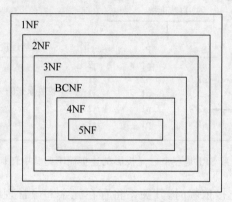

图 5.16　不同级别的范式间的关系

小　　结

本章讨论如何设计关系数据库的模式问题。关系模式设计得好与不好,直接影响数据库中数据冗余度、数据一致性等问题。要设计好的数据库模式,必须有一定的理论为基础。这就是模式设计理论。

函数依赖是对关系中属性值之间多对一联系的描述,也是对关系中值的一种约束。它是对关键码概念的扩充。

关系模式在分解时应保持"等价",有数据等价和语义等价两种,分别用无损分解和保持依赖两个特征来衡量。前者能保证泛关系在投影连接以后仍能恢复回来,而后者能保证数据在投影或连接中其语义不会发生变化,也就是不会违反 FD 的语义。

范式是衡量模式优劣的标准。范式的级别越高,其数据冗余和操作异常现象就越少。

关系模式的规范化过程实际上是一个"分解"过程:把逻辑上独立的信息放在独立的关系模式中。

习　题　5

1. 解释下列名词。

函数依赖　　函数依赖的逻辑蕴涵　　平凡的函数依赖　　函数依赖集 F 的闭包 F^+

最小依赖集　　无损分解　　保持函数依赖　　1NF

2NF   3NF   BCNF   4NF

5NF 推理规则的正确性和完备性   多值依赖   连接依赖

2. 设关系模式 R 有 n 个属性,在模式 R 上可能成立的函数依赖有多少个? 其中平凡的 FD 有多少个? 非平凡的 FD 有多少个?

3. 对函数依赖 X→Y 的定义加以扩充,X 和 Y 可以为空属性集,用∅表示,那么 X→∅,∅→Y,∅→∅的含义是什么?

4. 已知关系模式 R(ABC),F 是 R 上成立的 FD 集,F＝{A→B,B→C},试写出 F 的闭包 F^+。

5. 设关系模式 R(ABCD),如果规定,关系中 B 值与 D 值之间是一对多联系,A 值与 C 值之间是一对一联系。试写出相应的函数依赖。

6. 试举出反例说明下列规则不成立:

(1) {A→B}⊨{B→A}

(2) {AB→C,A→C}⊨{B→C}

(3) {AB→C}⊨{A→C}

7. 设关系模式 R(ABCD),F 是 R 上成立的 FD 集,F＝{A→B,C→B},则相对于 F,试写出关系模式 R 的关键码。并说明理由。

8. 设关系模式 R(ABCD),F 是 R 上成立的 FD 集,F＝{A→B,B→C}。

(1) 试写出属性集 BD 的闭包 $(BD)^+$。

(2) 试写出所有左部是 B 的函数依赖(即形为“B→?”)。

9. 设关系模式 R(ABC)分解成 ρ＝{AB,BC},如果 R 上的 FD 集 F＝{A→B},那么这个分解是损失分解。试举出 R 的一个关系 r,不满足 $m_\rho(r)＝r$。

10. 试解释数据库“丢失信息”与“未丢失信息”两个概念。“丢失信息”与“丢失数据”有什么区别?

11. 设关系模式 R(ABC),F 是 R 上成立的 FD 集,F＝{A→C,B→C},试分别求 F 在模式 AB 和 AC 上的投影。

12. 设关系模式 R(ABC),F 是 R 上成立的 FD 集,F＝{B→A,C→A},ρ＝{AB,BC}是 R 上的一个分解,那么分解 ρ 是否保持 FD 集 F? 说明理由。

13. 设关系模式 R(ABC),F 是 R 上成立的 FD 集,F＝{B→C,C→A},那么分解 ρ＝{AB,AC}相对于 F,是否无损分解和保持 FD? 说明理由。

14. 设关系模式 R(ABCD),F 是 R 上成立的 FD 集,F＝{A→B,B→C,A→D,D→C},ρ＝{AB,AC,BD}是 R 的一个分解。

(1) 相对于 F,ρ 是无损分解吗? 为什么?

(2) 试求 F 在 ρ 的每个模式上的投影。

(3) ρ 保持 F 吗? 为什么?

15. 设关系模式 R(ABCD),R 上的 FD 集 F＝{A→C,D→C,BD→A},试说明 ρ＝{AB,ACD,BCD}相对于 F 是损失分解的理由。

16. 设关系模式 R(ABCD),F 是 R 上成立的 FD 集,F＝{AB→CD,A→D}。

(1) 试说明 R 不是 2NF 模式的理由。

(2) 试把 R 分解成 2NF 模式集。

17. 设关系模式 R(ABC),F 是 R 上成立的 FD 集,F={C→B,B→A}。

(1) 试说明 R 不是 3NF 模式的理由。

(2) 试把 R 分解成 3NF 模式集。

18. 设有一个记录各个球队队员每场比赛进球数的关系模式

R(队员编号, 比赛场次, 进球数, 球队名, 队长名)

如果规定每个队员只能属于一个球队,每个球队只有一个队长,每个队员每场比赛只有一个进球数。

(1) 试写出关系模式 R 的基本 FD 和关键码。

(2) 说明 R 不是 2NF 模式的理由,并把 R 分解成 2NF 模式集。

(3) 进而把 R 分解成 3NF 模式集,并说明理由。

19. 设有关系模式:

R(职工名, 项目名, 工资, 部门名, 部门经理)

如果规定每个职工可参加多个项目,各领一份工资;每个项目只属于一个部门管理;每个部门只有一个经理。

(1) 试写出关系模式 R 的基本 FD 和关键码。

(2) 说明 R 不是 2NF 模式的理由,并把 R 分解成 2NF 模式集。

(3) 进而把 R 分解成 3NF 模式集,并说明理由。

20. 设关系模式 R(ABC)上有一个 MVD A→→B。如果已知 R 的当前关系存在三个元组(ab_1c_1)、(ab_2c_2)和(ab_3c_3),那么这个关系中至少还应该存在哪些元组?

21. 试撰写 2000 字短文,论述泛关系假设、无损分解和保持依赖间的联系。

第6章 实体联系模型

实体联系模型(ER 模型)是广泛被采用的概念模型设计方法。在 2.2.2 节已进行过简单的介绍。它是由 Peter Chen 于 1976 年在题为《实体联系模型:将来的数据视图》的论文中提出的。此后 Chen 和其他多人对它又进行了扩展和修改,出现了 ER 模型的许多变种,且表达的方法没有一定的标准。但是,绝大多数 ER 模型的基本构件相同,只是表示的方法有所差别。这里采用的是一些典型的和流行的符号,所介绍的内容也是一些较普遍和实用的方法。

本章先介绍 ER 模型基本要素、属性的设计和联系的设计,然后介绍扩充 ER 模型的一些表示方法,最后介绍关系式目录的扩充 ER 图和若干实例,以加强对 ER 模型设计方法的理解。

6.1 ER 模型的基本元素

6.1.1 实体

实体是一个数据对象,指应用中可以区别的、客观存在的事物,如人、部门、表格、物体、项目等。同一类实体构成实体集(Entity Set)。实体的内涵用实体类型(Entity Type)来表示。实体类型是对实体集中实体的定义。由于实体、实体集、实体类型等概念的区分在转换成数据库的逻辑设计时才要考虑,因此在不引起混淆的情况下,一般将实体、实体集、实体类型等概念统称为实体。由此可见,ER 模型中提到的实体往往是指实体集。

在 ER 模型中,实体用方框表示,方框内注明实体的命名。实体名常用大写字母开头的有具体意义的英文名词表示。但建议实体名在需求分析阶段用中文表示,在设计阶段再根据需要转成英文形式,这样有利于软件工作人员和用户之间的交流。下面的联系名和属性名也采用这种方式。

6.1.2 联系

现实世界中,实体不是孤立的,实体之间是有联系的。例如,"职工在某部门工作"是实体"职工"和"部门"之间的联系;"学生在某教室听某老师讲的课程"是"学生""教室""老师"和"课程"四个实体之间有联系;而"零件之间有组合联系"表示"零件"实体之间有联系。

联系表示一个或多个实体之间的关联关系。同一类联系构成"联系集"(Relationship Set)。联系的内涵用联系类型(Relationship Type)来表示。联系类型是对联系集中联系的定义。同实体一样,一般将联系、联系集、联系类型等统称为联系。

联系是实体之间的一种行为,所以在英语国家中,一般用动名词来命名联系,则用汉语动词,例如"工作""参加""属于""入库""出库"等。

在 ER 图中,联系用菱形框表示,并用线段将其与相关的实体连接起来。由于一个实体可能涉及多个联系,在每个联系中所扮演的角色也会不同,如实体"职工",在管理联系中可能扮演经理的角色,在保健联系中扮演病人的角色,在储蓄联系中扮演客户的角色。实体的角色为该实体在该联系中所起的作用。

6.1.3 属性

实体的某一特性称为属性,如人有姓名、性别、年龄等属性。在一个实体中,能够唯一标识实体的属性或属性集称为"实体标识符"。但一个实体只有一个标识符,没有候选标识符的概念。实体标识符有时也称为实体的主键。在 ER 图中,属性用椭圆形框表示,加下画线的属性为标识符。

属性域是属性的可能取值范围,也称为属性的值域。抽象地说,属性将实体集合中每个实体和该属性的值域的一个值联系起来。实体属性的一组特定值,确定了一个特定的实体,实体的属性值是数据库中存储的主要数据。学生实体的属性表示方法如图 6.1 所示。该学生实体的一个实例(具体的值):"S1""李铭""男""18""200030 上海市 虹口区 长阳路 8808号""计算机科学及技术",表示的是学生李铭的基本特征。

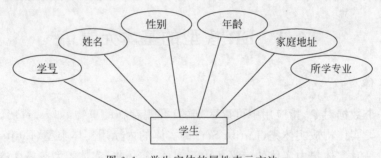

图 6.1　学生实体的属性表示方法

联系也会有属性,用于描述联系的特征,如参加工作时间、入库数量等,但联系本身没有标识符。

6.2　属性的分类

为了在 ER 图中准确设计实体或联系的属性,需要把属性的种类、取值特点等先了解清楚。

6.2.1 基本属性和复合属性

根据属性类别可分为基本属性和复合属性。基本属性是不可再分割的属性。例如,性别和年龄都是基本属性。复合属性是可再分解为其他属性的属性(即属性可嵌套)。例如,地址属性可分解为:邮政编码、省(市)名、区名、街道四个子属性,街道又可分解为路名、门牌号码两个子属性。复合属性形成了一个属性的层次结构。地址属性的层次结构图如图 6.2 所示。

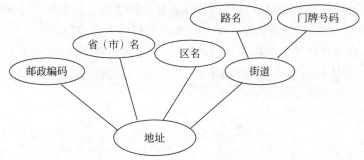

图 6.2　地址属性的层次结构图

6.2.2　单值属性和多值属性

根据属性的取值特点又可分为单值属性和多值属性。单值属性指的是同一实体的属性只能取一个值。例如,同一个学生只能具有一个年龄,所以年龄属性是一个单值属性。多值属性指同一实体的某些属性可能取多个值。例如,一个人的学位是一个多值属性(学士、硕士和博士);一种零件可能有多种销售价格(经销、代销、批发和零售)。零件关系的 ER 模型如图 6.3 所示。其中,多值属性用双椭圆形表示。

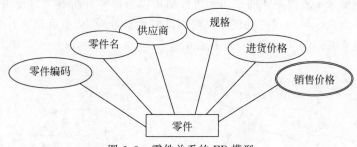

图 6.3　零件关系的 ER 模型

如果用上述方法简单地表示多值属性,在数据库的实施过程中,将会产生大量的数据冗余,造成数据库潜在数据异常、数据不一致性和完整性的缺陷。所以,应该修改原来的 ER模型,对多值属性进行变换。通常有下列两种变换方法。

方法一:增加几个新的属性,将原来的多值属性用几个新的属性来表示。

【例 6.1】　在零件供应数据库中,销售价格可分解为四个单值属性:经销价格、代销价格、批发价格和零售价格。变换结果如图 6.4 所示。

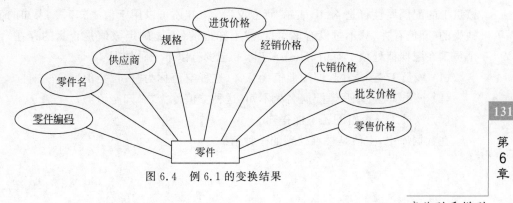

图 6.4　例 6.1 的变换结果

方法二:增加一个新的实体。这个新实体和原来的实体之间是 1∶N 联系。这个新实体依赖于原实体而存在,称为弱实体。关于弱实体后面将专门介绍。

【例 6.2】 在零件供应数据库中,可以增加一个销售价格弱实体,该弱实体与零件实体具有存在关系。变换的结果如图 6.5 所示。

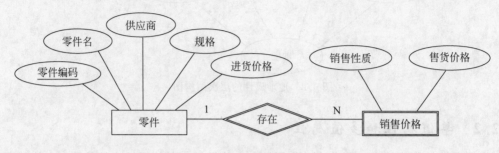

图 6.5 例 6.2 的变换结果

6.2.3 导出属性

通过具有相互依赖的属性推导而产生的属性称为导出属性。例如,一个人的出生年份可以从年龄推导出来;某种零件的平均销售价格可以由该零件所有销售价格之和除以销售性质种类数计算出来。导出属性的值不仅可以从其他属性导出,也可以从有关的实体导出。导出属性用虚线椭圆形与实体相连,如图 6.6 所示。

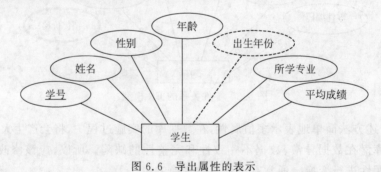

图 6.6 导出属性的表示

6.2.4 空值

当实体在某个属性上没有值时应使用空值(Null)。例如,如果某个员工尚未婚配,那么该员工的配偶属性将是 Null,表示"无意义"。Null 还可以用于值未知时。未知的值可能是缺失的(即值存在,只不过没有该信息)或不知道的(不能确定该值是否真的存在)。例如某个员工在配偶值处填上空值(Null),实际上至少有以下三种情况:

(1) 该员工尚未婚配,即配偶值无意义(这种空值称为"占位空值");

(2) 该员工已婚配,但配偶名尚不知(这种空值称为"未知空值");

(3) 该员工是否婚配还不能得知。

在数据库中,空值是很难处理的一种值。

6.3 联系的设计

联系是多个实体间的相互关联。联系集是同类联系的集合。关于联系的内容有联系的元数、连通词和基数三个方面,下面分别介绍。

6.3.1 联系的元数

定义 6.1 一个联系涉及的实体集个数,称为该联系的元数或度数(Degree)。

通常,同一个实体集内部实体之间的联系,称为一元联系,也称为递归联系;两个不同实体集实体之间的联系,称为二元联系;三个不同实体集实体之间的联系,称为三元联系。以此类推。

6.3.2 联系的连通词

定义 6.2 联系涉及的实体集之间实体对应的方式,称为联系的连通词(Connectivity)。这里"对应的方式",是指实体集 E_1 中一个实体与实体集 E_2 中至多一个还是多个实体有联系。二元联系的连通词有四种:$1:1,1:N,M:N,M:1$。由于 $M:1$ 是 $1:N$ 的反面,因此通常就不再提及。$1:1$、$1:N$ 和 $M:N$ 的定义已在 2.1.4 节给出。类似地,也可给出一元联系、三元联系的连通词定义。

【例 6.3】 下面列举二元联系连通词的三种方式。

① 设工厂里车间与产品之间有 $1:1$ 联系,其 ER 图如图 6.7 所示。

② 工厂里车间与职工之间有 $1:N$ 联系,其 ER 图如图 6.8 所示。

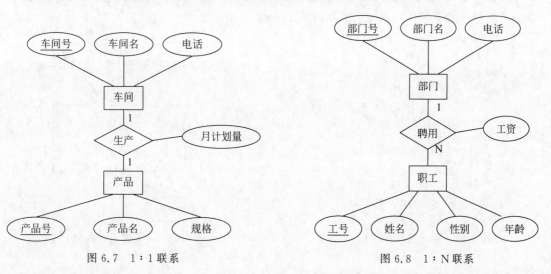

图 6.7 1:1联系　　　　　　　　　图 6.8 1:N联系

在 $1:1$ 联系中,联系的属性可放在某一端的实体中;在 $1:N$ 联系中,联系的属性也可放在 N 端实体中。但严格地讲,联系的属性是两个实体有联系时才产生的数据,应放在联系中才是最合适的。

第6章

实体联系模型

③ 工厂里产品与零件的组成之间有 M：N 联系,其 ER 图如图 6.9 所示。

这里对于联系"构成"的属性"数量"的语义要清楚。其语义是,某一产品组成时需要某种零件的数量,而不是某一产品需要多少种零件。

【例 6.4】 下面列举一元联系连通词的三种方式。

① 运动员根据其得分来排定名次。在名次排列中,排在他前面的只有一个人,排在他后面的也只有一个人。也就是运动员之间有 1：1 联系,其 ER 图如图 6.10 所示。

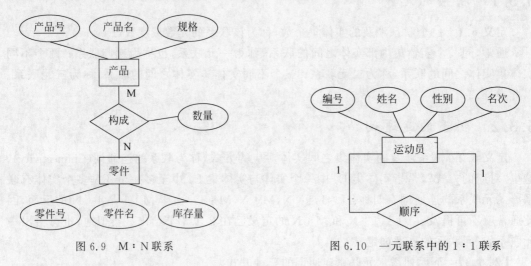

图 6.9　M：N 联系　　　　　　　　　图 6.10　一元联系中的 1：1 联系

② 职工之间的上下级联系有 1：N 联系,其 ER 图如图 6.11 所示。

③ 工厂的零件之间存在着组合关系,一种零件由许多种子零件组成,而一种零件也可以是其他零件的子零件。其 ER 图如图 6.12 所示。

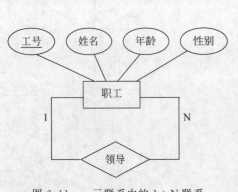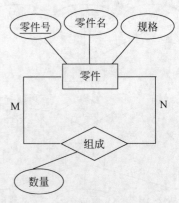

图 6.11　一元联系中的 1：N 联系　　　　图 6.12　一元联系中的 M：N 联系

【例 6.5】 某商业集团中,商店、仓库、商品之间存在着进货联系,其 ER 图如图 6.13 所示。

6.3.3　联系的基数

连通词是对实体之间联系方式的描述,但这种描述比较简单,对实体间联系更为详细的

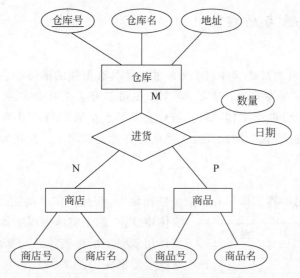

图 6.13　三元联系中的 M∶N∶P 联系

描述,可用基数表述。

定义 6.3　有两个实体集 E_1 和 E_2,E_1 中每个实体与 E_2 中有联系实体的数目的最小值 Min 和最大值 Max,称为 E_1 的基数,用(Min,Max)形式表示。

【例 6.6】　学校里规定每学期学生至少选修一门课程,最多选修 6 门课程;每门课程至多有 50 人选修,最少可以没人选修。也就是,学生的基数是(1,6),课程的基数是(0,50),如图 6.14 所示。

又如教师和课程之间有 1∶N 联系。如果进一步规定,每位教师可讲授 3 门课,也可只搞研究而不教课;每门课程必须有一位教师上课。也就是,教师的基数是(0,3),课程的基数是(1,1),如图 6.15 所示。

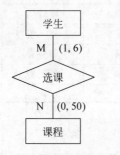

图 6.14　联系的连通词和基数(一)

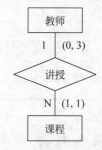

图 6.15　联系的连通词和基数(二)

6.4　ER 模型的扩充

ER 模型是对现实世界的一种抽象。它的主要成分是实体、联系和属性。使用这三种成分,就可以建立许多应用环境的 ER 模型。但是还有一些特殊的语义,只用上述概念尚无法表达清楚。为了更准确地模拟现实世界,需要扩展基本 ER 模型的概念。

6.4.1 依赖联系与弱实体

1. 依赖联系

在现实世界中,有时某些实体对于另一些实体具有很强的依赖联系,即一个实体的存在必须以另一实体的存在为前提。比如,一个职工可能有多个社会关系,社会关系是多值属性,为了消除冗余,设计两个实体:职工与社会关系。在职工与社会关系中,社会关系的信息以职工信息的存在为前提,因此社会关系的存在也是以职工的存在为前提,所以职工与社会关系是一种依赖联系。

2. 弱实体

一个实体对于另一些实体具有很强的依赖联系,而且该实体的主键部分或全部从其父实体中获得,称该实体为弱实体。在 ER 模型中,弱实体用双线矩形框表示。与弱实体联系的联系,用双线菱形框表示。

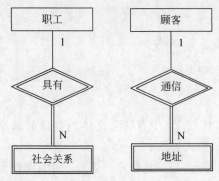

图 6.16　依赖联系与弱实体的表示方法

【例 6.7】　在人事管理系统中,社会关系的存在是以职工的存在为前提的,即社会关系对于职工具有依赖联系,所以说,社会关系是弱实体。又如商业应用系统中,顾客地址与顾客之间也有类似的联系(一般顾客可以有若干个联系地址)。依赖联系与弱实体的表示方法如图 6.16 所示。依赖联系与弱实体的实例分析如表 6.1 所示。

表 6.1　存在依赖性与弱实体的实例分析

(1) 实体(学生)		(2) 弱实体(社会关系)			
职工号	姓名	职工号	称呼	姓名	政治面貌
101	程　宏	101	父亲	程资明	党员
106	蒋天云	101	母亲	林　悦	党员
103	李刚畸	103	父亲	李坚青	群众
⋮		103	母亲	吴　颖	党员
⋮		⋮	⋮	⋮	⋮

6.4.2 子类和超类

子类和超类的概念最先出现在面向对象技术中。虽然在关系模型中要实现子类和超类的概念还不行,但在 ER 模型设计中立即采用了子类和超类的概念。

在现实世界中,实体类型之间可能存在着抽象与具体的联系。例如学校人事系统中有人员、教师、学生、本科生和研究生等实体类型。这些概念之间,"人员"是比"教师""学生"更为抽象、泛化(Generalization)的概念,而"教师""学生"是比"人员"更为具体、细化(Specialization)的概念。

定义 6.4　当较低层上实体类型表达了与之联系的较高层上的实体类型的特殊情况

时,就称较高层上实体类型为超类型(Supertype),较低层上实体类型为子类型(Subtype)。

子类与超类有两个性质。

(1)子类与超类之间具有继承性,即子类实体继承超类实体的所有属性。但子类实体本身还可以包含比超类实体更多的属性。

(2)这种继承性是通过子类实体和超类实体有相同的实体标识符实现的。

在 ER 图中,带有子类的实体类型(即超类)以两端双线的矩形框表示,并用加圈的弧线与其子类相连,子类本身仍用普通矩形框表示。

【例6.8】 学校人事系统中实体之间继承性的层次式联系如图 6.17 所示。相邻的上层实体称为超类实体,下层实体称为子类实体。例如"学生"是"人员"的子类实体,但又是"本科生"和"研究生"的超类实体。根据子类和超类的定义和性质,这个结构转换成的关系模式如下:

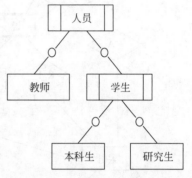

图 6.17 继承性的层次式联系

人员(身份证号,姓名,年龄,性别)

教师(身份证号,教师编号,职称)

学生(身份证号,学号,系别,专业)

本科生(身份证号,入学年份)

研究生(身份证号,研究方向,导师姓名)

这里,子类和超类转换成关系模式的主键相同。

6.5 ER 模型实例分析

在数据库设计中,ER 模型的设计是一个很重要的环节。本节将举例说明 ER 模型的设计过程和需要注意的问题。

【例6.9】 关系式目录的扩展 ER 图。

在 DBS 运行时,系统有一个"系统目录",用于存放数据库结构的描述。关系 DBMS 的系统目录存储下列信息。

① 关系名,属性名,属性域(数据类型)。

② 主键,辅助键,外键。

③ 各种约束:视图的外部级描述,存储结构和索引的内部级描述。

④ 安全性和授权规则。

⑤ 数据完整性规则。

由于 DBMS 的各个子系统会非常频繁地访问系统目录,因此对系统目录应设计比较好的数据结构以满足高效地访问目录。关系系统中目录结构(部分)的一个扩充的 ER 图如图 6.18 所示。图中用小圆圈圈起来的 d 表示实体类型"关系"被划分成两个不相交的子类,子类用符号"U"表示。

【例6.10】 以某研究所科研人员和项目为例设计 ER 模型。

某研究所有若干研究室,每一个研究室有一名负责人和多个科研人员,每一个科研人员只属于一个研究室。研究所承接了多个科研项目,每个科研项目有多个科研人员参加,每个

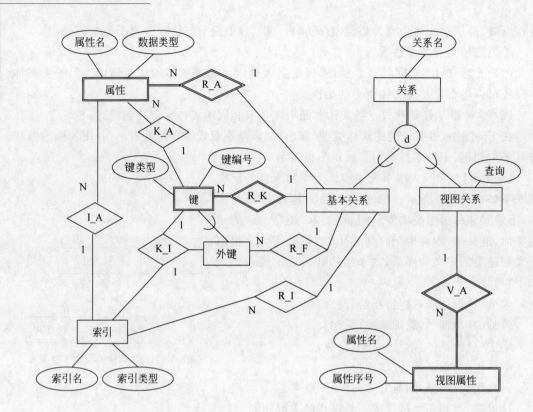

图 6.18 关系系统中目录结构(部分)的扩充 ER 图

科研人员可以参加多个科研项目。ER 模型的具体建立过程如下所述。

① 首先确定实体类型。

本问题有三个实体类型：研究室,科研人员,科研项目。

② 确定联系类型。

本问题有两种联系类型：研究室和科研人员之间是 1∶N 联系,科研人员和科研项目之间是 M∶N 联系,分别定义联系类型为组成和参加。

③ 把实体类型和联系类型组合成的项目管理的 ER 图,如图 6.19 所示。

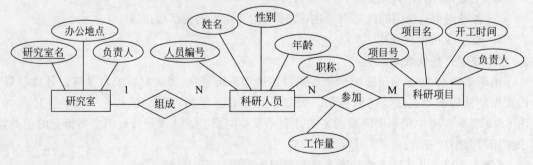

图 6.19 项目管理的 ER 图

④ 确定实体类型和联系类型的属性。

实体类型"研究室"的属性有：研究室名、办公地点、负责人。实体类型"科研人员"的属性有：人员编号、姓名、性别、年龄、职称。实体类型"科研项目"的属性有：项目号、项目名、负责人、开工时间。

联系类型"参加"的属性有：工作量。

⑤ 确定实体类型的键。在 ER 图属于键的属性名下面画一条横线。这里假设实体类型研究室的研究室名唯一。

【例 6.11】 以某商场订货系统为例设计 ER 模型。

在一个商场订货系统数据库中，包括商场部门、职工、顾客、货物和订货单等信息。每个顾客包括顾客号(唯一的)、收货地址(一个顾客可有多个地址)、赊购限额、余额、折扣。每个订货单包括顾客号、收货地址、订货日期、订货细则(每个订货单有若干条)。每条订货细则内容为货物号、订货数量。每种货物包括货物号(唯一的)、制造厂商、每个厂商的实际存货量和规定的最低存货量、货物描述。由于处理上的要求，每个订货单的每一订货细则中还应有一个未发货量(此值初始时为订货数量，随着发货将减为 0)。

分析该商场订货系统，可以定义该商场订货系统中有七个实体、一个弱实体和八个联系。

实体类型的结构如下：

部门(部门号,部门名,经理)

职工(职工号,姓名,性别,年龄)

顾客(顾客号,顾客名,余额,折扣,赊购限额)

订单(订单号,收货地址,订货日期)

订货细则(订货细则号,未发数量)

货物(货物号,货物名,实际存货量,最低存货量)

供应商(供应商号,供应商名,地址)

弱实体类型的结构如下：

地址(邮码,区,路,号)

联系类型的结构如下：

聘用(聘用日期,工资)

销售(数量)

提供(价格)

根据上述分析，相应的 ER 模型如图 6.20 所示。

在具体设计 ER 图的过程中，如果把属性也全都画上去时，ER 图会显得不够清晰，因此在具体设计过程中，可采用一些变通的方法。具体可有如下三种方法。

第一种方法：在 ER 图上，对实体和联系注上全部属性。

第二种方法：在 ER 图上，只画上实体和联系，不注上属性。实体和联系的属性在图外加以说明。

第三种方法：在 ER 图上，除了画实体和联系外，只注上联系的属性(由于联系的属性比较少)，而不注实体的属性。实体的属性在图外加以说明。

实体联系模型

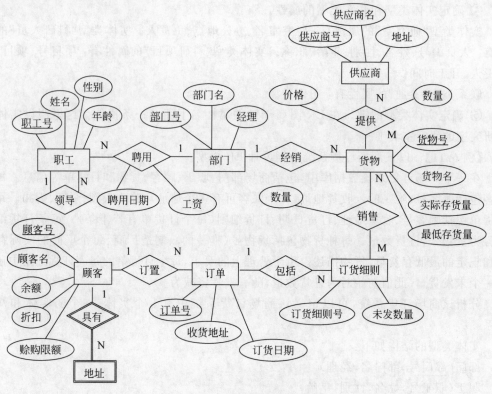

图 6.20　商场订货系统的 ER 图

小　　结

ER 模型是人们认识客观世界的一种方法、工具。ER 模型具有客观性和主观性两重含义。ER 模型是在客观事物或系统的基础上形成的,在某种程度上反映了客观现实,反映了用户的需求,因此 ER 模型具有客观性。但 ER 模型又不等同于客观事物的本身,它往往反映事物的某一方面,至于选取哪个方面或哪些属性,如何表达,则决定于观察者本身的目的与状态,从这个意义上说,ER 模型又具有主观性。

ER 模型的设计过程,基本上分为两步。

(1) 先设计实体类型(此时不要涉及"联系")。

(2) 再设计联系类型(考虑实体间的联系)。

具体设计时,有时"实体"与"联系"两者之间的界线是模糊的。数据库设计者的任务就是要把现实世界中的数据以及数据间的联系抽象出来,用"实体"与"联系"来表示。

另外,设计者应注意,ER 模型应该充分反映用户需求,ER 模型要得到用户的认可才能确定下来。

习　题　6

1. 名词解释。

(1) 实体　　　　　实体集　　　　　实体类型

（2）联系　　　　　联系集　　　　　联系类型

（3）属性　　　　　基本属性　　　　　复合属性　　　单值属性　　　多值属性　　　导出属性

（4）联系的元数　　联系的连通词　　　联系的基数

（5）弱实体　　　　超类实体　　　　　子类实体　　　继承性　　　演绎过程　　　归纳过程

2. 设某商业集团数据库中有三个实体集。一是"商店"实体集，属性有商店编号、商店名、地址等；二是"商品"实体集，属性有商品号、商品名、规格、单价等；三是"职工"实体集，属性有职工编号、姓名、性别、业绩等。

商店与商品间存在"销售"联系，每个商店可销售多种商品，每种商品也可放在多个商店销售。每个商店销售的一种商品，有月销售量；商店与职工间存在着"聘用"联系，每个商店有许多职工，每个职工只能在一个商店工作，商店聘用职工有聘期和月薪。

试画出 ER 图，并在图上注明属性、联系的类型。

3. 设某商业集团数据库中有三个实体集。一是"公司"实体集，属性有公司编号、公司名、地址等；二是"仓库"实体集，属性有仓库编号、仓库名、地址等；三是"职工"实体集，属性有职工编号、姓名、性别等。

公司与仓库间存在"隶属"联系，每个公司管辖若干仓库，每个仓库只能属于一个公司管辖；仓库与职工间存在"聘用"联系，每个仓库可聘用多个职工，每个职工只能在一个仓库工作，仓库聘用职工有聘期和工资。

试画出 ER 图，并在图上注明属性、联系的类型。

4. 假设要为银行的储蓄业务设计一个数据库，其中涉及储户、存款、取款等信息。试设计 ER 模型。

5. 某体育运动锦标赛有来自世界各国运动员组成的体育代表团参加各类比赛项目。试为该锦标赛各个代表团、运动员、比赛项目、比赛情况设计一个 ER 模型。

6. 假设某超市公司要设计一个数据库系统来管理该公司的业务信息。

该超市公司的业务管理规则如下：

（1）该超市公司有若干仓库、若干连锁商店，供应若干商品。

（2）每个商店有一个经理和若干收银员，每个收银员只在一个商店工作。

（3）每个商店销售多种商品，每种商品可在不同的商店销售。

（4）每个商品编号只有一个商品名称，但不同的商品编号可以有相同的商品名称。每种商品可以有多种销售价格。

（5）超市公司的业务员负责商品的进货业务。

试按上述规则设计 ER 模型。

7. 假设要根据某大学的系、学生、班级、学会等信息建立一个数据库，一个系有若干专业，每个专业每年只招一个班，每个班有若干学生。一个系的学生住在同一宿舍区。每个学生可以参加多个学会，每个学会有若干学生，学生参加某学会有个入会年份。试为该大学的系、学生、班级、学会等信息设计一个 ER 模型。

8. 假设要为某工厂设计一个"库存销售信息管理系统"，对仓库、车间、产品、客户、销售员等信息进行管理。该工厂的数据主要有以下一些联系。

（1）车间生产的产品与仓库中的仓位有"入库"联系。

（2）产品与仓位有"存储"联系。

（3）销售员、客户、产品之间有"订单"联系。

（4）客户、产品、仓位之间有"出库"联系。

试为该数据库设计其 ER 模型。（本题的一种设计方法，见第 7 章的例 7.13）

9. 假设要为某汽车货运公司的管理信息系统建立一个数据库，对车辆、司机、维修、保险和报销等信息和业务活动进行管理。该公司的业务管理规则如下所述。

（1）该公司有若干个车队，分别属于不同的部门管理。

（2）每个车队有若干车辆和汽车司机。

（3）车辆和司机分别在不同的保险公司里投保。

（4）车辆由若干汽车维修公司进行维修。

（5）每辆汽车需记载开支情况。

试为该数据库设计其 ER 模型。（本题的一种设计方法，见第 7 章的例 7.14）

第 7 章　数据库设计

数据库设计(Database Design,DBD)是指对于给定的软、硬件环境,针对现实问题,设计一个较优的数据模型,建立 DB 结构和 DB 应用系统。

本章主要讨论 DBD 的方法和步骤,详细介绍 DBD 的全过程。本章的重点有两个。

* 概念设计中的 ER 模型设计方法;
* 逻辑设计中 ER 模型向关系模型转换的规则。

7.1　数据库设计概述

计算机信息系统以数据库为核心,在数据库管理系统的支持下,进行信息的收集、整理、存储、检索、更新、加工、统计和传播等操作。

对数据库应用开发人员来说,在具备了 DBMS、操作系统和硬件环境后,使用已有环境表达用户的需求,构造最优的数据库模型,然后据此建立数据库及其应用系统,这个过程称为数据库设计。

确切地说,数据库设计是指对于一个给定的应用环境,提供一个确定最优数据模型与处理模式的逻辑设计,以及一个确定数据库存储结构与存取方法的物理设计,建立起既能反映现实世界信息和信息联系,满足用户数据要求和加工要求,又能被某个数据库管理系统所接受,同时能实现系统目标,并有效地存取数据的数据库。

数据库已成为现代信息系统等计算机系统的基础与核心部分。数据库设计的好坏直接影响着整个系统的效率和质量。然而,由于数据库系统的复杂性和它与环境的密切联系,使得数据库设计成为一个困难、复杂和费时的过程。

7.1.1　软件生存期

数据库设计可在两种不同的情况下进行:一种情况是数据库管理系统及其所依赖的计算机软硬件都未确定,在这种条件下进行数据库设计,首先根据单位或部门对数据库应用的种种要求,设计数据库,根据设计的结果再对软硬件提出要求,选择理想的或研究新的数据库管理系统,最后完成数据库数据的装入工作;另一种情况是计算机系统已经确定,在该计算机系统中所配置的数据库管理系统也已确定,数据库设计是根据所提供的数据库管理系统对一个单位或一个部门的数据进行组织和构造,最后,将数据装入数据库。本章所讨论的数据库设计是在数据库管理系统已经确定的条件下进行的。

经过人们的多年探索,为了解决"软件危机",1968 年首次提出了软件工程的思想。软件工程是开发、运行、维护和修正软件的一种系统方法,它的目标是提高软件质量和开发效率,降低开发成本。

软件生存期(Life Cycle)是软件工程的一个重要概念,是指从软件的规划、研制、实现、投入运行后的维护,直到它被新的软件所取代而停止使用的整个期间。软件生存期通常分为六个阶段。

(1) 规划阶段:确定开发的总目标,给出计划开发的软件系统的功能、性能、可靠性以及接口等方面的设想。

(2) 需求分析阶段:认真细致地了解用户对数据的加工要求,确定系统的功能与边界。本阶段的最终结果,提供一个可作为设计基础的系统规格说明书,包括对软硬件环境的需求和一整套完整的数据流程图。

(3) 设计阶段:把需求分析阶段所确定的功能细化,主要工作是设计模块结构图和系统的数据结构,然后,对每个模块内部设计详细的流程。

(4) 程序编制阶段:以某一种或几种特定的程序设计语言表达上一阶段确定的各模块控制流程。程序编制时应遵循结构化程序设计方法。

(5) 调试阶段:对已编制好的程序进行单元调试(分调)、整体调试(联调)和系统测试(验收)。

(6) 运行维护阶段:这是整个生存期中时间最长的阶段,其工作重点是将系统付诸实践,同时解决开发过程的遗留问题,改正错误并进行功能扩充和性能改善。

以上这些阶段是相互连接的,而且常常需要某种程度的回溯和重复。

7.1.2　数据库系统生存期

以数据库为基础的信息系统通常称为数据库应用系统,它一般具有信息的采集、组织、加工、抽取和传播等功能。数据库应用系统的开发是一项软件工程,但又有自己的特点,所以称为数据库工程。类似软件工程的生存周期的概念,把数据库应用系统从开始规划、分析、设计、实现、投入运行后的维护到最后为新的系统取代而停止使用的整个期间称为数据库系统的生存期。对数据库系统生存期的划分,目前尚无统一的标准。一般分为七个阶段,即规划、需求分析、概念设计、逻辑设计、物理设计、实现和运行维护阶段,各阶段的主要工作如下所述。

(1) 规划:进行建立数据库的必要性和可行性分析,确定数据库系统在组织中和信息系统中的地位,以及各个数据库之间的关系。

(2) 需求分析:从数据库设计的角度出发,对现实世界要处理的对象(组织、部门、企业等)进行详细调查,在了解原系统的概况、确定新系统功能的过程中,收集支持系统目标的基础数据及其处理。在分析用户要求时,要确保用户目标的一致性。通过调查,要从中获得每个用户对数据库的如下要求。

① 信息要求:用户将从数据库中获得信息的内容、性质。由信息要求导出数据库要求,即在数据库中存储哪些数据。

② 处理要求:用户要完成什么处理功能,对某种处理要求的响应时间,处理的方式是批处理还是联机处理。

③ 安全性和完整性要求。

(3) 概念设计:把用户的信息要求统一到一个整体逻辑结构中。概念结构能表达用户的要求,且独立于支持数据库的 DBMS 和硬件结构。

（4）逻辑设计：分成两部分,即数据库逻辑结构设计和应用程序设计。数据库逻辑结构设计的任务是把概念结构设计阶段设计好的基本 ER 图转换为与选用的具体机器上的 DBMS 所支持的数据模型相符合的逻辑结构,通常用 DDL 描述。这种结构有时也称逻辑数据库结构。应用程序的设计应强调使用主语言和 DBMS 的 DML 进行结构式的程序设计。

（5）物理设计：物理设计也分成两部分,即物理数据库结构的选择和逻辑设计中程序模块说明的精确化。这一阶段的成果是得到一个完整的、能实现的数据库结构。对模块说明的精确化是强调进行结构化程序的开发,产生一个可实现的算法集。

（6）实现：完成数据库的物理设计之后,设计人员就要用 DBMS 提供的数据定义语言和其他实用程序将数据库逻辑设计和物理设计结果严格地描述出来,成为 DBMS 可以接受的源代码,再经过调试产生目标模式,然后就可以组织数据入库了。

（7）运行维护：这一阶段主要是收集和记录系统实际运行的数据。数据库运行的记录将用来提高用户要求的有效性信息,评价数据库系统的性能,进一步用于对系统的修正。在运行中,必须保持数据库的完整性,必须有效地处理数据故障和对数据库进行恢复。

在运行和维护阶段,可能要对数据库结构进行修改或扩充。要充分认识到,只要数据库尚存在,就要不断进行评价、调整、修改,直至完全重新设计为止。

7.1.3　数据库设计的具体步骤

基于生存期的分步的数据库设计,具体步骤如图 7.1 所示。

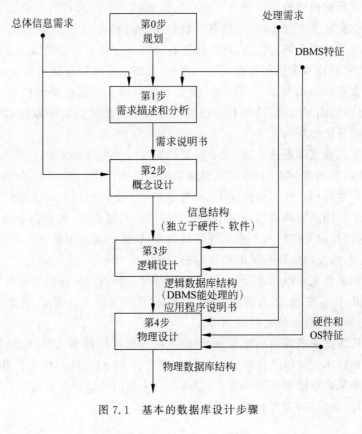

图 7.1　基本的数据库设计步骤

在图 7.1 中,数据库设计过程的输入包括四部分内容。

(1) 总体信息需求:数据库系统的目标说明,数据元素的定义,数据在企业组织中的使用描述。

(2) 处理需求:每个应用需要的数据项、数据量以及应用执行的频率。

(3) DBMS 特征:有关 DBMS 的一些说明和参数,DBMS 所支持的模式、子模式和程序语法的规则。

(4) 硬件和 OS 特征:对 DBMS 和 OS 访问方法特有的内容。例如,物理设备容量限制、时间特性及所有的运行要求。

数据库设计过程的输出主要有两部分:一部分是完整的数据库结构,其中包括逻辑结构与物理结构;另一部分是基于数据库结构和处理需求的应用程序的设计原则。这些输出一般都是以说明书(Specification)的形式出现。

7.2 规   划

对于数据库系统,特别是大型数据库系统或大型信息系统中的数据库群,规划阶段是十分必要的。规划的好坏将直接影响到整个系统的成功与否,对企业组织的信息化进程生产产生深远的影响。

规划阶段必须完成下列任务:确定系统的范围,确定开发工作所需的资源(人员、硬件和软件),估计软件开发的成本,确定项目进度。

在数据库设计的规划阶段主要进行建立数据库的必要性和可行性分析,确定数据库系统在组织中和信息系统中的地位,以及各个数据库之间的联系。

随着数据库技术的发展与普及,各个行业在计算机应用中都会提出建立数据库的要求。但是,数据库技术对技术人员和管理人员的水平、数据采集和管理活动规范化以及最终用户的计算机素质都有较高的要求。同样地,数据库技术对于计算机系统的软、硬件要求也较高,至少要有足够的内、外存容量和 DBMS 软件。在确定要采用数据库技术之前,对上述因素必须做全面的分析和权衡。

在确定要建立数据库系统之后,接着就要确定这个系统与该组织其他部分的关系。这时,要分析企业的基本业务功能,确定数据库支持的范围,是建立一个综合的数据库,还是建立若干个专门的数据库。在实际操作中,可以建立一个支持组织全部活动的综合数据库,也可以建立若干个范围不同的公用或专用数据库。前者难度较大,效率也不高;后者分散、灵巧,必要时可通过连接操作将两个库文件连接起来,数据的全范围共享可利用数据库上层的应用系统来实现,数据库应用系统的拓扑结构如图 7.2 所示。

数据库规划工作完成以后,应写出详尽的可行性分析报告和数据库系统规划纲要,内容包括:信息范围、信息来源、人力资源、设备资源、软件及支持工具资源、开发成本估算、开发进度计划、现行系统向新系统过渡计划等。

这些资料应送交决策部门的领导,由他们主持有数据库技术人员、信息部门负责人、应用部门负责人和技术人员以及行政领导参加的审查会,并对系统分析报告和数据库规划纲要作出评价。如果评审结果认为该系统可行,各有关部门应给予大力支持,并保证系统开发所需的人力、财力和设备,以便开发工作的顺利进行。

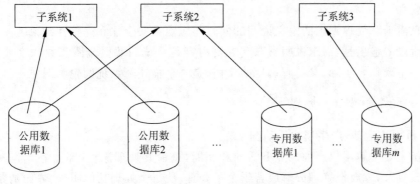

图 7.2　数据库应用系统的拓扑结构

7.3　需求分析

7.3.1　需求描述与分析

　　最初应用的数据库都比较简单,规模也很小,因此设计者的精力集中在数据库物理参数(如物理大小、访问方法)的优化上。这种情况下,设计一个数据库所需要的信息常由一些简单的统计数据组成(如使用频率、数据量等)。现如今,数据库应用非常广泛,整个企业可以在同一个数据库上运行。此时,为了支持所有用户的运行,数据库设计就变得异常复杂。如果事先没有对信息进行充分的分析,这种设计将很难取得成功。因此,需求分析工作就被置于数据库设计过程的前面。

　　需求分析阶段应该对系统的整个应用情况做全面的、详细的调查,确定企业组织的目标,收集支持系统总的设计目标的基础数据和对这些数据的要求,确定用户的需求,并把这些要求写成用户和数据库设计者都能够接受的文档。

　　需求分析中调查分析的方法很多,常用的办法是对不同层次的企业管理人员进行个人访问,内容包括业务处理和企业组织中的各种数据。访问的结果应该包括数据处理的流程、过程之间的接口以及访问者和职员对流程和接口语义上的核对说明和结论。某些特殊的目标和数据库的要求,应该从企业组织中的最高层机构得到。

　　设计人员还应该了解系统将来要发生的变化,收集未来应用所涉及的数据,充分考虑系统可能的扩充和变动,使系统设计更符合未来发展的趋向,并且易于改动,以减少系统维护的代价。

7.3.2　需求分析阶段的输入和输出

　　这一阶段的输入输出如图 7.3 所示。

　　信息需求定义了未来系统用到的所有信息,描述了数据之间本质上和概念上的联系,描述了实体、属性、组合及联系的性质。

　　处理需求中定义了未来系统的数据处理的操作,描述了操作的优先次序、操作执行的频率和场合、操作与数

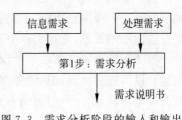

图 7.3　需求分析阶段的输入和输出

据之间的联系。

在信息需求和处理需求的定义说明的同时还应定义安全性和完整性约束。

这一阶段的输出是"需求说明书",其主要内容是系统的数据流图和数据字典。需求说明书应是一份既切合实际,又具有远见的文档,是一个描述新系统的轮廓图。

7.3.3 需求分析的步骤

1. 分析用户活动,产生用户活动图

这一步主要了解用户当前的业务活动和职能,搞清其处理流程(即业务流程)。如果一个处理比较复杂,就要把处理分解成若干个子处理,使每个处理功能明确、界面清楚,分析之后画出用户活动图(即用户的业务流程图)。

2. 确定系统范围,产生系统范围图

这一步是确定系统的边界。在和用户经过充分讨论的基础上,确定计算机所能进行数据处理的范围,确定哪些工作由人工完成,哪些工作由计算机系统完成,即确定人机界面。

3. 分析用户活动所涉及的数据,产生数据流图

深入分析用户的业务处理,以数据流图形式表示出数据的流向和对数据所进行的加工。

数据流图(Data Flow Diagram,DFD)是从"数据"和"对数据的加工"两方面表达数据处理系统工作过程的一种图形表示法,具有直观、易于被用户和软件人员双方理解的特点的一种表达系统功能的描述方式。

DFD 有四个基本成分:数据流(用箭头表示)、加工或处理(用圆圈表示)、文件(用双线段表示)和外部实体(数据流的源点或终点,用方框表示)。一个简单的 DFD 如图 7.4 所示。

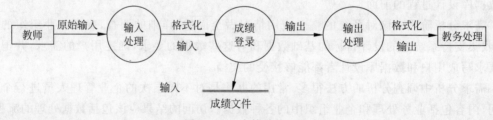

图 7.4　一个简单的 DFD

在众多分析和表达用户需求的方法中,自顶向下逐步细化是一种简单实用的方法。为了将系统的复杂度降低到人们可以掌握的程度,通常把大问题分割成若干个小问题,然后分别解决,这就是"分解"。分解也可以分层进行,即先考虑问题最本质的属性,暂把细节略去,以后再逐层添加细节,直到涉及最详细的内容,这称为"抽象"。

DFD 可作为自顶向下逐步细化时描述对象的工具。顶层的每一个圆圈(加工处理)都可以进一步细化为第二层;第二层的每一个圆圈都可以进一步细化为第三层;……直到最底层的每一个圆圈已表示一个最基本的处理动作为止。DFD 可以形象地表示数据流与每个业务活动的关系,它是需求分析的工具和分析结果的描述手段。

图 7.5 给出了某学校学生课程管理子系统的数据流图。该子系统要处理的工作是学生根据开设课程提出选课送教务部门审批,对已批准的选课单进行上课安排,教师对学生上课情况进行考核,给予平时成绩和允许参加考试资格,对允许参加考试的学生根据考试情况给予考试成绩和总评成绩。

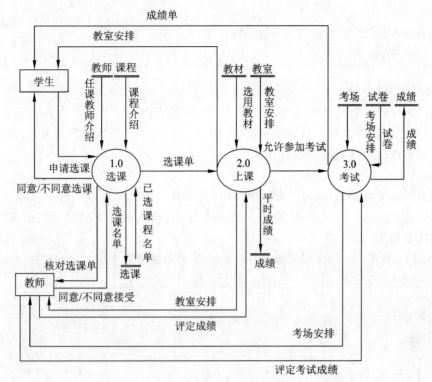

图 7.5　课程管理数据流图

4. 分析系统数据,产生数据字典

仅有 DFD 并不能构成需求说明书,因为 DFD 只表示出系统由哪几部分组成和各部分之间的关系,并没有说明各个成分的含义。只有对每个成分都给出确切定义后,才能较完整地描述系统。

数据字典提供对数据库时间描述的集中管理,它的功能是存储和检索各种数据描述(称为元数据 Metadata),如叙述性的数据定义等,并且为 DBA 提供有关的报告。对数据库设计来说,数据字典是进行详细的数据收集和数据分析所获得的主要成果,因此在数据库设计中占有很重要的地位。

数据字典中通常包括数据项、数据结构、数据流、数据存储和处理过程五个部分。其中数据项是数据的最小组成单位,若干数据项可以组成一个数据结构,数据字典通过对数据项和数据结构的定义来描述数据流、数据存储的逻辑内容。

1) 数据项

数据项是数据的最小单位,对数据项的描述,通常包括数据项名、含义、别名、类型、长度、取值范围以及与其他数据项的逻辑关系。

【例 7.1】　在图 7.5 中有一个数据流选课单,每张选课单有一个数据项为选课单号。在数据字典中可对此数据项作如下描述。

数据项名:选课单号
说　　明:标识每张选课单
类　　型:CHAR(8)

长　　度：8
别　　名：选课单号
取值范围：00000001~99999999

2）数据结构

数据结构反映了数据之间的组合关系。一个数据结构可以由若干数据项组成，也可由若干数据结构组成，或由若干数据项和数据结构混合组成。它包括数据结构名、含义及组成该数据结构的数据项名或数据结构名。

3）数据流

数据流可以是数据项，也可以是数据结构，表示某一加工处理过程的输入或输出数据。对数据流的描述应包括数据流名、说明、流出的加工名、流入的加工名以及组成该数据流的数据结构或数据项。

【例7.2】　在图7.5中考场安排是一个数据流，在数据字典中可对考场安排作如下描述。

数据流名：考场安排
说　　明：由各课程所选学生数、选定教室、时间确定考场安排
来　　源：考试
去　　向：学生
数据结构：考场安排
　　　　　——考试课程
　　　　　——考试时间
　　　　　——教学楼
　　　　　——教室编号

【例7.3】　在例7.2中描述了数据流"考场安排"的细节，在数据字典中，对于数据结构"考试课程"还有如下详细的说明。

数据结构名：考试课程
说　　明：作为考场安排的组成部分，说明某门课程哪位老师上，以及所选学生人数。
组　　成：课程号
　　　　　教师号
　　　　　选课人数

4）数据存储

数据存储是处理过程中要存储的数据，它可以是手工凭证、手工文档或计算机文档。对数据存储的描述应包括：数据存储名、说明、输入数据流、输出数据流、数据量（每次存取多少数据）、存取频度（单位时间内存取次数）和存取方式（是批处理，还是联机处理；是检索，还是更新；是顺序存取，还是随机存取）。

【例7.4】　图7.5中课程是一个数据存储，在数据字典中可对其作如下描述。

数据存储名：课程

说　　　明：对每门课程的名称、学分、先行课程号和摘要的描述。

输出数据流：课程介绍

数 据 描 述：课程号

　　　　　　课程名

　　　　　　学分数

　　　　　　先行课程号

　　　　　　摘要

数　　　量：每年 500 种

存 取 方 式：随机存取

5) 加工过程

对加工处理的描述包括加工过程名、说明、输入数据流、输出数据流,并简要说明处理工作、频度要求、数据量及响应时间等。

【例 7.5】　对图 7.5 中的"选课",在数据字典中可对其作如下描述。

处理过程：确定选课名单

说　　　明：对要选某门课程的每一个学生,根据已选修课程确定其是否可选该课程。

　　　　　　再根据学生选课的人数选择适当的教室,制定选课单。

输　　　入：学生选课

　　　　　　可选课程

　　　　　　已选课程

输　　　出：选课单

程序提要：a.对所选课程在选课表中查找其是否已选此课程。

　　　　　　b.若未选过此课程,则在选课表中查找是否已选此课程的先行课程。

　　　　　　c.若 a、b 都满足,则在选课表中增加一条选课记录。

　　　　　　d.处理完全部学生的选课处理后,形成选课单。

数据字典是在需求分析阶段建立,并在数据库设计过程中不断改进、充实和完善。

7.4　概　念　设　计

概念设计的目标是产生反映企业组织信息需求的数据库概念结构,即概念模式。概念模式是独立于计算机硬件结构,独立于支持数据库的 DBMS。

7.4.1　概念设计的必要性

在概念设计阶段中,设计人员从用户的角度看待数据及处理要求和约束,产生一个反映用户观点的概念模式(也称为"组织模式"),然后再把概念模式转换成逻辑模式。将概念设计从设计过程中独立开来,至少有以下三个好处。

(1) 各阶段的任务相对单一化,设计复杂程度大大降低,便于组织管理。

(2) 不受特定的 DBMS 的限制,也独立于存储安排和效率方面的考虑,因而比逻辑模式更为稳定。

（3）概念模式不含具体的 DBMS 所附加的技术细节，更容易为用户所理解，因而才有可能准确地反映用户的信息需求。

设计概念模式的过程称为概念设计。概念模式在数据库的各级模式中的位置如图 7.6 所示。

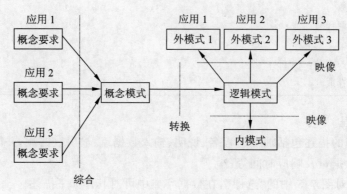

图 7.6　数据库的各级模式

7.4.2　概念模型

概念模型是表达概念设计结果的工具。

在进行数据库设计时，如果将现实世界中的客观对象直接转换为机器世界中的对象，就会感到非常不方便，注意力往往被转移到更多的细节限制方面，而不能集中在最重要的信息的组织结构和处理模式上。因此，通常是将现实世界中的客观对象首先抽象为不依赖任何具体机器的信息结构，这种信息结构不是 DBMS 支持的数据模型，而是概念模型。然后再把概念模型转换成具体机器上 DBMS 支持的数据模型。因此，概念模型可以看成是现实世界到机器世界的一个过渡的中间层次，如图 7.7 所示。在进行数据库设计时，总是把概念设计作为非常重要的一步，所以通常对概念模型有以下要求。

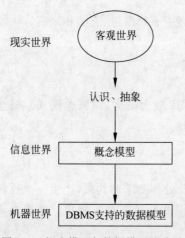

图 7.7　概念模型与数据模型的关系

（1）概念模型是对现实世界的抽象和概括，它应真实、充分地反映现实世界中事物和事物之间的联系，有丰富的语义表达能力，能表达用户的各种需求，包括描述现实世界中各种对象及其复杂的联系、用户对数据对象的处理要求的手段。

（2）概念模型应简洁、明晰、独立于机器、容易理解，方便数据库设计人员与应用人员交换意见，使用户能积极参与数据库的设计工作。

（3）概念模型应易于变动。当应用环境和应用要求改变时，容易对概念模型修改和补充。

（4）概念模型应很容易向关系、层次或网状等各种数据模型转换。易于从概念模式导出与 DBMS 有关的逻辑模式。

7.4.3 概念设计的主要步骤

概念设计的任务一般可分为三步来完成：进行数据抽象，设计局部概念模式；将局部概念模式综合成全局概念模式；评审。

1. 进行数据抽象，设计局部概念模式

局部用户的信息需求是构造全局概念模式的基础。因此，需要先从个别用户的需求出发，为每个用户或每个对数据的观点与使用方式相似的用户建立一个相应的局部概念结构，在建立局部概念结构时，要对需求分析的结果进行细化、补充和修改，如有的数据项要分为若干子项，有的数据的定义要重新核实等。

设计概念结构时，常用的数据抽象方法是"聚集"和"概括"。聚集是将若干对象和它们之间的联系组合成一个新的对象。概括是将一组具有某些共同特性的对象合并成更高一层意义上的对象。

2. 将局部概念模式综合成全局概念模式

综合各局部概念结构就可得到反映所有用户需求的全局概念结构。在综合过程中，主要处理各局部模式对各种对象定义的不一致问题，包括同名异义、异名同义和同一事物在不同模式中被抽象为不同类型的对象（例如，有的作为实体，有的又作为属性）等问题。把各个局部结构合并，还会产生冗余问题，或导致对信息需求的再调整与分析，以确定确切的含义。

3. 评审

消除了所有冲突后，就可把全局结构提交评审。评审分为用户评审与 DBA 和应用开发人员评审两部分。用户评审的重点放在确认全局概念模式是否准确完整地反映了用户的信息需求和现实世界事物的属性间的固有联系；DBA 和应用开发人员评审则侧重于确认全局结构是否完整，各种成分划分是否合理，是否存在不一致性，以及各种文档是否齐全等。文档应包括局部概念结构描述、全局概念结构描述、修改后的数据清单和业务活动清单等。

7.4.4 数据抽象

抽象是对实际的人、物、事或概念的人为处理，它抽取人们关心的共同特性，忽略非本质的细节，并把这些特性用各种概念精确地加以描述，这些概念组成了某种模型。

抽象有两种形式：一种是系统状态的抽象，即抽象对象；另一种是系统转换的抽象，即抽象运算。在数据库设计中，需要涉及抽象对象和抽象运算。概念设计的目的就是要定义抽象对象的关系结构。

一个数据库一般不是由独立的对象组成的，对象之间是有联系的，因此对象的形式就有两种：聚集和概括。

1. 聚集

聚集（Aggregation）的数学意义就是笛卡儿积的概念。通过聚集，形成对象之间的一个联系对象。例如，"一个人预定某旅馆在某个期限的一个房间"，这里有四个对象：人、房间、旅馆、日期。这四个对象之间的聚集联系可用对象"预定"表达。对象的每一个成分是一个简单对象，而不是一个对象的集合，聚集层次表示"是……的一部分"（is part of）的关系。

2. 概括

概括(Generalization)是从一类对象形成一个对象。对于一类对象$\{O_1, O_2, \cdots, O_n\}$可以概括成一个对象 O,那么 O_i 称为 O 的其中一个。例如一类对象$\{$汽车,卡车,自行车,摩托车,$\cdots\}$可以概括为一个对象"公路车辆"。概括层次表示"是……的一种"(is a)的关系。

3. 数据抽象层次

一个聚集对象可能是某类对象的概括,此时它也是一个概括对象。一个概括对象也可能是对象联系的聚集,此时,它也可以是聚集对象。一般说来,每个对象既可以是聚集对象,又可以是概括对象。当反复利用概括和聚集进行数据抽象时,就可以形成对象的层次关系。

【例 7.6】 图 7.8 描述了对各种交通工具的概括层次。在层次结构中,某些对象可能共享一类对象。图 7.9 表达了一个聚集层次,每个对象和其成分之间是 1:N 联系。

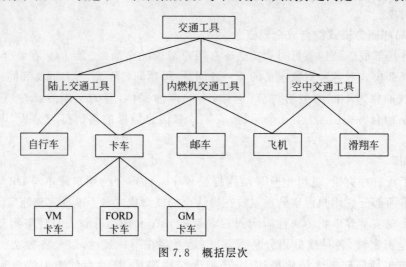

图 7.8　概括层次

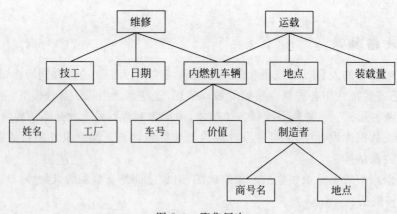

图 7.9　聚集层次

这两种层次结构可以分开定义,也可以合在一起。图 7.10 是一个三维图,聚集和概括合在一起了。

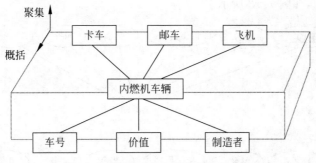

图 7.10　聚集层次和概括层次的合并

7.4.5　ER 模型的操作

在利用 ER 模型进行数据库概念设计的过程中,常常需要对 ER 图进行种种变换。这些变换又称为 ER 模型的操作,包括实体类型、联系类型和属性的分裂、合并和增删等。

1. 实体类型的分裂

一个实体类型可以根据需要分裂成若干实体类型。分裂方式有垂直分割和水平分割两种。

1)垂直分割

垂直分割是指把一个实体类型的属性分成若干组,然后按组形成若干实体类型。例如,可以把教师实体类型中经常变动的一些属性组成一个新的实体类型,而把固定不变的属性组成另一个实体类型。实体类型的垂直分割如图 7.11 所示。但应注意,在垂直分割中,键必须在分割后的诸实体类型中都出现。

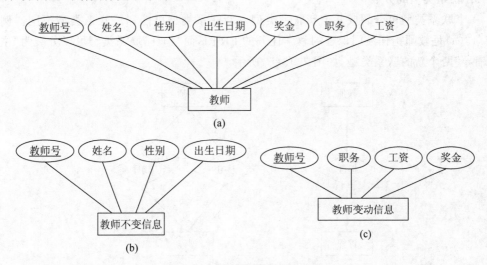

图 7.11　实体类型的垂直分割

2)水平分割

水平分割是指把一个实体类型分裂为互不相交的子类(即得到原实体类型的一个分割)。对于有些数据库,不同的应用关心不同的内容,则可以将记录型水平分割成两个记录型。这样可减少应用存取的逻辑记录数。例如,可把教师实体类型水平分割为男教师与女教师两个实体类型,如图 7.12 所示。

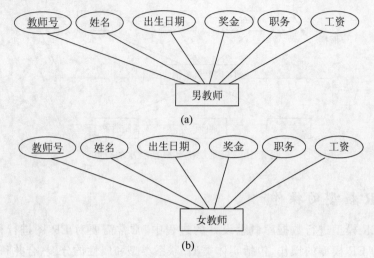

(a)

(b)

图 7.12　实体类型的水平分割

2. 实体类型的合并

实体类型的合并是实体类型分裂的逆过程,相应地,也有水平合并和垂直合并两种(一般要求被合并者应具有相同的键)。

在实体类型水平分割时,原有的联系类型也要相应分裂;反之,在水平合并时,联系类型是否改变或分裂要视分裂实际情况而定。

相应地,垂直合并时,也可能导致新联系类型的产生。

3. 联系类型的分裂

一个联系类型可分裂成几个新联系类型。新联系类型可能和原联系类型不同。例如,图 7.13(a)是教师担任某门课程的教学任务的 ER 图,而"担任"联系类型可以分裂为"主讲"和"辅导"两个新的联系类型,如图 7.13(b)所示。

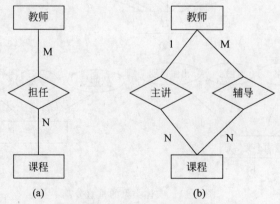

(a)　　　　　　　　　　(b)

图 7.13　联系类型的分裂

4. 联系类型的合并

联系类型的合并是分裂操作的逆过程。注意,合并的联系类型必须是定义在相同的实体类型组合中,否则是不合法的合并,图 7.14 的合并就是不合法的合并。

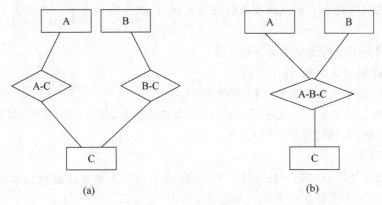

(a)   (b)

图 7.14 不合法的合并

7.4.6 采用 ER 方法的数据库概念设计

利用 ER 方法进行数据库的概念设计,可以分成三步进行:首先设计局部 ER 模式;然后把各局部 ER 模式综合成一个全局 ER 模式;最后对全局 ER 模式进行优化,得到最终的 ER 模式,即概念模式。

1. 设计局部 ER 模式

通常,一个数据库系统都是为多个不同用户服务的。各个用户对数据的观点可能不一样,信息处理需求也可能不同。在设计数据库概念结构时,为了更好地模拟现实世界,一个有效的策略是"分而治之",即先分别考虑各个用户的信息需求,形成局部概念结构,然后再综合成全局结构。在 ER 方法中,局部概念结构又称为局部 ER 模式,其图形表示称为 ER 图。局部 ER 模式设计过程如图 7.15 所示。

1) 确定局部结构范围

设计各个局部 ER 模式的第一步,是确定局部结构的范围划分,划分的方式一般有两种。一种是依据系统的当前用户进行自然划分。例如,对一个企业的综合数据库,用户有企业决策集团、销售部门、生产部门、技术部门和供应部门等,各部门对信息内容和处理的要求明显不同。因此,应为他们分别设计各自的局部 ER 模式。另一种是按用户要求数据库提供的服务归纳成几类,使每一类应用访问的数据显著地不同于其他类,然后为每类应用设计一个局部 ER 模式。例如,学校的教师数据库可以按提供的服务分为以下四类。

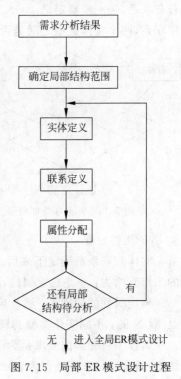

图 7.15 局部 ER 模式设计过程

- 教师的档案信息(如姓名、年龄、性别和民族等)的查询。
- 对教师的专业结构(如毕业专业、现在从事的专业及科研方向等)进行分析。
- 对教师的职称、工资变化的历史分析。
- 对教师的学术成果(如著译、发表论文和科研项目获奖情况)的查询分析。

157

第 7 章

这样做的目的是为了更准确地模仿现实世界,以减少统一考虑一个大系统所带来的复杂性。

局部结构范围的确定要考虑下述因素。

① 范围的划分要自然,易于管理。

② 范围之间的界面要清晰,相互影响要小。

③ 范围的大小要适度。太小了,会造成局部结构过多,设计过程繁琐,综合困难;太大了,则容易造成内部结构复杂,不便分析。

2) 实体定义

每一个局部结构都包括一些实体类型,实体定义的任务就是从信息需求和局部范围定义出发,确定每一个实体类型的属性和键。

事实上,实体、属性和联系之间并无形式上可以截然区分的界限,划分的依据通常有三条。

① 采用人们习惯的划分。

② 避免冗余,在一个局部结构中,对一个对象只取一种抽象形式,不要重复。

③ 依据用户的信息处理需求。

实体类型确定之后,它的属性也随之确定。为一个实体类型命名并确定其键也是很重要的工作。命名应反映实体的语义性质,在一个局部结构中应是唯一的。键可以是单个属性,也可以是属性的组合。

3) 联系定义

ER 模型的"联系"用于刻画实体之间的关联。一种完整的方式是对局部结构中任意两个实体类型,依据需求分析的结果,考查局部结构中任意两个实体类型之间是否存在联系。若有联系,进一步确定是 1:N、M:N,还是 1:1 等。还要考查一个实体类型内部是否存在联系,两个实体类型之间是否存在联系,多个实体类型之间是否存在联系等。

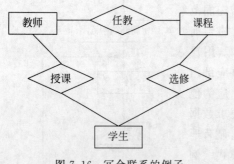

图 7.16 冗余联系的例子

在确定联系类型时,应注意防止出现冗余的联系(即可从其他联系导出的联系),如果存在,要尽可能地识别并消除这些冗余联系,以免将这些问题遗留给综合全局的 ER 模式阶段,如图 7.16 所示的"教师与学生之间的授课联系"就是一个冗余联系的例子。

联系类型确定后,也需要命名和确定属性。命名应反映联系的语义性质,通常采用某个动词命名,如"选修""讲授""辅导"等。

4) 属性分配

实体与联系都确定下来后,局部结构中的其他语义信息大部分可用属性描述。这一步的工作有两类:一是确定属性;二是把属性分配到有关实体和联系中去。

确定属性的原则是:属性应该是不可再分解的语义单位;实体与属性之间的关系只能是 1:N 的;不同实体类型的属性之间应无直接关联关系。

属性不可分解的要求是为了使模型结构简单化,不出现嵌套结构。例如,在教师管理系统中,教师工资和职务作为表示当前工资和职务的属性,都是不可分解的,符合要求。但若用户关心的是教师工资和职务变动的历史,则不能再把它们处理为属性,而只能抽象为实体了。

当多个实体类型用到同一属性时,将导致数据冗余,从而可能影响存储效率和完整性约束,因而需要确定把它分配给哪个实体类型。一般把属性分配给那些使用频率最高的实体类型,或分配给实体值少的实体类型。

有些属性不宜归属于任一实体类型,只说明实体之间联系的特性。例如,某个学生选修某门课的成绩,既不能归为学生实体类型的属性,也不能归为课程实体类型的属性,应作为"选修"联系类型的属性。

2. 设计全局 ER 模式

所有局部 ER 模式都设计好后,接下来就是把它们综合成单一的全局概念结构。全局概念结构不仅要支持所有局部 ER 模式,而且必须合理地表示一个完整、一致的数据库概念结构(有的书上称此步工作为"视图集成",这里的"视图"特指本书所说的局部概念结构)。

全局 ER 模式的设计过程如图 7.17 所示。

1) 确定公共实体类型

为了给多个局部 ER 模式的合并提供开始合并的基础,首先要确定各局部结构中的公共实体类型。

公共实体类型的确定并非一目了然。特别是当系统较大时,可能有很多局部模式,这些局部 ER 模式是由不同的设计人员确定的,因而对同一现实世界的对象可能给予不同的描述。有的作为实体类型,有的又作为联系类型或属性。即使都表示成实体类型,实体类型名和键也可能不同。在这一步中,仅根据实体类型名和键来认定公共实体类型。一般把同名实体类型作为公共实体类型的一类,把具有相同键的实体类型作为公共实体类型的另一类。

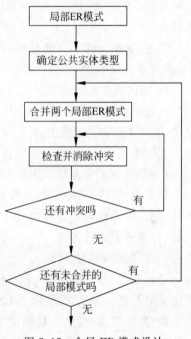

图 7.17　全局 ER 模式设计

2) 局部 ER 模式的合并

合并的顺序有时影响处理效率和结果。建议的合并原则是:首先进行两两合并;先合并那些现实世界中有联系的局部结构;合并从公共实体类型开始,最后再加入独立的局部结构。

进行二元合并是为了减少合并工作的复杂性。后两项原则是为了使合并结果的规模尽可能小。

3) 消除冲突

由于各类应用不同,不同的应用通常又由不同的设计人员设计成局部 ER 模式,因此局部 ER 模式之间不可避免地会有不一致的地方,称为冲突。通常,把冲突分为三种类型。

① 属性冲突,包括属性域的冲突,即属性值的类型、取值范围或取值集合不同。例如,重量单位有的用公斤,有的用克。

② 结构冲突,包括同一对象在不同应用中的不同抽象。如性别,在某个应用中为实体,而在另一应用中为属性。同一实体在不同局部 ER 图中属性组成不同,包括属性个数、次

序。实体之间的联系在不同的局部 ER 图中呈现不同的类型。如 E_1、E_2 在某一应用中是多对多联系,而在另一应用中是一对多联系;在某一应用中 E_1 与 E_2 发生联系,而在另一应用中 E_1、E_2、E_3 三者之间有联系。

③ 命名冲突,包括属性名、实体名、联系名之间的冲突,分为两种:同名异义,即不同意义的对象具有相同的名字;异名同义,即同一意义的对象具有不同的名字。

属性冲突和命名冲突通常采用讨论、协商等行政手段解决,结构冲突则要认真分析后才能解决。

设计全局 ER 模式的目的不在于把若干局部 ER 模式形式上合并为一个 ER 模式,而在于消除冲突,使之成为能够被全系统中所有用户共同理解和接受的统一的概念模型。

3. 全局 ER 模式的优化

在得到全局 ER 模式后,为了提高数据库系统的效率,还应进一步依据处理需求对 ER 模式进行优化。一个好的全局 ER 模式,除能准确、全面地反映用户功能需求外,还应满足下列条件:实体类型的个数尽可能少;实体类型所含属性个数尽可能少;实体类型间联系无冗余。

但是,这些条件不是绝对的,要视具体的信息需求与处理需求而定。下面给出三个全局 ER 模式的优化原则。

1) 实体类型的合并

这里的合并不是前面的"公共实体类型"的合并,而是相关实体类型的合并。在公共模型中,实体类型最终转换成关系模式,涉及多个实体类型的信息要通过连接操作获得。因而减少实体类型个数,可减少连接的开销,提高处理效率。

一般可以把 1∶1 联系的两个实体类型合并。

具有相同键的实体类型常常是从不同角度刻画现实世界,如果经常需要同时处理这些实体类型,那么也有必要合并成一个实体类型。但这时可能产生大量空值,因此,要对存储代价、查询效率进行权衡。

2) 冗余属性的消除

通常在各个局部结构中是不允许冗余属性存在的。但在综合成全局 ER 模式后,可能产生全局范围内的冗余属性。例如,在教育统计数据库的设计中,一个局部结构含有高校毕业生数、招生数、在校学生数和预计毕业生数,另一局部结构中含有高校毕业生数、招生数、分年级在校学生数和预计毕业生数。各局部结构自身都无冗余,但综合成一个全局 ER 模式时,在校学生数即成为冗余属性,应予消除。

一般同一非键的属性出现在几个实体类型中,或者一个属性值可从其他属性的值导出,此时,应把冗余的属性从全局模式中去掉。

冗余属性消除与否,也取决于它对存储空间、访问效率和维护代价的影响。有时为了兼顾访问效率,有意保留冗余属性。这当然会造成存储空间的浪费和维护代价的提高。

3) 冗余联系的消除

在全局模式中可能存在有冗余的联系,通常利用规范化理论中函数依赖的概念消除冗余联系。下面通过举例来说明如何消除冗余。

【例 7.7】 图 7.18 是某大学学籍管理局部应用的分 ER 图,图 7.19 是课程管理局部应用分 ER 图,图 7.20 为教师管理局部应用分 ER 图,现将这三个局部 ER 图综合成基本 ER 图。

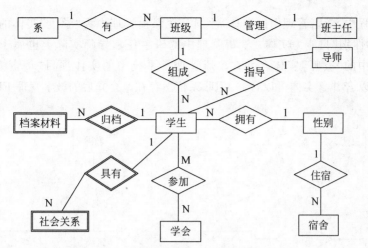

图 7.18　学籍管理局部应用分 ER 图

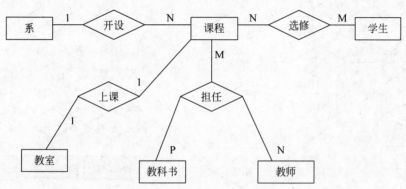

图 7.19　课程管理局部应用分 ER 图

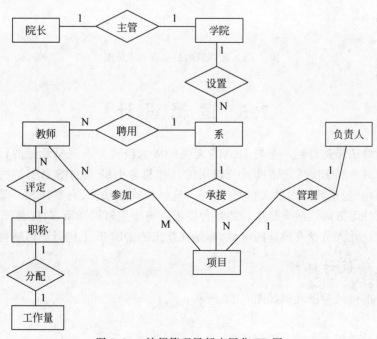

图 7.20　教师管理局部应用分 ER 图

在综合过程中,学籍管理中的实体"性别",在课程管理中为"学生"实体的属性,在合并后的 ER 图中"性别"只能为实体;学籍管理中的班主任和导师实际上也属于教师,可以将其与课程管理中的"教师"实体合并;教师管理子系统中的实体项目"负责人"也属于"教师",所以也可以合并。实体可以合并,但联系依然存在。合并后的教学管理 ER 图如图 7.21 所示。

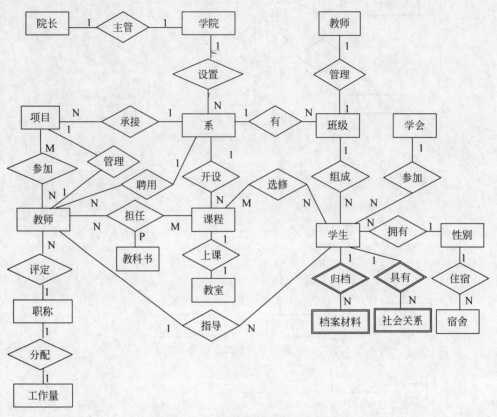

图 7.21 合并后的教学管理 ER 图

7.5 逻 辑 设 计

概念设计的结果是得到一个与 DBMS 无关的概念模式。而逻辑设计的目的是把概念设计阶段设计的全局 ER 模式转换成与选用的具体机器上的 DBMS 所支持的数据模型相符合的逻辑结构(包括数据库模式和外模式)。这些模式在功能、完整性和一致性约束及数据库的可扩充性等方面均应满足用户的各种要求。对于逻辑设计而言,应首先选择 DBMS,但往往数据库设计人员没有挑选的余地,都是在指定的 DBMS 上进行逻辑结构的设计。

7.5.1 逻辑设计环境

逻辑设计的输入输出环境如图 7.22 所示。

1. 输入

在逻辑设计阶段主要输入下列信息。

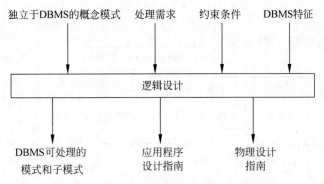

图 7.22　逻辑设计的输入输出环境

（1）独立于 DBMS 的概念模式：这是概念设计阶段产生的所有局部和全局概念模式。

（2）处理需求：需求分析阶段产生的业务活动分析结果。这里包括数据库的规模和应用频率，用户或用户集团的需求。

（3）约束条件：即完整性、一致性、安全性要求及响应时间要求等。

（4）DBMS 特性：即特定的 DBMS 所支持的模式、子模式和程序语法的形式规则。

2. 输出

在逻辑设计阶段主要输出如下信息。

（1）DBMS 可处理的模式：一个能用特定 DBMS 实现的数据库结构的说明，但是不包括记录的聚合、块的大小等物理参数的说明，但要对某些访问路径参数（如顺序、指针检索的类型）加以说明。

（2）子模式：与单个用户观点和完整性约束一致的 DBMS 所支持的数据结构。

（3）应用程序设计指南：根据设计的数据库结构为应用程序员提供访问路径选择。

（4）物理设计指南：完全文档化的模式和子模式。在模式和子模式中应包括容量、使用频率、软硬件等信息。这些信息将要在物理设计阶段使用。

7.5.2　逻辑设计的步骤

逻辑设计主要是把概念模式转换成 DBMS 能处理的模式。转换过程中要对模式进行评价和性能测试，以便获得较好的模式设计。逻辑设计的主要步骤如图 7.23 所示。

1. 初始模式的形成

这一步是形成初始的 DBMS 模式。

根据概念模式以及 DBMS 的记录类型特点，将 ER 模式的实体类型或联系类型转换成记录类型，在比较复杂的情况下，实体可能分裂或合并成新的记录类型。

2. 子模式设计

子模式是模式的逻辑子集。子模式是应用程序和数据库系统的接口，它能允许应用程序有效地访问数据库中的数据，而不破坏数据库的安全性。

3. 应用程序设计梗概

在设计完整的应用程序之前，先设计出应用程序的草图，对每个应用程序应设计出数据存取功能的梗概，提供程序上的逻辑接口。

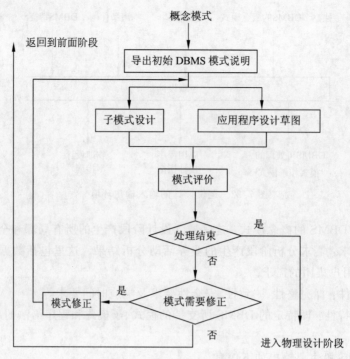

图 7.23 逻辑设计的主要步骤

4. 模式评价

这一步的工作就是对数据库模式进行评价。评价数据库结构的方法通常有定量分析和性能测量两种。

定量分析有两个参数：处理频率和数据容量。处理频率是在数据库运行期间应用程序的使用次数；数据容量是数据库中记录的个数。数据库增长过程的具体表现就是这两个参数值的增加。

性能测量是指逻辑记录的访问数目、一个应用程序传输的总字节数、数据库的总字节数，这些参数应该尽可能预先知道，它能预测物理数据库的性能。

5. 修正模式

修正模式的目的是为了使模式适应信息的不同表示。此时，可利用 DBMS 的性能，如索引或散列功能。但数据库的信息内容不能修改。如果信息内容不修改，模式就不能进一步求精，那么就要停止模式设计，返回到概念设计或需求分析阶段，重新设计。

7.5.3 ER 模型向关系模型的转换

1. ER 模型转换为关系模型的一般规则

ER 模型中的主要成分是实体类型和联系类型，转换规则就是如何把实体类型、联系类型转换成关系模式。

(1) 实体类型的转换：将每个实体类型转换成一个关系模式，实体的属性即为关系模式的属性，实体标识符即为关系模式的键。

(2) 联系类型的转换：根据不同的情况做不同的处理。

① 若实体间的联系是 1:1 的,可以在两个实体类型转换成的两个关系模式中的任意一个关系模式的属性中加入另一个关系模式的键和联系类型的属性。

【例 7.8】 某大学管理中的实体"院长"与"学院"之间存在着 1:1 的联系,其 ER 图如图 7.24 所示。在将其转化为关系模型时,"院长"与"学院"各为一个模式。如果用户经常要在查询学院信息时查询其院长信息,那么可在学院模式中加入院长名和任职年月,其关系模式设计如下(加下画线者为主键,加波浪线者为外键)。

学院关系模式(学院编号,学院名,地址,电话,院长名,任职年月)

院长关系模式(院长名,年龄,性别,职称)

② 若实体间的联系是 1:N 的,则在 N 端实体类型转换成的关系模式中加入 1 端实体类型转换成的关系模式的键和联系类型的属性。

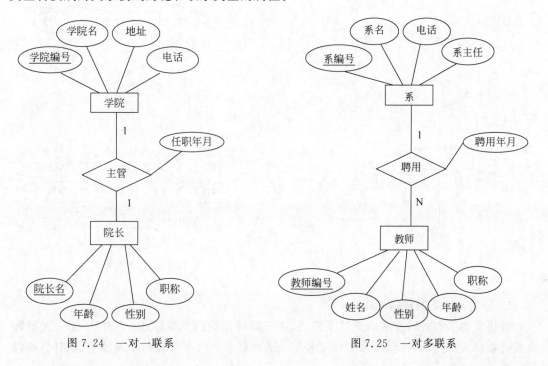

图 7.24 一对一联系   图 7.25 一对多联系

【例 7.9】 某大学管理中的实体"系"与"教师"之间存在着 1:N 的联系,其 ER 图如图 7.25 所示。转换成的关系模式如下:

系关系模式(系编号,系名,电话,系主任)

教师关系模式(教师编号,姓名,性别,年龄,职称,系编号,聘用年月)

③ 弱实体:若实体间的联系是 1:N 的,而且在 N 端实体类型为弱实体,转换成的关系模式中将 1 端实体类型(父表)的键作为外键放在 N 端的弱实体(子表)中。弱实体的主键由父表的主键与弱实体本身的候选键组成,也可以为弱实体建立新的独立的标识符 ID。

【例 7.10】 某大学管理中的实体"学生"与弱实体"社会关系"之间存在着 1:N 的联系,其 ER 图如图 7.26 所示。转换成的关系模式如下:

学生关系模式(学生编号,姓名,年龄,性别,家庭地址,所在系,班号)

社会关系模式(学生编号,称呼,姓名,年龄,政治面貌,工作单位)

④ 若实体间的联系是 M：N 的,则将联系类型也转换成关系模式,其属性为两端实体类型的键加上联系类型的属性,而键为两端实体键的组合。

【例7.11】 某大学管理中的实体"学生"与"课程"之间存在着 M：N 的联系,其 ER 图如图7.27所示。转换成的关系模式如下：

学生关系模式(学生编号,姓名,年龄,性别,家庭地址,所在系,班号)

课程关系模式(课程编号,课程名,课程性质,学分数,先行课,开课学期,开课系编号)

选修关系模式(学生编号,课程编号,成绩)

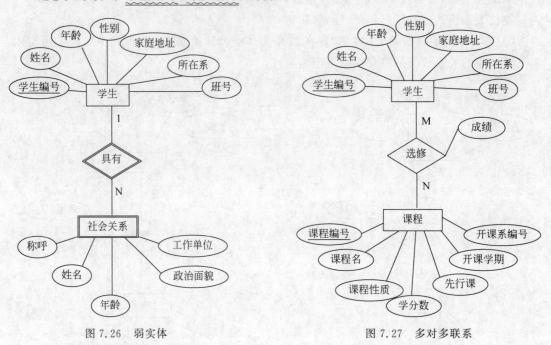

图7.26 弱实体   图7.27 多对多联系

2. 超类和子类的转换规则

将超类和子类各转换成一个关系模式,在子类转换成的关系模式(子表)中加入超类转换成关系模式(父表)的键,从而实现父表与子表的联系。由于父表与子表的主键相同,所以子表的主键也是外键。

【例7.12】 某大学数据库中的实体"教师"
(超类)的成员实体也可以分为教授、副教授、讲师和助教四个子实体集合(子类),如图7.28所示。转换成的关系模式如下：

图7.28 带有子类的 ER 图

教师关系模式(教师编号,姓名,年龄,性别)

教授关系模式(教师编号,是否博导)

副教授关系模式(教师编号,是否硕导)

讲师关系模式(教师编号,学历,是否班导师)

助教关系模式(教师编号,导师姓名)

7.5.4 关系数据库的逻辑设计

由于关系模型的固有优点,逻辑设计可以运用关系数据库模式设计理论使设计过程形式化地进行,并且结果可以验证。关系数据库的逻辑设计过程如图 7.29 所示。

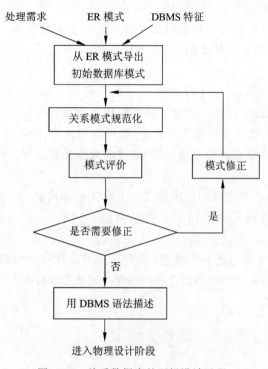

图 7.29 关系数据库的逻辑设计过程

从图 7.29 可以看出,概念设计的结果直接影响到逻辑设计过程的复杂性和效率。在概念设计阶段已经把关系规范化的某些思想用作构造实体类型和联系类型的标准。在逻辑设计阶段,仍然要使用关系规范化理论来设计模式和评价模式。关系数据库的逻辑设计的结果是一组关系模式的定义。

1. 导出初始关系模式

逻辑设计的第一步是把概念设计的结果(即全局 ER 模式)转换成初始关系模式。

2. 规范化处理

规范化的目的是减少乃至消除关系模式中存在的各种异常,改善完整性、一致性和存储效率。规范化过程分为两个步骤。

1) 确定规范级别

规范级别取决于两个因素:一是归结出来的数据依赖的种类;二是实际应用的需要。在这里,主要从数据依赖的种类出发,来讨论规范级别问题。

首先考查数据依赖集合。在仅考虑函数依赖时,3NF 或 BCNF 是适宜的标准,如还包括多值依赖时,应达到 4NF。由于多值依赖语义的复杂性、非直观性,一般使用得并不多。

现实环境中,大量使用的还是函数依赖。

2) 实施规范化处理

确定规范级别之后,利用第 5 章的算法,逐一考查关系模式,判断它们是否满足规范要求。若不符合上一步所确定的规范级别,则利用相应的规范算法使关系模式规范化。

在规范化综合或分解过程中,要特别注意保持依赖和无损连接要求。

3. 模式评价

模式评价的目的是检查已给出的数据库模式是否完全满足用户的功能要求,是否具有较高的效率,并确定需要加以修正的部分。模式评价主要包括功能和性能两个方面。

4. 模式修正

根据模式评价的结果,对已生成的模式集进行修正。修正的方式依赖于修正的原因。如果因为需求分析、概念设计的疏漏导致某些应用不能得到支持,则应相应地增加新的关系模式或属性;如果因为性能考虑而要求修正,则可采用合并、分解或选用另外结构的方式。

在经过反复多次的模式评价及修正后,最终的数据库模式得以确定,全局逻辑结构设计即告结束。

在逻辑设计阶段,还要设计全部子模式。子模式是面向各个最终用户或用户集团的局部逻辑结构。子模式体现了各个用户对数据库的不同观点,也提供了某种程度的安全性控制。

【例 7.13】 在第 6 章习题 8 中提到,要为某工厂设计一个"库存销售信息管理系统",对仓库、车间、产品、客户、销售员等信息进行管理。该系统数据库 ER 图的一种解法如图 7.30 所示。

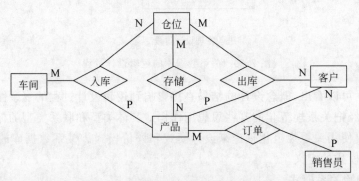

图 7.30　库存销售信息管理系统 ER 图

该 ER 图有五个实体类型,其属性如下所述。

车间:车间号,车间名,主任名。

产品:产品号,产品名,单价。

仓位:仓位号,地址,主任名。

客户:客户号,客户名,联系人,电话,地址,税号,账号。

销售员:销售员号,姓名,性别,学历,业绩。

实体之间有四个联系类型,其中三个是 M:N:P,一个是 M:N,属性如下所述。

入库:入库单号,入库量,入库日期,经手人。

存储:核对日期,核对员,存储量。

出库:出库单号,出库量,出库日期,经手人。

订单：订单号,数量,折扣,总价,订单日期。

试把这个 ER 图转换成关系模型,并指出每个表的主键和外键。

【解】 根据 ER 模型转换成关系模型的规则,可把上述 ER 图转换成九个关系模式,具体如下:

车间(<u>车间号</u>,车间名,主任名)

产品(<u>产品号</u>,产品名,单价)

仓位(<u>仓位号</u>,地址,主任名)

客户(<u>客户号</u>,客户名,联系人,电话,地址,税号,账号)

销售员(<u>销售员号</u>,姓名,性别,学历,业绩)

入库(<u>入库单号</u>,入库量,入库日期,经手人,~~车间号~~,~~仓位号~~,~~产品名~~)

存储(<u>仓位号</u>,~~产品号~~,核对日期,核对员,存储量)

出库(<u>出库单号</u>,出库量,出库日期,经手人,~~客户号~~,~~产品名~~,~~仓位号~~)

订单(<u>订单号</u>,数量,折扣,总价,订单日期,~~产品号~~,~~客户号~~,~~销售员号~~)

【例 7.14】 在第 6 章习题 9 中提到,要为某汽车货运公司的管理信息系统建立一个数据库,对车辆、司机、维修、保险和报销等信息和业务活动进行管理。该系统数据库 ER 图的一种解法如图 7.31 所示。

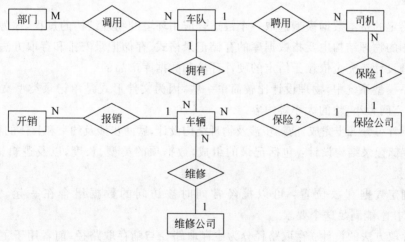

图 7.31 公司车队信息系统的 ER 模型

该 ER 图有七个实体类型,其结构如下:

部门：<u>部门号</u>,名称,负责人

车队：<u>车队号</u>,名称,地址

司机：<u>司机号</u>,姓名,执照号,电话,工资

车辆：<u>车牌号</u>,车型,颜色,载重

保险公司：<u>保险公司号</u>,名称,地址

维修公司：<u>维修公司号</u>,名称,地址

开销：顺序号,费用类型,费用,日期,经手人

实体之间有七个联系,其中六个是 1:N 联系,一个是 M:N 联系。其中联系的属性如下。

调用:出车编号,出车日期,车程,费用,车辆数目

保险 1:投保日期,保险种类,费用

保险 2:投保日期,保险种类,费用

根据 ER 图和转换规则,七个实体类型转换成七个关系模式,一个 M∶N 联系转换成一个关系模式,共八个关系模式,如下:

部门(部门号,名称,负责人)

车队(车队号,名称,地址)

司机(司机号,姓名,执照号,电话,工资,车队号,保险公司号,投保日期,保险种类,费用)

车辆(车牌号,车型,颜色,载重,车队号,保险公司号,投保日期,保险种类,费用,维修公司号)

保险公司(保险公司号,名称,地址)

维修公司(维修公司号,名称,地址)

开销(顺序号,车牌号,费用类型,费用,日期,经手人)

调用(出车编号,车队号,部门号,出车日期,车程,费用,车辆数目)

7.6 物 理 设 计

对于给定的基本数据模型选取一个最适合应用环境的物理结构的过程,称为物理设计。

数据库的物理结构主要指数据库的存储记录格式、存储记录安排和存取方法。显然,数据库的物理设计是完全依赖于给定的硬件环境和数据库产品的。

在关系模型系统中,物理设计比较简单一些,因为文件形式是单记录类型文件,仅包含索引机制、空间大小、块的大小等内容。

物理设计可分五步完成,前三步涉及物理结构设计,后两步涉及约束和具体的程序设计。

(1) 存储记录结构设计:包括记录的组成,数据项的类型、长度,以及逻辑记录到存储记录的映射。

(2) 确定数据存放位置:可以把经常同时被访问的数据组合在一起,"记录聚簇(Cluster)"技术能满足这个要求。

(3) 存取方法的设计:存取路径分为主存取路径与辅存取路径,前者用于主键检索,后者用于辅助键检索。

(4) 完整性和安全性考虑:设计者应在完整性、安全性、有效性和效率方面进行分析,作出权衡。

(5) 程序设计:在逻辑数据库结构确定后,应用程序设计就应当随之开始。物理数据独立性的目的是消除由于物理结构的改变而引起对应用程序的修改。当物理独立性未得到保证时,可能会发生对程序的修改。

7.7 数据库的实现

根据逻辑设计和物理设计的结果,在计算机系统上建立起实际数据库结构、装入数据、测试和试运行的过程称为数据库的实现阶段。实现阶段主要有三项工作。

（1）建立实际数据库结构：对描述逻辑设计和物理设计结果的程序（即"源模式"），经 DBMS 编译成目标模式和执行后建立了实际的数据库结构。

（2）装入试验数据对应用程序进行调试。试验数据可以是实际数据，也可由手工生成或用随机数发生器生成。应使测试数据尽可能覆盖现实世界的各种情况。

（3）装入实际数据，进入试运行状态。测量系统的性能指标是否符合设计目标。如果不符合，则返回前面几步修改数据库的物理结构，甚至逻辑结构。

7.8 数据库的运行和维护

数据库系统正式运行，标志着数据库设计与应用开发工作的结束和维护阶段的开始。运行维护阶段的主要任务有四项。

（1）维护数据库的安全性与完整性。检查系统安全性是否受到侵犯，及时调整授权和密码，实施系统转储与后备，发生故障后及时恢复。

（2）监测并改善数据库运行性能。对数据库的存储空间状况及响应时间进行分析评价，结合用户反应确定改进措施，实施再构造或再格式化。

（3）根据用户要求对数据库现有功能进行扩充。

（4）及时改正运行中发现的系统错误。

要充分认识到，数据库系统只要在运行，就要不断地进行评价、调整、修改。如果应用变化太大，再组织工作已无济于事，那么表明原数据库应用系统生存期已结束，应该设计新的数据库应用系统了。

小　　结

本章主要讨论数据库设计的方法和步骤，列举了许多实例，详细介绍了数据库设计中规划、需求分析、概念设计、逻辑设计、物理设计及运行与维护各个阶段的目标、方法和应注意的事项。其中重点是概念结构的设计和逻辑结构的设计，这也是数据库设计过程中最重要的两个环节。

学习这一章，要努力掌握书中讨论的基本方法，还要能在实际工作中运用这些思想，设计出符合应用需求的数据库应用系统。

习　题　7

1. 名词解释。

数据库设计　　数据库系统生存期　　评审　　数据字典

2. 数据库系统的生存期分为哪几个阶段？数据库结构的设计在生存期中的地位如何？

3. 什么是数据库设计？数据库设计过程的输入和输出有哪些内容？

4. 基于数据库系统生存期的数据库设计分为哪几个阶段？

5. 数据库设计的规划阶段应做哪些事情？

6. 数据库设计的需求分析阶段是如何实现的？目标是什么？

7. 评审在数据库设计中有什么重要作用？为什么允许设计过程中有多次的回溯与反复？

8. 数据字典的内容和作用是什么？

9. 对概念模型有些什么要求？

10. 概念设计的具体步骤是什么？

11. 什么是数据抽象？主要有哪两种形式的抽象？数据抽象在数据库设计过程中起什么作用？

12. 试述采用 ER 方法的数据库概念设计的过程。

13. 逻辑设计的目的是什么？试述逻辑设计过程的输入和输出环境。

14. 试述逻辑设计阶段的主要步骤及内容。

15. 规范化理论对数据库设计有什么指导意义？

16. 什么是数据库结构的物理设计？试述其具体步骤。

17. 数据库实现阶段主要做哪几件事情？

18. 数据库系统投入运行后，有哪些维护工作？

19. 试把第 6 章的习题 2 和习题 3 的两个 ER 模型转换为关系模型，并指出每个关系模式的主键和外键。

20. 假设要为某公司设计一个"人事管理信息系统"，对职工、部门、岗位、职工的技能、培训课程、职工的工资和奖惩记录等信息进行管理。

（1）试根据你的调查和理解，设计该数据库的 ER 模型。

（2）根据转换规则，把 ER 模型转换成关系模型，并指出每一个关系模式的主键和外键。

21. 假设要为某医院设计一个"住院管理信息系统"，对医生、护士、病人、病床、诊断书、手术、手术室和结账等信息进行管理。

（1）试根据你的调查和理解，设计该数据库的 ER 模型。

（2）根据转换规则，把 ER 模型转换成关系模型，并指出每一个关系模式的主键和外键。

第8章 数据库的管理

在 DBS 运行时,DBMS 要对 DB 进行监控,以保证整个系统的正常运行,防止数据意外丢失和不一致数据的产生。DBMS 对 DB 的监控,称为数据库的管理,有时也称为数据库的保护。对数据库的管理主要通过四个方面实现:数据库的恢复、并发控制、完整性控制和安全性控制。每一方面构成了 DBMS 的一个子系统。DBS 运行的最小逻辑工作单位是事务,所有对数据库的操作,都要以事务作为一个整体单位来执行或撤销。本章先介绍事务的概念,然后介绍这四个子系统如何实现对数据库的管理。

8.1 事务的概念

8.1.1 事务的定义

从用户观点看,对数据库的某些操作应是一个整体,也就是一个独立的工作单元,不能分割。例如,客户的电子资金转账(从账号 A 转一笔款到账号 B)是一个独立的操作,而在 DBS 中这是由几个操作组成的。显然,这些操作要么全都发生,要么由于出错(可能账号 A 已透支)而全不发生。保证这一点非常重要,决不允许发生下面的事情:在账号 A 透支情况下继续转账;或者从账号 A 转出了一笔钱,因不知去向而未能转入账号 B 中。这样就引出了事务的概念。

定义 8.1 事务(Transaction)是构成单一逻辑工作单元的操作集合。不论发生何种情况,DBS 必须保证事务能正确、完整地执行。

DBS 的主要意图是执行事务。事务是数据库环境中的一个逻辑工作单元,相当于操作系统环境中的"进程"概念。一个事务由应用程序中的一组操作序列组成,在程序中,事务以 BEGIN TRANSACTION 语句开始,以 COMMIT 语句或 ROLLBACK 语句结束。

COMMIT 语句表示事务执行成功地结束(提交),此时告诉系统,数据库要进入一个新的正确状态,该事务对数据库的所有更新都已交付实施(写入磁盘)。

ROLLBACK 语句表示事务执行不成功地结束(应该"回退"),此时告诉系统,已发生错误,数据库可能处在不正确的状态,该事务对数据库的所有更新必须被撤销,数据库应恢复该事务到初始状态。

【例 8.1】 假设银行数据库中有一转账事务 T,从账号 A 转一笔款($50)到账号 B,其操作如下:

```
T:read(A);
  A: = A - 50;
```

```
write(A);
read(B);
B: = B + 50;
write(B).
```

上述转账中的所有操作应视为一个整体,不可分割,要么全做,要么全不做,决不允许只做了一半操作,因此这个转账操作应该是一个事务。如果考虑到转账时不允许发生账号透支的情况,那么在组织成事务时,应加上事务的开始语句和结束语句加以界定。

```
T:BEGIN TRANSACTION;              /*事务开始语句*/
read(A);
A: = A − 50;
write(A);
if(A < 0)  ROLLBACK;              /*事务回退语句*/
else{read(B);
    B: = B + 50;
    write(B);
    COMMIT;}                      /*事务提交语句*/
```

ROLLBACK 语句表示在账号 A 扣款透支时,就拒绝这个转账操作,执行回退操作,数据库的值恢复到这个事务的初始状态。COMMIT 语句表示转账操作顺利结束,数据库处于新的正确状态。

对数据库的访问是建立在读和写两个操作的基础上的。

read(X):把数据 X 从磁盘的数据库中读到内存的缓冲区中。

write(X):把数据 X 从内存的缓冲区中写回到磁盘的数据库。

在系统运行时,write 操作未必导致数据立即写回磁盘,很可能先暂存在内存缓冲区中,稍后再写回磁盘。这件事情是 DBMS 实现时必须注意的问题。

8.1.2 事务的 ACID 性质

为了保证数据库中数据总是正确的,要求事务具有下列四个性质。

1. 原子性(Atomicity)

一个事务对数据库的所有操作,是一个不可分割的工作单元。这些操作要么全部执行,要么什么也不做(就效果而言)。

保证原子性是数据库系统本身的职责,由 DBMS 的事务管理子系统来实现。

2. 一致性(Consistency)

一个事务独立执行的结果,应保持数据库的一致性,即数据不会因事务的执行而遭受破坏。

确保单个事务的一致性是编写事务的应用程序员的职责。在系统运行时,由 DBMS 的完整性子系统执行测试任务。

3. 隔离性(Isolation)

在多个事务并发执行时,系统应保证与这些事务先后单独执行时的结果一样,此时称事务达到了隔离性的要求。也就是在多个事务并发执行时,保证执行结果是正确的,如同单用户环境一样。

隔离性是由 DBMS 的并发控制子系统实现的。

4. 持久性（Durability）

一个事务一旦完成全部操作后，它对数据库的所有更新应永久地反映在数据库中，不会丢失。即使以后系统发生故障，也是如此。

隔离性是由 DBMS 的恢复管理子系统实现的。

上述四个性质称为事务的 ACID 性质，这一缩写来自四个性质的第一个英文字母。

8.2 数据库的恢复

8.2.1 恢复的定义原则和方法

1. 恢复的定义

在 DBS 运行时，可能会出现各式各样的故障，例如磁盘损坏、电源故障、软件错误、机房火灾和恶意破坏等。在发生故障时，很可能丢失数据库中的数据。DBMS 的恢复管理子系统采取一系列措施保证在任何情况下保持事务的原子性和持久性，确保数据不丢失、不破坏。

定义 8.2 系统能把数据库从被破坏、不正确的状态，恢复到最近一个正确的状态，DBMS 的这种能力称为数据库的可恢复性（Recovery）。

2. 恢复的基本原则和实现方法

要使数据库具有可恢复性，基本原则很简单，就是"冗余"，即数据库重复存储。

数据库恢复具体实现方法如下所述。

（1）平时做好两件事：转储和建立日志。

① 周期地（比如一天一次）对整个数据库进行复制，转储到另一个磁盘或磁带一类存储介质中。

② 建立日志数据库。记录事务的开始、结束标志，记录事务对数据库的每一次插入、删除和修改前后的值，写到"日志"库中，以便有案可查。

（2）一旦发生数据库故障，分两种情况进行处理。

① 如果数据库已被破坏，例如磁头脱落、磁盘损坏等，这时数据库已不能用了，就必须装入最近一次复制的数据库备份到新的磁盘，然后利用日志库执行"重做"（REDO）处理，将这两个数据库状态之间的所有更新重新做一遍。这样既恢复了原有的数据库，又没有丢失对数据库的更新操作。

② 如果数据库未被破坏，但某些数据不可靠，受到怀疑，例如程序在批处理修改数据库时异常中断，这时不必去复制存档的数据库。只要通过日志库执行"撤销"（UNDO）处理，撤销所有不可靠的修改，把数据库恢复到正确的状态。

恢复的原则很简单，实现的方法也比较清楚，但做起来相当复杂。

8.2.2 故障类型和恢复方法

在 DBS 引入事务概念以后，数据库的故障具体体现为事务执行的成功与失败。常见的故障可分为以下三类。

1. 事务故障

事务故障又可分为两种。

（1）可以预期的事务故障，即在程序中可以预先估计到的错误，例如存款余额透支、商品库存量达到最低量等，此时继续取款或发货就会出现问题。这种情况可以在事务的代码中加入判断和 ROLLBACK 语句。当事务执行到 ROLLBACK 语句时，由系统对事务进行回退操作，即执行 UNDO 操作。

（2）非预期的事务故障，即在程序中发生的未估计到的错误，例如运算溢出、数据错误、并发事务发生死锁而被选中撤销该事务等。此时由系统直接对该事务执行 UNDO 处理。

2. 系统故障

引起系统停止运转随之要求重新启动的事件称为"系统故障"。例如硬件故障、软件（DBMS、OS 或应用程序）错误或掉电等几种情况，都称为系统故障。系统故障要影响正在运行的所有事务，并且主存内容丢失，但不破坏数据库。由于故障发生时正在运行的事务都非正常终止，从而造成数据库中某些数据不正确。DBMS 的恢复子系统必须在系统重新启动时，对这些非正常终止的事务进行处理，把数据库恢复到正确的状态。

重新启动时，具体处理分两种情况考虑。

（1）对未完成事务进行 UNDO 处理。

（2）对已提交事务但更新还留在缓冲区的事务进行 REDO 处理。

3. 介质故障

在发生介质故障和遭受病毒破坏时，磁盘上的物理数据库遭到毁灭性破坏。此时恢复的过程如下所述。

（1）重装转储的后备副本到新的磁盘，使数据库恢复到转储时的正确状态。

（2）在日志中找出转储以后所有已提交的事务。

（3）对这些已提交的事务进行 REDO 处理，将数据库恢复到故障前某一时刻的正确状态。

事务故障和系统故障的恢复由系统自动进行，而介质故障的恢复需要 DBA 配合执行。在实际中，系统故障通常称为软故障(Soft Crash)，介质故障通常称为硬故障(Hard Crash)。

8.2.3 检查点机制

1. 检查点方法

前面多次提到 REDO(重做)和 UNDO(撤销)处理。具体实现是一件比较复杂的工作。现在许多 DBMS 产品提供一种检查点(Checkpoint)方法实现数据库的恢复。DBMS 定时设置检查点。在检查点时刻才真正做到把对 DB 的修改写到磁盘，并在日志文件写入一条检查点记录(以便恢复时使用)。当 DB 需要恢复时，只有那些在检查点后面的还在执行的事务需要恢复。若每小时进行 3～4 次检查，则只有不超过 20～15 分钟的处理需要恢复。这种检查点机制大大减少了 DB 恢复的时间。一般 DBMS 产品自动实行检查点操作，无须人工干预，这个方法如图 8.1 所示。

设 DBS 运行时，在 t_c 时刻产生了一个检查点，而在下一个检查点来临之前的 t_f 时刻系统发生故障。通常，这一阶段运行的事务可分成五类(T1～T5)：

（1）事务 T1 不必恢复。因为它们的更新已在检查点 t_c 时写到数据库中去了。

（2）事务 T2 和事务 T4 必须重做(REDO)。因为它们结束在下一个检查点之前。它们对 DB 的修改仍在内存缓冲区，还未写到磁盘。

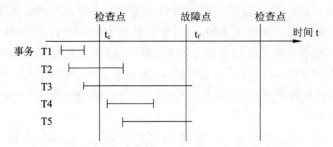

图 8.1　与检查点和系统故障有关的事务的可能状态

（3）事务 T3 和事务 T5 必须撤销（UNDO）。因为它们还未做完，必须撤销事务已对 DB 做的修改。

2. 检查点方法的恢复算法

采用检查点方法的基本恢复算法分为两步。

（1）根据日志文件建立事务重做队列和事务撤销队列。

此时，从头扫描日志文件（正向扫描），找出在故障发生前已经提交的事务（这些事务执行了 COMMIT），将其事务标识记入重做队列。

同时，还要找出故障发生时尚未完成的事务（这些事务还未执行 COMMIT），将其事务标识记入撤销队列。

（2）对重做队列中的事务进行 REDO 处理，对撤销队列中的事务进行 UNDO 处理。

进行 REDO 处理的方法是：正向扫描日志文件，根据重做队列的记录对每一个重做事务重新实施对数据库的更新操作。

进行 UNDO 处理的方法是：反向扫描日志文件，根据撤销队列的记录对每一个撤销事务的更新操作执行逆操作（对插入操作执行删除操作，对删除操作执行插入操作，对修改操作则用修改前的值代替修改后的值）。

8.2.4　运行记录优先原则

从前面的恢复处理可以看出，写一个修改到数据库中和写一个表示这个修改的运行记录到日志中是两个不同的操作。这样就有可能在这两个操作之间发生故障。那么先写入的一个得以保留下来，而另一个就丢失了。如果保留下来的是数据库的修改，而在运行日志中没有记录下这个修改，那么以后就无法撤销这个修改了。因此，为了安全，运行记录应该先写下来，这就是"运行记录优先原则"，具体有两点。

（1）至少要等相应运行记录已经写入运行日志后，才能允许事务向数据库中写记录。

（2）直至事务的所有运行记录都已经写入到运行日志后，才能允许事务完成 COMMIT 处理。

这样，如果出现故障，则可能在运行日志中而不是在数据库中记录了一个修改。在重新启动时，就有可能请求 UNDO/REDO 处理原先根本没有对数据库做过的修改。

8.2.5　SQL 对事务的支持

SQL 对事务的支持以及对基于事务的恢复的支持都遵循前面的概念。SQL 支持通常的 COMMIT 和 ROLLBACK 语句,但这些语句将强制每个打开的游标关闭,这就引起了所有数据库定位的丢失。有些系统的 SQL 语言能在执行 COMMIT 语句时防止关闭游标,但对执行 ROLLBACK 语句仍要关闭游标。例如 DB2 支持在游标说明时使用 WITH HOLD 选项,那么执行 COMMIT 语句时并不关闭游标,而是使其保持打开、定位的状态,这样下一个 FETCH 语句将按顺序将游标指向下一个元组。因此,原先在下一个游标打开时所需要的重定位就不再需要了。

SQL 对事务的支持与本节前面的概念的区别之一在于,SQL 不包括显式的 BEGIN TRANSACTION 语句。程序开始就是第一个事务的开始。在遇到 COMMIT 或 ROLLBACK 语句时,意味着一个事务结束,同时开始下一个事务。

8.3　数据库的并发控制

8.3.1　并发操作带来的三个问题

在多用户共享系统中,许多事务可能同时对同一数据进行操作("并发操作"),此时可能会破坏数据库的完整性。这里的"并发"是指在单处理机(一个 CPU)上,利用分时方法实行多个事务同时做。

DBMS 的并发控制子系统,就是负责协调并发事务的执行,保证数据库的完整性,同时避免用户得到不正确的数据。

即使每个事务单独执行时是正确的,但多个事务并发执行时,如果系统不加以控制,仍会破坏数据库的一致性,或者用户读了不正确的数据。数据库的并发操作通常会带来三个问题:丢失更新问题、读脏数据问题、不一致分析问题。

1. 丢失更新问题

【例 8.2】　在图 8.2 中,数据库中 A 的初值是 100,事务 T1 对 A 的值减 30,事务 T2 对 A 的值增加一倍。如果执行次序是先 T1 后 T2,那么结果 A 的值是 140。如果执行次序是先 T2 后 T1,那么 A 的值是 170。这两种情况都应该是正确的。但是按图中的并发执行,结果 A 的值是 200,这个值肯定是错误的,因为在时间 t7 丢失了事务 T1 对数据库的更新操作。因而这个并发操作是不正确的。

时间	更新事务 T1	数据库中 A 的值	更新事务 T2
t0		100	
t1	FIND　A		
t2			FIND　A
t3	A := A−30		
t4			A := A * 2
t5	UPD　A		
t6		70	UPD　A
t7		200	

图 8.2　在时间 t7 丢失了事务 T1 的更新(FIND 表示
从 DB 中读值,UPD 表示把值写回到 DB)

2. 读脏数据问题

这里有两种情况，用两个例子来说明。

【例 8.3】（用户读了"脏数据"，但没有破坏数据库的完整性）在图 8.3 中，事务 T1 把 A 的值修改为 70，但尚未提交（即未做 COMMIT 操作），事务 T2 紧跟着读未提交的 A 值（70）。随后，事务 T1 做 ROLLBACK 操作，把 A 的值恢复为 100，而事务 T2 仍在使用被撤销了的 A 值 70。在数据库技术中，把未提交的随后被撤销的数据称为"脏数据"。

时间	更新事务 T1	数据库中 A 的值	读事务 T2
t0		100	
t1	FIND A		
t2	A := A－30		
t3	UPD A		
t4	*	70	FIND A
t5	ROLLBACK		
t6	*	100	

图 8.3　事务 T2 在时间 t4 读了未提交的 A 值（70）

【例 8.4】（用户读了"脏数据"，引起自身的更新操作丢失，并破坏了数据库的完整性）在图 8.3 中，只是用户读了不正确的数据，而没有破坏数据库的完整性。但是图 8.4 的情况更糟，事务 T2 不仅在时间 t4 读了未提交的 A 值（70），而且实际上在时间 t8 还丢失了自己的更新操作。此时破坏了数据库的完整性。

时间	更新事务 T1	数据库中 A 的值	更新事务 T2
t0		100	
t1	FIND A		
t2	A := A－30		
t3	UPD A		
t4		70	FIND A
t5			A := A * 2
t6			UPD A
t7	*	140	
t8	ROLLBACK		
t9	*	100	

图 8.4　事务 T2 在时间 t4 读了未提交的 A 值，并在时间 t8 丢失了自己的更新

3. 不一致分析问题

【例 8.5】　图 8.5 表示了两个事务对数据库中 A、B、C 值的操作。A、B、C 的初值分别为 40、50 和 30。读事务 T1 对 A、B、C 三个值求和，而更新事务 T2 对 C 的值减 10，A 的值增 10。按照图中并发执行结果，事务 T1 求出三个值之和为 110，显然这是一个错误的结果。如果要将这个结果写回到数据库，将会使数据库处于不一致状态。事务 T1 看到了数据库的不一致状态，并由此进行了不一致的分析。

应注意到本例与前面的例子不同，这里不存在事务 T1 依赖于未提交的更新问题，这里事务 T2 在事务 T1 看到 C 值前已提交了所有更新。

解决并发操作带来的三类问题，有两种技术：封锁（Locking）技术和时标（Time

Stamping)技术。大多数 DBMS 采用封锁技术,本教材也只介绍封锁技术。

时间	读事务 T1	数据库中 A、B、C 的值	更新事务 T2
t0		40,50,30	
t1	FIND A		
t2	SUM := A		
t3	FIND B		
t4	SUM := SUM+B		
t5			FIND C
t6			C := C−10
t7			UPD C
t8		40,50,20	FIND A
t9			A := A+10
t10			UPD A
t11		50,50,20	COMMIT
t12	FIND C		
t13	SUM := SUM+C		

图 8.5 事务 T1 进行了不一致的分析(在时间 t13 求得 SUM=110,而不是 120)

8.3.2 封锁机制

封锁技术中主要有两种封锁:排他型封锁和共享型封锁。

1. 排他型封锁(X 锁)

在封锁技术中最常用的一种锁是排他型封锁(Exclusive Lock),简称为 X 锁,又称为写锁。

(1) X 锁的定义

定义 8.3 如果事务 T 对某个数据(可以是数据项、记录、数据集乃至整个数据库)实现 X 锁,那么其他事务 T′要等 T 解除 X 锁以后,才能对这个数据进行封锁。也就是不允许其他事务 T′再对该数据加任何类型的锁,这种锁称为"X 锁"。

(2) PX 协议

使用 X 锁的规则称为 PX 协议。其主要内容是:任何企图更新记录 R 的事务必须先执行 XFIND R 操作,以获得对 R 的 X 锁,才能读或写记录 R;如果未获准 X 锁,那么这个事务进入等待状态。一直到获准 X 锁,事务才能继续做下去。

(3) PXC 协议

在一个事务对数据加上 X 锁,并且对数据进行了修改后,如果过早地解锁,有可能使其他事务读了未提交数据(且随后被回退),引起丢失其他事务的更新。例如在图 8.4 中,如果事务 T1 在 t1 时刻对数据 A 加 X 锁,在 t4 时刻解锁,那么问题仍然存在。为了解决这个问题,X 锁的解除操作应该合并到事务的结束(COMMIT 或 ROLLBACK)操作中。引入这个规则后,PX 协议就成为 PXC 协议。

【例 8.6】 利用 PXC 协议,可以解决图 8.2 的丢失更新问题,如图 8.6 所示。事务 T1 先对 A 实现 X 锁,更新 A 值以后,在 COMMIT 之后,事务 T2 再重新执行 XFIND A 操作,并对 A 进行更新(此时 A 已是事务 T1 更新过的值),这样就能得出正确的结果。

时间	更新事务 T1	数据库中 A 的值	更新事务 T2
t0		100	
t1	XFIND A		
t2			XFIND A(失败)
			wait(等待)
t3	A：=A−30		wait
t4			wait
t5	UPD A		wait
t6		70	wait
t7	COMMIT(包括解锁)	wait	
t8			XFIND A(重做)
t9			A：=A*2
t10			UPD A
t11		140	COMMIT(包括解锁)

图 8.6　等事务 T1 更新完成后再执行事务 T2

2. 共享型封锁(S 锁)

采用 X 锁的并发控制并发度低,只允许一个事务独锁数据。而其他申请封锁的事务只能排队去等。为此,降低要求,允许并发的读,就引入了共享型封锁(Shared Lock),这种锁简称为 S 锁,又称为读锁。

(1) S 锁的定义

定义 8.4　如果事务 T 对某数据加上 S 锁后,仍允许其他事务再对该数据加 S 锁,但在对该数据的所有 S 锁都解除之前绝不允许任何事务对该数据加 X 锁。

(2) PS 协议

使用 S 锁的规则,称为 PS 协议。其内容是:任何要更新记录 R 的事务必须先执行 SFINDR 操作,以获得对 R 的 S 锁。当事务获准对 R 的 S 锁后,若要更新记录 R 必须用 UPDXR 操作,这个操作首先把 S 锁升级为 X 锁,若成功则更新记录,否则这个事务进入等待队列。

可以看出,获准 S 锁的事务只能读数据,不能更新数据,若要更新,则先要把 S 锁升级为 X 锁。

(3) PSC 协议

像 PXC 协议一样,PSC 协议的要点是“S 锁的解除操作应该合并到事务的结束操作中”。

【例 8.7】　利用 PSC 协议,解决图 8.2 的丢失更新问题,但会出现如图 8.7 所示的那种情况。也就是 S 锁解决了丢失更新问题,但同时又可能会引起另外一个问题——死锁。死锁问题将在 8.3.3 节讨论。

3. 封锁的相容矩阵

据 X 锁,S 锁的定义,可以得出封锁类型的相容矩阵,如表 8.1 所示。表 8.1 中事务 T1 先对数据做出某种封锁或不加封锁,然后事务 T2 再对同一数据请求某种封锁或不需封锁。表 8.1 中的 Y 和 N 分别表示它们之间是相容的还是不相容的。如果两个封锁是不相容的,那么后提出封锁的事务就要等待。

时间	更新事务 T1	数据库中 A 的值	更新事务 T2
t0		100	
t1	SFIND A		
t2			SFIND A
t3	A := A−30		
t4			A := A * 2
t5	UPDX A(失败)		
t6	wait		UPDX A(失败)
t7	wait		wait
t8	wait		wait

图 8.7　更新未丢失,但在时间 t7 发生了死锁

表 8.1　封锁类型的相容矩阵

T1	T2		
	X	S	—
X	N	N	Y
S	N	Y	Y
—	Y	Y	Y

注：① N=NO,不相容的请求；Y=YES,相容的请求。

② X、S、—分别表示 X 锁、S 锁、无锁。

③ 如果两个封锁是不相容的,则后提出封锁的事务就要等待。

8.3.3　活锁、饿死和死锁

使用封锁技术,可以避免并发操作引起的各种错误,但有可能产生其他三个问题：活锁、饿死和死锁。下面分别讨论这三个问题的解决方法。

1. 活锁问题

定义 8.5　系统可能使某个事务永远处于等待状态,得不到封锁的机会,这种现象称为活锁(Live Lock)。

解决活锁问题的一种简单的方法是采用"先来先服务"的策略,也就是简单的排队方式。

如果运行时,事务有优先级,那么很可能使优先级低的事务即使排队也很难轮上封锁的机会。此时可采用"升级"方法来解决,也就是当一个事务等待若干时间(例如 5 分钟)还轮不上封锁时,可以提高其优先级别,这样总能轮上封锁。

2. 饿死问题

定义 8.6　有可能存在一个事务序列,其中每个事务都申请对某数据项加 S 锁,且每个事务在授权加锁后一小段时间内释放封锁,此时若另有一个事务 T1 欲在该数据项上加 X 锁,则将永远轮不上封锁的机会。这种现象称为饿死(Starvation)。

可以用下列方式授权加锁来避免事务饿死。

当事务 T2 申请对数据项 Q 加 S 锁时,授权加锁的条件是：

(1) 不存在在数据项 Q 上持有 X 锁的其他事务；

(2) 不存在等待对数据项 Q 加锁且先于 T2 申请加锁的事务。

3. 死锁问题

定义 8.7 系统中有两个或两个以上的事务都处于等待状态,并且每个事务都在等待其中另一个事务解除封锁,它才能继续执行下去,结果造成任何一个事务都无法继续执行,这种现象称为系统进入了死锁(Dead Lock)状态。

【**例 8.8**】 图 8.8 是两个事务死锁的例子。

可以用事务依赖图的形式测试系统中是否存在死锁。图中每一个节点是"事务",箭头表示事务间的依赖关系。例如图 8.8 的并发执行中两个事务的依赖关系可用图 8.9 表示。图中,事务 T1 需要数据 B,但 B 已被事务 T2 封锁,那么从 T1 到 T2 画一个箭头;然后,事务 T2 需要数据 A,但 A 已被事务 T1 封锁。那么从 T2 到 T1 也应画一个箭头。如果在事务依赖图中沿着箭头方向存在一个循环,那么死锁的条件就形成了,系统进入死锁状态。

DBMS 中有一个死锁测试程序,每隔一段时间检查并发的事务之间是否发生死锁。如果发生死锁,那么只能抽取某个事务作为牺牲品,把它撤销,进行回退操作,解除它的所有封锁,恢复到该事务的初始状态。释放出来的资源就可以分配给其他事务,使其他事务有可能继续运行下去,就有可能消除死锁现象。理论上,系统进入死锁状态时可能会有许多事务在相互等待,但是 System R 的实验表明,实际上绝大部分的死锁只涉及两个事务,也就是事务依赖图中的循环里只有两个事务。有时,死锁也被形象地称作"死死拥抱"(Deadly Embrace)。

时间	事务 T1	事务 T2
t0	XFIND A	
t1		XFIND B
t2	XFIND B	
t3	wait	XFIND A
t4	wait	wait

图 8.8   在时间 t4 两个事务发生死锁

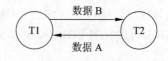

图 8.9   事务依赖图

8.3.4   并发调度的可串行化

1. 事务的调度、串行调度和并发调度

定义 8.8 事务的执行次序称为调度。如果多个事务依次执行,则称为事务的串行调度(Serial Schedule)。如果利用分时的方法,同时处理多个事务,则称为事务的并发调度(Concurrent Schedule)。

数据库技术中事务的并发执行与操作系统中的多道程序设计概念类似。在事务并发执行时,有可能破坏数据库的一致性,或用户读了脏数据。

如果有 n 个事务串行调度,可有 n!种不同的有效调度。事务串行调度的结果都是正确的,至于依何次序执行,视外界环境而定,系统无法预料。

如果有 n 个事务并发调度,可能的并发调度数目远远大于 n!。但其中有的并发调度是正确的,有的是不正确的。如果产生正确的并发调度,是由 DBMS 的并发控制子系统实现的。如何判断一个并发调度是正确的,这个问题可以用下面的"并发调度的可串行化"概念解决。

2. 可串行化概念

定义 8.9 每个事务中,语句的先后顺序在各种调度中始终保持一致。在这个前提下,

数据库的管理

如果一个并发调度的执行结果与某一串行调度的执行结果等价,那么这个并发调度称为"可串行化的调度",否则是不可串行化的调度。

【例 8.9】 在例 8.2 中,如果先执行事务 T1 后执行 T2,结果 A 的值为 140;如果先执行 T2 后执行 T1,结果 A 的值为 170。这两种串行调度都认为是正确的,而不去管其结果是否相同。

图 8.2 的执行结果 A 的值为 200,与任何一个串行调度的结果都不一样,因而图 8.2 的并发调度是不正确的,即称为不可串行化的调度。只有并发调度执行结果为 140 或 170 时,才能认为是正确的,才是可串行化的调度。

3. 两段封锁法(Two Phase Locking)

前面提到对未提交更新的封锁必须保持到事务终点,但其他封锁可较早释放。释放一个封锁之后,又继续去获得另一个封锁的事务仍然容易产生错误。为了消除错误现象,同时也是为了管理上的方便,引进两段封锁协议,可以解决这些问题。

(1) 两段封锁协议

协议是系统中所有的事务都必须遵守的章程。这些章程是对事务可能执行的基本操作次序的一种限制。

两段封锁协议规定所有的事务应遵守下面两条规则。

① 在对任何一个数据进行读写操作之前,事务必须获得对该数据的封锁。

② 在释放一个封锁之后,事务不再获得任何其他封锁。

遵守该协议的事务分为两个阶段:获得封锁阶段,也称为"扩展"阶段;释放封锁阶段,也称为"收缩"阶段。应注意,实际系统中收缩阶段通常被压缩到事务结束时的单个操作 COMMIT 或 ROLLBACK 中。实际上,PXC 协议和 PSC 协议可以看作两段封锁协议的加强形式。

(2) 两段封锁协议与可串行化调度间的关系

如果所有的事务都遵守"两段封锁协议",则所有可能的并发调度都是可串行化的。

也就是,两段式封锁是可串行化的充分条件,但不是必要条件。也就是可串行化的并发调度中,有的事务可能不遵守两段封锁协议。

遗憾的是,两段封锁协议仍有可能导致死锁的发生,而且可能会增多。这是因为每个事务都不能及时解除被它封锁的数据。

8.3.5 SQL 中事务的存取模式和隔离级别

SQL-2 对事务的存取模式(Access Mode)和隔离级别(Isolation Level)做了具体规定,并提供语句让用户使用。

1. 事务的存取模式

SQL-2 允许事务有两种模式。

(1) READ ONLY(只读型):事务对数据库的操作只能是读操作。定义这个模式后,表示随后的事务均是只读型。

(2) READ WRITE(读写型):事务对数据库的操作可以是读操作,也可以是写操作。定义这个模式后,表示随后的事务均是读写型。在程序开始时默认这种模式。

这两种模式可用下列 SQL 语句定义:

```
SET   TRANSACTION   READ   ONLY
SET   TRANSACTION   READ   WRITE
```

2. 事务的隔离级别

SQL-2 提供事务的四种隔离级别让用户选择。这四个级别从高到低如下所述。

（1）SERIALIZABLE(可串行化)：允许事务与其他事务并发执行,但系统必须保证并发调度是可串行化,不致发生错误。在程序开始时默认这个级别。

（2）REPEATABLE READ(可重复读)：只允许事务读已提交的数据,并且在两次读同一数据时不允许其他事务修改此数据。但该事务与其他事务可能是不可串行化的。

（3）READ COMMITTED(读提交数据)：允许事务读已提交的数据,但不要求"可重复读"。例如,事务对同一记录的两次读取之间,记录可能被已提交的事务更新。

（4）READ UNCOMMITTED(可以读未提交数据)：允许事务读已提交或未提交的数据。这是 SQL-2 中所允许的最低一致性级别。

上述四种级别可以用下列 SQL 语句定义：

```
SET   TRANSACTION   ISOLATION   LEVEL   SERIALIZABLE
SET   TRANSACTION   ISOLATION   LEVEL   REPEATABLE   READ
SET   TRANSACTION   ISOLATION   LEVEL   READ   COMMITTED
SET   TRANSACTION   ISOLATION   LEVEL   READ   UNCOMMITTED
```

8.4　数据库的完整性

8.4.1　完整性子系统和完整性规则

数据库中完整性(Integrity)一词是指数据的正确性、有效性和相容性,防止错误的数据进入数据库。所谓正确性是指数据的合法性,例如数值型数据中只能含数字而不能含字母;所谓有效性是指数据是否属于所定义的有效范围;所谓相容性是指表示同一事实的两个数据应相同,不一致就是不相容。

DBMS 必须提供一种功能来保证数据库中数据是正确的,避免非法的不符合语义的错误数据的输入和输出,即所谓"垃圾进垃圾出"(Garbage In Garbage Out)所造成的无效操作和错误操作。检查数据库中数据是否满足规定的条件称为"完整性检查"。数据库中数据应该满足的条件称为"完整性约束条件",有时也称为完整性规则。

DBMS 中执行完整性检查的子系统称为"完整性子系统"。完整性子系统的主要功能有两点。

（1）监督事务的执行,并测试是否违反完整性规则。

（2）若有违反现象,则采取恰当的操作,例如拒绝操作、报告违反情况、改正错误等方法来处理。

完整性子系统是根据"完整性规则集"工作的。完整性规则集是由 DBA 或应用程序员事先向完整性子系统提供的有关数据约束的一组规则。

每个完整性规则应由三部分组成。

（1）什么时候使用规则进行检查(称为规则的"触发条件")。

(2) 要检查什么样的错误(称为"约束条件"或"谓词")。

(3) 如果查出错误,应该怎么办(称为"ELSE 子句",即违反时要做的动作)。

8.4.2　SQL 中的完整性约束

SQL 中把完整性约束分为三大类:域约束、基本表约束和断言。

1. 域约束

SQL 可以用 CREATE DOMAIN 语句定义新的域,并且还可出现 CHECK 子句。

【例 8.10】　定义一个新的域 COLOR,可用下列语句实现:

```
CREATE  DOMAIN  COLOR  CHAR(6)  DEFAULT '???'
    CONSTRAINT  VALID_COLORS
        CHECK(VALUE  IN('Red','Yellow','Blue','Green','???'));
```

此处 CONSTRAINT VALID_COLORS 表示为这个域约束起个名字 VALID_COLORS。

假定为基本表 PART 创建表:

```
CREATE  TABLE  PART
    ( ...,
     COLOR  COLOR,
     ...);
```

若用户插入一个零件记录时未提交颜色 COLOR 值,那么颜色值将被默认置为"???"。若用户输入了非法的颜色值,则操作失败,系统将产生一个约束名为 VALID_COLORS 的诊断信息。

通常,SQL 允许域约束上的 CHECK 子句中可以有任意复杂的条件表达式。

2. 基本表约束

SQL 的基本表约束主要有三种形式:候选键定义、外键定义和"检查约束"定义。这些定义都可以在前面加"CONSTRAINT <约束名>",由此为新约束起个名字。为简化,下面都将忽略这一选项。

(1) 候选键的定义

候选键的定义形式为:

```
UNIQUE(<列名序列>)
```

或

```
PRIMARY  KEY(<列名序列>)
```

实际上 UNIQUE 方式定义了表的候选键,但只表示了值是唯一的,值非空还需在列定义时带有选项 NOT NULL。

PRIMARY 方式定义了表的主键。一个基本表只能指定一个主键。当是主键时,指定的列会自动被认为是非空的。

(2) 外键的定义

外键的定义形式为:

```
FOREIGN  KEY(<列名序列>)
```

```
REFERENCES <参照表>   [(<列名序列>)]
    [ON   DELETE <参照动作>]
    [ON   UPDATE <参照动作>]
```

此处,第一个列名序列是外键,第二个列名序列是参照表中的主键或候选键。参照动作可以有五种方式:NO ACTION(默认)、CASCADE、RESTRICT、SET NULL 或 SET DEFAULT。

在实际应用中,作为主键的关系称为参照表,作为外键的关系称为依赖表。

对参照表的删除操作和修改主键值的操作会对依赖关系产生影响,其影响由参照动作决定。

① 删除参照表中元组时的考虑。

如果要删除参照表的某个元组(即要删除一个主键值),那么对依赖表有什么影响,由参照动作决定。

NO ACTION 方式:对依赖表没有影响。

CASCADE 方式:将依赖表中所有外键值与参照表中要删除的主键值相对应的元组一起删除。

RESTRICT 方式:只有当依赖表中没有一个外键值与要删除的参照表中主键值相对应时,系统才能执行删除操作,否则拒绝此删除操作。

SET NULL 方式:删除参照表中元组时,将依赖表中所有与参照表中被删主键值相对应的外键值均置为空值。

SET DEFAULT 方式:与上述 SET NULL 方式类似,只是把外键值均置为预先定义好的默认值。

对于这五种方式,选择哪一种,要视应用环境而定。

② 修改参照表中主键值时的考虑。

如果要修改参照表的某个主键值,那么对依赖关系的影响将由下列参照动作决定。

NO ACTION 方式:对依赖表没有影响。

CASCADE 方式:将依赖表中与参照表中要修改的主键值相对应的所有外键值一起修改。

RESTRICT 方式:只有当依赖表中没有外键值与参照表中要修改的主键值相对应时,系统才能修改参照表中的主键值,否则拒绝此修改操作。

SET NULL 方式:修改参照表中的主键值时,将依赖表中所有与这个主键值相对应的外键值均置为空值。

SET DEFAULT 方式:与上述 SET NULL 方式类似,只是把外键值均置为预先定义好的默认值。

对于这五种方式,选择哪一种也要视应用环境而定。

(3)"检查约束"的定义

这种约束是对单个关系的元组值加以约束。方法是在关系定义中的任何所需地方加上关键字 CHECK 和约束的条件:

```
CHECK(<条件表达式>)
```

在条件中还可提及本关系的其他元组或其他关系的元组。这个子句也称为检查子句。

这种约束在插入元组或修改元组时,系统要测试新的元组值是否满足条件。如果新的元组值不满足检查约束中的条件,那么系统将拒绝这个插入操作或修改操作。

下面若干例子还是针对零件、项目、供应商数据库中的关系:

供应商关系 S(SNO,SNAME,SADDR)

零件关系 P(PNO,PNAME,COLOR,WEIGHT)

项目关系 J(JNO,JNAME,JCITY,BALANCE)

供应关系 SPJ(SNO,PNO,JNO,PRICE,QTY)

【例 8.11】 如果要求零件关系 P 中存储的数据满足下列条件:红色零件的重量为 80～200,其他颜色零件的重量可以为 80～400,那么可在关系 P 的定义中加入一个检查子句:

```
CHECK(WEIGHT >= 80 AND((COLOR = '红' AND  WEIGHT <= 200)
    OR (COLOR != '红' AND  WEIGHT <= 400)));
```

虽然检查子句中条件可以很复杂,也能表示许多复杂的约束,但是有可能产生违反约束的现象。这是因为检查子句只对定义它的关系 R1 起约束作用,而对条件中提及的其他关系 R2(R2 很可能就是 R1 本身)不起约束作用。此时在 R2 中插入或修改元组时产生的新元组,有可能使检查子句中的条件值为假,而系统对此无能为力。下例说明了这个问题。

【例 8.12】 在关系 SPJ 的定义中,参照完整性也可以不用外键子句定义,而用检查子句定义:

```
CREATE   TABLE   SPJ
    (SNO   CHAR(4)NOT NULL,
    PNO   CHAR(4)NOT NULL,
    JNO   CHAR(4)NOT NULL,
    PRICE  NUMERIC(7,2),
    QTY  SMALLINT,
    PRIMARY   KEY(SNO,PNO,JNO),
    CHECK(SNO   IN(SELECT   SNO   FROM   S)),         …( * )
    CHECK(PNO   IN(SELECT   PNO   FROM   P)),
    CHECK(JNO   IN(SELECT   JNO   FROM   J)));
```

此时,就 SPJ 和 S 之间的联系可得到下面两种情况。

① 在关系 SPJ 中插入一个元组时,如果 SNO 值在关系 S 中不存在,那么系统将拒绝这个插入操作。

② 在关系 S 中删除一个元组时,这个操作将与关系 SPJ 中带(*)的检查子句无关。如果此时关系 SPJ 中存在被删供应商的供应元组时,关系 SPJ 中将出现违反检查子句(*)中条件的情况。

这里第②种情况是大家不希望发生的,但系统无法排除。

从上例可以看出,检查子句中的条件尽可能地不涉及其他关系,应尽量利用外键子句或下面提到的“断言”来定义完整性约束。

3. 断言

如果完整性约束牵涉面较广,与多个关系有关,或者与聚合操作有关,那么 SQL-2 提供“断言”(Assertions)机制让用户书写完整性约束。断言可以像关系一样,用 CREATE 语句

定义,其句法如下:

```
CREATE  ASSERTION <断言名> CHECK(<条件>)
```

这里<条件>与 SELECT 语句中 WHERE 子句的条件表达式一样。

撤销断言的句法是:

```
DROP  ASSERTION <断言名>
```

但是撤销断言的句法中不提供 RESTRICT 和 CASCADE 选项。

【例 8.13】 在零件、项目、供应商数据库的关系 S、P、J 和 SPJ 中,可以用断言来写出完整性约束。

① 每个供应商供应的零件种类不能超过 20 个。

```
CREATE  ASSERTION ASSE1  CHECK
    (20 > = ALL(SELECT  COUNT(DISTINCT(PNO))
            FROM  SPJ
            GROUP  BY  SNO));
```

② 不允许上海地区的供应商供应红颜色的零件。

```
CREATE  ASSERTION ASSE2  CHECK
    (NOT  EXISTS(SELECT  *
            FROM  S,SPJ,P
            WHERE  S.SNO = SPJ.SNO  AND  SPJ.PNO = P.PNO
                AND  SADDR LIKE '上海 % '  AND  COLOR = '红'));
```

③ 每种零件上海地区的供应商最多 20 个。

```
CREATE  ASSERTION ASSE3  CHECK
    (20 > = ALL(SELECT  COUNT(DISTINCT(S.SNO))
            FROM  S,SPJ
            WHERE  S.SNO = SPJ.SNO  AND  SADDR LIKE '上海 % '
                GROUP  BY  PNO));
```

有时,断言也可以在关系定义中用检查子句形式定义,但是检查子句不一定能保证完整性约束彻底实现,而断言能保证不出差错。

8.4.3 SQL-3 的触发器

前面提到的一些约束机制,属于被动的约束机制。在检查出对数据库的操作违反约束后,只能做些比较简单的动作,例如拒绝操作。比较复杂的操作还需要由程序员去安排。如果希望在某个操作后,系统能自动根据条件转去执行各种操作,甚至执行与原操作无关的一些操作,那么这种设想可以用 SQL-3 中的触发器机制实现。

1. 触发器结构

定义 8.10 触发器(Trigger)是一个能由系统自动执行对数据库修改的语句。触发器有时也称为主动规则(Active Rule)或事件—条件—动作规则(Event-Condition-Action Rule,ECA 规则)。

一个触发器由三部分组成。

（1）事件：事件是指对数据库的插入、删除、修改等操作。触发器在这些事件发生时，将开始工作。

（2）条件：触发器将测试条件是否成立。如果条件成立，就执行相应的动作，否则什么也不做。

（3）动作：如果触发器测试满足预定的条件，那么就由 DBMS 执行这些动作(即对数据库的操作)。这些动作能使触发事件不发生，即撤销事件，例如删除一插入的元组等。这些动作也可以是一系列对数据库的操作，甚至可以是与触发事件本身无关的其他操作。

2. SQL-3 的触发器实例

先举例说明 SQL-3 触发器的定义，然后解释触发器的结构。

【例 8.14】 下面是应用于供应关系 SPJ 的一个触发器。这个触发器规定，在修改关系 SPJ 的 PRICE 值时，只能增加不能减少，否则就拒绝修改。该触发器的程序如下：

```
CREATE  TRIGGER  TRIG1                                               ①
AFTER  UPDATE  OF  PRICE  ON  SPJ                                    ②
REFERENCING                                                         ③
     OLD  AS  OLDTUPLE                                               ④
     NEW  AS  NEWTUPLE                                               ⑤
WHEN (OLDTUPLE.PRICE > NEWTUPLE.PRICE)                               ⑥
     UPDATE  SPJ                                                     ⑦
     SET  PRICE = OLDTUPLE.PRICE                                     ⑧
     WHERE SNO = NEWTUPLE.SNO AND PNO = NEWTUPLE.PNO JNO = NEWTUPLE.JNO  ⑨
FOR  EACH  ROW;                                                      ⑩
```

第①行说明触发器的名字为 TRIG1。第②行给出触发事件，即对关系 SPJ 的 PRICE 值修改后激活触发器。第③～⑤行为触发器的条件和动作部分设置必要的元组变量，OLDTUPLE 和 NEWTUPLE 分别为修改前、后的元组变量。

第⑥行是触发器的条件部分。这里，如果修改后的值比修改前的值小，那么必须恢复修改前的值。

第⑦～⑨行是触发器的动作部分。这里是 SQL 的修改语句。这个语句的作用是恢复修改前的旧值。

第⑩行表示触发器对每一个修改的元组都要检查一次。如果没有这一行，表示触发器对 SQL 语句的执行结果只检查一次。

触发器的撤销语句为 DROP TRIGGER TRIG1;。

3. 触发器结构的组成

（1）触发事件中的时间关键字有三种。

① AFTER：在触发事件完成以后，测试 WHEN 条件是否满足，若满足则执行动作部分的操作。

② BEFORE：在触发事件进行以前，测试 WHEN 条件是否满足。若满足则先执行动作部分的操作，然后再执行触发事件的操作(此时可不管 WHEN 条件是否满足)。

③ INSTEAD OF：在触发事件发生时，只要满足 WHEN 条件，就执行动作部分的操作，而触发事件的操作不再执行。

（2）触发事件有三类：UPDATE、DELETE 和 INSERT。在 UPDATE 时，允许后面跟

"OF <属性表>"短语。在其他两种情况时,是对整个元组的操作,不允许后面跟"OF <属性表>"短语。

(3) 动作部分可以只有一个 SQL 语句,也可以有多个 SQL 语句,语句之间用分号隔开。

(4) 如果触发事件是 UPDATE,那么应该用 OLD AS 和 NEW AS 子句定义修改前后的元组变量。如果是 DELETE,那么只要用 OLD AS 子句定义元组变量。如果是 INSERT,那么只要用 NEW AS 子句定义元组变量。

(5) 触发器有两类:元组级触发器和语句级触发器。两者的差别是前者带 FOR EACH ROW 子句,而后者没有;前者对每一个修改的元组都要检查一次,而后者对 SQL 语句的执行结果进行检查。

在语句级触发器,不能直接引用修改前后的元组,但可以引用修改前后的元组集。旧的元组集由被删除的元组或被修改元组的旧值组成,而新的元组集由插入的元组或被修改元组的新值组成。

8.5 数据库的安全性

8.5.1 安全性级别

数据库的安全性(Security)是指保护数据库,防止不合法的使用,以免数据的泄密、更改或破坏。

数据库的安全性问题常与数据库的完整性问题混淆。安全性是保护数据以防止非法用户造成的破坏;而完整性是保护数据以防止合法用户无意中造成的破坏。也就是安全性确保用户被限制在其想做的事情内;而完整性确保用户所做的事情是正确的。

为了保护数据库,防止故意的破坏,可以在从低到高的五个级别上设置各种安全措施。

(1) 环境级:计算机系统的机房和设备应加以保护,防止有人进行物理破坏。

(2) 职员级:工作人员应清正廉洁,正确授予用户访问数据库的权限。

(3) OS 级:应防止未经授权的用户从 OS 处着手访问数据库。

(4) 网络级:由于大多数 DBS 都允许用户通过网络进行远程访问,因此网络软件内部的安全性是很重要的。

(5) DBS 级:DBS 的职责是检查用户的身份是否合法及使用数据库的权限是否正确。

上述环境级和职员级的安全性问题属于社会伦理道德问题,不是本教材的内容。OS 的安全性从口令到并发处理的控制,以及文件系统的安全,都属于 OS 的内容。网络级的安全性措施已在国际电子商务中广泛应用,属于网络教材中的内容。下面主要介绍关系数据库的安全性措施。

8.5.2 权限

用户(或应用程序)使用数据库的方式称为"权限"(Authorization)。权限有两种:访问数据的权限和修改数据库结构的权限。

(1) 访问数据的权限有四个。

① 读(Read)权限:允许用户读数据,但不能修改数据。

② 插入(Insert)权限:允许用户插入新的数据,但不能修改数据。

③ 修改(Update)权限:允许用户修改数据,但不能删除数据。

④ 删除(Delete)权限:允许用户删除数据。

根据需要,可以授予用户上述权限中的一个或多个,也可以不授予上述任何一个权限。

(2) 修改数据库结构的权限也有四个。

① 索引(Index)权限:允许用户创建和删除索引。

② 资源(Resource)权限:允许用户创建新的关系。

③ 修改(Alteration)权限:允许用户在关系结构中加入或删除属性。

④ 撤销(Drop)权限:允许用户撤销关系。

8.5.3 SQL 中的安全性机制

SQL 中有两个机制提供了安全性:一是视图机制,它可以用来对无权用户屏蔽数据;二是授权子系统,它允许有特定存取权的用户有选择地和动态地把这些权限授予其他用户。

1. 视图

视图(View)是从一个或多个基本表导出的表。但视图仅是一个定义,视图本身没有数据,不占磁盘空间。视图一经定义就可以和基本表一样被查询,也可以用来定义新的视图,但更新(插、删、改)操作将有一定限制。这已在第 4 章 4.4.4 节介绍过。

视图机制使系统具有三个优点:数据安全性、逻辑数据独立性和操作简便性。

用户只能使用视图定义中的数据,而不能使用视图定义外的其他数据,从而保证了数据安全性。

2. SQL-2 中的用户权限及其操作

(1) 用户权限

SQL-2 定义了六类权限供用户选择使用:SELECT、INSERT、DELETE、UPDATE、REFERENCES 和 USAGE。

前四类权限分别允许用户对关系或视图执行查询、插入、删除、修改操作。

REFERENCES 权限允许用户定义新关系时,引用其他关系的主键作为外键。

USAGE 权限允许用户使用已定义的域。

(2) 授权语句

授予其他用户使用关系和视图的权限的语句格式如下:

GRANT <权限表> ON <数据库元素> TO <用户名表>[WITH GRANT OPTION]

这里权限表中的权限可以是前面提到的六种权限。如果权限表中包括全部六种权限,那么可用关键字 ALL PRIVILEGES 代替。数据库元素可以是关系、视图或域,但是在域名前要加关键字 DOMAIN。短语 WITH GRANT OPTION 表示获得权限的用户还能获得传递权限,把获得的权限转授给其他用户。

【例 8.15】 下面有若干授权语句:

GRANT SELECT, UPDATE ON S TO WANG WITH GRANT OPTION

该语句把对关系 S 的查询、修改权限授给用户 WANG,并且 WANG 还可以把这些权限转授给其他用户。

```
GRANT INSERT(SNO,PNO,JNO)ON SPJ TO LOU WITH GRANT OPTION
```

该语句把对关系 SPJ 的插入(只能插入 SNO、PNO、JNO 值)权限授给用户 LOU,同时 LOU 还获得了转授权。

```
GRANT UPDATE(PRICE)ON SPJ TO WEN
```

该语句把对关系 SPJ 的 PRICE 值修改权限授给用户 WEN。

```
GRANT REFERENCES(PNO)ON P TO BAO WITH GRANT OPTION
```

该语句允许用户 BAO 建立新关系时,可以引用关系 P 的主键 PNO 作为新关系的外键,并有转让权限。

```
GRANT USAGE ON DOMAIN COLOR TO PUBLIC
```

这里,关键字 PUBLIC 表示系统中所有目前的和将来可能出现的所有用户。该语句将允许所有用户使用已定义过的域 COLOR。

(3) 回收语句

如果用户 U_i 已经将权限 P 授予其他用户,那么用户 U_i 随后也可以用回收语句 REVOKE 从其他用户回收权限 P。回收语句格式如下:

```
REVOKE <权限表> ON <数据库元素> FROM <用户名表>[RESTRICT|CASCADE]
```

该语句中带 CASCADE,表示回收权限时要引起连锁回收。即用户 U_i 从用户 U_j 回收权限时,要把用户 U_j 转授出去的同样的权限同时回收。如果语句中带 RESTRICT,则当不存在连锁回收现象时,才能回收权限,否则系统拒绝回收。

另外,回收语句中 REVOKE 可用 REVOKE GRANT OPTION FOR 代替,其意思是回收转授出去的转让权限,而不是回收转授出去的权限。

【例 8.16】 下面有若干权限回收语句:

```
REVOKE SELECT, UPDATE ON S FROM WANG CASCADE
```

该语句表示从用户 WANG 回收对关系 S 的查询、修改权限,并且是连锁回收。

```
REVOKE INSERT (SNO,PNO,JNO)ON SPJ FROM LOU RESTRICT
```

如果 LOU 已把获得的插入权限转授给其他用户,那么上述回收语句执行失败,否则回收成功。

```
REVOKE GRANT OPTION FOR REFERENCES(PNO)ON P FROM BAO
```

该语句从用户 BAO 回收对关系 P 中主键 PNO 引用的转授权。

8.5.4 数据加密

为了更好地保证数据库的安全性,可用密码存储口令和数据,数据传输采用密码传输防止中途非法截获等方法。原始数据也称为源文,用加密算法对源文件进行加密。加密算法的输入是源文和加密键,输出是密码文。加密算法可以公开,但加密键是一定要保密的。密码文对于不知道加密键的人来说,是不容易解密的。

【例 8.17】 设源文是 PHYSICIST,加密键是 LIGHT。具体的加密算法操作步骤如下:

① 把源文分成等长的块,每块的长度和加密键的长度一样。空格用符号 b 表示(为简化操作,这里只处理大写英文字母和空格):PHYSI CISTb。

② 对源文的每个字符用 0~26 中一个整数替换,b=00,A=01,…,Z=26:

1608251909　0309192000

③ 对加密键 LIGHT 也做同样的替换,替换为 1209070820。

④ 对每块源文的每个字符的整数码和加密键相应字符的整数码以 27 为模相加如图 8.10 所示。

⑤ 再用相应字符代替上一步中的整数码,得到密码文:

AQEbB　ORZAT

```
    1608251909      0309192000
+)  1209070820      1209070820
    ----------      ----------
    0117050002      1518260120
```

图 8.10　加密过程

有了加密键后,把密码文译成源文(称为"解密")也是方便的。这种数据加密方法称为"替换方法"。

上述替换方法也不是绝对安全的,专业人员使用高效率计算机,有可能在几个小时内就能解密。还有许多更为先进的加密技术,但这已是属于密码学范畴了。

8.5.5　自然环境的安全性

这里是指 DBS 的设备和硬件的安全性。图 8.11 指出哪些天灾人祸可以危及数据库的安全性。为防止计算机系统瘫痪,在国外已开展"数据银行"服务,可以把本地数据库的数据通过网络通信传输到远地的数据库中储存起来。

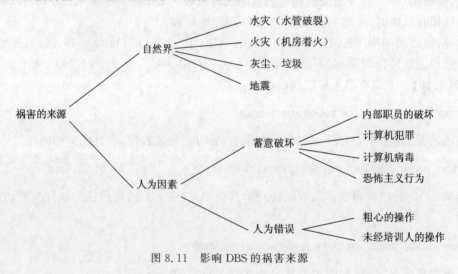

图 8.11　影响 DBS 的祸害来源

小　结

DBS 运行的基本工作单元是事务,事务由一组操作序列组成。事务具有 ACID 性质,即原子性、一致性、隔离性和持久性。

数据库的管理通过恢复、并发控制、完整性和安全性四个方面实现,并保证事务的

ACID 性质不被破坏。本章介绍了恢复、并发、完整性、安全性四个方面的基本概念和实现的基本方法,并较详细地介绍了 SQL 对四个方面的支持和应用实例。学习这些概念,旨在帮助读者使用实际数据库产品时,能很快地掌握和运用系统提供的数据库管理方法和保护功能。

习 题 8

1. 名词解释。

事务	数据库的可恢复性	并发操作	封锁	X 锁
PX 协议	PXC 协议	S 锁	PS 协议	PSC 协议
活锁	死锁	调度	串行调度	并发调度
可串行化调度	不可串行化调度	两段封锁协议		

2. 试叙述事务的四个性质,并解释每一个性质由 DBMS 的哪个子系统实现,每一个性质对 DBS 有什么益处。

3. 事务的 COMMIT 语句和 ROLLBACK 语句各做什么事情?

4. DBS 中有哪些类型的故障? 哪些故障破坏了数据库? 哪些故障未破坏数据库,但使其中某些数据变得不正确?

5. "检查点机制"的主要思想是什么? COMMIT 语句与检查点时刻的操作如何协调?

6. 什么是 UNDO 操作和 REDO 操作? 为什么要这样设置?

7. 什么是"运行记录优先原则"? 其作用是什么?

8. 数据库恢复的基本原则是什么? 具体实现方法是什么?

9. 数据库的并发操作会带来哪些问题? 如何解决?

10. 为什么 DML 可以单独提供解除 S 封锁的命令,而不单独提供解除 X 封锁的命令?

11. 为什么有些封锁需保留到事务终点,而有些封锁可随时解除?

12. 死锁的发生是坏事还是好事? 试说明理由。如何解除死锁状态?

13. 试叙述"串行调度"与"可串行化调度"的区别。

14. SQL 中事务存取模式的定义和隔离级别的定义与数据库的并发控制有什么关系?

15. 什么是数据库的完整性? DBMS 的完整性子系统的主要功能是什么?

16. 完整性规则由哪几个部分组成? SQL 中的完整性约束有哪些?

17. 参照完整性规则在 SQL 中可以用哪几种方法实现? 删除参照关系的元组时,对依赖关系有哪些影响? 修改参照关系的主键值时,对依赖关系有哪些影响?

18. 试对 SQL 中检查约束(CHECK 子句)和断言两种完整性约束进行比较,各说明什么对象? 何时激活? 能保证数据库的一致性吗?

19. 设教学数据库的关系如下:

S(SNO, SNAME, AGE, SEX, SDEPT)
SC(SNO, CNO, GRADE)
C(CNO, CNAME, CDEPT, TNAME)

试用多种方法定义下列完整性约束。

(1) 在关系 S 中插入的学生年龄值应为 16~25 岁。

（2）在关系 SC 中插入元组时,其 SNO 值和 CNO 值必须分别在 S 和 C 中出现。

（3）在关系 C 中删除一个元组时,首先要把关系 SC 中具有同样 CNO 值的元组全部删去。

（4）在关系 S 中把某个 SNO 值修改为新值时,必须同时把关系 SC 中那些同样的 SNO 值也修改为新值。

20. 在习题 19 教学数据库中的关系 S、SC、C 中,试用 SQL 的断言机制定义下列五个完整性约束。

（1）每位教师开设的课程不能超过 10 门。

（2）不允许男同学选修 WU 老师的课程。

（3）每门课程最多 50 名男学生选修。

（4）学生必须在选修 Maths 课后,才能选修其他课程。

（5）每个男学生最多选修 20 门课程。

21. 什么是数据库的安全性? 有哪些级别的安全措施?

22. 对银行的 DBS 应采取哪些安全措施? 分别属于哪一级?

23. 什么是"权限"? 用户访问数据库有哪些权限? 对数据库结构有哪些修改权限?

24. SQL 的视图机制有哪些优点?

25. SQL-2 中的用户权限有哪几类? 并作必要的解释。

第 4 部分 发 展 篇

数据库技术产生以后，就不断地与其他计算机分支结合，向高一级的数据库技术发展。限于篇幅，本部分只介绍分布式数据库系统和对象数据库系统。

(1) 分布式数据库系统

分布式数据库是数据库技术与网络技术相结合的产物，在数据库领域已形成一个分支。分布式数据库的研究始于 20 世纪 70 年代中期。世界上第一个分布式数据库系统 SDD-1 是由美国计算机公司(CCA)于 1979 年在 DEC 计算机上实现的。自 20 世纪 90 年代以来，分布式数据库系统进入商品化应用阶段，传统的关系数据库产品均发展成以计算机网络及多任务操作系统为核心的分布式数据库产品，同时分布式数据库逐步向客户机/服务器模式发展。

(2) 对象数据库系统

数据库技术自 20 世纪 60 年代末产生以来，在理论和应用方面一直是热门课题。数据库系统在不断更替、发展和完善。通常把 20 世纪 70 年代广泛流行的层次、网状数据库系统称为第一代 DBS；而把 20 世纪 70 年代处于实验阶段，20 世纪 80 年代起广泛流行的关系数据库系统称为第二代 DBS。这两代 DBS 的应用领域主要在商务领域，其特点是所处理的事务比较小，如存款取款、购票订票、财务管理、仓库管理、人事管理、统计管理等。

随着计算机应用领域的拓广，这两代 DBS 已不能适用多媒体数据、空间数据、时态数据、复合数据等新的应用需要。因此，现有的 DBMS 很难满足计算机辅助设计(CAD)、计算机辅助软件工程(CASE)、多媒体数据库、办公信息系统(OIS)和超文本数据库等应用领域的需要。为适应新的应用需要，应提出新的数据模型、数据库系统。

对于第二代以后的新一代 DBS，有两种观点。这两种观点虽然都是从面向对象(Object-Oriented,OO)技术和 DB 技术相结合的角度考虑，但方法不一样。1989 年 9 月，一批专门研究 OO 技术的学者著文"面向对象数据库系统宣言"，提出继第一、二代 DBS 后，新一代 DBS 将是 OODBS,即在面向对象程序设计语言中引入数据库技术。另外一批长期从事关系数据库研究的学者在 1990 年 9 月著文《第三代数据库系统宣言》,提出不同的看法,认为新一代 DBS 是从关系 DBMS 自然地加入 OO 技术进化到具有新功能的结果。从这两种观点出发,各自研制了一批 DBS。一般把前一类 DBS 称为 OODBS(面向对象 DBS),后一类称为 ORDBS(对象关系 DBS)。这两类 DBS 统称为 ODBS(对象 DBS)。

第 9 章介绍分布式数据库系统,第 10 章介绍 ORDBS 的定义语言和查询语言,第 11 章介绍 OODBS 的基本概念和持久化 C++ 系统。

第9章 | 分布式数据库系统

本章介绍分布式数据库系统的基本概念、数据存储、模式结构、查询处理等内容。

本章中分布式数据库(Distributed Data Base,DDB),分布式数据库系统简记为 DDBS,分布式数据库管理系统简记为 DDBMS。

9.1 DDBS 概述

9.1.1 集中式系统与分布式系统

前面提到的数据库系统都属于集中式数据库系统,所有的工作都由一台计算机完成。这有很多优点,例如在大型计算机配置大容量数据库时,价格比较划算,人员易于管理,能完成大型任务。数据集中管理,减少了数据冗余,并且应用程序和数据库的数据结构之间有较高的独立性。

但是,随着数据库应用的不断发展,规模的不断扩大,人们逐渐感觉到集中式系统也有不便之处。如大型 DBS 的设计和操作都比较复杂,系统显得不灵活并且安全性也较差。因此,采用将数据分散的方法,把数据库分成多个,并建立在多台计算机上,这种系统称为分散式系统。在这种系统中,数据库的管理、应用程序的研制等都是分开并相互独立,它们之间不存在数据通信联系。

由于计算机网络通信的发展,有可能把分散在各处的数据库系统通过网络通信连接起来,这样形成的系统称为分布式数据库系统(DDBS)。DDBS 兼有集中式和分散式的优点。这种系统由多台计算机组成,各计算机之间由通信网络相互联系着。

9.1.2 DDBS 的定义

一个分布式系统是由通信网络连接起来的节点(亦称为"场地")的集合,每个节点都是拥有集中式数据库的计算机系统。一个 DDBS 的示意图如图 9.1 所示。每个大圆圈从网络角度称为"节点"(Node),在数据库技术中称为"场地"(Site)。图中三个场地可能相距甚远,如几十千米以上,也可能相距甚近,如一幢大楼内。不管哪种情况,都用通信网络联系着。在每个场地上,一般是由计算机、数据库和若干终端组成的集中式数据库系统。这种结构体现了分布式数据库的"分布性"特点。数据库中的数据不是存储在一个场地上,而是分布存储在多个场地上,这是分布式数据库与集中式数据库的最大区别。

表面上看,分布式数据库的数据分散在各个场地上,但在逻辑上这些数据是一个整体,如同一个集中式数据库。因此,分布式数据库就有局部数据库和全局数据库的概念。前者

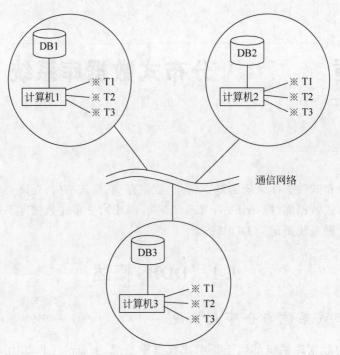

图 9.1　DDBS 的示意图

是从各个场地的角度,后者是从整个系统角度出发研究问题。这是分布式数据库的"逻辑整体性"特点,也是与分散式数据库的区别。

【例 9.1】　假设图 9.1 的三个场地代表一个银行的三个支行所在地。在一般情况下,一个支行的用户所提出的各种应用,只需要通过访问该支行的账目数据库即可实现。也就是,这些应用完全由该支行的计算机进行处理。这些应用称为"局部应用"。局部应用的典型例子就是银行的借贷业务,它只需要访问某一支行的数据库就可以完成。

如果分布式数据库只限于局部应用,那么还只是起了分散式数据库的作用。在银行中并非只有借贷业务,有时场地 1 的存款用户出差到场地 2 所在地去取款,这是银行中的通兑业务。更复杂的是转账业务,这种应用要求从一个支行的账户中转若干款项到另一个支行的账户中去,此时要同时更新两个支行(场地)的数据库。这些应用称为"全局应用"。

区分一个系统是分布式还是分散式就是判断系统是否支持全局应用。所谓全局应用是指涉及两个或两个以上场地中数据库的应用。

至此,可以得出 DDBS 确切的定义。

定义 9.1　DDBS 是物理上分散逻辑上集中的数据库系统,系统中的数据分布存放在计算机网络的不同场地的计算机中,每一场地都有自治处理(即独立处理)能力并能完成局部应用,而每一场地也参与(至少一种)全局应用,程序通过网络通信子系统执行全局应用。

DDBS 中有两个重要的组成部分:分布式数据库(DDB)和分布式数据库管理系统(DDBMS)。

定义 9.2　DDB 是计算机网络环境中各场地上数据库的逻辑集合。换言之,DDB 是一组结构化的数据集合,逻辑上属于同一系统,而物理上分布在计算机网络的各个不同场地。DDB 具有数据分布性和逻辑整体性两个特点。

定义 9.3 DDBMS 是 DDBS 中的一组软件,它负责管理分布环境下逻辑集成数据的存取、一致性和完备性。同时,由于数据的分布性,在管理机制上还必须具有计算机网络通信协议的分布管理特性。

9.1.3 DDBS 的特点

1. DDBS 的基本特点

(1) 物理分布性。数据不是存储在一个场地上,而是存储在计算机网络的多个场地上。

(2) 逻辑整体性。数据物理分布在各个场地上,但逻辑上是一个整体,它们被所有用户(全局用户)共享,并由一个 DDBMS 统一管理。

(3) 场地自治性。各场地上的数据由本地的 DBMS 管理,具有自治处理能力,完成本场地的应用(局部应用)。

(4) 场地之间协作性。各场地虽然具有高度的自治性,但又能相互协作构成一个整体。对用户来说,使用 DDBS 如同集中式数据库系统一样,用户可以在任何一个场地执行全局应用。

2. DDBS 的其他特点

(1) 数据独立性

数据独立性是数据库方法追求的主要目标之一。在集中式数据库系统中,数据独立性包括两个方面:数据的逻辑独立性与数据的物理独立性。其含义是应用程序与数据的全局逻辑结构、数据的物理结构无关。

在 DDBS 中,数据独立性具有更多的内容。除了逻辑独立性、物理独立性外,还有数据分布透明性,亦称为分布透明性(Distributed Transparency)。其定义如下所述。

定义 9.4 分布透明性是指用户或应用程序不必关心数据的逻辑分片,不必关心数据物理位置分配的细节,也不必关心各个场地上数据库的数据模型是哪种类型,可以像集中式数据库一样来操作物理上分布的数据库。

分布透明性有三个级别,在 9.3.3 节将进一步讨论。

(2) 集中与自治相结合的控制机制

在 DDBS 中,数据的共享有两个层次:一是局部共享,即每一场地上的各用户可共享本场地上局部数据库中的数据,以完成局部应用;二是全局共享,即系统中的用户都可共享各场地上存储的数据,以完成全局应用。因此,相应的控制机构有两个层次:集中和自治。各局部的 DBMS 可以独立地管理局部数据库,具有自治的功能;同时系统又设有集中控制机制,协调各局部 DBMS 的工作,执行全局管理功能。

(3) 适当增加数据冗余度

在集中式数据库系统中,尽量减少冗余度是系统目标之一。其原因是冗余数据不仅浪费存储空间,而且容易引起数据的不一致性。在 DDBS 中却希望通过冗余数据提高系统的可靠性、可用性和改善系统性能。当某一场地出现故障时,系统可以对另一场地上相同的副本进行操作,不会因一个场地上的故障而造成整个系统的瘫痪。另外,系统可以选择用户最近的数据副本进行操作,以减少通信代价,改善整个系统的性能。

但是,数据冗余同样也会带来冗余副本之间的数据不一致性问题。因此在 DDBS 设计时,应权衡利弊,选择优化的方案。

（4）事务管理的分布性

数据的分布性必然造成事务执行和管理的分布性。即一个全局事务的执行可分解为在若干场地上子事务（局部事务）的执行。事务的原子性、一致性、隔离性、持久性以及事务的恢复也都应该具有分布性特点。

DDBS 是在集中式 DBS 基础上发展起来的，但不是简单地把集中式 DB 分散地实现，它具有其独特的性质和特征。集中式 DB 的许多概念和技术，如数据独立性、数据共享和减少冗余度、查询优化、并发控制、事务管理、完整性、安全性和恢复等，在 DDBS 中都有了不同且更加丰富的含义。

9.1.4 DDBS 的优缺点

1. DDBS 的优点

与集中式 DBS 相比较，DDBS 具有下列优点。

（1）具有灵活的体系结构。集中式 DBS 中的数据库存放在一个场地，由一个 DBMS 集中管理。多个用户只可以通过近程或远程终端在多用户操作系统支持下运行 DBMS 共享集中式数据库中的数据，这里强调的是集中式控制。在 DDBS 中更多地强调各个场地局部 DBMS 的自治性。也就是，大部分的局部事务管理和控制就地解决，只有涉及其他场地数据时才通过网络作为全局事务处理。分布式 DBMS 可以设计成具有不同程度的自治性，从具有充分的场地自治性到几乎是完全的集中式控制。

（2）适应分布式的管理和控制机构。使用数据库的企业在组织上常常是分布的（分为部门、科室、项目等），在地理上也是分布的（分为厂、车间、班组等）。DDBS 的结构符合企业分布的组织结构。允许各个部门对其自身数据实行局部控制，在本地插入、查询和维护。涉及其他场地数据库中的数据只是少量的，从而可以减少网络上的信息传输量。

（3）经济性能优越。与一个大型计算机支持一个大型集中式数据库再加一些近程、远程终端相比，由超级微机或超级小型机支持的 DDBS 的性价比往往要好得多。

（4）系统的可靠性高、可用性好。由于数据分布在多个场地，并有许多复制数据，即使在个别场地或个别通信链路上发生故障，也不会引起整个系统的崩溃。一个场地的故障将被屏蔽，其他部分照常运行，而把对故障场地的操作暂存起来，当故障排除后，再弥补丢失的信息。这样，系统的局部故障不致引起全局失控。

（5）局部应用的响应速度快。局部应用只访问本地数据库，可以由用户所在地的计算机执行，所以速度就快。

（6）可扩展性好，易于集成现有的系统。当一个企业或组织建立若干数据库之后，为了充分利用数据资源，开发全局应用，只要对原有的局部数据库系统做某些改动，就可形成分布式系统。这比新建一个大型系统要简单，既省时间，又省财力、物力。另外，只要增加场地数，就能扩充数据库。

由于 DDBS 具有上述优点，20 世纪 80 年代发展较快，并在许多领域（如银行业务、飞机订票、企业管理等方面）得到广泛的应用。

2. DDBS 的缺点

DDBS 的优点是与系统的"分布式"共生的，正是因为"分布式"，所以也产生了较集中式 DBS 更复杂、难度更大的技术问题。DDBS 主要有下列缺点。

（1）系统开销较大，主要花在通信部分。在远程网情况下，传输速度不太高时响应显著变慢。系统本身较复杂，部件比较多，因而系统的并发控制和恢复技术也复杂，系统的可靠性还有待进一步提高。

（2）复杂的存取结构（如辅助索引、文件的链接技术），在集中式 DBS 中它是有效存取数据的重要技术，但在分布式系统中不一定有效。分布式系统中访问数据的开销主要由通信开销决定。

（3）数据的安全性和保密性较难处理。在具有高度场地自治性的 DDBS 中，每个场地的 DBA 可以认为他管辖的数据是比较安全的，但是还不能保证全局的数据是安全的。安全性问题是分布式系统的固有问题。因为分布式系统是通过网络实现分布控制的，而通信网络本身在保护数据方面存在着弱点，数据很容易被黑客窃取。

DDBS 的这些缺点正在逐步得到解决。

9.1.5　DDBS 的分类

在 DDBS 中，各个场地有各自的 DBS。如果对局部 DBS 的数据模型和 DBMS 进行考查，那么由它们支持组成的 DDBS 可以分成下面三类。

（1）同构同质型 DDBS：各个场地都采用同一类型的数据模型（例如都是关系型），并且是同一型号的 DBMS。

（2）同构异质型 DDBS：各个场地采用同一类型的数据模型，但是 DBMS 的型号不同，例如 DB2、Oracle、Sybase、SQL Server 等。

（3）异构型 DDBS：各个场地的数据模型的型号不同，甚至类型也不同。随着计算机网络技术的发展，异种机联网问题已经得到较好的解决，此时依靠异构型 DDBS 就能存取全网中各种异构局部库中的数据。

9.2　分布式数据存储

分布式数据库中数据存储可以从数据分片（Data Fragmentation）和数据分配（Data Allocation）两个角度分析。

9.2.1　数据分片

DDBS 中的数据可以被分割和复制在网络场地的各个物理数据库中。数据存放的单位不是关系而是片段（Fragment），一个片段是逻辑数据库中某个全局关系的一部分。这样既有利于按照用户的需要较好地组织数据的分布，也有利于控制数据的冗余度。数据分片有四种基本方式，它们是通过关系代数的基本操作实现的。

（1）水平分片：按一定的条件把全局关系的所有元组划分成若干不相交的子集，每个子集为关系的一个片段。显然，水平分片可以通过对全局关系施加选择运算实现。

（2）垂直分片：把一个全局关系的属性集分成若干子集，并在这些子集上作投影运算，每个投影称为垂直分片。至于子集的划分，要根据具体的应用来确定。要求全局关系的每个属性至少映射到一个垂直分片中。另外还要求每个垂直分片的片段包含全局关系的键，这样就能保证把这些垂直分片通过自然连接方法恢复该全局关系。

（3）导出分片：又称为导出水平分片，即水平分片的条件不是本关系属性的条件，而是其他关系属性的条件。

（4）混合分片：以上三种方法的混合。可以先水平分片再垂直分片，或先垂直分片再水平分片，或其他形式，但它们的结果是不相同的。

【例 9.2】 设有关系 S(SNO,SNAME,AGE,SEX)和关系 SC(SNO,CNO,GRADE)。

① 定义关系 S 的两个水平分片：

```
DEFINE  FRAGMENT  SHF1
   AS  SELECT  *  FROM  S  WHERE  SEX = '男';
DEFINE  FRAGMENT  SHF2
   AS  SELECT  *  FROM  S  WHERE  SEX = '女';
```

② 定义关系 S 的两个垂直分片：

```
DEFINE  FRAGMENT  SVF1
   AS SELECT  SNO,AGE,SEX  FROM  S;
DEFINE  FRAGMENT  SVF2
   AS SELECT  SNO,SNAME  FROM  S;
```

③ 定义关系 SC 的水平分片，但选择条件是男学生，即条件在关系 S 中：

```
DEFINE  FRAGMENT  SHF3
   AS  SELECT  *  FROM  SC
         WHERE  SNO  IN
                  (SELECT  SNO  FROM  S
                   WHERE  SEX = '男');
```

④ 定义关系 S 的两个混合分片：

```
DEFINE  FRAGMENT  SF1
   AS SELECT  SNO,SNAME  FROM  SHF1;
DEFINE  FRAGMENT  SF2
   AS SELECT  *  FROM  SVF1  WHERE  SEX = '男';
```

在定义各类分片时必须遵守下面三条规则。

（1）完备性条件：必须把全局关系的所有数据映射到片段中，决不允许有属于全局关系的数据却不属于它的任何一个片段。

（2）可重构条件：必须保证能够由同一个全局关系的各个片段来重建该全局关系。对于水平分片可用并操作重构全局关系；对于垂直分片可用连接操作重构全局关系。

（3）不相交条件：要求一个全局关系被分割后所得的各个数据片段互不重叠（对水平分片）或只包含主键重叠（对垂直分片）。

9.2.2　数据分配

数据分配是指数据在计算机网络各场地上的分配策略。DDBS 中，数据存储是先数据分片，再数据分配。也就是先将逻辑数据库中的全局关系划分成若干逻辑片段，再按分配策略将这些片段分散存储在各个场地上。数据分配有时也称为"数据分布"(Data Distribution)。一般存在着四种分配策略。

（1）集中式：所有数据片段都安排在同一个场地上。

这种分配策略使系统中所有活动都集中在单个场地上，比较容易控制。但所有检索和更新必须通过该场地，使这个场地负担过重，容易形成瓶颈。一旦这个场地出现故障，将会使整个系统崩溃，因而系统的可靠性较差。为了提高系统的可靠性，该场地的设施性能就要提高。

（2）分割式：所有数据只有一份，它被分割成若干逻辑片段，每个逻辑片段被指派在一个特定的场地上。

这种分配策略可以充分利用各场地上的存储设备，数据的存储量大。检索和更新本地数据有局部自治性。系统有可能发挥并发操作的潜力。系统的可靠性有所提高，当部分场地出故障后，系统仍可能继续运行。对于全局性的查询，所需要的存取时间超过集中式分配方式，因为数据在不同场地需要进行通信。

（3）全复制式：数据在每个场地重复存储。也就是每个场地上都有一个完整的数据副本。

这种分配策略的可靠性最高，响应速度快，数据库的恢复也容易实现，可以从任一场地得到数据副本。但是要保持各个场地上数据库的同步则比较复杂且代价高。另外，整个系统的数据冗余很大，系统的数据容量只是一个场地的数据容量。

（4）混合式：这是一种介乎于分割式和全复制式之间的分配方式。数据库分成若干可相交的子集，每一子集安置在一个或多个场地上，但是每一场地未必保存全部数据。

混合式兼顾了分割式和全复制式两个方式，获得了两者的优点，但是也带来了两者各自的复杂性。这种分配策略的灵活性大，对各种情况可分别对待，以提高整个系统的效率。例如，对不重要的数据仅有一个副本，而重要的数据可以安排多个物理副本。

对于上述四种分配策略，有四个评估因素：存储代价、可靠性、检索代价和更新代价。其中，存储代价和可靠性是一对矛盾的因素，检索代价和更新代价也是一对矛盾的因素，在数据库物理设计时应加以权衡。

9.3　DDB 的模式结构

回顾集中式数据库的模式结构，具体内容是三级模式结构、两级映像和两级数据独立性如图 2.18 所示。分布式数据库（DDB）是基于网络连接的集中式数据库的逻辑集合。因此 DDB 的模式结构既保留了集中式数据库模式结构的特色，又比集中式数据库模式结构复杂。DDB 的一种分层的模式结构如图 9.2 所示。这种结构和实际的 DDB 的模式结构不一定完全相同，但可以用来理解任一 DDB 的组织机构。这个结构从整体上可以分为两大部分：下面两层是集中式数据库原有的模式结构，代表各个场地局部 DBS 的结构，上面四层是 DDBS 增加的结构。下面分别予以介绍。

9.3.1　六层模式结构

1. 全局外模式（Global External Schema）
全局外模式是全局应用的用户视图，是全局概念模式的子集。

2. 全局概念模式（Global Conceptual Schema）
全局概念模式定义了 DDB 中全局数据的逻辑结构，可用传统的集中式数据库中所采用的方法定义。从用户或应用程序角度来看，DDB 和集中式 DB 没有什么不同之处。通常，

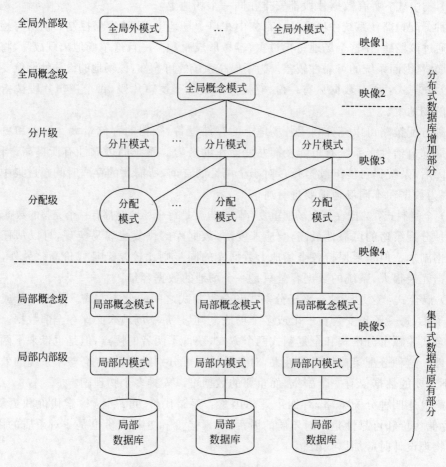

图 9.2　DDB 的一种分层的模式结构

全局模式采用关系模型。这样,全局模式包括一组全局关系的定义。

3. 分片模式(Fragmentation Schema)

如前所述,每个全局关系可以划分为若干不相交的部分(片段),即"数据分片"。分片模式就是定义片段以及定义全局关系与片段之间的映像。这种映像是一对多的,即每个片段来自一个全局关系,而一个全局关系可分成若干片段。

4. 分配模式(Allocation Schema)

由数据分片得到的片段仍然是 DDB 的全局数据,是全局关系的逻辑部分,每一个片段在物理上可定位(分配)于网络的一个或多个场地上。分配模式就是根据选定的数据分配策略,定义各片段的物理存放场地。在分配模式中,定义的映像类型确定了 DDB 是冗余的,还是非冗余的。若映像是一对多,即一个片段分配到多个场地重复存放,则 DDB 是冗余的,否则是非冗余的 DDB。

5. 局部概念模式(Local Conceptual Schema)

一个全局关系经逻辑划分成一个或多个逻辑片段,每个逻辑片段被分配在一个或多个场地上,称为该逻辑片段在某场地上的物理映像或物理片段。分配在同一场地上的同一个全局概念模式的若干片段(物理片段)构成了该全局概念模式在该场地上的一个物理映像。

一个场地上的局部概念模式是该场地上所有全局概念模式在该场地上物理映像的集合。由此可见，全局概念模式与场地独立，而局部概念模式与场地相关。

6. 局部内模式（Local Internal Schema）

局部内模式是 DDB 中关于物理数据库的描述，类似于集中式 DB 中的内模式，但其描述的内容不仅包含局部数据在本场地的存储描述，还包括全局数据在本场地的存储描述。

【例 9.3】 图 9.3 是一个全局关系 R 的分片与分配情况的示意图。图中，全局关系 R 划分成四个逻辑片段：R1、R2、R3、R4，并以冗余方式将这些片段分配到网络的三个场地上，这就生成了三个物理映像：S1、S2、S3。

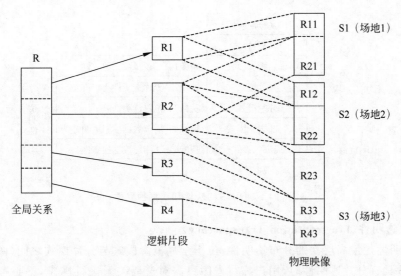

图 9.3 全局关系 R 的逻辑片段与物理映像

片段 R1 在场地 1 和 2 重复存储，R2 在场地 1、2 和 3 重复存储，R3 和 R4 只在场地 3 存储。

同一个逻辑片段在不同场地上的物理映像相同，且其中一个为正本，其他为它的副本。例如图 9.3 中，R2 有三个相同的物理映像 R21、R22 和 R23，称 R21，R22 是 R23 的副本，或 R22、R23 是 R21 的副本，或 R23、R21 是 R22 的副本。

9.3.2 六层结构的特征

在图 9.2 的六层模式结构中，全局概念模式、分片模式和分配模式是与场地特征无关的，是全局的，因此它们不依赖于局部 DBMS 的数据模型。在低层次上，需要把物理映像映射成由局部 DBMS 支持的数据模型。这种映像由局部映射模式完成。具体的映射关系，由局部 DBMS 的类型决定。在异构型系统中，可在不同场地上拥有不同类型的局部映射模式。

这种分层的模式结构为理解 DDB 提供了一种通用的概念结构。它有三个显著的特征。

（1）数据分片和数据分配概念的分离，形成了"数据分布独立性"概念。

（2）数据冗余的显式控制。数据在各个场地的分配情况在分配模式中一目了然，便于系统管理。

（3）局部 DBMS 的独立性。这个特征也称为"局部映射透明性"。此特征允许在不考虑局部 DBMS 专用数据模型的情况下，研究 DDB 管理的有关问题。

9.3.3 分布透明性

在 DDB 的六层模式结构(见前面图 9.2)之间存在着五级映像,其中最上面一级映像(映像 1)和最下面一级映像(映像 5)体现了类似于集中式数据库的逻辑独立性和物理独立性,这里就不再作解释。在 DDBS 中,提到数据独立性时,更愿意用透明性这个名词,六层结构中位于中间三个级别的映像体现的独立性分别称为分片透明性、位置透明性和局部数据模型透明性,如图 9.4 所示。这三个透明性合起来统称为"分布透明性",其定义已由定义9.4 给出。实际上,分布透明性可以归入物理独立性的范围。

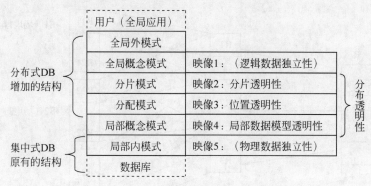

图 9.4　DDB 中的映像和数据独立性

1. 分片透明性(Fragmentation Transparency)

分片透明性是最高层次的分布透明性,位于全局概念模式与分片模式之间(图中的映像 2)。当 DDB 具有分片透明性时,用户编写程序只需对全局关系进行操作,不必考虑数据的分片及存储场地。当分片模式改变时,只要改变全局概念到分片模式之间的映像(即映像 2),而不会影响全局概念模式和应用程序,即实现了分片透明性。

2. 位置透明性(Location Transparency)

位置透明性位于分片模式与分配模式之间(图中的映像 3)。当 DDB 不具有分片透明性,但具有位置透明性时,用户编写程序时必须指出片段的名称,但不必指出片段的存储场地。当存储场地发生变化时,只要改变分片模式到分配模式之间的映像(即映像 3),而不会影响分片模式、全局概念模式和应用程序,即实现了位置透明性。

3. 局部数据模型透明性(Local Data Model Transparency)

这个透明性也称为局部映像透明性,位于分配模式与局部概念模式之间(图中的映像 4)。当 DDB 不具有分片透明性和位置透明性,但具有局部数据模型透明性时,用户编写程序时必须指出片段的名称,还须指出片段的存储场地,但不必指出场地上使用的是何种数据模型。模型的转换以及查询语言的转换均由图 9.2 的映像 4 完成。

下面通过例子说明针对不同层次上的透明性,应如何编写应用程序。透明性层次越高,应用程序的编写越简单。

【例 9.4】　设系统中有一个全局关系 R,被划分成四个片段,有三个场地。存储片段和场地间的关系如图 9.3 所示。现有一个查询要从 R 中读取数据。

如果系统具有分片透明性,那么用户只要看到全局关系 R 就能操作了,不必知道 R 的分片和分配情况。通过对 R 的操作就能把数据读出来。

如果系统具有位置透明性,但不具有分片透明性,那么用户就必须了解 R 的分片情况,及查询的数据在哪些片段中。需要通过对片段 R1、R2、R3 或 R4 的操作才能读出数据。

如果系统只具有局部数据模型透明性,不具有位置透明性(当然也不具有分片透明性),那么就必须了解查询的数据在哪些片段中,存储在哪个场地中。通过对那些场地的相应存储片段(例如 R11、R21、R43 等)进行操作,才能读出数据。因此,系统没有位置透明性,场地选择由应用程序负责;否则场地的选择由系统承担。

从系统角度看,应当尽可能地提供较高的透明性,以利于应用程序的开发,提高数据独立性;而从用户角度看,较高的透明性将很多工作交给系统完成,便于应用程序的开发,但引起应用程序的执行效率降低,往往没有基于较低透明性所开发的应用程序的执行效率高。因而在 DDBS 设计时,应在透明性和应用效率两方面进行权衡。

9.4　DDBMS 的功能及组成

9.4.1　DDBS 的组成

在集中式 DBS 中,除了计算机系统本身的硬件和软件(包括 OS、主语言、其他实用程序)外,主要组成成分有 DB、DBMS 和用户(包括一般用户及 DBA)。DDBS 在此基础上进行扩充。

(1) DB 分为局部 DB(LDB)和全局 DB(GDB);

(2) DD 分为局部 DD(LDD)和全局 DD(GDD);

(3) DBMS 分为局部 DBMS(LDBMS)和全局 DBMS(GDBMS);

(4) 用户有局部用户和全局用户之分;

(5) DBA 也有局部 DBA 和全局 DBA 之分。

DDBS 的组成框架如图 9.5 所示。

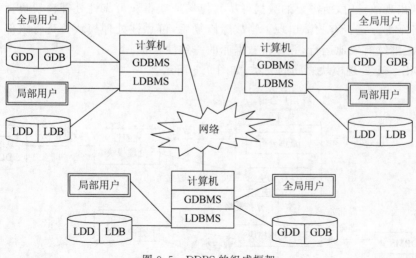

图 9.5　DDBS 的组成框架

9.4.2　DDBMS 的功能

(1) 接受用户请求,并判定把它送到哪里,或必须访问哪些计算机才能满足该要求。

（2）访问网络数据字典,了解如何请求和使用其中的信息。

（3）如果目标数据存储于系统的多个计算机上,就必须进行分布式处理。

（4）通信接口功能。在用户、局部 DBMS 和其他计算机的 DBMS 之间进行协调。

（5）在一个异构型分布式处理环境中,还需提供数据和进程移植的支持。这里的异构型是指各个场地的硬件、软件之间存在着差别。

9.4.3　DDBMS 的组成

从功能上观察,一个 DDBMS 应包括以下四个基本功能模块。

（1）查询处理模块:在 DDBS 中,数据分布于整个网络的各个场地中,当用户请求一个查询时,往往会引起数据的传输,这需要花费相当高的代价。因此,需要尽可能地采用最佳优化算法,以减少传输费用,提高传输效率。查询处理模块由两部分组成:一是查询分析,对查询语句进行分析、检查,弄清查询请求所使用的资源;二是优化处理,以尽可能小的代价完成一次查询。

（2）完整性处理模块:该模块主要负责维护数据库的完整性和一致性,检查完整性规则,处理多副本数据的同步更新等。该模块有以下两个功能:一是确定使用的数据副本,当查询处理模块分析出要使用的数据后,它根据网络数据目录计算出使用不同副本的代价,进一步确定供查询使用的数据副本及该副本所在的场地,并且尽可能地使这一代价极小化;二是维护数据库的完整性,提高并发控制机制。

（3）调度处理模块:一旦确定了查询处理的策略,就要进行一些局部处理和数据传输,这时调度处理模块就负责向有关场地发布命令,使相应场地的 DBMS 执行这些局部处理;同时,发布命令在相应场地之间进行必要的数据传输;最后,完成查询并把结果传送回发出该查询的场地。

（4）可靠性处理模块:可靠性高是 DDBS 的一个主要优点。由于数据具有多个副本,当系统局部出现故障时,所需要的数据可从其他场地获得。可靠性处理模块负责不断地监视系统的各个部分是否有故障出现。当故障修复后,可靠性处理模块负责将该部分重新并入系统,使之继续有效地运行,并保持数据库的一致性状态。

DDBMS 各个处理模块之间的关系,如图 9.6 所示。

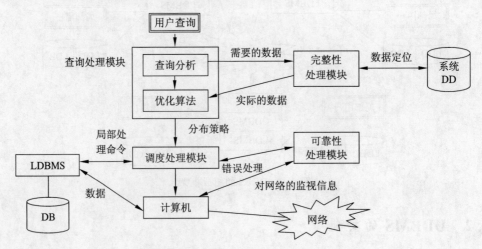

图 9.6　DDBMS 各个处理模块之间的关系

9.5 分布式查询处理

DDBS 中由于数据分布在各个场地,因此查询处理比集中式 DBS 复杂。本节先介绍查询处理的估算方法,说明选择恰当的查询处理策略的重要性,然后介绍基于半连接操作的查询策略和基于连接操作的查询策略。

9.5.1 查询代价的估算方法

在集中式 DBS 中,一个查询的预期代价(QC)是以查询处理的 CPU 代价和 I/O 代价来衡量的,即 QC＝CPU 代价＋I/O 代价。CPU 的处理时间是 μs 级,I/O 的处理时间是 ms 级,因此集中式 DBS 中,提高查询效率主要从减少 I/O 次数来进行。

在 DDBS 中,一个查询的预期代价,除了像集中式 DBS 一样考虑 CPU 代价和 I/O 代价之外,还需要考虑数据通过网络传输的代价。即:

$$QC＝CPU 代价＋I/O 代价＋通信代价$$

通信网络与磁盘相比,可以看作是一个非常慢的外围设备,因而通信系统有较高的存取延迟时间。另外,在 CPU 上处理通信的代价很高。例如,在网络中发一个消息和处理对方接收到消息的回音,一般要花费 5000～10000 条操作系统的指令。通信代价可用下列公式粗略估算:

$$（一次传输的）通信代价＝C_0＋C_1 X$$

其中 X 是数据传输量,通常以 bit 为单位计算。C_0 和 C_1 是依赖于系统的常数,C_0 是两场地之间启动一个传输的固定费用,C_1 是网络范围内的单位传输费用(例如传输一个 bit 需多少时间或需多少钱)。

总之,在 DDBS 中查询优化的首要目标是使该查询在执行时其通信代价为最小。

DDBS 中查询涉及的数据可能分布在几个场地,引起数据在网络中来回传输。应采用较优的处理方法,使网络中数据传输量最小。而导致数据传输量大的主要原因是数据间的连接操作和并操作。

如何处理不同场地间数据的连接操作,一般有两种方法:基于半连接的优化策略和基于连接的优化策略。

9.5.2 基于半连接的优化策略

1. 基本原理

数据在网络中传输时,都是以整个关系(也可以是片段)传输,显然这是一种冗余的方法。在一个关系传输到另一场地后,并非每个数据都参与连接操作或都有用。因此,不参与连接的数据或无用的数据不必在网络中来回传输。这个思想引出了基于半连接的优化策略。

这个方法的基本原理是采用半连接操作,在网络中只传输参与连接的数据。

2. 半连接程序

假设关系 R 在场地 1,关系 S 在场地 2,在场地 2 需要获得 R ⋈ S 的结果。如果在场地 2 直接计算 R ⋈ S 的值,那么需要先把关系 R 从场地 1 传输到场地 2,其执行示意图如

图 9.7 所示。显然,传输 R 的数据量较大。

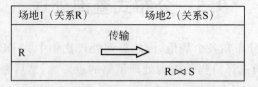

图 9.7 连接的执行示意图

可以采用半连接方法计算连接操作的值。方法如下(设 R 和 S 的公共属性为 B):

$$R \bowtie S = (R \bowtie \pi_B(S)) \bowtie S$$

$$= (R \ltimes S) \bowtie S$$

等式右边的式子称为"半连接程序"。其执行示意图如图 9.8 所示。

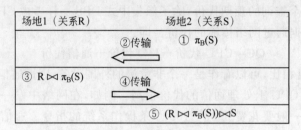

图 9.8 基于半连接的执行示意图

下面讨论这个半连接程序的操作过程和传输代价。其传输代价用 $T = C_0 + C_1 X$ 估算。

第①步:在场地 2 计算关系 S 在属性 B 上的投影 $\pi_B(S)$。

第②步:把 $\pi_B(S)$ 的结果从场地 2 传到场地 1,其传输代价为:

$$C_0 + C_1 \times size(B) \times val(B[S])$$

其中,size(B)表示属性 B 的长度,val(B[S])表示关系 S 中属性 B 上值的个数。

第③步:在场地 1 计算半连接,设其结果为 R',则 $R' = R \ltimes S$。实际上,这个操作是执行 $R \bowtie \pi_B(S)$。

第④步:把 R' 从场地 1 传到场地 2,其传输代价为:

$$C_0 + C_1 \times size(R) \times card(R')$$

其中,size(R)是 R 中元组的长度,card(R')是 R' 的元组数。

第⑤步:在场地 2 执行连接操作 $R' \bowtie S$。

显然,步骤①、③、⑤无须传输费用,所以执行这样一个半连接程序,总的传输代价为:

$$C_* = 2 \times C_0 + C_1(size(B) \times val(B[S]) + size(R) \times card(R'))$$

读者应注意,半连接运算不具有对称性,即没有交换性。因此另一个等价的半连接程序 $(S \ltimes R) \bowtie R$,可能具有不同的传输代价。通过对它们的代价进行比较,就可以确定 R 和 S 的最优半连接程序。

3. 半连接程序法和连接法的比较

如果不采用半连接程序法,而直接采用连接法如图 9.7 所示,那么需把其中一个关系从一个场地传到另一个场地。例如在场地 2 执行连接操作,相应传输代价为:

$$C_{联} = C_0 + C_1 \times size(R) \times card(R)$$

其中，size(R)和 card(R)分别为关系 R 中元组的长度和元组的个数。

在一般情况下，card(R)≫card(R′)是成立的，即 $C_半 < C_联$ 成立，因此半连接程序法的传输代价较小，采用半连接程序执行连接操作是合适的。

对于复杂的连接查询，即多关系的连接，则可能存在多种半连接方案，而其中总有一个方案最佳。

采用半连接算法优化连接查询的步骤如下所述。

（1）计算每种可用的半连接方案的代价，并从中选择一个最佳方案。

（2）计算采用连接方案的代价。

（3）比较两种方案，确定最优方案。

由美国计算机公司 1978 年研制的 SDD-1 是基于低速窄带广域网设计的，它就是一个采用半连接作为查询处理策略的 DDBS。

9.5.3　基于连接的优化策略

这是一种完全在连接的基础上考虑查询处理的策略。例如，对于一个涉及存储在不同场地的三个关系进行连接的查询，首先把一个关系传送给第二个关系所在地，然后进行连接运算；再把运算结果传送到第三个关系所在地，计算它们的连接并产生查询结果。

究竟用连接还是半连接方案，取决于数据传输和局部处理的相对费用。一般，如果认为传输费用是主要的，那么采用半连接策略比较有利。如果认为局部处理费用是主要的，则采用连接方案比较有利。

美国的 System R 就是一个采用连接作为查询处理策略的 DDBS。由于该系统考虑了局部处理费用，因此必须考虑用于局部连接两个关系的各种算法，然后进行评价。

1. 两个关系在同一场地

算法与集中式 DBS 相同。根据对两个关系的扫描顺序，可把其中一个看成是外层关系（例如 R），另一个看成是内层关系（例如 S）。其中外层关系可看成前一个连接的结果。这样就有两种方法可供选择。

（1）嵌套循环法：顺序扫描外层关系 R，对 R 的每一个元组扫描内层关系 S，查找在连接属性上一致的元组，把匹配的元组组合起来使之成为连接结果的一部分。这种方法要求扫描一次关系 R 和扫描 card(R)次关系 S（可见 S 的元组越少越好），以查找匹配的元组。

（2）排序扫描法：先把两个关系按连接属性进行排序，然后按照连接属性值的顺序扫描这两个关系，使匹配的元组成为连接结果的一部分。这种方法对两个关系都只扫描了一次，但增加了排序代价。

2. 两个关系在不同场地

对存储在不同场地上的关系 R 和 S 的连接，可以选择在 R 的场地，或 S 的场地，或者在第三个场地执行。因此，在确定最好的连接方法时，除考虑局部代价外，还需考虑传输代价。系统支持两种传输方式供选择。

（1）整体传输：若有连接操作 R ⋈ S，R 为外层关系，S 为内层关系。如果传送的是内层关系 S，则在目的地必须把它存入一个临时关系中（因为 S 将被多次扫描，但传输量少）。如果传送的是外层关系 R，则内层关系 S 可直接使用依次到来的 R 元组，而无须保存 R（但传输量大）。

（2）按需传输：只传输所需连接的元组，一次一个元组，无须临时存储器。因为每次提取都要求交换一次信息，所以传输代价较高，只有在高速局部网络中才是合理的。

以上各种方法均可配合使用，按需要选择。总之对于一个查询，可对不同方法进行代价估算，选出其中最省代价的方案作为优化的查询方案。

小　　结

分布式系统是在集中式系统的基础上发展而来的。DDB 是数据库技术与网络技术结合的产物。随着计算机网络技术的飞速发展，DDBS 逐渐成为数据库领域的主流方向。

DDB 具有数据分布性和逻辑整体性的特点。DDBS 能够支持涉及多个场地的全局应用。DDB 的数据存储有数据分片和数据分配两种策略。

DDB 的模式结构为理解 DDBS 提供了一种通用的概念结构。分布透明性是 DDBS 追求的目标。DDBMS 是负责管理分布环境下逻辑集成数据的存取、一致性、有效性和完备性的软件系统。

DDBS 中数据分布在各个场地，系统中压倒一切的性能目标是尽量减少网络中传送信息的次数和传送的数据量。分布式查询中基于半连接的优化策略是常用的技术。

分布式 DBMS 和集中式 DBMS 的比较如表 9.1 所示。

表 9.1　分布式 DBMS 和集中式 DBMS 的比较

类　　别	分布式 DBMS	集中式 DBMS
存取方式	用户→DDBMS→分布式网络 OS→网络通信→局部 DBMS→局部 OS→DB	用户→DBMS→OS→DB
数据冗余性	有控制的冗余	最小的冗余
数据表示级别	（四级）用户视图，全局视图，分片视图，分配视图	（三级）外部视图，概念视图，内部视图
数据存放方式	复制在多个场地，模式分散化，处理程序也分散化	集中在一个地点
DBA	分布在各场地，进行局部控制	集中在一起
同步	由全局 DBMS 和网络 OS 组成	由 OS 完成
封锁	分散控制	集中控制
实际资源	多个 CPU，多个 DBMS	一个 CPU，一个 DBMS
操作方式	当前方式、响应方式两种	一种方式（当前方式）
数据一致性	所有主场地的逻辑结果是一致的，但各个场地的复制中数据可能不一致	任何时候都需要保持数据的一致性

习　题　9

1. 名词解释。

集中式 DBS　　分布式 DBS　　　　　DDB　　　　DDBMS　　　　分布透明性

数据分片　　　水平分片　　　　　　垂直分片　　数据分配　　　分片透明性

位置透明性　　局部数据模型透明性

2. 试叙述数据从集中存储、分散存储到分布存储的演变过程。

3. 与集中式 DBS、分散式 DBS 相比，DDBS 的区别在哪里？

4. DDBS 有哪些基本特点？还可以导出哪些特点？

5. 在 DDBS 中为什么需要适当增加数据冗余度？

6. DDBS 有哪些优点和缺点？

7. 试解释下列术语：同构同质型 DDBS，同构异质型 DDBS，异构型 DDBS。

8. DDB 中，数据分片有哪些策略？定义分片时必须遵守哪些规则？

9. DDB 中，数据分配有哪些策略？分配策略的评估因素有哪几个？

10. 试叙述 DDB 的六层模式结构的主要成分。

11. DDB 的六层模式结构是一种通用的概念结构，它有哪些显著的特征？

12. DDB 的六层模式结构之间的五级映像，各体现什么独立性（或透明性）？

13. DDBMS 主要有哪些功能？DDBMS 应包括哪些基本功能模块？

14. 分布式系统中影响查询的主要因素是什么？

15. 基于半连接的优化策略的基本原理是什么？

16. 什么是"半连接程序"？如何执行？

第 10 章　　　　对象关系数据库

本章先介绍实体联系图的一种扩充形式——对象联系图。对象联系图可以用来表达面向对象技术中嵌套、递归的数据结构。然后介绍对象关系数据库的定义语言和查询语言。这些内容已被收入在 SQL-3 标准中。

10.1　对象联系图

10.1.1　从关系到嵌套关系、复合对象

关系模型中基本的数据结构层次是关系—元组—属性。属性的类型是一些基本的数据类型,例如整型、实型、字符串型。元组是属性值的有序集合,而关系是元组的无序集合。并且要求关系模式具有 1NF 性质,也就是规定属性值是不可分解的,不允许属性值具有复合性质(例如元组或关系)。这种传统的关系模型又称为"平面关系模型"(Flat Relational Model)。

嵌套关系模型(Nested Relational Model)是从平面关系模型发展而来的。它允许关系的属性值又可以是一个关系,而且可以出现多次嵌套。嵌套关系突破了 1NF 定义的框架,是"非 1NF 关系"。

如果进一步放宽在关系的定义上集合与元组必须严格交替出现的限制,就能得到复合对象模型(Complex Objects Model)。此时关系中的属性类型可以是基本数据类型,也可以是结构类型(即元组类型)或集合类型(即关系类型)。

用示意图形式表达上述三种数据模型如图 10.1 所示。图中,集合用 ⊛ 表示,元组用 ⊗ 表示。图 10.1(a)表示关系模型的一个关系模式,其属性都是基本数据类型;图 10.1(b)表示嵌套关系模型中的一个嵌套结构,其属性是基本数据类型或关系类型;图 10.1(c)表示复合对象模型中的一个结构,其属性可以是基本数据类型或元组类型或关系类型。

【例 10.1】　在工厂中车间(Dept)与职工(Emp)组成了嵌套关系:

Dept(dno,dname,staff(empno,ename,age))

其属性分别表示车间编号、车间名、职工编号、职工名、年龄。属性 staff 是一个关系类型,表示车间所有职工组成的关系。

可以类似于程序设计语言中类型定义和变量说明那样描述这个嵌套的关系结构。

```
type   DeptRel = relation(dno:integer,
                          dname:string,
```

```
                        staff:EmpRel);
type   EmpRel = realtion(empno:integer,
                        ename:string,
                        age:integer);
persistent  var  Dept:DeptRel;
```

这里嵌套关系用持久变量(Persistent Variant)形式说明,供用户使用。

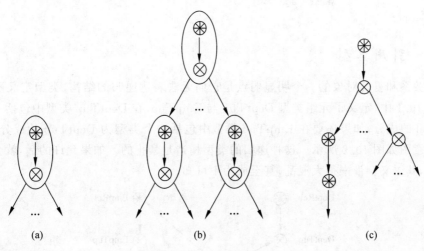

图 10.1　三种模型的图示

有时为更灵活些,也可以先定义元组类型 DeptTup 与 EmpTup,然后再定义关系类型 DeptRel 与 EmpTup 分别为 DeptTup 的集合与 EmpTup 的集合。

```
type   DeptTup = tuple(dno:integer,
                       dname:string,
                       staff:EmpRel);
type   DeptRel = set(DeptTup);
type   EmpTup = tuple(empno:integer,
                      ename:string,
                      age:integer);
type   EmpRel = set(EmpTup);
persistent  var  Dept:DeptRel;
```

也可以不定义关系类型,直接使用集合 set 形式:

```
type   DeptTup = tuple(dno:integer,
                       dname:string,
                       staff:set(EmpTup));
type   EmpTup = tuple(empno:integer,
                      ename:string,
                      age:integer);
persistent  var  Dept:set(DeptTup);
```

本质上,嵌套关系或复合对象并没有真正给关系模型增加什么新的概念,只是在构造类型的成分时更加随意,可以超越"平面文件"的范围,定义出更加复杂的层次结构。同时也扩充了现有的各种关系查询语言。例如,关系中有一个属性为关系时,可把关系操作嵌套在投影与选择中。

【**例 10.2**】 在例 10.1 中,用户要查询"各车间年龄大于 40 岁的职工姓名",可用下面在 SELECT 子句中嵌套的 SQL 语句实现。

```
SELECT  dno,dname,(SELECT  ename
                   FROM    staff
                   WHERE   age > 40)
FROM  Dept;
```

10.1.2 引用类型

嵌套关系和复合对象的一个明显弱点是它们无法表达递归的结构,类型定义不允许递归。在例 10.1 中,定义了元组类型 DeptTup 与 EmpTup,在 DeptTup 类型中包括一个类型为 EmpRel 的成分,如果还要在 EmpTup 类型中包括一个类型为 DeptTup 的成分,那么类型构造示意图如图 10.2 所示。这种递归的类型构造是禁止的。如果允许的话,就会造成无穷的嵌套,其语义会带来很大混乱,甚至成为不可知。

图 10.2 禁用的类型构造

可采用"引用"(Reference)的技术解决类型定义中的递归问题。在属性的类型中,除了基本数据类型、元组类型、关系类型外,还可以出现"引用类型"。引用类型相当于程序设计中指针的概念,在面向对象技术中称为"对象标识"。引用类型这个概念可以把类型定义中的实例映射扩充到类型值域中的实例映射,提供有关实现细节的抽象。

在图 10.2 中,元组 DeptTup 中有一个属性是关系类型 EmpRel,如果实现时,不是采用嵌套方式,而是采用"引用"方式(更明确地说,就是采用指针方式),用指针指向关系 EmpRel 中的各个有联系的职工。在元组 EmpTup 中有一个属性是元组类型 DeptTup,实现时也不用嵌套方式,而采用"引用"方式。这种"引用"的实现方式避免了无穷嵌套问题。图 10.3 是采用"引用"类型后的类型构造示意图。图中用虚线表示"引用"类型,实线表示类型与成分相连。

图 10.3 引入"引用"概念的类型构造

10.1.3　对象联系图的成分

使用类型构造图的思想,可以把实体联系图扩充成对象联系图。对象联系图完整地揭示了数据之间的联系。图中,体现对象之间的联系不再用虚线表示,仍用实线表示。

对象联系图中有下列基本成分。

(1) 椭圆代表对象类型(相当于实体类型)。

(2) 小圆圈表示属性是基本数据类型(整型、实型、字符串型)。

(3) 椭圆之间的边表示对象之间的"引用"。

(4) 单箭头(→)表示属性值是单值(属性可以是基本数据类型,也可以是另一个对象类型)。

(5) 双箭头(→→)表示属性值是多值(属性可以是基本数据类型,也可以是另一个对象类型)。

(6) 双线箭头(⇒)表示对象类型之间的超类与子类联系(从子类指向超类)。

(7) 双向箭头(↔)表示两个属性之间值的联系为逆联系。

【例 10.3】　图 10.4 是一个数据库模式的对象联系图,有大学、教师、上课教材等信息。

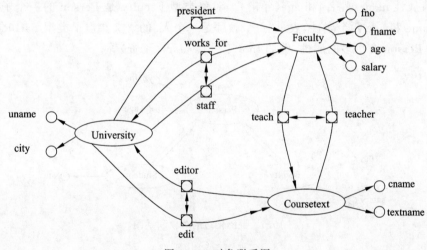

图 10.4　对象联系图

University 是有关大学信息的对象类型,有五个属性。其中两个是基本数据类型:校名 uname 和学校所在城市 city;一个是单值属性 president,表示学校中有一位教师是校长;还有两个是多值属性,属性 staff 表示学校中有若干教师,属性 edit 表示学校编写了若干本教材。

Faculty 是有关教师信息的对象类型,有六个属性。其中四个是基本数据类型:教师编号 fno、姓名 fname、年龄 age 和工资 salary;一个是单值属性 works_for,表示教师服务的学校;一个是多值属性 teach,表示教师开设了若干门课程。

Coursetext 是有关课程与教材信息的对象类型,有四个属性。其中两个是基本数据类型:课程名 cname 和教材名 textname;还有两个是单值属性,属性 teacher 表示开课的教师,属性 editor 表示教材的编写学校。

类型定义中的成分现在用从类型定义到值域类型的属性表示,例如,teach 是一个从对象类型 Faculty 到对象集(其成分是 Coursetext 类型)的属性。属性之间的双向箭头(↔)表示两个属性之间值的联系为逆联系。例如,teach 和 teacher 是一对互逆的属性,此处 teach 是多值属性,teach 是单值属性,实际上体现了 Faculty 与 Coursetext 间对象的 1∶N 联系。

10.1.4　数据的泛化/细化

数据的泛化/细化(Generalization/Specialization)是对概念之间的联系进行抽象的一种方法。当在较低层上抽象表达了与之联系的较高层上抽象的特殊情况时,就称较高层上抽象是较低层上抽象的"泛化",而较低层上抽象是较高层上抽象的"细化"。这种细化联系是一种"是"(is a)的联系。

在有泛化/细化联系的对象类型之间,较高层的对象类型称为"超类型"(Supertype),较低层的对象类型称为"子类型"(Subtype)。子类型具有继承性,继承超类型的特征,而子类型本身又有其他特征。

【例 10.4】　图 10.5 是一个带泛化/细化联系的对象联系图。对象类型 Person 是一个超类型,有属性 name(姓名)和 age(年龄)。对象类型 Faculty 是 Person 的一个子类型,自动具有 name 和 age 两个属性,表示"每个教师是一个人"的语义。但子类型 Faculty 还可以比超类型 Person 有更多的属性,例如 fno(工号)、salary(工资)等。

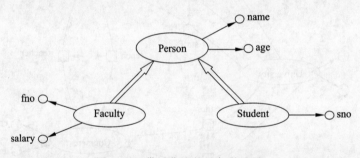

图 10.5　带泛化边的对象联系图

对象类型 Student 也是 Person 的一个子类型,自动具有 name 和 age 两个属性,同时,自己还有 sno(学号)属性。图中,泛化/细化联系用泛化边(双线箭头)表示,泛化边从子类型指向超类型。

对象联系图是描述面向对象数据模型的基本工具。对象联系图不仅完整地揭示了数据之间的联系,也把查询的层次观点表现得一清二楚。例如,一个查询可能是从 University 开始,把 Faculty 看成它的子对象(通过值为集合的 staff()函数)。这样,查询形式如同数据库中果真有嵌套关系 University(…,staff(…)),这里的子关系 staff 包含了一所大学的所有教师信息。但是另一个查询可能正好相反,那么就要用相反的层次观点解释,例如从 Faculty 开始查询,把 University 作为子对象,通过单值函数 works_for 实现,如同数据库中有嵌套关系 Faculty(…,works_for(uname,city,…))。任何形式的层次联系均被包含在对象联系图中,而且实现时不会有冗余现象。

10.2 面向对象的类型系统

在面向对象技术中,数据类型系统由基本类型、复合类型和引用类型三部分组成。下面分别介绍。

1. 基本类型

基本数据类型是指整型、浮点型、字符、字符串、布尔型和枚举型。

枚举类型是一个标识符的列表,它和整型是同义词。例如,把 sex 定义为枚举类型 {male,female},在效果上就是把标识符 male 和 female 定义成整数 0 和 1 的同义词。

2. 复合类型

1) 行类型

不同类型元素的有序集合称为行类型(Row Type),也称为元组类型、结构类型或对象类型。例如,日期可以由日、月、年三部分组成(1,October,2007)。

2) 数组类型

相同类型元素的有序集合称为数组类型(Array Type)。一般,数组的大小是预先设置的。例如,人名数组:[BAO,AN,NING,WEN,GAO,DING,SHI,ZHOU]。

3) 列表类型

相同类型元素的有序集合,并且允许有重复的元素,称为列表类型(List Type)。作为一种特例,字符串(String)类型是列表(List)类型的简化形式。

4) 包类型

相同类型元素的无序集合,并且允许有重复的元素,称为包类型(Bag Type),也称为多集类型(Multiset Type)。例如,成绩集:{80,90,70,80,80}。

5) 集合类型

相同类型元素的无序集合,并且所有的元素必须是不同的,称为集合类型(Set Type)(有时也称为关系类型)。例如,课程集:{MATHS,PHYSICS,PL,OS,DB}。

复合类型中后四种类型(数组、列表、包、集合)统称为聚集(Collection)类型。其区别如表 10.1 所述。

表 10.1 聚集类型的差异

类 型	元 素	元素的重复性	元素个数	例 子
数组	有序	允许有重复的元素	预置	[1,2,1]和[2,1,1]是不同的数组
列表	有序	允许有重复的元素	未预置	{1,2,1}和{2,1,1}是不同的列表
包(多集)	无序	允许有重复的元素	未预置	{1,2,1}和{2,1,1}是相同的包
集合(关系)	无序	所有的元素必须是不同的	未预置	{1,2}和{2,1}是相同的集合

数据类型可以嵌套。例如,课程成绩集:{(MATHS,80),(PHYSICS,90),(PL,70),(OS,80),(DB,80)},外层是集合类型,里层是行类型。

3. 引用类型

数据类型的定义只能嵌套,若要允许递归,就要采用 10.1.2 节提到的引用类型,因此引用类型是面向对象技术中数据类型系统中的第 3 部分。引用类型实际涉及类型值域中的实际映射。这种"引用"实现方式避免了无穷嵌套问题。

10.3 ORDB 的定义语言

20 世纪 80 年代中期,随着面向对象技术的崛起,人们设法在传统的 SQL 语言基础上加入面向对象的内容,这类系统称为对象关系系统。早期的对象关系系统 POSTGRES 是 1986 年由美国加州大学伯克利分校开发的。Illustra 是 POSTGRES 的商业化版本。惠普公司在 1990 年推出 Iris 系统,支持一种被称为 Object SQL(OSQL)的语言。1992 年由 Kifer 等人提出的 XSQL 也是 SQL 的面向对象扩充。这些语言中扩充的 SQL 内容大都已被收入在 SQL-3 标准中。典型的 ORDBMS 产品有: Informix 公司的 Informix Universal Server、Oracle 公司的 Oracle 8、Sybase 公司的 Adaptive Server、IBM 公司的 DB2 UDB、微软公司的 Microsoft SQL Server 等。本节分别介绍 ORDB 的定义、数据类型的定义、继承性的定义和引用类型的定义等内容。

10.3.1 ORDB 的定义

在传统的关系数据模型基础上,提供元组、数组、集合一类丰富的数据类型以及处理新的数据类型操作的能力,并且有继承性和对象标识等面向对象特点,这样形成的数据模型,称为"对象关系数据模型"。基于对象关系数据模型的 DBS 称为"对象关系数据库系统"(ORDBS)。ORDBS 为那些希望使用具有面向对象特征的关系数据库的用户提供了一条捷径。

在对象关系模型中,ER 模型的许多概念,如实体标识、多值属性、泛化/细化等,可以直接引用,而无须经过变换转化。

10.3.2 数据类型的定义

传统的关系模型中属性只能是基本数据类型,而在对象关系模型中,属性可以是复合类型。复合类型就是前面 10.2 节中提到的五种类型。

【例 10.5】 下面是若干类型定义的例子:

```
CREATE   TYPE   Date(day  integer,
                   month char(10),
                   year   integer);          /*定义 Date 是结构类型*/
CREATE   TYPE   MyString  char  varying;      /*定义 MyString 是变长字符串类型*/
CREATE   TYPE   NameArray  MyString[10];      /*定义 NameArray 是数组类型*/
CREATE   TYPE   StudentGrade  multiset(integer);  /*定义 StudentGrade 是多集类型,每个成
                                                     员是整数*/
CREATE   TYPE   CourseList  setof(MyString);  /*定义 CourseList 是集合类型,每个成员
                                                 是 MyString 型(即变长字符串型)*/
CREATE   TYPE   CourseGrade(course  MyString,grade  integer);
CREATE   TYPE   StudentCourse(name  MyString,cg  setof(courseGrade));
                                          /*定义 StudentGrade 由姓名和课程成绩表构成*/
CREATE   TABLE   sc  of TYPE StudentCourse;
                                          /*定义表 sc 为结构 StudentCourse 的集合*/
```

222

用以上语句创建的类型将记录在数据库模式中,这样,访问数据库的语句可以使用这些类型定义。

也可以不创建中间类型,直接创建所需的表。

```
CREATE  TABLE sc(name  MyString,cg  setof(course  MyString,
                 grade  integer));
```

【例 10.6】 例 10.1 中的车间与职工的嵌套关系。

```
Dept(dno,dname,staff(empno,ename,age))
```

可用下列形式定义:

```
CREATE  TYPE  MyString  char  varying;
CREATE  TYPE  Employee(empno  integer,ename  MyString,age  integer);
CREATE TYPE Department(dno integer,Dname MyString,staff setof(Employee));
CREATE  TABLE  dept  of  TYPE  Department;
```

10.3.3 继承性的定义

继承性可以发生在类型一级或表一级。

1. 类型级的继承性

假设有关于人的类型定义:

```
CREATE  TYPE  Person(name  MyString,social_number  integer);
```

如果想在数据库中存储学生和教师这些人的其他信息,可用继承性定义学生类型和教师类型。

```
CREATE  TYPE  Student(degree  MyString,department  MyString)
                under  Person;
CREATE  TYPE  Teacher(salary  integer,department  MyString)
                under  Person;
```

Student 和 Teacher 两个类型都继承了 Person 类型的属性:name 和 social_number。称 Student 和 Teacher 是 Person 的子类型(Subtype),Person 是 Student 的超类型(Supertype),也是 Teacher 的超类型。其类型层次图如图 10.6 所示,图中箭头方向为超类型,箭尾方向为子类型。

2. 表级的继承性

在对象关系系统中,也可在表级实现继承性。在上例中,首先定义表 People:

```
CREATE  TABLE  People(name  MyString,social_number  integer);
```

然后再用继承性定义表 students 和 teachers:

```
CREATE  TABLE  students(degree  MyString,department  MyString)
                under  People;
CREATE  TABLE  teachers(salary  integer,department  MyString)
                under  People;
```

这里 People 称为超表,students 和 teachers 称为子表。子表继承了超表的全部属性。

其表级继承层次图如图 10.7 所示。

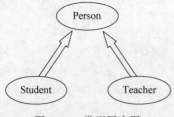

图 10.6　类型层次图

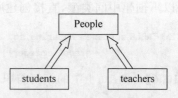

图 10.7　表级继承层次图

子表和超表应满足下列两个一致性要求。

(1) 超表中每个元组最多可以与每个子表中的一个元组对应。例如,People 中的每个人可以是一个学生,或者是一个教师,或者既是学生又是教师,或者什么也不是。子表中的元组在继承的属性上和对应的超表中的元组具有相同的值。

(2) 子表中每个元组在超表中恰有一个元组对应,并在继承的属性上有相同的值。

如果没有第一个条件,students 表中就有可能有两个学生对应 People 表中同一个人;如果没有第二个条件,students 表中的学生有可能在 People 表中没有对应的人,或者对应了多个人。这些情况,都是违反实际的,是错误的。

可以采用有效的方法存储子表。在子表中不必存放继承来的属性(超表中的主键除外),因为这些属性值可以通过基于主键的连接从超表中导出。

有了继承的概念,模式定义更符合实际。如果没有表的继承,模式设计者就要通过主键把子表对应的表和超表对应的表联系起来,还要定义表之间的参照完整性约束。有了继承性,就可以将在超表上定义的属性和性质用到属于子表的对象上,从而可以逐步对 DBS 进行扩充以包含新的类型。

10.3.4　引用类型的定义

数据类型可以嵌套定义,但要实现递归,就要采用 10.1.2 节提到的引用类型。也就是在嵌套引用时,不是引用对象本身的值,而是引用对象标识符(即“指针”的概念)。下面举例说明。

【例 10.7】　与图 10.3 对应的对象联系图如图 10.8 所示。

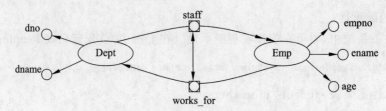

图 10.8　与图 10.3 对应的对象联系图

图 10.8 所表示的数据库可用下列形式定义。

```
CREATE  TYPE  MyString  char  varying;
CREATE  TABLE  dept(dno  integer,dname  MyString,staff  setof(ref(emp)));
```

```
CREATE  TABLE  emp(empno integer,ename  MyString,age  integer,
                   works_for  ref(dept));
```

这里 setof(ref(emp))和 ref(dept)中的保留字 ref 是不可省的。如果没有 ref 词,那么这两个表是递归嵌套,在系统中是不可实现的。但有了 ref 词后,表示引用的是关系中元组的标识符(即"元组的地址")。这样就能实现递归结构了。

【例 10.8】 前面图 10.4 的对象联系图所表示的数据库可用下列形式定义。

```
CREATE  TYPE   MyString char varying;
CREATE  TABLE  university(uname MyString, city MyString,
                   president  ref(faculty),
                   staff  setof(ref(faculty)),
                   edit  setof(ref(coursetext)));
CREATE  TABLE  faculty(fno integer,fname MyString,age  integer,
                   works_for  ref(university),
                   teach  setof(ref(coursetext)));
CREATE  TABLE  coursetext(cname MyString, textname MyString,
                   teacher  ref(faculty),
                   editor  ref(university));
```

10.3.5 SQL-3 中的定义语言

在 SQL-3 标准中,定义语言有以下一些特色。

1. 结构数据类型

在 SQL-3 中,有 ROW 类型和 ARRAY 类型。ROW 类型就是结构类型。在 Oracle 系统中称为对象类型(Object Type)。

在 SQL-3 中没有 listof、bagof、setof 这样一些关键字。

表 10.2 列出了 SQL-3、Oracle、Informix 中对结构类型技术实现时的差异。

表 10.2 结构类型实现时的差异

面向对象技术 (对象)	SQL-3 (用户定义类型 UDT)	Oracle (对象类型)	Informix (行类型)
封装性	无	无	无
用户定义功能	有(包括方法)	有(包括方法)	有
对象引用	有	有	无(正在扩充)
继承性	有	无	有

2. 对象标识符

SQL-3 中,在创建表时,可以为表中元组定义对象标识符(Oid)。定义以后,在其他地方就可通过引用方式(REF)来引用元组。

Oid 具有三个性质。

(1) Oid 值在任何时刻都能唯一标识元组。

(2) Oid 只是一个简单的标识,与元组的物理值无关。同时,即使元组的物理位置改变,Oid 值也不会改变。

(3) 在元组插入 DB 时,Oid 值由 DBMS 自动产生。

Oid 和参照完整性之间是有区别的。若关系的某一列是引用类型,那么这一列中出现的 Oid 值都应该来自同一个参照表,就像外键检索一样由系统负责检查。但当今 ORDBMS 产品中的 Oid 都不支持这种检查,预计很快所有系统将会实现这种检查。

10.4 ORDB 的查询语言

对 SQL 语言的 SELECT 句型使用方式稍加修改,便能处理带有复合类型、嵌套和引用类型的 ORDB 查询。下面仍以图 10.4 的对象联系图和例 10.8 中定义的 ORDB 为例,介绍 SELECT 句型的使用方式。

10.4.1 SELECT 语句的使用规定

扩充的 SQL 语言对 SELECT 语句的使用作了如下四条规定。

(1) 允许用于计算关系的表达式出现在任何关系名可以出现的地方,比如 FROM 子句或 SELECT 子句中。这种可自由使用子表达式的能力使得充分利用嵌套关系结构成为可能。

(2) 传统的 SQL 语言中,在语句里把基本表看成是元组变量直接与属性名连用,求出属性值,这对于非计算机用户来说是很不习惯的。而在 ORDB 中,如果这种情况不改变的话,那将会带来严重后果。因而在 ORDB 中,规定应为每个基本表设置一个元组变量,然后才可引用,否则语句将不做任何事情。

也就是在 FROM 子句中要为每个关系定义一个元组变量,例如 FROM university as U。

(3) 当属性值为单值或结构值时,属性的引用方式仍和传统的关系模型一样,在层次之间加圆点“.”。例如,检索某大学的校长姓名时,可写成 U. president. fname,这里 U 是为关系 university 设置的元组变量。

(4) 当路径中某个属性值为集合时,就不能连着写下去。例如,在某大学里检索教师姓名,就不能写成 U. staff. fname,因为这里 staff 是集合值,不是单值。此时应为 staff 定义一个元组变量。

下面分别举例说明。

【例 10.9】 在例 10.8 的 ORDB 中,检索讲授 MATHS 课,采用 Mathematical Analysis 教师工号和姓名。可用下列语句表达。

```
SELECT   A.fno,A.fname
FROM   faculty as A
WHERE  ('MATHS', 'Mathematical Analysis')  IN  A.teach;
```

在语句中使用了以关系为值的属性 teach,该属性所处的位置在无嵌套关系的 SQL 中是要求一个 SELECT 查询语句。

【例 10.10】 在例 10.8 的 ORDB 中,检索上海地区的大学校长姓名,可用下列语句表达。

```
SELECT A.uname,A.president.fname
FROM   university as A
WHERE  A.city = 'shanghai';
```

【例 10.11】 检索上海地区各大学超过 50 岁的教师姓名,可用下列语句表达。

```
SELECT  A.uname,B.fname
FROM  university as A,A.staff as B
WHERE  A.city = 'shanghai' AND  B.age > 50;
```

这里设表 university 的元组变量为 A,元组分量 A.staff 仍是一个表,也起个元组变量名为 B。

【例 10.12】 检索每一位教师开设的课程。可用下列语句表达。

```
SELECT  A.fname,B.cname
FROM  faculty as A,A.teach  as  B;
```

聚集函数(如 min、max 和 count)以一个值的集合体作为参数并返回单个值作为结果,它们可以应用于任何以关系为值的表达式。下例说明了这个问题。

【例 10.13】 检索上海地区各大学超过 50 岁的教师人数,可用下列语句表达。

```
SELECT  A.uname,count(SELECT  *  FROM  A.staff as B
                           WHERE  B.age > 50)
FROM  university as A
WHERE  A.city = 'shanghai';
```

【例 10.14】 检索复旦大学每个教师上课所用的教材及其编写的学校,可用下列语句表达。

```
SELECT  B.fname,C.textname,C.editor.uname
FROM  university as A,A.staff  as  B,B.teach  as  C
WHERE  A.uname = 'Fudan University';
```

这个查询也可用另外一种形式表达。

```
SELECT  B.fname,C.textname,C.editor.uname
FROM  faculty as B,B.teach  as  C
WHERE  B.works_for.uname = 'Fudan University';
```

【例 10.15】 检索使用本校教材开课的教师工号、姓名及所在学校,可用下列语句表达。

```
SELECT  A.uname,B.fno,B.fname
FROM  university as A,A.staff  as  B,B.teach  as  C
WHERE  C.editor.uname = A.uname;
```

这个查询也可用另外一种形式表达。

```
SELECT  B.work_for.uname,B.fno,B.fname
FROM  faculty as B,B.teach  as  C
WHERE  B.works_for.uname = C.editor.uname;
```

10.4.2 嵌套与解除嵌套

在使用 SELECT 语句时,可以要求查询结果以嵌套关系形式显示,也可以以 1NF(非嵌套)形式显示。将一个嵌套关系转换成 1NF 的过程称为"解除嵌套"。

【例 10.16】 例 10.15 中的 SELECT 语句的结果显示是一个 1NF 关系,形式如图 10.9 所示。

uname	fno	fname
Fudan University	1357	ZHAO
Fudan University	2468	LIU
Jiaotong University	4567	WEN
Jiaotong University	5246	BAO
Jiaotong University	3719	WU

图 10.9 1NF 关系

反向过程即将一个 1NF 关系转化为嵌套关系称为"嵌套"。嵌套可以用对 SQL 分组的一个扩充来完成。在 SQL 分组的常规使用中,需要对每个组(逻辑上)创建一个临时的多重集合关系,然后在这个临时关系上应用一个聚集函数。如果不应用聚集函数而只返回这个多重集合,就可以创建一个嵌套关系。

【例 10.17】 在例 10.15 中,如果希望查询结果为嵌套关系,那么可在属性(fno,fname)上对关系进行嵌套,语句如下:

```
SELECT  A.uname,set(B.fno,B.fname) as  teachers
FROM  university as A,A.staff as B,B.teach as C
WHERE  C.editor.uname = A.uname
GROUP  BY  A.uname;
```

此语句的查询结果为一个非 1NF 的嵌套关系,如图 10.10 所示。

uname	teachers
	(fno,fname)
Fudan University	{(1357,ZHAO),(2468,LIU)}
Jiaotong University	{(4567,WEN),(5246,BAO),(3719,WU)}

图 10.10 非 1NF 嵌套关系

10.4.3 函数的定义和使用

ORDB 允许用户定义函数,这些函数既可以用程序设计语言如 C 或 C++定义,也可以用 SQL 定义。下面考虑试用扩充的 SQL 中的函数定义。

【例 10.18】 再来考虑例 10.5 的学生选课成绩的嵌套关系。

```
CREATE TYPE StudentCourseGrade
    (name MyString,
    cg setof(course MyString,
           grade integer));
CREATE TABLE sc of TYPE StudentCourseGrade;
```

如果想定义一个函数:给定一个学生,返回其选修课程的门数,这个函数可以这样定义。

```
CREATE FUNCTION course_count(one_student StudentCourseGrade)
RETURNS integer AS
SELECT count(B.cg)
FROM one_student as B;
```

这里 StudentCourseGrade 是一个类型名。这个函数用一个学生对象来调用,SELECT
语句同关系 one_student(实际上仅包括单个元组)一起执行。这个 SELECT 语句的结果是
单个值,严格来讲,它是一个只有单个属性的元组,其类型被转化为一个值。

上述函数可用在用户的查询中,例如检索选修课程的门数超过 8 门的学生的姓名,可用
下列语句。

```
SELECT A.name
FROM sc as A
WHERE course_count(A)> 8;
```

10.4.4 复合值的创建和查询

前面已提到如何创建复合类型及使用复合类型定义的关系查询。现在来看如何创建和
查询复合类型的关系中的元组。

【例 10.19】 在例 10.18 的嵌套关系中,关系 sc 的一个元组可以写成下列形式。

```
('ZHANG',set(('DB',80),('OS',85)))
```

上式中,创建集合值属性 cg 是通过在圆括号中列举它们的元素并在前面加上关键
字 set。

如果想将前面的元组插入到关系 sc 中,可以用下列语句实现。

```
INSERT INTO sc
VALUES ('ZHANG',set(('DB',80),('OS',85)));
```

也可以在查询中使用复合值,在查询中任何需要集合的地方就可以列举出一个集合。
如检索 WANG、LIU、ZHANG 三位学生的选修的课程门数,可用下列语句实现。

```
SELECT A.name,count(A.cg)
FROM sc as A
WHERE A.name IN set('WANG','LIU','ZHANG')
GROUP BY A.name;
```

多集值的创建与集合值类似,将关键字 set 换成 multiset 即可。也可以用通常的
UPDATE 语句完成复合对象关系的更新,这种更新与 1NF 关系的更新非常类似。

也可以用 SQL 中的 UPDATE、DELETE 语句执行 ORDB 的修改和删除操作,限于篇
幅,这里不再介绍。

小　　结

对象联系图是实体联系图的扩充,也是面向对象数据模型中数据结构的一种重要图例
表示方法。由于使用了对象标识的概念,使结构的嵌套和递归成为可能。

面向对象技术中的复合类型有行、数组、列表、包和集合五种;引用类型是指引用的不是对象本身的值,而是对象标识符,是属于指针一级概念的类型。

在传统 SQL 技术中,使用 SELECT DISTINCT 方式查询到的结果,实际上为集合(Set);而未使用 DISTINCT 方式查询到的结果,实际上为包(Bag);使用 ORDER BY 子句方式查询到的结果,实际上为列表(List)。

在传统的关系模型基础上,提供复合数据类型,并引入对象标识、继承等机制,形成对象关系模型。这种模型具有面向对象特征,还不能说是严格意义上的面向对象数据模型。但是用户容易接受,易于推广,很多内容已被收入在 SQL-3 标准中。

习　题　10

1. 名词解释。

平面关系模型　　　嵌套关系模型　　　复合对象模型　　　数据的泛化/细化

对象关系模型　　　类型级继承性　　　表级继承性　　　引用类型

2. 随着计算机应用领域的扩大,关系数据库系统不能适应哪些应用需要?

3. 什么是对象联系图?图中,椭圆、小圆圈、单箭头(→)、双箭头(→→)、双线箭头(⇒)、双向箭头(↔)这些结构各表示什么含义?

4. 面向对象的类型系统由哪三部分组成?每一部分又有哪些数据类型?

5. ORDB 中,子表和超表应满足哪两个一致性要求?

6. 图 10.11 是有关教师(Faculty)、系(Department)和系主任(Director)信息的对象联系图。

(1) 试用 ORDB 的定义语言定义这个数据库。

(2) 试用 ORDB 的查询语言分别写出下列查询的 SELECT 语句。

① 检索精通俄语(Russian)的教师工号和姓名。

② 检索复旦大学出访过瑞士(Switzerland)并且精通日语(Japanese)的系主任。

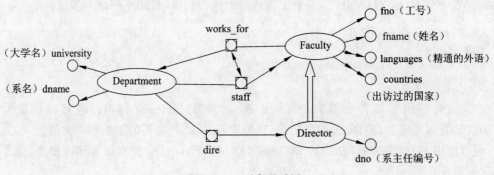

图 10.11　对象联系图

7. 图 10.12 是有关学生(student)和学习(study)信息的对象联系图。

(1) 试解释这个对象联系图。

(2) 试用 ORDB 的定义语言定义这个数据库。

(3) 试用 ORDB 的查询语言分别写出下列查询的 SELECT 语句。

① 检索每个学生的学习课程和成绩。

② 检索至少有一门课程的求学地与籍贯在同一城市的学生学号和姓名。

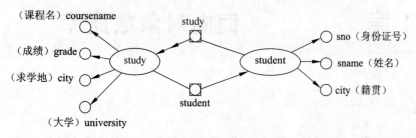

图 10.12　对象联系图

第 11 章　　面向对象数据库

本章介绍对象数据管理组织（ODMG）对面向对象数据库技术所做的工作。11.1 节介绍 ODMG 组织和 OODBS 的概念。11.2 节介绍面向对象数据模型的五个基本概念。11.3 节介绍 ODMG 93 标准、ODMG C++ 的对象定义语义和对象操纵语言。11.4 节介绍 ODMG 97 标准、ODMG 的 ODL 和 OQL。11.5 节对 OODB 与 ORDB 进行了比较。11.6 节介绍已作为标准的 UML 类图，对面向对象的高级概念建模有个详细的了解。

11.1　面向对象数据库系统概述

11.1.1　ODMG 组织和标准

面向对象（Object-oriented，OO）的思想最初出现于挪威奥斯陆大学和挪威计算中心研制的仿真语言 Simula 67 中，随后，美国加州的 Xerox 研究中心推出 Smalltalk 68 和 Smalltalk 80 语言，使面向对象程序设计方法得到完善的实现。Smalltalk 是第一个纯面向对象语言（纯 OOPL）。20 世纪 80 年代初产生的 C++ 语言是混合型 OOPL，在原有的 C 语言基础上加入了面向对象概念。

20 世纪 80 年代中期，计算机厂商在 Smalltalk 语言基础上，增加了数据库 DDL 和 DML，并允许数据结构出现任意级的嵌套和递归，形成面向对象数据语言 OPAL。80 年代后期，计算机厂商纷纷推出 OODB 产品，为了增加与传统的数据库竞争中的对抗能力，成立了 ODMG（Object Data Management Group）国际组织，并于 1993 年形成工业化的 OODB 标准——ODMG 93。这个标准是基于对象的，把对象作为基本构造，而不是像 SQL-3 中看到的是基于表的，把表作为基本构造。

ODMG 93 是用于面向对象数据管理产品接口的一个定义。各个产品对 ODMG 93 思想的实现可能是区别很大的。对 ODMG 93 的了解应有丰富的面向对象程序设计（OOP）的知识。我们仅限制在了解 ODMG 93 的基本思想上。

ODMG 93 标准有五个核心概念。

（1）对象是基本的数据结构。对象是存储和操作的基本单位。

（2）每个对象有一个永久的标识符。这个标识符在该对象的整个生命期中都有效，即不论该对象是存储在外存中还是内存中，该标识符都必须是有效的。

（3）对象可以被指定类型和子类型。对象被创建为一个给定的类型。对象还可以定义为其他对象的子类型。此时，它们继承父类型的所有数据特性和行为。

（4）对象状态由数据值与联系定义。

（5）对象行为由对象操作定义。

ODMG 组织在 1997 年公布了第二个标准——ODMG 97（或 ODMG 2.0），内容涉及对象模型、对象定义语言（ODL）、对象交换格式（OIF）、对象查询语言（OQL）以及这些内容与 C++、Smalltalk 和 Java 之间的绑定。

11.1.2 OODBS 的概念

一个面向对象数据库系统（OODBS）应该满足两个标准：首先，它是一个数据库系统（DBS），具备 DBS 的基本功能，例如查询语言、散列或成组存取方法、事务管理、一致性控制及恢复；其次，它是一个面向对象系统，是针对面向对象程序设计语言的持久性对象存储管理而设计的，充分支持完整的面向对象概念和机制，例如用户自定义数据类型、自定义函数、对象封装等必不可少的特点。

可以将一个 OODBS 表达为"面向对象系统＋数据库能力"。实际上，它是一个将面向对象的程序设计语言中所建立的对象自动保存在磁盘上的文件系统。一旦程序中止后，它可以自动按另一程序的要求取出已存入的对象。所以，OODB 是一种系统数据库，它的用户主要是应用软件和系统软件的开发人员，即专业程序员，而不是终端用户。这类系统的好处是可与面向对象程序设计语言一体化，使用者不需要学习新的数据库语言。

典型的商品化 OODBMS 有：ObjectStore、Ontos、O2、Gemstone、Objectivity 和 PoetVersant 等。

11.2　面向对象数据模型的基本概念

这里介绍面向对象数据模型的五个基本概念：对象、类、继承性、对象标识和对象包含。

11.2.1 对象

将客观世界中的实体抽象为问题空间中的对象（Object）。面向对象方法中一个基本信条是"任何东西都是对象"。一本书可以是一个对象，一座图书馆也可以是一个对象。对象可以定义为对一组信息及其操作的描述。对象之间的相互作用都要通过发送消息（Message）和执行消息完成，消息是对象之间的接口。

一般，对象由以下三个部分组成：

（1）一组变量。它们包含对象的数据，变量相当于 ER 模型中的属性。

（2）一组消息。这是一个对象所能响应的消息集合，每个消息可有若干参数。对象接受消息后应做出相应的响应。

（3）一组方法（Method）。每个方法是实现一个消息的代码段，一个方法返回一个值作为对消息的响应。

对象的方法可以分为只读型和更新型两种。只读方法不影响对象中变量的值，反之，更新方法则可能改变变量的值。同样，对象所响应的消息也可以根据实现这些消息的方法分为只读型和更新型两种。

严格地讲，在面向对象模型中，实体的任何属性都必须表示为相应对象中的一个变量和一对消息。变量用来保存属性的值，一个消息用来读取属性值，另一个消息则用来更新这个值。例如,职工实体中的工资属性可表示为:变量 salary;消息 get_salary,该消息返回工资值;消息 set_salary,该消息接受一个参数 new_salary,更新工资值。

不过为了简单起见,很多面向对象数据模型允许对变量直接进行读取和更新,而不用定义消息去读写它们。

对象的定义提供了 OO 技术的一个重要特征——封装性(Encapsulation)。封装性是一种信息隐蔽技术,对象的使用者只能看到对象封装界面上的信息,对象的内部对使用者是隐蔽的,其目的在于将对象的使用者和设计者分开。

11.2.2　类

在数据库中通常有很多相似的对象。"相似"是指它们响应相同的消息,使用相同的方法,并且有相同名称和类型的变量。对每个这样的对象单独进行定义是很浪费的,因此将相似的对象分组形成了一个"类"(Class)。类是相似对象的集合。类中每个对象也称为类的实例(Instance)。一个类中的所有对象共享一个公共的定义,尽管它们对变量所赋予的值不同。

面向对象数据模型中类的概念相当于 ER 模型中实体集的概念。

【例 11.1】　下面是用伪代码写的一个类("职员")的定义。定义中给出了类似的变量和类的对象所响应的消息,处理这些消息的方法在这里未给出。

```
class  employee{  /* 变量 */
              string  name;
              string  address;
              data  start_date;
              int  salary;
              /* 消息 */
              int  annual_salary( );
              string  get_name( );
              string  get_address( );
              int  set_address(string  new_address);
              int  employment_length( );
              };
```

以上定义中,每个 employee 类的对象都包含四个变量:name(姓名)、address(地址)、start_data(任职年月)和 salary(工资)。每个对象都响应所列出的五个消息:annual_salary(年薪)、get_name、get_address、set_address 和 employment_length(任职年限)。每个消息名前面的类型名表示对消息的应答的类型。同时也看到消息 set_address 接受一个参数 new_address,用来指定地址的新取值。

类的概念类似于抽象数据类型,不过除了具有抽象数据类型的特征之外,类的概念还有另外一些特征。为了表示这些特征,将类本身看作一个对象,称为"类对象"。一个类对象包括两部分内容。

(1) 一个集合变量,它的值是该类的所有实例对象所组成的集合。

(2) 对消息 new 实施的一个方法,用以创建类的一个新实例。

11.2.3　继承性

继承性允许不同类的对象共享它们公共部分的结构和特性。继承性可以用超类和子类的层次联系实现。一个子类可以继承某一个超类的结构和特性,这称为"单继承性";一个子类也可以继承多个超类的结构和特性,这称为"多重继承性"。继承性是数据间的泛化/细化联系,是一种"is a"联系,表示了类之间的相似性。

【例 11.2】 图 11.1 是一个银行日常工作中涉及的各类人员的细化层次的类继承层次图。图中,每个职员(employee)是一个人(person),人是职员的泛化、抽象化,职员是人的细化、具体化。person 是超类,employee 是子类等。

图 11.1 的类继承层次图可用下列伪代码定义,为简单起见,未给出方法的定义。其伪代码定义如下:

```
class person {                              /* 人员 */
     string name;                           /* 姓名 */
     string address;                        /* 地址 */
};
class customer isa person {                 /* 客户 */
     int credit_rating;                     /* 信用度 */
};
class employee isa person {                 /* 职员 */
     date start_date;                       /* 工作起始日期 */
     int salary;                            /* 工资 */
};
class officer isa employee {                /* 高级职员 */
     int office_number;                     /* 工号 */
     int expense_account_number;            /* 经费账号 */
};
class teller isa employee {                 /* 职员 */
     int hours_per_week;                    /* 每周工作量 */
     int station_number;                    /* 柜号 */
};
class secretary isa employee {              /* 秘书 */
     int hours_per_week;                    /* 每周工作量 */
     string manager;                        /* 经理姓名 */
};
```

【例 11.3】 图 11.2 是人的又一个细化图,faculty 和 student 是 person 的细化子类。有的人既是教师又是学生,那么 faculty_student 应是 faculty 和 student 这两个类的子类。这就是多重继承性。

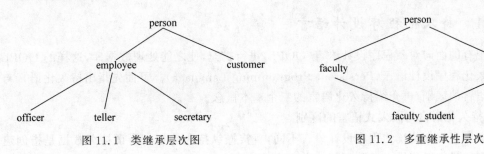

图 11.1 类继承层次图　　　　　　　图 11.2　多重继承性层次

面向对象数据库

11.2.4　对象标识

大多数语言都支持标识概念,但在程序设计语言中把地址和标识混在一起,在关系数据库中把主键值和标识符混在一起。而在面向对象语言中,则把这些概念区分开来。

面向对象系统提供了一种"对象标识符"(Object Identifier,OID)的概念来标识对象。OID 与对象的物理存储位置无关,也与数据的描述方式和值无关。

OID 是唯一的,也就是说,每个对象具有单一的标识符,并且没有两个对象具有相同的标识符。在对象创建的瞬间,由系统赋给对象一个 OID 值,它在系统内是唯一的,在对象生存期间,标识是不能改变的。

系统生成的标识符通常是基于这个系统的,如果要将数据转移到另外一个不同的数据库系统中,则标识符必须进行转化。

对象标识是指针一级的概念,是一个强有力的数据操纵原语,也是对集合、元组和递归等复合对象操纵的基础。

11.2.5　对象包含

不同类的对象之间可能存在着包含关系(即组合关系)。图 11.3 是一个自行车结构的数据库。图中,自行车是车轮、车闸、齿轮、车架的组合。车轮又包括钢圈、辐条和轮胎。结构的每一个构件都描述为一个对象,同时构件间的包含也可以用对象间的包含来描述。

图 11.3　自行车结构的数据库的类包含层次图

包含其他对象的对象称为复合对象。包含关系可以有多层,形成类包含层次图。包含是一种"是一部分"(is part of)联系。例如,车轮是自行车的一部分,而不能说"车轮是一辆自行车"。因此,包含与继承是两种不同的数据联系。

11.3　ODMG 93 和持久化 C++ 系统

11.3.1　持久化程序设计语言

对现有的面向对象程序设计语言(OOPL)进行扩充,使之能处理数据库,这样的 OOPL 称为持久化程序设计语言(Persistent Programming Language)。下面先指出持久化语言与嵌入式语言的区别,再介绍持久化语言的三个基本概念。

1. 持久化语言与嵌入式语言的区别

数据库语言和传统的程序设计语言不同,直接操纵持久数据。所谓持久数据是指创建这些数据的程序运行终止后数据依然存在于系统之中。数据库中的关系就是持久数据。相比之下,传统的程序设计语言直接操纵的持久数据只有文件。

尽管用 SQL 这样的语言访问数据库是很有效的,但还需要用宿主语言实现用户接口及计算机通信等功能。实现数据库编程接口的传统方法是在程序设计语言中嵌入 SQL。

持久化程序设计语言是扩充了持久数据处理的程序设计语言。持久化语言在以下两个方面与嵌入式 SQL 不同。

(1) 在嵌入式语言中,宿主语言的类型系统与 SQL 的类型系统不同,程序员要负责宿主语言与 DML 之间的类型转换。

而持久化程序设计语言的查询语言与宿主语言完全集成在一块,具有相同的类型系统。创建对象并将之存储在数据库中,不需要任何显式的类型或格式改变。任何格式转换对程序员都是透明的。

(2) 使用嵌入式查询语言的程序员要负责编写程序把数据从数据库中取出放到内存中。在更新时,程序员还需编写程序段将更新过的数据写回数据库。相比之下,在持久化语言中,程序员可以直接操纵持久数据,而不必为存取数据编写程序。

20 世纪 90 年代初,不少程序设计语言都有了相应的持久化版本。最近几年,C++、Smalltalk 一类的 OOPL 的持久化版本受到人们的重视。这些版本允许程序员直接通过编程语言操纵数据,而不使用 SQL。因此,它们提供的编程语言与数据库之间的结合比嵌入式 SQL 更为紧密。

不过持久化语言也有不足之处。由于语言本身能力通常很强,因此出现编程错误而破坏数据库的机会相对较大。此外,由于语言的复杂性,系统对于用户请求进行优化的能力被严重削弱,这意味着持久化语言对说明性查询的支持并不理想,又走上了"过程化查询"的道路。

2. 持久化语言的基本概念

(1) 对象的持久性

要把 OOPL 变成持久化语言,第一步就是提供一种办法,把对象分成是持久的还是暂留的。在程序运行结束后,新创建的持久对象将被保存,而暂留对象将消失。

(2) 对象标识和指针

当一个持久对象被创建时,它就要被分配一个持久的对象标识符。当创建的对象为暂留时,被分配一个暂留的对象标识符,在程序终止后,对象被删掉,标识符失去意义。

对象标识的概念类似于程序设计语言中指针的概念。在 OOPL 的持久化版本中,持久对象的对象标识是以"持久化指针"实现的。与内存中的指针不一样,持久化指针在程序执行后及数据重组后仍保持有效。程序员可以像使用内存中的指针一样使用持久指针。在概念上,持久指针可看作是数据库中指向对象的指针。

(3) 持久对象的存储和访问

逻辑上,实现类的方法的程序代码应该和类的类型定义一起作为数据库模式的一部分存储。但现在往往将程序代码存储在数据库之外的文件中,目的是避免对编译器和 DBMS 软件进行集成。

查找数据库中对象的方法有三种。

第一种方法是根据对象名找对象。实现时,每个对象有一个对象名(如同文件名一样)。这种方法对少量的对象是有效的,但对上百万个对象就不适用了。

第二种方法是依据对象标识找对象。对象标识存储在数据库之外。

第三种方法是将对象按聚集形式存放,然后利用程序循环找所需对象。聚集形式包括集合(Set)、多集(Multiset)等。

大多数 OODBS 都支持这三种访问数据库的方法。

3. 持久化 C++ 系统

最近几年出现了几个基于 C++ 的持久化扩充的 OODBS。C++ 语言的一些面向对象特征有助于在不改变语言的前提下提供对持久性的支持。例如,可以说明一个名为 Persistent_Object 的类,它具有一些属性和方法来支持持久化,其他任何持久的类都可以作为这个类的子类,从此继承对持久化的支持。

通过类库来提供持久化支持的优点在于只需对 C++ 做最小的改动,容易实现。但也有缺点,程序员必须花较多时间编写处理持久对象的程序,而且不容易在模式上说明完整性约束,也难以提供对说明性查询的支持。因此,大多数持久化 C++ 系统实现时都在一定程度上扩充了 C++ 语法。1991 年,由 Lamb 等人开发的 ObjectStore 系统为一个典型的持久化 C++系统。

ODMG 标准对 C++ 做了最小扩充,而通过类库提供绝大多数的功能。ODMG 对 C++ 的扩充有两个方面:C++ 对象定义语言和 C++ 对象操纵语言。

11.3.2 ODMG C++ 对象定义语言

ODMG C++ 对象定义语言(C++ ODL)扩充了 C++ 的类型定义语法。下面举例说明。

【例 11.4】 在第 10 章图 10.4 的对象联系图中,定义 Faculty 为新的类 Person 的子类,那么可得到图 11.4 的带泛化边的对象联系图。

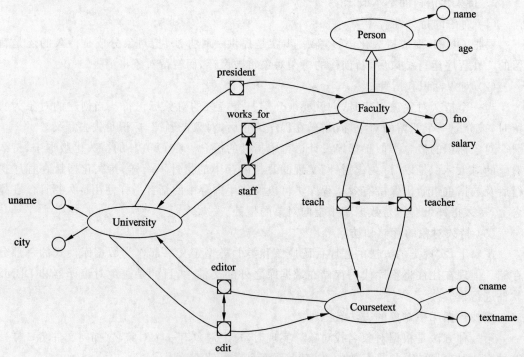

图 11.4　带泛化边的对象联系图

下面是针对图 11.4 的对象联系图用 C++ ODL 写的代码示例。

```
class Person:public Persistent_Object {
public:string name;
        int age;
};
class Faculty:public   Person {
private:int salary;
public:int fno;
        Ref < University > works_for inverse University::staff;
        Set < Ref < Coursetext >> teach inverse Coursetext::teacher;
};
class University:public Persistent_Object {
public:string uname;
        string city;
        Ref < Faculty > president;
        Set < Ref < Faculty >> staff inverse Faculty::works_for;
        Set < Ref < Coursetext >> edit inverse Coursetext::editor;
};
class Coursetext:public Persistent_Object {
public:string cname;
        string textname
        Ref < Faculty > teacher inverse Faculty::teach;
        Ref < University > editor inverse University::edit;
};
```

上面定义了有四个类的数据库模式,每个类都定义为 Persistent_Object 类的子类,因而这些类中对象都是持久的。类 Person、University 和 Coursetext 是 Persistent_Object 的直接子类,而类 Faculty 是 Persistent_Object 的间接子类,是 Person 的直接子类。

代码中的关键字 private(专用)表明其后的属性和方法只对该类的方法是可见的;public(公用)表明其后的属性和方法对其他类的代码也是可见的。在超类名字的前面使用 public,表示从超类继承来的公用属性或方法在子类中仍然是公用的。这些特征都是标准 C++语言所具有的。

属性定义中的类型 int、string、date 等是标准 C++中有的。类型 Ref < University >是指向类型 University 的一个对象的引用或持久指针。类型 Set < Ref < Coursetext >>是指向类型 Coursetext 的对象的一组持久指针。inverse 用来说明参照完整性约束。例如,在 University 的 staff 属性和 Faculty 的 works_for 属性是一对互逆的属性,表示 University 和 Faculty 对象之间的 1∶N 联系。

类 Ref < T >和类 set < T >是 ODMG 标准中定义的模板类(Template Class),它们是用类型无关的方法定义的,同时需要实例化为所要求的类型(例如 Ref < University >)。模板类 Set < T >提供了一些诸如 insert_element 和 delete_element 子类的函数。

类 Faculty 的声明还体现了 C++的"封装性"。属性 salary 被说明为 private,表示除该类的方法外,其他函数均不能调用。这个类同时包括两个方法:find_salary( )和 update_salary (int delta),用于读写工资值。

在上例中,对 C++语法的唯一扩充是为了保证参照完整性而说明了属性间的逆联系的语法。所有其他的 ODMG 增加的功能都由类库实现。

11.3.3　ODMG C++对象操纵语言

ODMG C++对象操纵语言(C++OML)内容较多,这里不再介绍,下面举一个插入操作的算法例子。

【例 11.5】　在例 11.4 的数据库中,欲插入教师开课信息:(fno,cname,textname,uname),表示某教师开设了一门课及所使用教材的编写学校。假设教师及学校的数据均已在数据库中存在,那么插入操作可用下面的算法表示。

① 打开数据库;

② 事务开始;

③ 查询工号为 fno 值的 Faculty 对象 ofa;

④ 查询校名为 uname 值的 University 对象 oun;

⑤ 创建 Coursetext 对象 oco,送入 cname 和 textname 值;

⑥ 在 oco 的 teacher 中插入 Faculty 对象 ofa;

⑦ 在 oco 的 editor 中插入 University 对象 oun;

⑧ 事务提交(commit)。

整个插入操作序列组合成一个事务。在第③、④步中,如果找不到这些对象,那么事务就会夭折(abort)。在第⑥步中,系统在 Coursetext 对象 oco 的 teacher 中插入 Faculty 对象 ofa 时,自动会在逆联系中插入这个对象,即在 Faculty 对象 ofa 的 teach 中插入 Coursetext 对象 oco。第⑦步也有类似的操作。

面向对象数据模型是 OOPL 思想在 DBS 中的应用。它的基本点是将数据及操作这些数据的程序代码封装在一个对象里,相似结构的对象形成类。一组类按照泛化/细化联系(即 is a 概念)构成超类和子类关系。由于对象的数据项值仍是对象,因此可表示对象的包含关系形成了复合对象。

11.4　ODMG 97 和对象语言

本节介绍 ODMG 组织于 1997 年公布的 ODMG 97 标准中有关 OODBS 的内容。在 ODMG 93 标准中,强调从 C++语言出发,引入处理持久数据的机制,完全远离传统的数据库技术,这给 OODBS 的推广和普及带来了困难。在 ODMG 97 标准中,对于 OODBS 的内容作了较大修改,数据定义语言(DDL)称为对象数据语言(Object Data Language,ODL),其实质类似于 SQL 的 DDL,但写法上不一样;数据操纵语言(DML)称为对象查询语言(Object Query Language,OQL)。下面分别介绍。

11.4.1 节介绍 ODMG 的数据模型,11.4.2 节介绍 ODMG 的对象定义语言(ODL),11.4.3 节介绍 ODMG 的对象查询语言(OQL)。

11.4.1　ODMG 数据模型

如同关系数据模型是 RDBMS 的基础一样,ODMG 数据模型是 OODBMS 的基础。OODB 是对象的集合,每个对象有一个唯一的对象标识符(OID),类是具有类似性质的对象的汇集。类和对象相当于 ER 模型中的实体集和实体。

类的定义由三部分组成。

（1）属性（Attributes）

属性可以是基本类型，也可以是复合类型。复合类型有 struct、array、list、bag、set 五种，这在 10.2 节中已提到。

（2）联系（Relationships）

联系是指对象之间的引用或引用的汇集。ODMG 模型中的联系与 ER 模型中的二元联系相类似。例如，一个大学有很多教师，每个教师属于一个大学，这两个联系是互逆的，实际上表示了大学与教师的 1：N 联系。

（3）方法（Methods）

方法是能应用到类的对象上的函数。

11.4.2　ODMG ODL

ODMG 数据库模式定义为一系列接口的汇集。

关键字 interface（接口）用来定义一个类。对于每个接口，可以说明一个 extent（范围），它是代表类的当前对象集的一个名字。实际上接口和范围类似于关系模型中的关系模式和关系实例。

【例 11.6】　对于例 11.4 的模式定义和图 11.4 的对象联系图，现在也可以用 ODMG ODL 来定义，形式如下：

```
interface Person
     (extent People)
{ attribute string name;
   attribute integer age;
};
interface Faculty:Person                    /* 类 Faculty 是类 Person 的子类 */
     (extent Faculties key fno)
{ attribute integer fno;
   attribute integer salary;
   relationship University works_for inverse University::staff;
   relationship Set < Coursetext > teach inverse Coursetext::teacher;
   integer num_teach()raises(noTeach);     /* 统计教师授课门数的一个方法 */
                                           /* raises(引发)表示该方法可能引发的异常 */
};
interface University
     (extent Universities key uno)
{ attribute integer uno;
   attribute string uname;
   attribute string city;
   relationship Faculty president;
   relationship Set < Faculty > staff inverse Faculty::works_for;
   relationship Set < Coursetext > edit inverse Coursetext::editor;
   integer num_staff();                    /* 统计学校人数的一个方法 */
};
interface Coursetext
```

```
        (extent Coursetexts)
{ attribute string cname;
    attribute string textname;
    relationship Faculty teacher inverse Faculty::teach;
    relationship University editor inverse University::edit;
};
```

可以看出,ODMG 的 ODL 与 ODMG C++ 的 ODL 基本上是类似的。只是 ODMG ODL 中不使用 Ref 字样。只要是联系,都认为是引用方式。

11.4.3 ODMG OQL

原先,ODMG 组织尽可能使面向对象语言(C++等)能处理数据库,但在传统数据库面前显得有些难度。经过慎重考虑,ODMG 推出了类似于 SQL 的 OQL,使得熟悉 SQL 的用户也能很容易地学习 OQL。OQL 支持传统的 SELECT 查询语句的许多特色,例如分组、组条件、排序、聚集函数等,除此之外,OQL 还对 SELECT 语句有许多扩充。

SQL 不允许像传统编程语言 C 那样表达任意函数。相反,OQL 提供类似于 SQL 的表示法,这种表示法相比传统语言的典型语句在更高级的抽象层次上表达特定的查询。其意图是把 OQL 作为某个面向对象的宿主语言(C++、Smalltalk 和 Java 等)的扩充。这些对象将由 OQL 查询和宿主语言的传统语句进行操作。传统的方式是将 SQL 嵌入到宿主语言中,在这两种语言之间显式传递值,而现在是将宿主语言语句和 OQL 查询混合起来。无疑后一种方式相对前一种方式是一个进步。

1. OQL 中的 SELECT 语句

OQL 允许用传统的 SELECT 查询语句来写表达式,也具有消除重复、子查询、排序等功能,下面举例说明。

【例 11.7】 在例 11.6 的数据库中,用 OQL 的 SELECT 语句可以写出下列查询操作。

① 检索大学里授课门数超过 3 门的教师。要求显示大学校名和教师姓名,显示时属性名为 university_name 和 faculty_name。这个查询可用下列语句实现。

```
SELECT university_name:F.works_for.uname,faculty_name:F.name
FROM Faculty F
WHERE F.num_teach( )> 3;
```

② 检索上海地区大学中教师开设课程的课程名。可用下列语句表达:

```
SELECT DISTINCT C.cname
FROM University U,U.staff F,F.teach   C
WHERE U.city = 'shanghai';
```

这里在 SELECT 子句中加上关键字 DISTINCT,表示消除结果中的重复部分。也就是查询结果为集合(Set),否则为包(Bag)。

上述语句也可以用子查询形式表达,但子查询是出现在 FROM 子句中。

```
SELECT DISTINCT C.cname
FROM (SELECT U
        FROM University U
        WHERE U.city = 'shanghai')D1,
```

```
        (SELECT F
          FROM D1.staff F)D2,
        D2.teach C;
```

显然,这个语句不比前一个语句简洁,实际上更差。但它确实说明了 OQL 中建立查询的新
形式。在这个 FROM 子句中,有三个嵌套的循环。在第一个循环中,变量 D1 覆盖了上海
地区所有大学,这是 FROM 子句中第一个子查询的结果。对于嵌套在第一个循环外的第二
个循环,变量 D2 覆盖了大学 D1 的所有教师。对于第三个循环,变量 C 覆盖了该教师的所
有任课。注意,这个语句不需要 WHERE 子句。

这个语句也可写成 WHERE 子句中嵌套子查询的形式。

```
SELECT DISTINCT C.cname
FROM Coursetext C
WHERE C.teacher IN
    ( SELECT F
      FROM Faculty F
      WHERE F.works_for IN
            ( SELECT U
              FROM University U
              WHERE U.city = 'shanghai'));
```

③ 检索复旦大学的教师,要求按年龄降序排列,若年龄相同按工资升序排列。该查询
语句如下:

```
SELECT F
FROM University U,U.staff  F
WHERE U.uname = 'Fudan University'
ORDER BY F.age DESC,F.salary;
```

OQL 中 SELECT 语句查询结果是集合(Set)或包(Bag),但加了 ORDER BY 子句后,
输出结果就成为列表(List)。在集合、包中,行序是无所谓的,但在列表中,行序是重要的。

④ 下面查询返回的是列表值而不是集合或多集。

```
(SELECT F.fno,F.name
FROM Faculty  F
ORDER BY F.age  DESC)[0:4];
```

这个查询返回的是年龄最大的五位教师姓名值。表达式[0:4]表示抽取年龄最大的五位
教师。

⑤ 检索上海地区各大学中教师开课的课程名,要求显示校名、教师名、课程名。可用下
列查询语句。

```
SELECT  Struct(uname,set(name,set(cname)))
FROM  University  U,U.staff  F,F.teach  C
WHERE  U.city = 'shanghai';
```

SELECT 子句中的表达式不必都是简单的变量,可以是任何表达式(包括用类型构造符构
成的表达式)。上式就是用了 struct 类型构造符和 set 类型构造符。上式 SELECT 子句后
的 struct 字样,是一种显式地定义结构类型的方式,在实际使用时也可省略。

2. OQL 表达式的附加格式

OQL 在 SELECT 语句格式中还提供了全称量词(FOR ALL)和存在量词(EXISTS)等谓词,以及聚集运算符、分组子句和集合运算符(并、交和差)。

(1) 量词表达式

OQL 中使用全称量词的表达式的句法如下:

```
FOR ALL x IN S:C(x)
```

此表达式用于检测集合 S 的所有成员 x 是否都满足条件 C(x)。如果 S 中每个成员 x 都满足 C(x),则该表达式结果为 true,否则为 false。

OQL 中使用存在量词的表达式的句法如下:

```
EXISTS x IN S:C(x)
```

此表达式用于检测集合 S 中是否至少有一个成员 x 满足条件 C(x)。若存在,则该表达式结果为 true,否则为 false。

【例 11.8】 在例 11.6 的数据库中,写出下列查询操作的 SELECT 语句。

① 检索存在 60 岁以上教师的大学校名。

```
SELECT DISTINCT U.uname
FROM University  U
WHERE EXISTS F IN U.staff:
            F.age>=60;                          /* F是元组变量 */
```

② 检索教师年龄全在 50 岁以下的大学校名。

```
SELECT U.uname
FROM University  U
WHERE FOR ALL F IN U.staff:
            F.age<50;
```

(2) 使用聚集操作和分组子句的 SELECT 语句

OQL 使用与 SQL 相同的五种聚集运算符:AVG、COUNT、SUM、MIN 和 MAX。在传统的 SQL 中,这些运算符只能应用于表中指定列,而在 OQL 中,同样运算符可应用于其成员为合适类型的聚集操作。也就是,COUNT 可以应用于任何聚集,SUM 和 AVG 可以用于基本类型的聚集,MAX 和 MIN 可以用于任何可比较类型的聚集。

OQL 的 SELECT 语句也使用分组子句和组条件表达式子句,但增加了新意。

【例 11.9】 在例 11.6 的数据库中,写出下列查询操作的 SELECT 语句。

① 检索每个年龄段教师平均授课门数。

```
SELECT F.age,
        avgNum:AVG(SELECT P.F.num_teach()FROM partition  P)
FROM Faculty F
GROUP BY F.age;
```

这里,对教师按年龄分组,每一分组用关键字 partition 表示,这样在 SELECT 子句中,就可以对每一个分组操作了。此处统计教师授课门数利用了函数 num_teach。

② 检索以 40 岁为界的两个年龄段的教师平均授课门数。

```
SELECT low,high,
        avgNum:AVG(SELECT P.F.num_teach()FROM  partition  P)
FROM Faculty  F
GROUP BY low:F.age < 40,high:F.age >= 40;
```

此处,分组子句只产生两个分组,称为 low 分组(age<40)和 high 分组(age>=40)。Faculty 中的教师根据年龄值分放在两个分组中。在 SELECT 子句中,low 和 high 是两个布尔变量,在输出的每个元组中,只有一个是 true 值。这个查询只输出两个元组,其中一个元组的 low 值是 true,avgNum 值是小于 40 岁教师的平均授课门数;另一个元组的 high 值是 true,avgNum 值是大于或等于 40 岁教师的平均授课门数。

③ 检索至少有一位教师年龄超过 90 岁的大学的编号、校名和教师人数。

```
SELECT U.uno,U.uname,U.num_staff()
FROM University  U
GROUP BY U.uno,U.uname
    HAVING MAX(SELECT F.age
                 FROM partition P,P.staff F)> 90;
```

这个查询根据大学来分组,在 HAVING 子句中,挑选至少有一位教师年龄超过 90 岁(即教师中最大年龄超过 90 岁)的那些组,然后再去求每组中有多少教师。

(3) 集合运算符

像传统的 SQL 一样,OQL 中也有并、交、差等集合操作。

【例 11.10】 在例 11.6 的数据库中,检索教师人数不到 1000 人,但工资低于 1500 元的人数超过 500 人的那些大学的编号和校名。

```
(SELECT U.uno,U.uname
  FROM University U
  GROUP BY U.uno,U.uname
    HAVING U.num_staff()< 1000 )
  EXCEPT
(SELECT U.uno,U.Uname
  FROM University U,U.staff  F
  WHERE F.salary < 1500
  GROUP BY U.uno,U.uname
    HAVING U.unm_staff()<= 500 );
```

3. OQL 中对象的赋值和建立

这里考虑如何把 OQL 和它的宿主语言(C++)相连。

(1) 对宿主语言变量赋值

传统 SQL 需要在元组分量和宿主语言变量之间传递数据,而 OQL 则不同,可以很方便地把表达式的结果值赋给任何合适类型的宿主语言变量。

【例 11.11】 检索大于 60 岁的教师可用下列语句。

```
SELECT  F
FROM  Faculty  F
WHERE  F.age > 60;
```

这个查询结果的类型是 set⟨Faculty⟩。如果 oldFaculties 是同类型的宿主语言变量,那么用扩充了 OQL 的 C++ 可以写成下列形式。

```
oldFaculties = SELECT  F
               FROM  Faculty  F
               WHERE  F.age > 60;
```

并且 oldFaculties 的值将成为这些 Faculty 对象的集合。

(2) 从聚集中提取元素

获取集合或者包的每个成员是比较复杂的,但比传统 SQL 基于游标的方法要简单。首先,我们需要把集合或者包转换成列表,这可以用带 ORDER BY 子句的方法(见前面例 11.7 的③)。

【例 11.12】 检索大于 60 岁的教师,要求查询结果按工资、年龄降序排列,可用下列语句实现。

```
facultyList = SELECT F
              FROM Faculty F
              WHERE F.age > 60
              ORDER BY F.salary DESC,F.age DESC;
```

该语句将把按工资、年龄降序排列的所有 Faculty 对象的列表赋给宿主语言变量 facultyList。

一旦得到了一个列表,不管是排序的还是没有排序的,就可以用序号访问每个元素;列表 L 的第 i 个元素可以用 L[i−1] 得到。这里假定与 C 或 C++ 一样,列表和数组的序号从 0 开始。

【例 11.13】 假定想写一个 C++ 函数来打印每个教师的工资、年龄、姓名和工号。该函数的描述如下所示。

```
facultyList = SELECT F                                              ①
              FROM Faculty F
              WHERE F.age > 60
              ORDER BY F.salary DESC,F.age DESC;
numberOfFaculty = COUNT(facultyList)                               ②
for(i = 0;i < numberOfFaculty;i++)                                ③
    { faculty = facultyList[i];                                   ④
      cout << faculty.salary << " " << faculty.age << " "        ⑤
           << faculty.name << " " << faculty.fno << "\n";         ⑥
    }                                                             ⑦
```

第①行对 Faculty 类进行排序,把结果放到变量 facultyList,它的类型是 List⟨Faculty⟩。第②行用 OQL 运算符 COUNT 计算教师的数目。第③~⑦行是 for 循环,在该循环中整数变量 i 覆盖了该列表的每个位置。为了方便,把列表的第 i 个元素赋给变量 faculty,然后在第⑤、⑥行再打印教师的相关属性。

11.5 OODB 与 ORDB 的比较

在第 10 章讨论了基于关系模型而建立的 ORDB,本章讨论了围绕持久化程序设计语言而建立的 OODB。这两种类型的 DBS 产品在市场上均有出售,数据库设计者应根据实际情况权衡利弊选择合适的 DBS。

程序设计语言的持久化扩充和 ORDBS 有着不同的市场目标。

SQL 的描述性特点提供了保护数据不受程序错误影响的措施,也使高级优化(例如减少 I/O 次数)变得相对简单。ORDBS 的目标是通过使用复合数据类型而使数据建模和查询更加容易。它的典型应用是涉及复合数据(包括多媒体数据)的存储和查询。

然而,像 SQL 这样的说明性语言也会给一些应用带来性能上的损失,主要是指在内存中运行和那些要进行大量的数据库访问的应用。持久化程序设计语言的应用定位于那些性能要求很高的应用。持久化语言提供了对持久性数据的低开销访问方式,并且也省略了数据转换环节(指游标机制),这个环节在传统数据库应用中是不可缺少的。但是,持久化语言也有缺点,如数据易受编程错误的侵害,通常不提供强有力的查询。它的典型应用是 CAD 数据库。

各种 DBS 的长处和优势可以概括如下所述。

(1) 关系系统:数据类型简单,查询语言功能强大,高保护性。

(2) 基于持久化语言的 OODBS:支持复合数据类型,与程序设计语言集成一体化,高性能。

(3) ORDBS:支持复合数据类型,查询语言功能强大,高保护性。

上述总结具有普遍性,但是请记住对有些 DBS 而言它们的分界线是模糊的。例如,有些以持久化语言为基础的 OODBS 是在一个关系 DBS 之上实现的,这些系统的性能可能比不上那些直接建立在存储系统之上的 OODBS,但这些系统却提供了关系系统所具有的较强保护能力。

OODB 与 ORDB 的主要区别如表 11.1 所示。

表 11.1　OODB 与 ORDB 的区别

OODB	ORDB
从 OOPL C++ 出发,引入持久数据的概念,能操作 DB,形成持久化 C++ 系统	从 SQL 出发,引入复合类型、继承性、引用类型等概念(SQL-3)
ODMG OQL(类似于 SQL)	SQL-3
有导航式查询,也有非过程性查询	结构化查询、非过程性查询
符合面向对象语言	符合第四代语言
显式联系	隐式联系
唯一的对象标识符,也有键的概念	有主键概念,也有对象标识概念
能够表示"关系"	能够表示"对象"
对象处于中心位置	关系处于中心位置

*11.6　使用 UML 类图来概念对象建模

11.6.1　统一建模语言概述

在面向对象技术的发展过程中,产生了许多开发方法和开发工具。但都有各自的一套符号和术语,这导致了许多混乱甚至错误。在 20 世纪 90 年代中期,Booch、Rumbaugh 和 Jacobson 三位专家源于早先的方法和符号,但并不拘泥于早先的方法和符号,设计了一个标准的建立模型语言。他们把这个成果称为"统一建模语言"(Unified Modeling Language, UML),并把 UML 版本交给 OMG(Object Management Group)组织,经过修改后在 1997 年推出 UML 1.0 和 UML 1.1 版,确定 UML 为面向对象开发的行业标准语言,并得到了微软、Oracle、IBM 等大厂商的支持和认证。

UML 适用于各类系统的建模,为了实现这种大范围应用能力,UML 被定义成比较粗放和具有普遍性,以满足不同系统的建模。通过提供不同类型生动的图,UML 能表达系统多方面的透视,这些图有用例图(Use-Case Diagram)、类图(Class Diagram)、状态图(State Diagram)、组件图(Component Diagram)等九种。

由于本书是介绍数据库,因此下面只描述强调系统的数据、某些行为和面貌的类图。其他一些图提供的分析不直接与 DBS 有关,例如系统的动态面貌等,本书就不介绍了。但是应注意,DBS 通常只是整个系统中的一部分,而整个系统的基本模型应该包括不同的分析。

11.6.2 用类图表达类和关联

类图描述了系统的静态结构,包括类和类间的联系。类图与前面学过的 ER 图、对象联系图有很多类似的地方,但所用的术语和符号有所不同。表 11.2 列出类图与 ER 图中所用的术语。

表 11.2 类图与 ER 图中术语的区别

ER 图中的术语	类图中的术语
实体集(Entity Set)	类(Class)
实体(Entity)	对象(Object)
联系(Relationship)	关联(Association)
联系元数	关联元数
实体的基数(Cardinality)	重复度(Multiplicity)

类图中的基本成分是类和关联。

(1) 类被表示为由三个部分组成的方框(参见图 11.6)。

上面部分给出了类的名称。

中间部分给出了该类的单个对象的属性。

下面部分给出了一些可以应用到这些对象的操作。

(2) 关联是对类的实例之间联系的命名,相当于 ER 模型中的联系类型。与关联有关的内容有以下三种。

① 关联元数(Degree):与关联有关的类的个数,称为关联元数或度数。

② 关联角色(Role):关联的端部,也就是与关联相连的类,称为关联角色。角色名可以命名,也可以不命名,就用类的名字作为角色名。

③ 重复度(Multiplicity):重复度是指在一个给定的联系中有多少对象参与,即关联角色的重复度。

重复度类似于 ER 模型中实体基数的概念,但是这是两个相反的概念。实体基数是指与一个实体有联系的另一端实体数目的最小、最大值,基数应写在这一端实体的边上。而重复度是指参与关联的这一端对象数目的最小、最大值,重复度应写在这一端类的边上。重复度可用整数区间来表示：下界..上界。这个区间是一个闭区间。实际上最常用的重复度是 0..1、*和 1。重复度 0..1 表示最小值是 0 和最大值是 1(随便取一个)，而*(或 0..*)表示范围从 0 到无穷大(随便多大)。单个 1 代表 1..1，表示关联中参与的对象数目恰好是 1(强制是 1)。实际应用时，可以使用单个数值(例如用 2 表示桥牌队的成员数目)、范围(例如用 11..14 表示参与足球比赛队伍的人数)或数值与范围的离散集(例如用 3、5、7 表示委员会成员人数，用 20..32、35..40 表示每个职工的周工作量)。

下面仍以大学、教师、上课教材等信息组成的数据库来讨论，先画出其 ER 图，再画出类图。读者可以从 ER 图—对象联系图—类图的发展来认识数据建模技术的发展历程。

【例 11.14】 用图 11.4 的对象联系图和例 11.6 的 ODL 形式，来形成 ER 图如图 11.5 所示。在 ER 图中，Faculty 是 Person 的子类。其类图可用图 11.6 的形式表示。

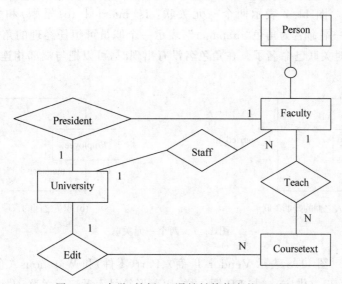

图 11.5　大学、教师、上课教材等信息的 ER 图

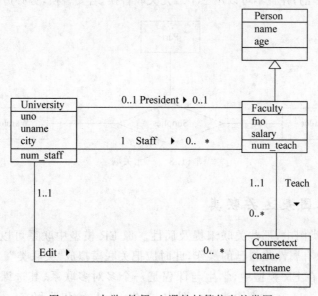

图 11.6　大学、教师、上课教材等信息的类图

对图 11.6 的类图的解释如下所述。

① 图中有四个类：University、Faculty、Coursetext 和 Person。在每个类的方框中，指出了类名、对象的属性和操作。其中，Faculty 是 Person 的子类，在超类的端点处标以空心三角形"△"。

② 图中有四个关联：President(1：1)、Staff(1：N)、Edit(1：N)和 Teach(1：N)。这四个关联都是二元关联。虽然在类图中关联名可以沿着一个方向读(在关联名上加个实心三角形"▲"明确表示方向)，但是二元关联是固有的双向联系。例如，Staff 关联可以读成从University 到 Faculty 的关联，但隐含着 Staff 一个相反的遍历 Works_for，它表示一个Faculty 必须要为某个 University 服务。这两个遍历的方向提供了同样的基本关联：关联名可直接建立在一个方向上。

【例 11.15】 图 11.7 表示两个一元关联：Is_married_to(婚姻)和 Manage(管理)。Manage 关联的一端命名为角色"manager"，表示一个职员可担任经理的角色。而另一角色没有命名，但是对关联已命名了。在角色名没有出现时，可以把与端部相连的类的名字作为角色的命名。

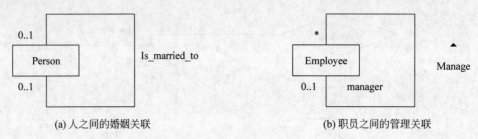

图 11.7 两个一元关联

【例 11.16】 图 11.8 表示 Vendor(厂商)、Part(零件)和 Warehouse(仓库)之间存在一个三元关联 Supplies(供应)。与 ER 图一样，用菱形符号表示三元关联，并填上关联的名字。这里，联系是多对多的，并且不可以用三个二元关联替换，若要替换，势必造成信息丢失。

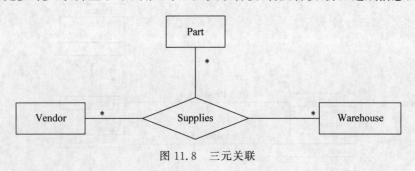

图 11.8 三元关联

11.6.3 用类图表达关联类

在图 11.6 的类图中，那些关联未提及属性。像 ER 模型中联系可以有属性一样，类图中关联本身也可以有属性或自己的操作，此时应把关联模拟成"关联类"。

【例 11.17】 在 ER 模型中，学生与课程是一个多对多联系，其选课联系有一属性"成绩"。现在可以用图 11.9 的类图表示。图中，学生 Student 和课程 Course 表示成两个类。

Student 和 Course 之间的关联 Registration(注册,即选课)也有自己的属性:term(学期)、grade(成绩)和操作 CheckEligibility(检查注册是否合格)。因此关联 Registration 应表示成一个类,即"关联类",用虚线与关联线相连。

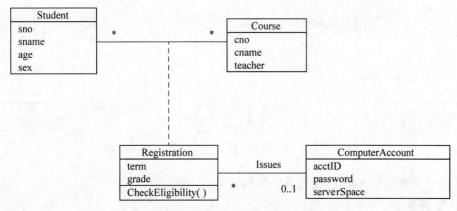

图 11.9　表达关联类的类图

还可以发现,对于某门课程的注册,会给学生一个计算机账号。基于此,这个关联类还可以与另一个类 ComputerAccount 有一个关联。

11.6.4　用类图表达泛化/细化

在 6.4.2 节中,已提到 ER 模型中的子类实体与超类实体概念。在 10.1.4 节已提到泛化/细化概念。现在来讨论如何用类图来表达泛化/细化。下面先举一个有泛化/细化的类图例子,再详细解释。

【例 11.18】 考查图 11.10 类图例子,每个类只标出类名和属性,未标出操作。职员有三种:计时制职员(HourlyEmp)、月薪制职员(SalariedEmp)和顾问(Consultant)。这三种职员都共享的特征在 Employee 超类中,而自己特有的特征存储在其相应的子类中。表示泛化路径时,从子类到超类画一条实线,在实线的一端带空心的三角形指向超类。也可以将给定超类的一组泛化路径表达成一棵与单独子类相联系的多分支树,共享部分用指向超类的空心三角形表示。例如,在图 11.11 中,从出院病人(Outpatient)到病人(Patient)和从住院病人(ResidentPatient)到病人(Patient)的两条泛化路径结合成带指向 Patient 的三角形的共享部分。还指出这个泛化是动态的,表示一个对象有可能要改变子类型。

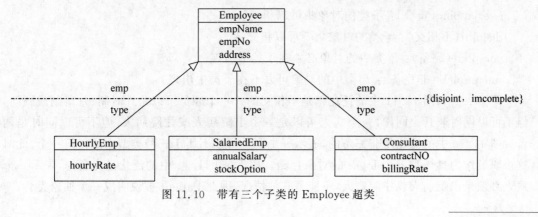

图 11.10　带有三个子类的 Employee 超类

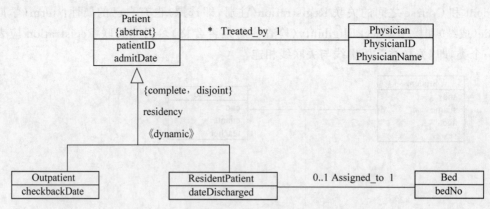

图 11.11　带有两个具体子类的抽象的 Patient 类

下面介绍类图中与泛化/细化有关的内容。

1. 鉴别器

可以在紧靠路径处设置一个鉴别器(Discriminator)指出泛化的基础。在图 11.10 中，可以在职员类型(计时制、月薪制、顾问)的基础上鉴别出职员类别。在图 11.11 中，一组泛化联系，只需设置鉴别器一次。

2. 泛化表示了继承性联系

子类的对象也是超类的对象，因此泛化是一个"is a"联系，子类继承了超类的所有性质。继承性是使用面向对象模型的一个主要优点。继承性可以使代码具有重用性(Reuse)：程序员不必编写已在超类中编写过的代码，只需对那些作为已存在类的新的、被精炼的子类编写不重复的代码。

3. 抽象类和具体类

抽象类(Abstract Class)是一种没有直接对象，但它的子孙可以有直接对象的类。在类图中，抽象类应在类名下面用一对花括号并写上 abstract 字样(在图 11.11 的类 Patient 中已标出)。有直接对象的类，称为具体类(Concrete Class)。在图 11.11 中，Outpatient 和 ResidentPatient 都可以有直接对象，但 Patient 不可以有它自己直接的对象。

4. 子类的语义约束

在图 11.10 和图 11.11 中，complete、incomplete 和 disjoint 字样放在花括号内，靠近泛化。这些单词表示子类之间的语义约束。这些约束主要有四种，其意义如下所述。

overlapping(重叠)：子类的对象集可以相交。

disjoint(不相交)：子类的对象集不可以相交。

complete(完备)：超类中的对象必须在子类中出现。

imcomplete(非完备)：超类中的对象可以不在子类中出现。

图 11.10 和图 11.11 中的泛化都是不相交的。一个职员可以是计时制、月薪制或顾问，但不可以同时兼具。同样，一个病人可以是一个出院病人或住院病人，但不可以同时是两者。图 11.10 中的泛化是非完备的，表示一个职员可以不属于三种类型中的任何一个，此时这个职员作为具体类 Employee 的对象存储。相反，图 11.11 中的泛化是完备的，表示一个病人必须是出院病人或住院病人，不能是其他情况，因此 Patient 被说明成一个抽象类。

11.6.5 用类图表达聚合

聚合(Aggregation)表达了成分对象和聚合对象之间的 is part of(一部分)的联系。聚合实际上是一种较强形式的关联联系(附加 is part of 语义)。在类图中表示时,聚合的一端用空的菱形表示。

【例 11.19】 图 11.12 表示大学的聚合结构。University(大学)由 AdministrativeUnit(管理部门)和 School(学院)聚合完成。

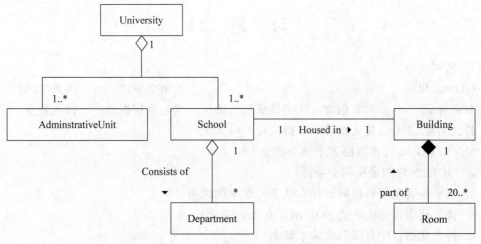

图 11.12 关于聚合和复合的类图

在 Building(大楼)和 Room(房间)之间联系的一端处的菱形不是空心的,是实心的。实心菱形是一种较强形式的聚合,称为复合(Composition)。在复合中,一部分对象只属于一个整体对象,但与整体对象共存亡。也就是聚合对象的删除将引起它的成分对象一起删除。但是有可能在聚合对象消亡前其中一部分对象被删掉了。大楼与房间就属于这样的联系。

限于篇幅,关于 UML 的类图的内容,还有许多细节没有在这里讨论。

小 结

在 OO 技术与 DB 技术相结合的过程中,有两条不同的路径。

一条路径是在传统的关系模型基础上,提供复合数据类型,扩充 SQL 使之能处理新的数据结构。这种模型称为对象关系模型(即第 10 章研究的内容),但还不能说是严格意义上的面向对象数据模型。但 SQL-3 标准已收入了许多面向对象的内容,用户容易接受。扩充的 SQL 适应对象概念并提供一个高级接口。这强有力的接口,很可能是从关系世界通往面向对象的"真实世界"的一条平坦之路。

另一条路径是在 OOPL 基础上,引入传统数据库技术,形成 OODBS。在这条路径上,有两个标准。ODMG 93 标准致力于对 C++ 进行扩充,使之能处理数据库,形成持久化 C++ 系统。但这个标准完全置传统数据库技术于不顾,较难提供对说明性查询的支持,给 OODBS 的推广和普及带来困难。于是 ODMG 97 标准作了较大的修改,数据库语言分为 ODL 和 OQL 两类。特别在 OQL 中引入 SELECT 语句,并能与宿主语言混合起来使用,为

OODBS 的使用和推广铺平了道路。

在对象数据库的发展中,这两条路径很可能殊途同归。工业专家预言,对象 DBMS 是新型数据库系统中最有前途的。

本章在 11.6 节介绍了 UML 中的类图,这是一种面向对象的概念建模技术。在数据库技术中,概念建模经历了一个"ER 图—对象联系图—类图"的发展历程。使用类图进行面向对象数据建模是一种高级概念活动,特别适用于数据分析。限于篇幅,本书只是举了许多例子和图形加以解释。

习 题 11

1. 名词解释。

| ODMG 组织 | 对象 | 类 | 单重继承性 | 多重继承性 |

对象标识　　对象包含　　类继承层次图　　类包含层次图　　持久数据

持久对象　　持久指针　　持久化 C++ 系统

2. ODMG 93 标准有哪五个核心概念?

3. OODBS 应满足哪两个准则?

4. 继承性表现了数据间的什么联系? 试举例说明。

5. 持久化语言和嵌入式 SQL 语言有什么区别?

6. 持久化语言中有哪三个基本概念?

7. 试用 ODMG C++.ODL 定义第 10 章习题 6 中的数据库。

8. 试用 ODMG C++.ODL 定义第 10 章习题 7 中的数据库。

9. 试用 ODMG ODL 定义第 10 章习题 6 中的数据库。

10. 试用 ODMG ODL 定义第 10 章习题 7 中的数据库。

11. 试用 ODMG OQL 表达例 11.6 数据库中的查询。

(1) 检索教师人数超过 1000 人的大学。要求显示大学校名及校长姓名。显示时,属性名为 univ_name 和 president_name。

(2) 检索每个大学里的教师平均年龄。

(3) 检索上海地区与非上海地区的教师平均年龄。

(4) 检索年龄最小的 10 位校长姓名。

(5) 检索开设 MATHS 课的教师姓名。

(6) 检索开课课程的教材全采用本校编写的教师工号与姓名。

(7) 检索至少有 20 位教师年龄超过 80 岁的大学的编号、校名和超过 80 岁的人数。

12. 试用 ODMG OQL 的 SELECT 语句表达例 11.6 数据库中的查询。

检索上海地区大学中 25 岁教师开设课程的课程名(试用多种形式表达)。

13. OODBS 和 ORDBS 各有什么样的市场目标?

14. 关系 DBS、基于持久化语言的 OODBS、ORDBS 三者各有什么长处和劣势?

15. OODB 与 ORDB 之间有什么主要区别?

16. 试写一篇 5000 字短文,对 OODB 与 ORDB 作一论述。

17. 什么是 UML?

18. 试对"类图"下个定义。

19. 试对类图中的下列术语作解释。

类　　　　　　对象　　　　　　关联　　　　　　关联元数

关联角色　　　重复度　　　　　关联类　　　　　鉴别器

抽象类　　　　具体类　　　　　泛化　　　　　　聚合

复合

20. 类图中的重复度与 ER 图中实体的基数有什么异同？

21. 试比较泛化、聚合、复合这三个概念的区别。

22. 使用类图形式来表示第 10 章中习题 6 的图 10.11 的对象联系图。

23. 使用类图形式来表示第 10 章中习题 7 的图 10.12 的对象联系图。

第 5 部分
应 用 篇

在网络环境下进行数据库系统的开发和应用,不仅需要选择具体的数据库管理系统,而且需要选择具体的数据库前台开发工具。目前,已经有许多成熟的 DBMS 产品和软件开发工具。Microsoft SQL Server 是现在用得比较普遍的一种 DBMS 产品。PowerBuilder 是一种易于自学的前台开发工具,它以功能强大,使用灵活,面向对象的开发能力好等优势,在数据库应用领域占据了重要地位。

这一部分的第 12 章以 Microsoft SQL Server 2016 为背景,介绍了数据库系统设计的方法和 SQL Server 的高级应用技术。第 13 章通过一个完整的实例,介绍 PowerBuilder 2018 集成开发环境的使用方法。

本课程是一门具有很强的应用性和可操作性的课程。有条件的读者,最好在学习的同时对本篇介绍的内容进行上机练习,在上机练习的过程中进一步深刻理解本篇的内容。

第 12 章　SQL Server 关系数据库系统

本章首先介绍当前流行的关系数据库系统 Microsoft SQL Server 的基本知识,然后再以 Microsoft SQL Server 2016 为背景,介绍数据库系统设计的方法,最后介绍 SQL Server 的高级应用技术。

12.1　SQL Server 概述

Microsoft SQL Server 是一种面向企业应用级的关系型数据库管理系统,在各行业软件开发中都得到了广泛的应用。

12.1.1　SQL Server 的发展

SQL Server 这个名字第一次出现是在 1988 年。微软公司总裁 Jon Shirley 和 Sybase 发起人兼总裁 Mark Hoffman 签订商约,之后 Microsoft 又与 Ashton-Tate 达成协议,发布产品 Ashton-Tate/Microsoft SQL Server。该系统只能在 OS/2 操作系统上运行。1989 年 Ashton-Tate/Microsoft SQL Server 1.0 版完成。之后,由于两公司方向存在极大分歧,于是 Microsoft 和 Ashton-Tate 终止了两家公司的共同市场和分销协议。1990 年夏天, Microsoft SQL Server 1.1 版完成。这是 SQL Server 第一次作为微软公司的产品推向市场。1991 年,微软公司发布了 SQL Server 1.11 版。

1992 年 7 月,微软公司发布 Microsoft SQL Server 4.2 版。

1993 年 7 月,微软公司完成 Windows NT 3.1。随后发布了 Microsoft SQL Server for Windows NT 的第一版。

1994 年 4 月,微软公司和 Sybase 宣布终止联合开发。1995 年 6 月,微软独自开发的 Microsoft SQL Server 6.0 版正式发布。

1998 年 11 月,微软公司发布 Microsoft SQL Server 7.0 版。

2000 年 9 月微软公司发布 SQL Server 2000,其中包括企业版、标准版、开发版、个人版四个版本。

2005—2014 年,微软公司分别发布了 SQL Server 2005、2008、2012 和 2014,使 SQL Server 成为一个全面的数据库平台。

2016 年 6 月微软发布了 SQL Server 2016。在已经简化的企业数据管理基础上,SQL Server 2016 再次简化了数据库分析方式,强化分析并深入接触那些需要管理的数据。SQL Server 2016 是 Microsoft 数据平台上一次最大的跨越性发展,提供了可提高性能、简化管理以及将数据转化为切实可行的见解的各种功能,而且所有这些功能都在一个能够在任何主流平台上运行的漏洞最少的数据库上实现。SQL Server 2016 有五个版本：企业版 (Enterprise)、网页版(Web)、标准版(Standard)、速成版(Express)和开发版(Developer)。

12.1.2 SQL Server 2016 的特性

SQL Server 2016 可用于高性能大规模联机事务处理、数据仓库和电子商务应用的数据库和分析平台，还可以用于增强混合云技术。与之前的 SQL Server 版本相比，SQL Server 2016 具有更多新的特性。

1. 实时运营分析

在性能方面，SQL Server 2016 利用实时内存业务分析计算技术 (Real-time Operational Analytics & In-Memory OLTP)大大提高了 OLTP 的事务处理能力，同时利用可升级的内存列存储技术(columnstore)加快了 OLTP 的分析速度，从而使查询时间从分钟级别提高到秒级。

2. 高可用性和灾难恢复

SQL Server 2016 中增强的 AlwaysOn 是一个用于实现高可用性和灾难恢复的统一解决方案，利用它可获得任务关键型的正常运行时间、快速转移故障、轻松设置和读写辅助节点的负载平衡。此外，在 Azure 虚拟机中放置异步副本可实现混合的高可用性。

3. 数据全程加密

SQL Server 2016 中新增了一系列的新安全特性，数据全程加密(Always Encrypted)能够保护传输中和存储后的数据安全；透明数据加密(Transparent Data Encryption)只需消耗极少的系统资源即可实现给所有用户的数据加密；层级安全性控管（Row Level Security）让客户基于用户特征控制数据访问。

4. 通过 PolyBase 简单高效地管理 T-SQL 数据

PloyBase 支持查询分布式数据集。借助 PolyBase，SQL Server 的实例可以使用 T-SQL 查询语句从 Hadoop 中读取数据，还可以使用 Transact-SQL 查询语句将数据导入和导出到 SQL Azure Blob(二进制大对象)中。可以使用 PolyBase 写临时查询，实现 SQL Server 关系型数据与 Hadoop 或 SQL Azure Blog 存储中的半结构化数据之间的关联查询。此外，还可以利用 SQL Server 的动态存储索引针对半结构化数据来优化查询。

5. 原生 JSON 支持

SQL Server 2016 可以支持 JSON 导入、导出、分析和存储。对于需要使用 JSON 格式的应用程序来说，不再需要使用 JSON. NET 等工具进行分析和处理 JSON 数据，直接利用 SQL Server 内置函数就可以将查询结果以 JSON 格式输出。

6. 延伸数据库

借助新增的延伸数据库(Stretch Database)功能，可以将本地 SQL Server 数据库中的数据动态安全地存档到云中的 Azure SQL 数据库。SQL Server 会自动查询本地数据和链接数据库中的远程数据。

7. 动态数据掩码

DDM(Dynamic Data Masking,动态数据掩码)用于控制敏感数据的暴露程度,使用该功能可以在查询结果集里隐藏指定列的敏感数据,而数据库中的真实数据并不会发生变化。如果在创建表时指定了动态数据掩码。那么只有 UNMASK 权限的用户才能看到完整的数据。

8. 行级别安全控制

RLS(Row-Level Security,行级别安全控制)在数据行级别上控制用户对数据的访问,用户只能访问数据表中的特定数据行。RLS 能够简化应用程序中安全的设计和代码量,从而实现对数据行的访问限制。访问限制的逻辑位于数据库层,而不是在应用层。

9. 多临时表数据库文件

SQL Server 2016 支持在一个 SQL Server 实例中配置多个 tempdb 数据库,可以有效地改善因应用中大量使用临时表而引发的资源争夺、性能降低等情况。

10. 历史表

SQL Server 2016 引入了历史表(Temporal Table),它记录了表在历史上任何时间点所做的改动。有了这个功能,一旦发生误操作,就可以使用该表及时恢复数据。

12.1.3 安装 SQL Server 2016 的软硬件需求

SQL Server 2016 有五个不同的版本。

企业版(Enterprise):企业版提供了全面的高端数据中心功能,性能极为快捷,虚拟化不受限制,还具有端到端的商业智能,可为关键任务提供较高级别服务,支持用户访问深层数据。

标准版(Standard):提供了基本数据管理和商业智能数据库,使部门和小型组织能够顺利运行其应用程序并支持将常用开发工具用于内部部署和云部署,有助于以最少的 IT 资源获得高效的数据库管理。

网页版(Web):对于可为从小规模至大规模 Web 资产提供可伸缩性、经济性和可管理性功能的 Web 宿主和 Web VAP 来说,该版本是一项总拥有成本较低的选择。

开发版(Developer):支持开发人员基于 SQL Server 构建任意类型的应用程序,它包含了企业版的所有功能,但有许可限制,只能用于开发和测试系统,而不能用于生产服务器。

速成版(Express):入门级的免费数据库,是学习和构建桌面及小型服务器数据驱动应用程序的理想选择。它是软件供应商、开发人员和热衷于构建客户端应用程序人员的最佳选择。

1. 软件需求

如果用户要安装 SQL Server 2016 企业版或标准版,必须先安装 Microsoft. NET Framework 4.6。SQL Server 2016 会自动地安装 Microsoft. NET Framework 4.6。

2. 硬件需求

处理器:最低要求 x64 处理器 1.4GHz,建议使用 2.0 GHz 或更快的处理器。

内存:Express 版本最低内存为 512MB,其他版本最低内存要求为 1GB。建议 Express 版的内存为 1GB,其他版本内存要求至少为 4GB 并且内存容量应该随着数据库大小的增加而增加,以便确保具有最佳的性能。

机器硬盘:至少需要 6GB 的可用空间,磁盘空间要求将随所安装的 SQL Server 组件的不同而发生变化。

12.1.4 SQL Server 2016 的安装

SQL Server 2016 的安装类似于一般应用软件的安装。打开相应的光盘映像文件并双击根目录中的 setup. exe 后,出现“SQL Server 安装中心”对话框,根据需要可以查看各类文档,如图 12.1 所示。选择左侧的“安装”选项,进入“安装”选项对话框,如图 12.2 所示。首次安装请选“全新 SQL Server 独立安装或向现有安装添加功能”,然后根据向导选择要安装的组件并逐步完成安装过程。

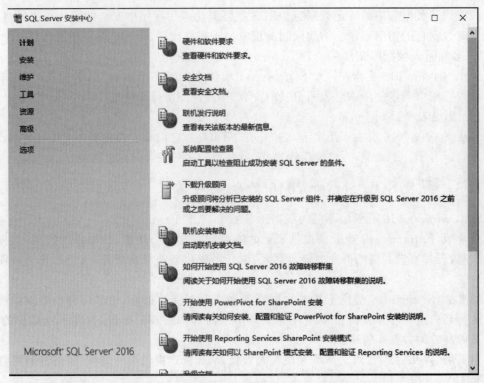

图 12.1   "SQL Server 安装中心"对话框

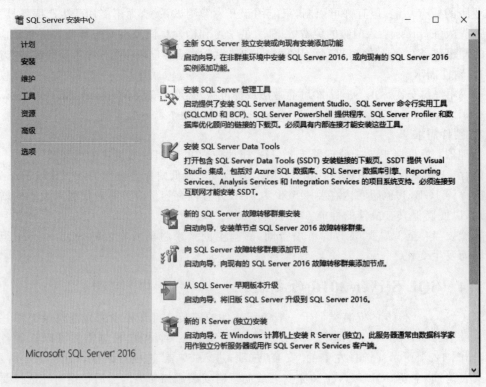

图 12.2   "安装中心"选项对话框

从 SQL Server 2016 开始,"SQL Server 管理工具"需要单独下载安装 SSMS(SQL Server Management Studio),在图 12.2 对话框中选择"安装 SQL Server 管理工具"选项,下载并安装 SSMS。

12.1.5 SQL Server 2016 的工具介绍

1. SQL Server Management Studio

SSMS 是一个集成环境,用于访问、配置、管理和开发 SQL Server 和 Azure SQL 数据库的所有组件。SSMS 可以将大量图形工具与丰富的脚本编辑器相结合,使各种技术水平的开发人员和管理员都能访问 SQL Server。

SSMS 将早期版本的 SQL Server 中所包含的企业管理器、查询分析器和 Analysis Manager 组合在单一的环境中。此外,SSMS 还可以与 SQL Server 的所有组件(例如 Reporting Services 和 Integration Services)协同工作。开发人员可以获得熟悉的体验,数据库管理员可获得功能齐全的单一实用工具,其中包含易于使用的图形工具和丰富的脚本撰写功能。

安装完 SSMS 后,以管理员身份运行,即可进入"连接到服务器"对话框,如图 12.3 所示。选择服务器类型,服务器名称和身份验证模式,单击"连接"按钮即可进入 SSMS 主界面,如图 12.4 所示。

图 12.3 "连接到服务器"对话框

SSMS 为各类用户提供了功能强大的工具窗口。

1)对象资源管理器

单击"视图"→"对象资源管理器"可以打开"对象资源管理器"窗口,如图 12.5 所示。对象资源管理器以树状伸缩结构显示已连接的数据库服务器及其对象,便于用户浏览服务器,创建和定位对象,管理数据源以及查看日志等信息。

2)查询编辑器

单击"文件"→"新建"→"使用当前连接的查询"打开查询编辑器。查询编辑器是一个文本编辑器,主要用于编辑、调试和运行 SQL 命令,如图 12.6 所示。查询编辑器是选项卡式的,能够同时打开多个查询编辑器窗口。

数据库列表框　　执行查询　　查询编辑器　　　　　　模板浏览器

对象资源管理器

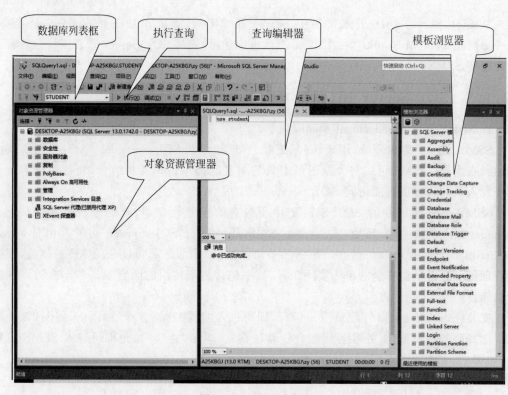

图 12.4　SSMS 主界面

图 12.5　"对象资源管理器"窗口

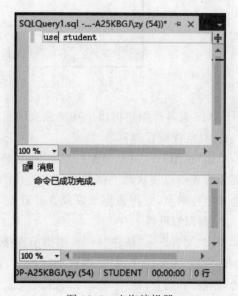

图 12.6　查询编辑器

3）模板浏览器

选择"视图"→"模板资源管理器"选项打开"模板浏览器"，如图12.7所示。模板资源管理器提供了大量的脚本模板，使用模板创建脚本、自定义模板等功能可大大提高编写脚本的效率。

2. SQL Server Configuration Manager

SQL Server Configuration Manager 是一种工具，用于管理与 SQL Server 相关的服务，配置 SQL Server 使用的网络协议以及从 SQL Server 客户端计算机管理网络连接配置，如图12.8所示。

3. SQL Server Profiler

SQL Server Profiler 是一个图形界面和一组系统存储过程，其作用如下：

（1）图形化监视 SQL Server 查询；

（2）在后台收集查询信息；

（3）分析性能；

（4）诊断死锁等问题；

（5）调试 T-SQL 语句；

（6）模拟重放 SQL Server 活动。

图 12.7　"模板浏览器"窗口

SQL Server Profiler 用于监视 SQL Server 数据库引擎实例或 Analysis Services 实例的图形用户界面。SQL Server Profiler 对话框如图12.9所示。

图 12.8　SQL Server Configuration Manager 窗口

4. 数据库引擎优化顾问

数据库引擎优化顾问用于协助用户创建索引、索引视图和分区，如图12.10所示。

5. 其他工具

（1）数据质量客户端：提供了一个非常简单和直观的图形用户界面，用于连接 DQS 数据库并执行数据清理操作。它还允许集中监视在数据清理操作过程中执行的各项活动。

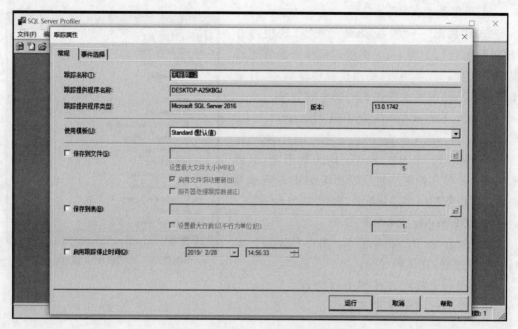

图 12.9　SQL Server Profiler 对话框

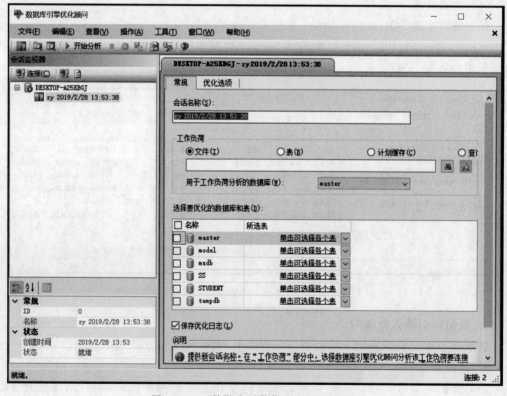

图 12.10　"数据库引擎优化顾问"对话框

（2）SQL Server 数据工具（SQL Server Data Tools，SSDT）提供 IDE 以便为以下商业智能组件生成解决方案：Analysis Services、Reporting Services 和 Integration Services。

（3）连接组件：用于安装客户端和服务器之间通信的组件，还可用于 DB-Library、ODBC 和 OLE DB 的网络库。

（4）SQL Server 安装程序：用于安装、升级或更改 SQL Server 实例中的组件。

（5）SQL Server 联机丛书：属于 SQL Server 的核心文档。

12.2　数据库的创建、修改和删除

12.2.1　创建 SQL Server 数据库

创建 SQL Server 数据库有多种方法，既可以使用 SSMS 的"新建数据库"命令，也可以使用 SQL 的 CREATE DATABASE 语句。定义数据库的过程也会建立数据库的事务日志。

1. 使用 SSMS 的"新建数据库"命令创建 SQL Server 数据库

（1）进入 SSMS 窗口后，在"对象资源管理器"窗口中，右击"数据库"选项，在弹出的快捷菜单中选择"新建数据库"命令，如图 12.11 所示。

（2）此时，弹出"新建数据库"对话框，选择左侧的"常规"选项，在"数据库名称"文本框中输入 STUDENT，如图 12.12 所示。

默认的数据库文件和日志文件以数据库名为文件名保存在 Microsoft SQL Server 默认安装目录下的 MSSQL13.MSSQLSERVER\MSSQL\Data 文件夹中，如想更改数据文件，可在数据库文件中修改文件名、存储路径、初始大小等。

图 12.11　创建新的数据库

2. 使用 CREATE DATABASE 语句创建 SQL Server 数据库

（1）在 SSMS 窗口中单击"文件"→"新建"→"使用当前连接的查询"，打开查询编辑器窗口。

（2）在查询窗口中输入创建数据库的 SQL 语句，如图 12.13 所示。单击工具栏上的"执行"按钮，即可创建数据库。

12.2.2　修改数据库

在 SSMS 的"对象资源管理器"窗口中选择"数据库"选项，右击 STUDENT 选项，在弹出的快捷菜单中选择"属性"命令，此时出现"数据库属性-STUDENT"对话框，在该对话框中可以查看数据库的各项设置参数。在此对话框的"选择页"中，可对建库时所做的设置进行修改，也可以设置其他相关参数，如图 12.14 所示。

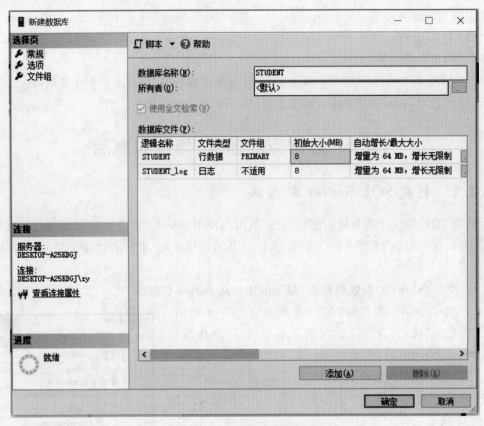

图 12.12 "新建数据库"对话框

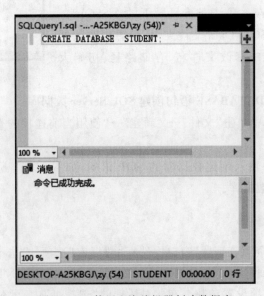

图 12.13 使用查询编辑器创建数据库

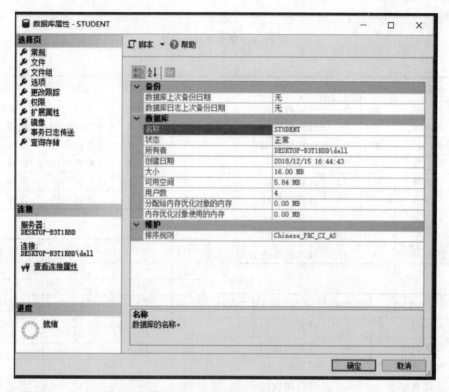

图 12.14 "数据库属性-STUDENT"对话框

12.2.3 删除数据库

在 SSMS "对象资源管理器"窗口中单击"数据库"选项,右击要删除的数据库名,在弹出的快捷菜单中选择"删除"命令,在"删除对象"对话框中单击"确认"按钮。

12.3 表 的 建 立

在 SQL Server 中有多种建表的方法,既可以使用 SSMS 中的"新建"命令来创建表,也可以在查询编辑器中使用 CREATE Table 语句创建表。

接下来通过在数据库 STUDENT 中建立学生表 S、教师表 T、课程表 C 和学习表 SC 的过程,使读者基本了解和掌握建表的不同方法和步骤。这四个表的字段、主键和外键定义如下所述。学生课程选课表如表 12.1 所示。

(1) 学生表:S(SNO,SNAME,SEX,AGE,SDEPT,FEES)。

各字段定义如下:

```
SNO     char(4)
SNAME   char(8)
SEX     char(2)
AGE     char(2)
```

```
SDEPT   char(10)
FEES    integer
```

表 12.1　学生课程选课表

S

SNO	SNAME	SEX	AGE	SDEPT	FEES
S1	李　铭	男	19	计算机软件	0
S2	刘晓鸣	男	20	计算机应用	0
S3	李　明	男	22	计算机应用	0
S4	张　鹰	女	21	计算机软件	0
S5	刘竟静	女	22	计算机软件	0
S6	刘成刚	男	21	计算机软件	0
S7	王　铭	男	22	计算机应用	0
S8	宣明尼	女	18	计算机应用	0
S9	柳红利	女	19	计算机软件	0

T

TNO	TNAME	TDEPT	TCLASS
T0	管理员	NULL	系统管理员
T1	王晓名	计算机应用	教师
T2	刘　红	计算机软件	教师
T3	吴志钢	计算机应用	教师
T4	李严劲	计算机软件	教师
T5	蒋莹岳	计算机应用	教师

C

CNO	CNAME	CREDIT	CDEPT	TNO
C1	Pascal	4	计算机应用	T1
C2	数据结构	4	计算机应用	T2
C3	离散数学	4	计算机应用	T3
C4	计算机原理	6	计算机软件	T4
C5	数据库原理	4	计算机应用	T3
C6	Windows 技术	4	计算机软件	T3
C8	编译原理	4	计算机软件	T5
C9	系统结构	6	计算机应用	T2

SC

SNO	CNO	GRADE	POINT
S1	C2	56	0
S1	C4	78	3
S1	C6	66	1.7
S1	C8	88	3.7
S3	C1	88	3.7
S3	C2	76	2.7
S4	C1	67	1.7
S4	C2	76	2.7
S4	C3	67	1.7
S5	C1	67	1.7
S5	C2	78	3
S5	C3	91	4
S6	C1	78	3

主键是：SNO

(2) 教师表：T(TNO,TNAME,TDEPT,TCLASS)。

```
TNO     char(4)
TNAME   char(8)
TDEPT   char(10)
TCLASS  char(10)
```

主键是：TNO

(3) 课程表：C(CNO,CNAME,CDEPT,CREDIT,TNO)。

```
CNO     char(4)
CNAME   char(20)
CREDIT  integer
CDEPT   char(10)
TNO     char(4)
```

主键是：CNO

外键是：TNO

(4) 学习表：SC(SNO,CNO,GRADE,POINT)。

各字段定义如下：

```
SNO     char(4)
CNO     char(4)
GRADE   float
POINT   float
```

主键是：（SNO,CNO）

外键是：SNO,CNO

12.3.1 学生表S的建立

在 SSMS 的"对象资源管理器"窗口中单击"数据库"→STUDENT,右击"表"选项,单击"新建"→"表",如图 12.15 所示。

进入设计表结构对话框,在各列填写相应字段(按照表 12.1 的定义)的列名、数据类型、长度和是否允许为空后。在工具栏单击"保存"按钮,在选择名称对话框中输入表名 S 后,如图 12.16 所示。

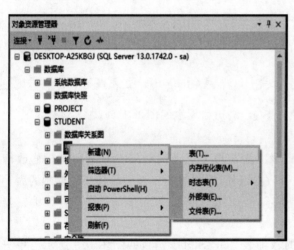

图 12.15　使用 SSMS 中的"新建"命令来创建表

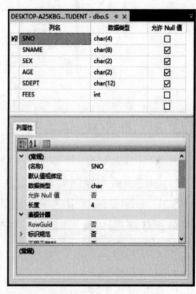

图 12.16　新表结构

12.3.2 创建学生表S的主键

在建表的同时可以创建该表的主键,方法如下所述。

在新表中,对要建主键的列,在其"允许 Null"列中选择非空,因为其默认值为允许空值,如图 12.16 所示。

右击要建主键的列,弹出如图 12.17 所示的快捷菜单,选择"设置主键"命令,出现如图 12.18 所示的设置对话框。

SQL Server 关系数据库系统

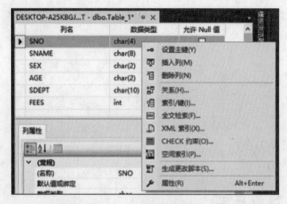

图 12.17　设置主键前

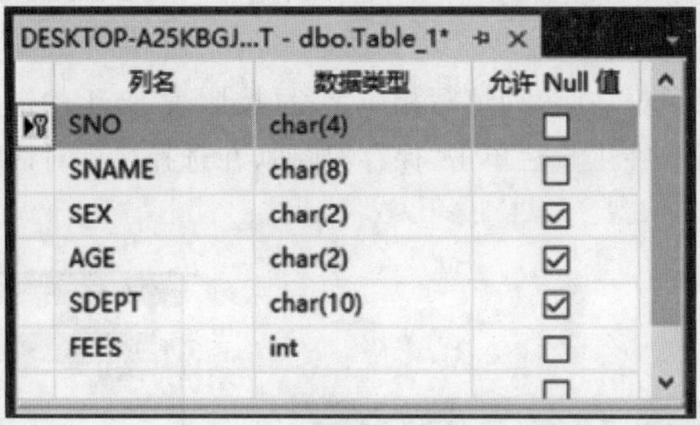

图 12.18　设置主键后

12.3.3　用 SQL 语句命令方式创建教师表 T 和课程表 C

SSMS 中的查询编辑器是可以交互执行 SQL 语句和脚本的图形工具。

1. 创建带版本控制的教师表 T

SQL Server 2016 引入了历史表,它记录了表在历史上任何时间点对某行进行修改前的数据和有效期,由此可以利用历史表进行数据恢复,但创建的表必须是带版本控制的表。

在 SSMS 主界面,单击"文件"→"新建"→"使用当前连接的查询",打开查询编辑器窗口。

在查询窗口中输入创建带版本控制的教师表 T 的 SQL 语句,如图 12.19 所示。单击工具栏上的"执行"按钮,即可创建表 T 和历史表 THistory。

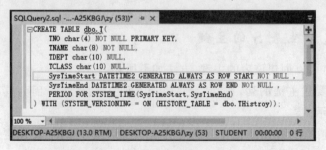

图 12.19　使用 SQL 命令创建带版本控制的教师表 T

图 12.19 所示的 SQL 命令后四行含义如下所述。

(1) 关键词 WITH 子句表示创建的表开启系统版本控制,即创建教师表 T 的同时创建了历史表 THistroy。

(2) SysTimeStart 列和 SysTimeEnd 列称为期限列,都属于 datetime2 数据类型,每当 T 表中被修改了某行后,系统将以独占方式在历史表 THistory 中插入一条被修改行的原始行信息,并在相应的 SysTimeStart 列和 SysTimeEnd 列记录该行原始数据的有效期(开始时间、无效时间)。

(3) 关键词 PERIOD 子句用于指定有效到无效时间段。

(4) 期限列的属性值和系统版本状态是否开启,会影响到更新操作的 SQL 命令。

```
/* 如果要删除带版本控制的 T 表,需要进行如下操作后,才能删除 T 表 */
ALTER TABLE T SET (SYSTEM_VERSIONING = OFF)
DROP TABLE T
```

2. 用命令方式创建课程表 C

用上述同样的方法,在 SSMS 查询编辑器中使用 SQL 语句创建课程表 C,如图 12.20 所示。

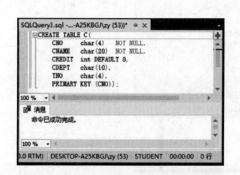

图 12.20　使用 SQL 命令创建课程表 C

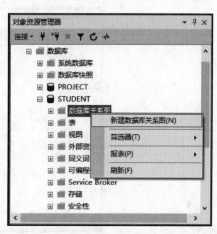

图 12.21　选择"新建数据库关系图"选项创建表

12.3.4　用数据库关系图方式创建学习表 SC

数据库关系图是 SQL Server 中的一种数据库对象,它以图形化界面方式直观地表达和管理各种信息,如添加、修改、删除表或表列、表与表之间的连接关系、表的索引和约束、触发器等。它只能管理其所属数据库中的表。下面介绍在 SSMS 中建立包含学生、课程、选课表(如表 12.1 的定义)的关系图,同时包含这三张表之间的连接关系。步骤如下所述。

(1) 在 SSMS"对象资源管理器"窗口中单击 "数据库"→STUDENT,再右击 "数据库关系图"选项,单击"新建数据库关系图",如图 12.21 所示。

(2) 进入"添加表"对话框,如图 12.22 所示,选择要添加的表 S 和 C。

(3) 右击窗口,选择快捷菜单中的"新建表"选项,如图 12.23 所示,出现新表名称文本框,输入表名 SC 后,单击"确定"按钮。

(4) 进入关系图编辑对话框后,输入 SC(如表 12.1 的定义)表的列名、数据类型、长度和是否为空,如图 12.24 所示。

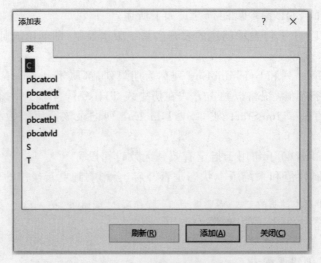

图 12.22 选择要添加的表

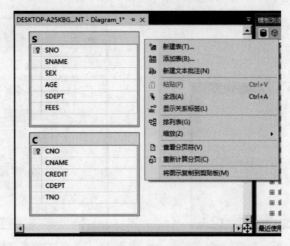

图 12.23 新关系图

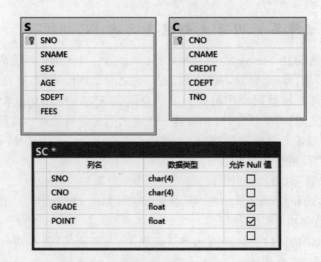

图 12.24 在关系图中定义新 SC 表结构

（5）在关系图中设置新表主键：按住 Shift 键，单击 SC 表的 SNO 列和 CNO 列，选择快捷菜单中的"设置主键"选项，主键设置后如图 12.25 所示。

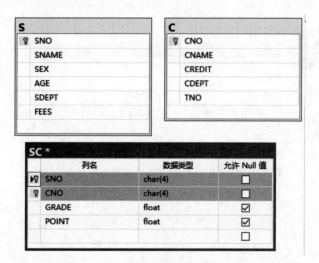

图 12.25　设置主键后

（6）在关系图中设置外键：先选中 SC 表的主键 SNO，然后按下鼠标左键并拖曳鼠标到 S 表拉出一条虚线，如图 12.26 所示。放开鼠标左键会出现如图 12.27 所示的"表和列"对话框。在该对话框中选择外键和被参照表的主键，单击"确定"按钮，出现如图 12.28 所示的"外联关系"对话框，可为外键的更新和删除进行设置，单击"确定"按钮。用同样的方法，再为 CNO 设置外键，完成后如图 12.29 所示。

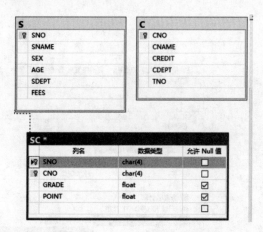

图 12.26　在关系图中设置外键

（7）为 SC 表设置用户完整性：在关系图中右击 SC 表，在弹出的快捷菜单中选择"CHECK 约束"，在"检查约束"对话框中单击"添加"按钮，在"表达式"文本框中输入 GRADE BETWEEN 0 AND 100，如图 12.30 所示，然后单击"关闭"按钮。

（8）单击工具条中的"保存"按钮，进入"另存关系图"对话框，输入关系图名称后，单击"确定"按钮，进入"确认保存数据库"对话框，单击"是"按钮。

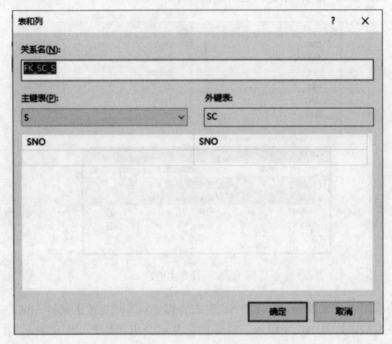

图 12.27　建立表间联系

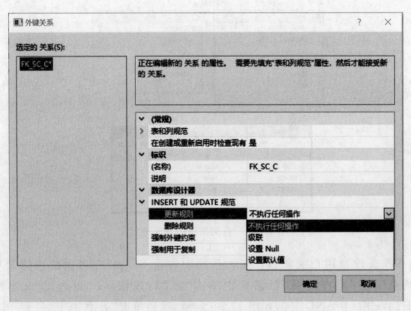

图 12.28　定义 S 与 SC 的约束关系

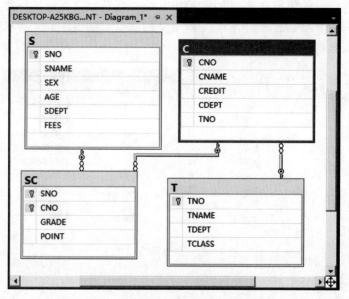

图 12.29　设计后的数据库关系图

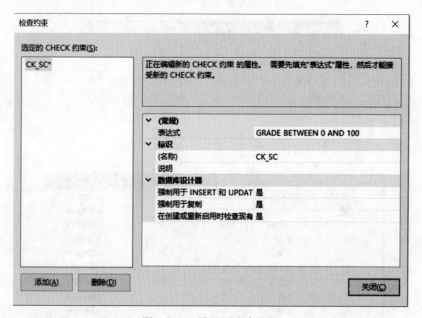

图 12.30　设置用户完整性

12.4　数据的增加、修改、删除和查询

在 SSMS 中,对表进行数据的增加、删除、修改操作非常方便。

12.4.1　数据的增加

在对象资源管理器中,展开要增加数据的表(如 S)所在的数据库(如 STUDENT),右击想要选定的表,在弹出的快捷菜单中选择"编辑前 200 行"命令,然后出现数据输入界面,在此界面上可以输入相应的数据(如表 12.1 所定义的数据),如图 12.31 所示,单击"保存"按钮或关闭此窗口,数据都会被自动保存。

SNO	SNAME	SEX	AGE	SDEPT
S1	李铭	男	19	计算角软件
S2	刘晓鸣	男	20	计算机应用
S3	李明	男	22	计算机应用
S4	张庵	女	21	计算机软件
S5	刘竞静	女	22	计算机软件
S6	刘成刚	男	21	计算机软件
S7	王铭	男	22	计算机应用
S8	宣明尼	女	18	计算机应用
NULL	NULL	NULL	NULL	NULL

图 12.31　数据输入界面

用 SQL 语句增加数据的方法是打开查询窗口,在编辑器中输入相应的 SQL 语句后,单击"运行"按钮,出现如图 12.32 所示界面。再次打开被插入数据的表,可以看到数据已被自动保存,如图 12.33 所示。

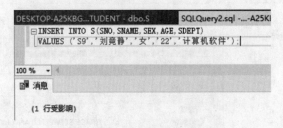

```
INSERT INTO S(SNO,SNAME,SEX,AGE,SDEPT)
VALUES ('S9','刘竞静','女','22','计算机软件');
```

100 %

消息

(1 行受影响)

图 12.32　执行 SQL 语句增加数据

SNO	SNAME	SEX	AGE	SDEPT
S1	李铭	男	19	计算角软件
S2	刘晓鸣	男	20	计算机应用
S3	李明	男	22	计算机应用
S4	张庵	女	21	计算机软件
S5	刘竞静	女	22	计算机软件
S6	刘成刚	男	21	计算机软件
S7	王铭	男	22	计算机应用
S8	宣明尼	女	18	计算机应用
S9	刘竞静	女	22	计算机软件
NULL	NULL	NULL	NULL	NULL

图 12.33　SQL 语句增加数据后

12.4.2　数据的修改

在 SSMS 中修改数据,如同增加数据一样进入数据输入界面,在此界面中对数据进行修改后,单击"运行"按钮或关闭此窗口,数据都会被自动保存。也可进入查询窗口,输入 SQL 的修改语句,再执行该查询语句,来实现数据的修改。

12.4.3 数据的删除

打开要删除数据的表,选择要删除的行,按 Del 键或单击快捷菜单中的"删除"命令即可删除数据。

进入查询窗口,输入 SQL 的删除语句,再执行该语句,也可实现对数据的删除。

如果更新的表是带版本控制的表,则在 HISTORY 表中记录了所有更新操作的有效时间,利用历史表可以进行恢复操作。

12.4.4 数据的查询

在查询窗口中输入 SQL 查询语句,单击"运行"按钮,就可以在输出窗口中直接看到语句的执行结果,如图 12.34 所示。

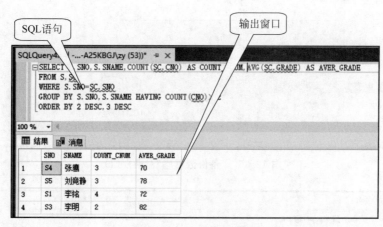

图 12.34　查询编辑器

12.5　数据库的备份和恢复

12.5.1 数据库的备份

在 SSMS 对象资源管理器中,选择"数据库"选项,右击要备份的数据库 STUDENT,在展开的快捷菜单中选择"任务"→"备份"选项,出现如图 12.35 所示的对话框。

单击"常规"→"添加",弹出一个选择备份目标对话框,输入指定路径和备份文件名,单击"确定"按钮,返回前一对话框。这时,在"目标"选择区域的框中就有了刚才选择的路径和输入的备份文件名。如果选择不正确,还可以单击"删除"按钮,删除之前选择的备份设备。在介质选项和备份选项中还可以完成更多的设置,如图 12.36 和图 12.37 所示。完成所有设置后,单击"确定"按钮即进行备份。

12.5.2 数据库的恢复

在 SSMS 对象资源管理器中,选择"数据库"选项,右击要做还原的数据库 STUDENT,在展开的快捷菜单中选择"任务"→"还原"→"数据库"命令,出现如图 12.38 所示的对话框。

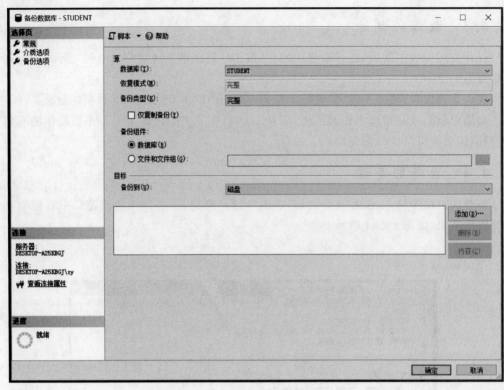

图 12.35 "备份数据库"对话框(1)

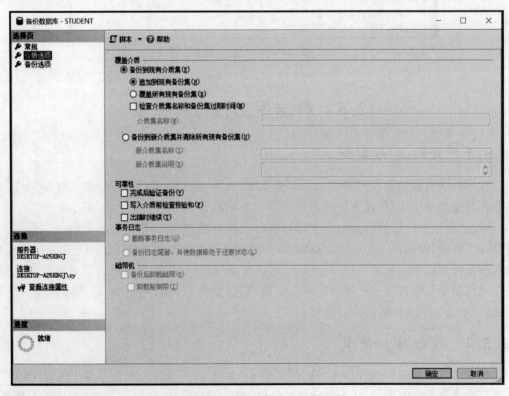

图 12.36 "备份数据库"对话框(2)

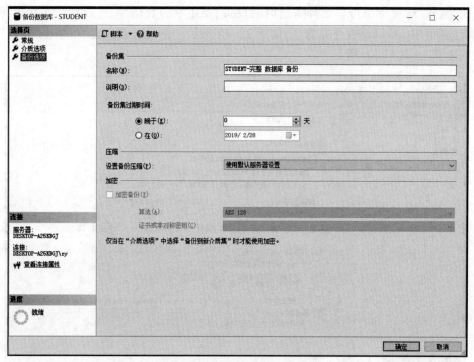

图 12.37 "备份数据库"对话框(3)

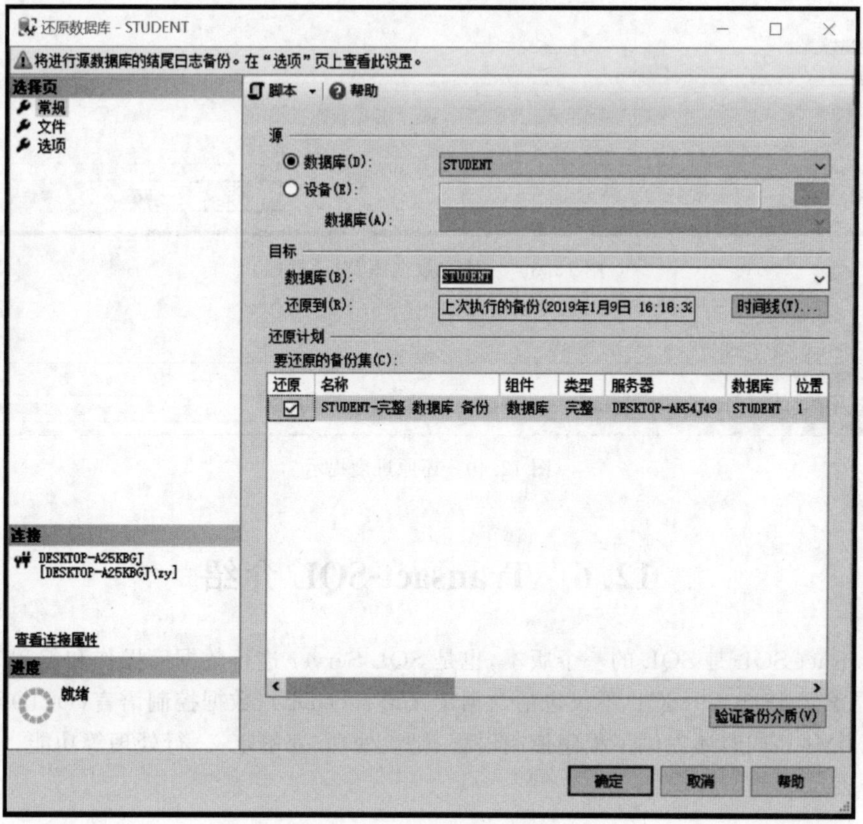

图 12.38 "还原数据库"对话框(1)

SQL Server 关系数据库系统

在"常规"选项卡中可以选择备份时的设备、要还原的数据库、还原到什么状态等。在"选项"选项卡中,可以设置还原选项,如图 12.39 所示。完成所有设置后,单击"确定"按钮即进行还原,如图 12.40 所示。

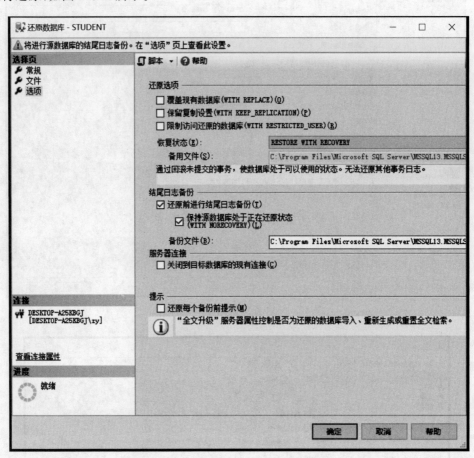

图 12.39 "还原数据库"对话框(2)

图 12.40 还原进度提示

12.6 Transact-SQL 介绍

Transact-SQL 是 SQL 的一个版本,也是 SQL Server 进行数据库操作和编程时所使用的主要语言。Transact-SQL 不仅包括数据定义语言(DDL)、数据控制语言(DCL)和数据操作语言(DML),同时还提供了程序控制语言、错误处理、变量定义、行处理等功能。

12.6.1　Transact-SQL 语法要素

1. 批处理命令

SQL Server 能以批处理的方式处理单条或多条 Transact-SQL 语句。一个批处理命令中可以包含一条或多条 Transact-SQL 语句。有两种基本方法将批处理传送给 SQL Server。

1) GO

SQL Server 工具把 GO 解释为向 SQL Server 发送当前 Transact-SQL 语句的批处理的一种信号。一个批处理命令中可以包含一条或多条 Transact-SQL 语句,构成一个语句组。这样的语句组一次性地从应用程序发送到 SQL Server 服务器进行执行。SQL Server 服务器将批处理编译成一个可执行单元,称为执行计划。

2) EXEC

EXEC 命令用于执行用户定义函数、系统过程、用户定义存储过程或扩展的存储过程。在 Transact-SQL 批处理内部,它也能控制字符串的执行。在使用 EXEC 时,可以传递参数,并且可以赋值给返回状态变量。

2. 注释语句

在 SQL Server 中,有两种类型的注释字符。

1) 单行注释

可使用两个连字符"--"创建嵌入行内的注释语句,该符号用于将注释语句与语句分开。

2) 多行注释

在注释文本的起始处使用"/ *",注释语句的结束处使用" * /"。

3. 变量

1) 全局变量

全局变量在整个 SQL Server 系统内使用,用于存储一些 SQL Server 的配置设定值和统计数据。全局变量在服务器级定义,用户只能使用预先定义的全局变量。全局变量以标记符"@@"开头。对用户来说是只读的,局部变量的名称不能与全局变量的名称相同。

2) 局部变量

局部变量可用于保存程序执行过程中的中间数据值,保存由存储过程返回的数据值等。

用户可以在 DECLARE 语句中定义局部变量,并使用 SET 或 SELECT 语句为局部变量赋初始值,然后才可以在定义过它的语句、批处理或过程中使用它。局部变量的作用范围只限于定义过它的语句、批处理或过程。

定义局部变量语法如下:

```
DECLARE {@local_variable   data_type} [···n]
```

局部变量的赋值方法:

```
SET { { @local_variable = expression }
```

或者

```
SELECT { @local_variable = expression } [ ,...n ]
```

3) 使用 PRINT 语句显示变量

语法如下:

```
PRINT' any ASCII text'|@local_variable|@@FUNCTION |string_expr
```

其中,any ASCII text 表示一个文本字符串。@local_variable 为任意有效的字符数据类型变量。@@FUNCTION 为返回字符串结果的函数。string_expr 是返回字符串的表达式。

例如,使用 PRINT 语句有条件(IF EXISTS)地执行打印。

```
IF EXISTS (SELECT * FROM S WHERE SNO = 'S1')
    PRINT '学生表 S 中:S1 OK!'
ELSE
    PRINT '学生表 S 中:S1 不存在!'
```

12.6.2　运算符

运算符是执行数学运算、字符串连接以及列、常量和变量之间进行比较的符号。SQL Server 支持四种运算符类型:算术运算符、比较运算符、字符串连接运算符和逻辑运算符。

1. 算术运算符

算术运算符包括:加(+)、减(−)、乘(*)、除(/)和取模(%)。

2. 比较运算符

比较运算符包括:等于(=)、大于(>)、大于或等于(>=)、小于(<)、小于或等于(<=)、不等于(<>或!=)、不小于(!<)、不大于(!>)。

3. 字符串连接运算符

字符串连接运算符(+)把两个字符连接起来。其他所有的字符串操作都可以通过字符串函数进行处理。空字符串不等于空值。

4. 逻辑运算符

逻辑运算符包括与(AND)、或(OR)和非(NOT)用于连接 WHERE 子句中的搜索条件。

5. 通配符

字符串类型之间的比较通常用 LIKE 关键字,而 LIKE 通常与通配符一起使用。常用通配符有(_)(%)([])([^])四种。分别通配单个字符、任意个字符、指定范围的单个字符、不在指定范围的单个字符。

12.6.3　函数

在 Transact-SQL 编程语言中,允许出现表达式的任何地方都可以使用函数。Transact-SQL 编程语言提供三种函数。

1. 行集函数

行集函数可以像 SQL 语句中表引用一样使用。行集函数包括 CONTAINSTABLE()、FREETEXTTABLE()、OPENDATASOURCE()、OPENQUERY()、OPENROWSET()、OPENXML()。这些行集函数返回的对象可以在 Transact-SQL 语句中作为表引用。

2. 聚合函数

聚合函数可以对一组值进行计算并返回单一的值。除 COUNT()函数之外,聚合函数忽略空值。聚合函数允许作为表达式出现在 SQL 查询语句的 SELECT 子句、HAVING 子句或 COMPUTE 和 或 COMPUTE BY 子句中。

3. 标量函数

标量函数对单一值进行操作,返回的也是单一值。标量函数可以出现在表达式中,标量函数包括字符串函数、日期和时间函数、数学函数和系统函数等。

下面简单介绍函数的使用方法。

1) 日期函数(GETDATE)

日期函数按 datetime 值的格式返回当前系统日期和时间。语法如下:

```
GETDATE ( )
```

例如,在 STUDENT 数据库中修改课程表 C,为添加的课程记录时间字段(ADDTIME)设置默认值为当前系统日期和时间。

```
ALTER TABLE C ADD ADDTIME datetime DEFAULT GETDATE();
```

日期函数也可出现在 SQL 查询语句的 SELECT 子句或 WHERE 子句中。

2) 数据转换函数(CAST 和 CONVERT)

CAST 和 CONVERT 函数能将一种数据类型的表达式(expression)转换为另一种数据类型(data_type)。语法如下:

```
CAST ( expression AS data_type )
CONVERT (data_type[(length)], expression [,style])
```

其中,data_type 必须是 SQL Server 系统所提供的数据类型,不能使用用户定义的数据类型,style 为输出格式的风格。

例如,将 GETDATE 函数的结果转换为 char 数据类型,并用 PRINT 输出。

```
PRINT '今天的日期是:' + CONVERT(char(12), GETDATE(),101) + '.'
```

12.6.4 流程控制语句

1. 块语句

块语句用于定义一个语句块,使用 BEGIN…END 可以执行一组语句,通常 BEGIN 紧跟在 IF、ELSE 或 WHILE 后面。语法如下:

```
BEGIN
{ sql_statement | statement_block }
END
```

2. 分支语句

分支语句(IF…ELSE)用于定义可选条件,如果条件满足,则执行 IF 后面的语句,当不满足 IF 条件时,就执行 ELSE 后面的语句。语法如下:

```
IF Boolean_expression{ sql_statement | statement_block }
```

```
[ELSE{ sql_statement|statement_block } ]
```

其中,Boolean_expression 是返回 TRUE 或 FALSE 的表达式。如果 Boolean_expression 中含有 SELECT 语句,必须用圆括号将 SELECT 语句括起来。{sql_statement|statement_block}是 Transact-SQL 语句或用语句块定义的语句组。如果要执行语句组,则要使用块语句 BEGIN 和 END。

3. CASE 表达式

CASE 表达式用于计算条件列表并在多个可能的结果表达式中做出选择。

CASE 具有两种格式:

- 简单 CASE 表达式将某个表达式与一组简单表达式进行比较以确定结果。
- 搜索 CASE 表达式将计算一组布尔表达式以确定结果。

(1) 简单 CASE 表达式的语法如下:

```
CASE input_expression
WHEN when_expression THEN    result_expression
[...n ]
[ELSE else_result_expression]
END
```

简单 CASE 表达式的含义是:对于给定的 input_expression,如果 input_expression = when_expression,那么 CASE 表达式的结果值为 result_expression 的值。如果 when_expression 均不等于 input_expression,那么 CASE 表达式的结果值为 else_result_expression 的值。如果没有指定 ELSE 子句,则返回 NULL 值。

(2) 搜索 CASE 表达式的语法如下:

```
CASE
WHEN   Boolean_expression   THEN result_expression
[ ...n ]
[ELSE else_result_expression]
END
```

搜索 CASE 表达式的含义是按指定顺序为每个 WHEN 子句的 Boolean_expression 求值,如为 TRUE,那么表达式的结果值为其 THEN 后的 result_expression 的值;如果没有取值为 TRUE 的 Boolean_expression,则当指定 ELSE 子句时,表达式的结果值为 else_result_expression 的值。若没有指定 ELSE 子句,则返回 NULL 值。

例如,检索所有学生的学习成绩等级。要求显示信息包括:学号、姓名、课程号、课程名、成绩等级。成绩等级用优、良、中、及格和不及格表示。当成绩小于 60 分时,等级为不及格;当成绩大于或等于 60 分并且小于 70 分时,表示等级为及格;当成绩大于或等于 70 分并且小于 80 分时,等级为中;当成绩大于或等于 80 分而且小于 90 分时,等级为良;否则等级为优。

使用搜索 CASE 表达式的 SQL 语句如下:

```
SELECT S.SNO, SNAME, C.CNO, CNAME,
 '成绩等级' = CASE
    WHEN GRADE IS NULL THEN '未登分'
    WHEN GRADE < 60   THEN '不及格'
    WHEN GRADE >= 60 AND GRADE < 70 THEN '及格'
```

```
        WHEN GRADE > = 70 AND GRADE < 80 THEN '中'
        WHEN GRADE > = 80 AND GRADE < 90 THEN '良'
        ELSE '优' END
FROM S, SC, C
WHERE S. SNO = SC. SNO AND C. CNO = SC. CNO
ORDER BY S. SNO, C. CNO;
```

执行结果如下：

SNO	SNAME	CNO	CNAME	成绩等级
S1	李　铭	C2	数据结构	不及格
S1	李　铭	C4	计算机原理	中
S1	李　铭	C6	WINDOW 技术	及格
S1	李　铭	C8	编译原理	良
S3	李　明	C1	高级语言程序设计	良
S3	李　明	C2	数据结构	中
S4	张　鹰	C1	高级语言程序设计	及格
S4	张　鹰	C2	数据结构	中
S4	张　鹰	C3	离散数学	及格
S5	刘竟静	C1	高级语言程序设计	及格
S5	刘竟静	C2	数据结构	中
S5	刘竟静	C3	离散数学	优
S6	刘成刚	C1	高级语言程序设计	中

(所影响的行数为 13 行)

4. 循环语句

循环语句(WHILE)用于设置重复执行 SQL 语句或语句块的条件。语法如下：

```
WHILE Boolean_expression
{ sql_statement | statement_block }
[ BREAK ]
{ sql_statement | statement_block }
[ CONTINUE ]
```

循环语句的含义是只要指定的条件(Boolean_expression)为真,就重复执行 sql_statement 或 statement_block,否则跳出该 WHILE 语句。可以使用 BREAK 和 CONTINUE 关键字在循环内部控制 WHILE 循环中语句的执行。BREAK 语句的功能是跳出循环, CONTINUE 语句的功能是跳过其后的语句返回到 WHILE 语句的开始处。如果 Boolean_expression 中含有 SELECT 语句,必须用圆括号将 SELECT 语句括起来。

5. GOTO 语句

GOTO 语句的作用是转移,即无条件地转到标签(label)指向的位置开始执行。GOTO 语句要和标签语句配合才能使用,方法如下所述。

定义标签：

```
label :
```

改变执行：

```
GOTO label
```

12.6.5 其他常用命令

1. SET

SET 除可以为变量赋值外,还可以用来设置各类特定信息。分类如下:

- 日期和时间
- 锁定
- 杂项
- 查询执行
- 统计信息
- 事务

2. USE

当 SQL Server 实例中包含多个数据库时,可通过 USE 语句将数据库上下文更改为指定数据库。语法如下:

```
USE {database}
```

3. SHUTDOWN

当用户不需要使用 SQL Server 数据库及其实例时,可选择关闭数据库。语法如下:

```
SHUTDOWN {WITH NOWAIT}
```

WITH NOWAIT 表示立即关闭 SQL Server 而不在每个数据库内执行检查点。在尝试终止所有用户进程后退出 SQL Server,并对每个活动事务执行回滚操作。

12.7 高级应用技术

12.7.1 存储过程

存储过程是存储在服务器上的预先编译好的 SQL 语句,可以在服务器上的 SQL Server 环境下运行,深入到客户/服务器模型的核心能充分体现其优点。由于 SQL Server 管理着系统中的数据库,因此最好在用户系统上运行存储过程来处理数据。

存储过程可以返回值、修改值,将系统欲请求的信息与用户提供的值进行比较。在 SQL Server 硬件配置下,存储过程可以快速地运行。它能识别数据库,而且可以利用 SQL Server 优化器在运行时获得最佳性能。

1. 存储过程概述

用户可向存储过程传递值,存储过程也可返回内部表中的值,这些值在存储过程运行期间进行计算。

广义上讲,使用存储过程有如下好处。

1) 性能

存储过程是在服务器上运行的。服务器通常是一种功能很强的机器,它的执行时间要比在工作站中的执行时间短。另外,由于数据库信息已经物理地在同一系统中准备好,因此就不必等待记录通过网络传递进行处理。

2）客户/服务器开发分离

将客户端和服务器端的开发任务分离,可减少完成项目的时间。用户可独立开发服务器端组件而不涉及客户端,但可在客户端应用程序间重复使用服务器端组件。

3）安全性

如同视图,可将存储过程作为一种工具来加强安全性。也可以创建存储过程来完成所有增加、删除和列表操作,并可通过编程方式控制上述操作中对信息的访问。

4）面向数据规则的服务器端措施

这是使用智能数据库引擎的最重要原因之一,存储过程可利用规则和其他逻辑控制输入系统的信息。在创建用户系统时要切记客户/服务器模型。记住,数据管理工作由服务器负责,因为报表和查询所需的数据表述和显示的操作在理想模型中应驻留在客户端。当创建系统时,注意上述各项可移到模型的不同终端,从而优化用户处理应用程序的过程。

虽然 SQL Server 被定义为非过程化语言,但 SQL Server 允许使用流程控制关键字。用户可以使用流程控制关键字创建一个过程,以便保存供后续执行。用户可使用这些存储过程对 SQL Server 数据库和其表进行数据处理,而不必使用传统的编程语言,如 C 或者 Visual Basic 编写程序。

存储过程比动态 SQL 语句具有下述优势。

(1) 存储过程在第一次运行时被编译,并被存储在当前数据库的系统表中。当存储过程被编译时,它们被优化以选择访问表信息的最佳路径,这一优化要考虑到表中数据的实际形式、索引是否可用或表负载等一些因素。这些编译后的存储过程可大大加强系统的性能。

(2) 另一个有利条件是可在本地或远程 SQL Server 上执行存储过程,这样就可以在其他计算机上运行进程,处理跨越服务器的信息。

(3) 用其他程序设计语言编写的应用程序也可执行存储过程,提供了一个客户端软件和 SQL Server 之间的优化的解决方案。

2. 如何建立存储过程

(1) 用户可以使用 CREATE PROCEDURE 语句创建一个存储过程。

在默认的情况下,执行所创建的存储过程的许可权归数据库的拥有者所有。数据库的拥有者可以改变赋给其他用户运行存储过程的许可。

定义新的存储过程的完整语法如下:

```
CREATE PROC [ EDURE ] procedure_name [ :number ]
 [ { @parameter data_type }[VARYING] [ = default][OUTPUT]][,...n]
 [WITH{RECOMPILE|ENCRYPTION|RECOMPILE,ENCRYPTION}]
 [FOR REPLICATION]
 AS sql_statement [...n]
```

上述语句中的 procedure_name(存储过程名)和 sql_statement(包含在存储过程中的任何合法的 SQL 语句)两个参数必须传递给 CREATE PROCEDURE 语句。可选项 @parameter data_type 表示存储过程中定义的局部变量 parameter,类型为 data_type,关键字 OUTPUT 表示允许用户将数据直接返回到在其他处理过程中要用到的变量中。返回值是当存储过程执行完成时参数的当前值。为了保存这个返回,在调用该过程时,SQL 调用脚本必须使用 OUTPUT 关键字。[WITH{RECOMPILE|ENCRYPTION|RECOMPILE,

ENCRYPTION}][FOR REPLICATION]允许用户选择任何存储过程和执行过程。

（2）用 SSMS 来创建存储过程。

在 SSMS 的"对象资源管理器"窗口中,选择"数据库"命令,选择并展开要创建存储过程的数据库（如 STUDENT),选择"可编程性"命令,右击"存储过程"命令,在弹出的快捷菜单中选择"新建"命令,如图 12.41 所示。进入新建存储过程编辑窗口,如图 12.42 所示,会出现存储过程的模板,在此可以输入存储过程代码。

3. 存储过程举例

使用存储过程实现:根据学生选修课程的情况,按照每学分收费 X 元,累计每位学生的应付学分收费数 FEES。

创建一个名为 Sp_change_s_fees 的存储过程,如图 12.43 所示。

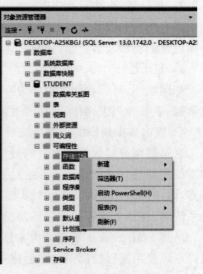

图 12.41 新建存储过程

图 12.42 新建存储过程编辑窗口

该存储过程根据学分单价数(price)和学生已选课程情况,累计每个学生的应付学分收费数后,写入学生表 S 的学分收费数字段(FEES)。

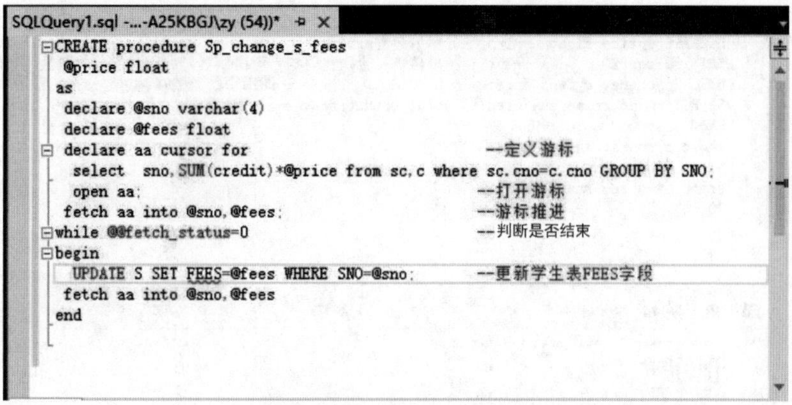

图 12.43　创建 Sp_chage_s_fees 存储过程

创建 Sp_change_s_fees 存储过程的语句代码如下：

```
CREATE procedure Sp_change_s_fees
 @price float
as
 declare @sno varchar(4)
 declare @fees float
 declare aa cursor for                         -- 定义游标
   select    sno, SUM(credit) * @price from sc, c where sc.cno = c.cno GROUP BY SNO;
   open aa;                                    -- 打开游标
 fetch aa into @sno, @fees;                    -- 游标推进
while @@fetch_status = 0                        -- 判断是否结束
begin
   UPDATE S SET FEES = @fees WHERE SNO = @sno;  -- 更新学生表 FEES 字段
 fetch aa into @sno, @fees
end
close   aa;
DEALLOCATE aa                                   -- 删除游标引用
GO
```

调用一个带参数的存储过程，如图 12.44 所示。

创建 Sp_change_s_fees 存储过程后，用户可以使用在查询窗口调用该存储过程，通过显示结果调试其正确性，代码如下：

```
DECLARE @price float                           -- 定义学分单价变量 price
SET    @price = 20             -- 初始化学分单价.修改此数据,可得到不同的应付学分收费数
EXEC Sp_change_s_fees @price                   -- 调用带参数的存储过程
SELECT s.sno, sname, sum(credit) total_credit, fees    -- 查询结果
FROM s, sc, c
where s.sno = sc.sno
and c.cno = sc.cno
group by s.sno, sname, fees;
GO
```

也可在 SSMS 的对象资源管理器中用菜单执行存储过程并设置参数值。

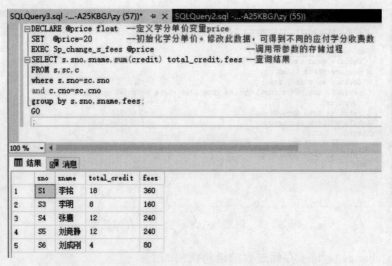

图 12.44　调用存储过程 Sp_change_s_fees 代码和运行结果

例如,创建存储过程 Sp_change_sc_point,根据成绩修改成绩绩点。

比如成绩为不及格时,绩点为 0;成绩为 60～69 时,绩点为 1.5;成绩为 70～79 时,绩点为 2;成绩为 80～89 时,绩点为 3;成绩大于 90 的,绩点为 4。

语句代码如下:

```
CREATE PROCEDURE [dbo].[Sp_change_sc_point]
AS
 declare @sno varchar(4)
 declare @cno varchar(4)
 declare @grade float
 declare @point float
 declare aa cursor for                     --定义游标
   select   sno,cno,grade from sc;
   open aa;                                --打开游标
 fetch aa into @sno,@cno,@grade;           --游标推进
while @@fetch_status = 0                    --判断是否结束
BEGIN
  if @grade < 60
    UPDATE SC SET POINT = 0 WHERE SNO = @sno AND CNO = @cno;
  else if @grade < 70
    UPDATE SC SET POINT = 1.5 WHERE SNO = @sno AND CNO = @cno;
  else if @grade < 80
    UPDATE SC SET POINT = 2 WHERE SNO = @sno AND CNO = @cno;
  else if @grade < 90
      UPDATE SC SET POINT = 3 WHERE SNO = @sno AND CNO = @cno;
  else
    UPDATE SC SET POINT = 4 WHERE SNO = @sno AND CNO = @cno;
fetch aa into @sno,@cno,@grade;
END
close   aa;
DEALLOCATE aa                             --删除游标引用
GO
```

12.7.2 触发器

触发器是 SQL Server 提供给程序员和数据库分析员确保数据完整性的一种方法。这些方法对于那些经常被大量的不同应用程序访问的数据库相当有用,因为它们增强了数据库的应用规则,而应用规则是依赖于应用软件的。

1. SOL Server 触发器的概念

SQL Server 能有效地管理信息,是因为它在系统中具有控制数据的能力。存储过程的建立,使用户能够在服务器上执行业务逻辑,通过规则和默认值去帮助数据库更进一步地管理信息。SQL Server 在信息被写入数据库之前确认规则和默认值。这对于信息是一种"预过滤器",并且能基于数据项控制数据库活动的作用阻止数据项的活动。

触发器是 SQL Server 执行的特殊类型的存储过程,它发生在对于一个给定表的插入、修改或删除操作执行后。由于触发器是在操作有效执行后才被运行,在修改中它们代表"最后动作"。假如触发器导致的一个请求失败,SQL Server 将拒绝信息更新,并且对为事务处理的应用程序返回一个错误消息。触发器最普遍的应用是实施数据库中的商务规则。在维持引用完整性方面,外键要比触发器更快,但触发器能够提供那些外键所不能处理的复杂关系。

触发器不会明显影响服务器的性能。它们经常被用于增强那些在其他的表和行上进行很多级联操作的应用程序的功能。

2. 创建触发器

创建触发器的用户必须是该数据库的拥有者。当添加一个触发器到表时,就会改变怎样使表能够被访问,怎样使其他对象能够与之关联等。因此,实际上正在改变数据库的模式。当然这种类型的操作为数据库拥有者所保留,以防止有人无意中修改了系统的布局格式。

创建触发器相当于说明一个存储过程,并且它有相似的语法。

创建触发器的语法如下:

```
CREATE TRIGGER trigger_name
ON { table|view }
[ WITH ENCRYPTION ]
{
{ { FOR|AFTER|INSTEAD OF } { [ INSERT ] [ , ] [ UPDATE ] }
        [ WITH APPEND ]
        [ NOT FOR REPLICATION ]
        AS
        [ { IF UPDATE ( column )
            [ { AND|OR } UPDATE ( column ) ]
                [ ...n ]
        | IF ( COLUMNS_UPDATED ( ) { bitwise_operator } updated_bitmask )
                { comparison_operator } column_bitmask [ ...n ]
        } ]
        sql_statement [ ...n ]
    }
}
```

上述语句中的 trigger_name 为所定义的触发器名称；关键字 FOR、AFTER、INSTEAD OF 指定触发器的触发方式；关键字 INSERT，UPDATE，DELETE 定义了触发器的触发事件，即决定了启动触发器的操作；sql_statement 为包含在触发器中的任何合法的 SQL 语句，即触发的动作体。

用 SSMS 来创建触发器的步骤如下。

在 SSMS 的对象资源管理器中，右击"数据库"选项，选择"表"→选表（如 SC）选项，右击"触发器"选项，如图 12.45 所示。显示触发器编辑窗口，如图 12.46 所示，在该窗口的文本区域中输入触发器代码。

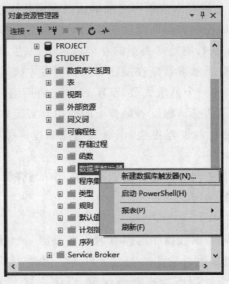

图 12.45　新建触发器

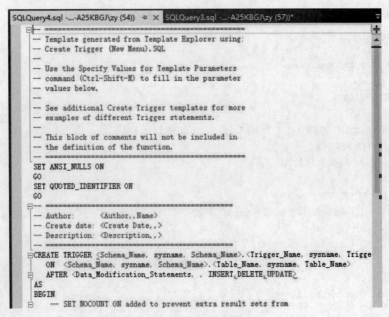

图 12.46　新建触发器编辑窗口

3. inserted 和 deleted 表

当触发器被执行时，SQL Server 创建一个或两个临时表（inserted 或者 deleted 表）。当把一个记录插入到表中时，相应的插入触发器会创建一个 inserted 表，该表镜像该触发器相连接的表的列结构。例如，当用户在 S 表中插入一行时，S 表的触发器使用 S 表的列结构创建 inserted 表。对于插入 S 表的每一行，都包含在 inserted 表中。

deleted 表也镜象触发器相连接的表的列结构。当执行一条 DELETE 语句时从表中删除的每一行都包含在删除触发器内的 deleted 表中。

被 UPDATE 语句触发的触发器创建两个表 inserted 和 deleted 表，这两个表和它们相连接的表有相同的列结构。deleted 和 inserted 表分别包含相连接表中数据的"前后"快照。例如，假设用户执行下面的语句：

```
UPDATE SC SET SNO = 'S3' WHERE CNO = 'C8'
```

当该语句被执行时，SC 表中的更新触发器被触发。在触发器的 inserted 和 deleted 表中，该语句所改变的每一数据行都包含在这两个表中。deleted 表中行的数据值是执行 UPDATE 语句之前的 S 表中行的数据值；inserted 表中则是执行 UPDATE 语句后的 S 表中行的数据值。

4. update()函数

触发器降低了 SQL Server 事务的性能并且在事务执行时保持锁处于打开状态。如果用户的触发器逻辑只有当某些特定列改变时才需要运行，用户就应该检测这种情况的出现。update()函数可以帮助用户进行检测。

update()函数只在插入和更新触发器中可用，它确定用户传递给它的列是否已经被引起触发器激活的 insert 或 update 语句所用。

例如，在学生表 S 上定义更新触发器，使其阻止 SNO 列被修改，触发器定义如下：

```
CREATE TRIGGER SNO_UPD ON S
FOR UPDATE                              /*触发事件*/
AS
IF update(SNO)                          /*检测 SNO 列上的修改*/
  ROLLBACK TRANSACTION                  /*动作:事务回滚*/
RETURN
```

5. 触发器举例

下面介绍通过使用触发器检查事务或完成用户的业务逻辑管理的实例。

例如，在学习表 SC 上定义更新触发器，使其限制修改后的成绩不能低于原来的成绩。

```
CREATE  TRIGGER  SC_UPDATE_GRADE ON [dbo].[SC]
FOR   UPDATE                            /*事件*/
AS
DECLARE @old_grade real,               /*定义变量*/
@new_grade real
```

```
IF   update(grade)                              / * 条件 * /
BEGIN                                           / * 动作体 * /
    SELECT    @old_grade = grade
    FROM        deleted
    SELECT    @new_grade = grade
    FROM        inserted
    IF @old_grade > @new_grade
        ROLLBACK   TRANSACTION
END
```

又如,分别为学习表 SC 设计"选课"和"退课"触发器来实现"按学分计算学费"的业务管理逻辑。

创建一个名为 SC_INS_UPDATE_S 的"选课"触发器,该触发器的功能是: 学生每选一门课程(即 SC 表中每增加一条记录),都要累计学生表 S 中该学生应付的"学分收费数"字段 FEES(假设每学分收费 20 元)。可以如下定义触发器。

```
CREATE TRIGGER SC_INS_UPDATE_S ON SC
AFTER INSERT
AS
DECLARE @price int
Set @price = 20
if update(sno)
UPDATE S
  SET FEES = FEES + @price * (SELECT CREDIT
                             FROM C
                             WHERE  C.CNO = (SELECT CNO FROM inserted))
WHERE SNO =  (SELECT SNO FROM inserted);
RETURN
```

另外,再创建一个名为 SC_DEL_UPDATE_S 的"退课"触发器。该触发器的功能是: 学生每退一门课程(即 SC 表中每删除一条记录),都要在 S 表的"学分收费数"字段 FEES 做差运算,可以如下定义触发器。

```
CREATE TRIGGER SC_DEL_UPDATE_S ON SC
AFTER   DELETE
AS
DECLARE @price float
Set @price = 20
UPDATE S
  SET FEES = FEES - @price * (SELECT CREDIT
                             FROM C
                             WHERE  C.CNO = (SELECT CNO FROM deleted))
WHERE SNO =  (SELECT SNO FROM deleted);
RETURN
```

在"对象资源管理器"窗口所建立的触发器如图 12.47 所示。

图 12.47　在 STUDENT 数据库上所建的触发器

小　　结

本课程是一门具有很强的应用性和可操作性的课程。目前已经有许多成熟的 DBMS
产品和软件开发工具。DBMS 产品有 Oracle、DB2、SYBASEHE 和 SQL Server。

Microsoft SQL Server 是现在用得比较普遍的一种 DBMS 产品。

本章先介绍了 Microsoft SQL Server 的基本知识，然后结合实例较详细地介绍了使用
Microsoft SQL Server 2016 进行数据库系统设计的方法，最后介绍了 SQL Server 的高级应
用技术。

建议读者在学习的同时对本章介绍的内容进行上机练习，在上机练习的过程中进一步
深刻理解本章的内容。上机的重点是数据库系统模式设计的操作步骤、Microsoft SQL
Server Management Studio 的使用方法和 SQL Server 高级应用技术的应用。

SQL Server 关系数据库系统

实 验 题

实验一 SQL Server 2016 系统了解和创建数据库

一、目的与要求

1. 初步了解 SQL Server 2016,学习使用 SQL Server 的常用工具。

2. 练习 Microsoft SQL Server Management Studio 的使用。

3. 重点练习创建数据库和基本表,定义基本表的主键和外键。

4. 学会数据库的备份和恢复。

二、实验内容

1. 观察 Microsoft SQL Server Management Studio 主要成分

(1) 打开 SSMS,了解对象资源管理器等的作用。

(2) 找到系统自带的四个系统数据库。

(3) 了解系统提供的各种服务。

(4) 了解系统提供的各种管理工具。

(5) 练习使用帮助功能。

2. 定义数据库

(1) 创建和撤销数据库。

数据库名为 STUDENT,它的数据文件名为 STUDENT. MDF,初始容量 10MB,需要时每次增长 20%。

① 用菜单创建再删除这个数据库。

② 用 SQL 语句创建再删除这个数据库。

③ 用创建数据库向导创建这个数据库。

(2) 查看和改变数据库定义。

查看上面建立的数据库的设置,并把数据库文件的最大容量修改为无限大,把日志修改为每次以 1MB 空间增长。

3. 基本表定义

学生表:S(NO,SNAME,SEX,AGE,SDEPT,FEES)

教师表:T(TNO,TNAME,TDEPT,TCLASS)

课程表:C(CNO,CNAME,CREDIT,CDEPT,TNO)

学习情况表:SC(SNO,CNO,GRADE,PGRADE,EGRADE,POINT)

中文含义:学生(学号,姓名,性别,年龄,专业,学费),教师(工号,姓名,专业,类别),课程(课程号,课程名,学分数,开课专业,任课教师工号),成绩(学号,课程号,考试成绩,平时成绩,总评成绩,绩点)。

(1) 用 SSMS 创建表 S、T 和 C,并且定义各表主键。

(2) 用 SQL 语句或关系图创建 SC 表并定义主键和外键,定义用户规定的完整性(成绩在 0～100)。

4. 利用图形界面和 INSERT 语句,向 S、T、C 和 SC 表输入数据(参考表 12.1)。

5. 数据库的备份和恢复。

(1) 在 SSMS 中,对 STUDENT 数据库进行备份后,删除 STUDENT 数据库。

(2) 再新建 STUDENT 数据库,使用(1)的 STUDENT 备份恢复 STUDENT 数据库。

三、实验前准备

1. 明确本实验的目的、要求和实验内容。

2. 写出完成 3(1) 和 3(2) 的 SQL 语句。

3. 在表 12.1 的基础上,设计为完成 4 向 S,T、C 和 SC 表输入数据的模拟数据。

四、实验报告要求

1. 列出这次实验中使用过的 SQL Server 工具。

2. 列举进入联机帮助的方法。

3. 写出在 SSMS 中进行以下操作的步骤:

(1) 创建和撤销数据库。

(2) 创建和撤销表。

4. 验证完成 3 的 SQL 语句的正确性。

5. 上机体会。

实验二　SQL Server 2016 操纵数据和使用视图

一、目的与要求

1. 熟练进行数据库数据的查询。

2. 练习对数据库数据的更新。

3. 练习视图的创建和数据操纵。

二、实验内容

1. 使用 SQL 语句完成以下查询

(1) 检索王晓名老师所授课程的课程号和课程名。

(2) 检索年龄大于 22 岁的男学生的学号与姓名。

(3) 检索李铭同学不学的课程的课程号。

(4) 检索全部学生都选修的课程号与课程名。

(5) 求选修 C2 课程的学生的平均年龄。

(6) 统计每门课程的学生选修人数(超过 5 人的课程才统计)。要求输出课程号和人数,查询结果按人数降序排列,若人数相同,按课程号升序排列。

(7) 检索姓名以李打头的所有学生的姓名与年龄。

(8) 求年龄大于女同学平均年龄的男同学姓名和年龄。

2. 使用 SQL 语句完成以下更新

(1) 将元组('S10','吴坚',22)添加到 S 表中。

(2) 另建一个表 STUDENT(SNO,NAME,SEX),将各门课程的总评成绩都达到 80 分的同学的有关数据存入该表。

(3) 从 SC 中删除没有考试成绩的元组。

(4) 删除学生刘成刚的选修课程和成绩。

(5) 把数据结构课程考试成绩不及格的总评成绩改为空值。

(6) 把低于总平均考试成绩的女同学的考试成绩提高 5%。

(7) 对于所有选修 C4 课程的学生,总评成绩如果小于或等于 75 就提高 5%,否则提高 4%。

3. 建立一个视图,能够从中查询每个学生的学号、姓名、已取得总评成绩的课程数和平均总评成绩,再在该视图上试着进行各种查询和更新。

三、实验前准备

1. 明确本实验的目的、要求和实验内容。

2. 写出完成本实验内容的 SQL 语句。

3. 在表 12.1 的基础上,为了使完成"二、实验内容"中所要求的查询结果有意义而设计为向 S,T、C 和 SC 表输入数据的模拟数据。

四、实验报告要求

1. 整理出本次实验中的全部 SQL 语句和相应结果。

2. 上机体会。

实验三　SQL Server 2016 高级技术的使用

一、目的与要求

1. 练习存储过程的建立和使用。

2. 学会触发器的使用。

二、实验内容

1. 存储过程的建立和使用

(1) 创建存储过程，使其具有如下功能：根据所提供的学号参数，返回该学生的学习情况信息。

(2) 查看和修改存储过程。

(3) 使用存储过程。

(4) 删除存储过程。

2. 触发器的建立和使用

(1) 创建两个触发器，分别具有如下功能：

① 将删除的学生选课信息转移到存档学生选课表（SCBACK）中；

② 每录入一个考试成绩后，总评成绩修改为平时成绩的 20% 加上考试成绩的 80%。

(2) 查看和修改触发器。

(3) 使用触发器。

在 SSMS 中，通过对 SC 表进行数据的增加、修改和删除操作，验证所创建的触发器的正确性。

(4) 删除触发器。

三、实验报告要求

1. 整理出本次实验中的 SQL 语句。

2. 说明使用存储过程和触发器的步骤。

3. 上机体会。

第 13 章　PowerBuilder 2018 数据库应用开发简介

PowerBuilder 是由 Sybase 公司开发的具有图形接口的客户机服务器模式和分布式数据库应用程序的前端开发工具,它以功能强大,数据窗口使用灵活、面向对象的开发能力等优势,在数据库应用领域占据了重要地位。

本章首先介绍 PowerBuilder 2018 集成开发环境,结合一个完整的实例,再介绍一个使用 PowerBuilder 2018 开发设计应用程序的整体概念,最后介绍 PowerBuilder 编程环境及 PowerScript 语言方面的知识。

13.1　PowerBuilder 特点

(1) PowerBuilder 具有与底层数据库紧密连接的能力。

PowerBuilder 的主要特色是数据窗口(DataWindow),通过数据窗口可以方便地对数据库进行各种操作,可以直接与 Sybase、SQL Server、Informix、Oracle 等大型数据库连接。

(2) PowerBuilder 具有强大的查询、制作报表和图形功能。

由 PowerBuilder 提供的可视化查询生成器和多个表的快速选择器可以建立查询对象,并把查询结果作为各种报表的数据来源。PowerBuilder 主要适用于管理信息系统的开发,特别是客户机/服务器结构。

(3) PowerBuilder 是一款可视化、多特性的开发工具。

全面支持 Windows 或 Windows NT 所提供的控制、事件和函数。PowerScript 语言提供了几百个内部函数,并且具有一个面向对象的编译器和调试器,可以随时编译新增加的代码,带有完整的在线帮助和编程实例。

(4) PowerBuilder 具有功能强大的面向对象技术。

支持通过对类的定义来建立可视或不可视对象模型,同时支持所有面向对象编程技术,具有继承、封装性和多态性等特点。这些特性确保了应用程序的可靠性,提高了软件的可维护性。

(5) PowerBuilder 能支持高效的复杂应用程序。

对基于 Windows 环境的应用程序提供了完备的支持,这些环境包括 Windows、Windows NT 和 OS/2。开发人员可以使用 PowerBuilder 内置的 Watcom C/C++来定义、编译和调试一个类。

13.2　PowerBuilder 2018 集成开发环境

在 PowerBuildr 2018(以下简称 PB 2018)中,为用户提供了一个功能强大的集成开发环境,其中主要包括创建各种应用对象所使用的一系列画板以及各种工具。在 PB 2018 中,所有的开发接口均为 Windows 风格,包括多种菜单、按钮、快捷键、工具栏、按钮的功能提示(PowerTip)以及对话框等。

13.2.1　工作空间、目标和库文件

在 PB 2018 中,开发空间有三个层次:工作空间(Workspace)、目标(Target)和库文件(Library)。工作空间可以看成是开发各种应用的"空间"或"容器"。用户在进行开发工作前,必须首先建立或打开一个工作空间。建立一个工作空间将产生一个扩展名为 .pbw 的文件,其中记录了有关工作空间的信息。在 PB 2018 中一次只能打开一个工作空间。

目标用于描述加入到工作空间的应用或组件。在一个工作空间中可以建立多个目标,每个目标将对应于一个扩展名为.pbt 的文件,其中记录了有关目标的信息。在工作空间中,可以在多个目标中同时打开多个对象进行编辑,因此可以同时部署和建立多个目标,即可以同时开发多个应用。

每个目标实际上就是一个应用程序,它可以对应一个或多个 PowerBuilder 库文件(即扩展名为.pbl 的文件)。

13.2.2　PB 2018 主窗口

当启动时,首先打开一个在顶部含有菜单条和工具栏,在左部含有系统树和剪贴板的窗口,右边为窗口设计的操作视图,如图 13.1 所示。

13.2.3　系统树、剪贴和输出窗口

系统树窗口、剪贴窗口和输出窗口是 PowerBuilder 集成开发环境的重要特征。

1. 系统树窗口

系统树窗口为 PowerBuilder 开发人员提供了关于工作空间的活动状态视图,它和 Windows 的资源管理器很相似,所有的组件、功能、属性、事件都可通过系统树窗口一层层展开来访问,如图 13.2 左上部所示。可以使用系统树窗口打开、运行、调试、编译目标,也支持拖放式操作。

通过使用 PowerBar 上的 System Tree 按钮🔳或选择 Windows 菜单中的 System Tree 子菜单来实现隐藏或显示系统树窗口。

2. 剪贴窗口

剪贴窗口是一个用于临时存放常用代码的窗口,与 Windows 提供的剪贴板有所不同,Windows 的剪贴板一次只能存放一段代码,而 PB 2018 的剪贴窗口可以存放任意数量的剪贴代码。具体地说,将一段常用的代码复制到 Windows 剪贴板,然后将该剪贴板的内容粘贴到剪贴窗口,并为之指定一个名字,如图 13.2 左下部所示,用同样的方法将多段常用的代码粘贴到剪贴窗口。

在需要的时候,可以从剪贴窗口中选择一段要重复使用的代码,然后将其复制到 Windows 的剪贴板中,最后再将代码粘贴到需要的位置。

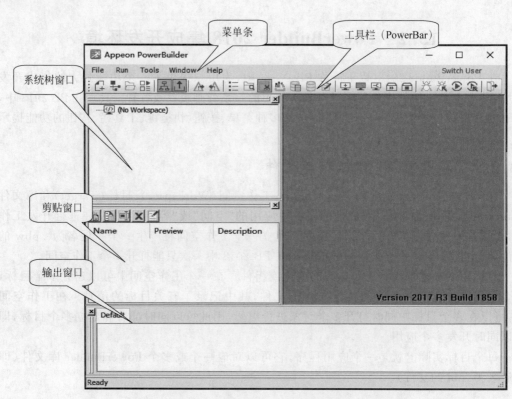

图 13.1　PB 2018 开发环境主窗口

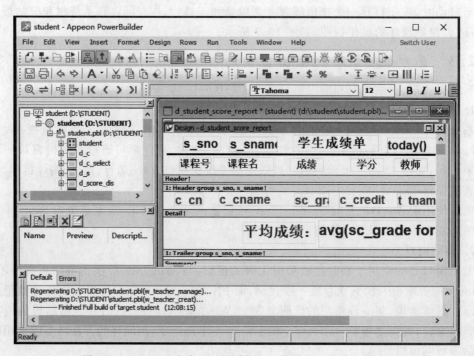

图 13.2　PB 2018 主窗口(系统树窗口、剪贴窗口和输出窗口)

3. 输出窗口

输出窗口用于显示对开发人员作出的操作响应,它可以显示移植、编译、部署、执行、保存等多种操作后系统响应的信息,如图 13.2 下部所示。输出窗口可以使开发人员在 PB 2018 的集成开发环境中及时得到所需的反馈信息。

13.2.4 工具栏

1. 三种工具栏

(1) PowerBar 是 PB 2018 的主控菜单工具栏。

当开始执行一个 PowerBuilder 任务时,PowerBar 也随之显示。PowerBar 是开发 PowerBullder 应用时的主要控制点。通过单击 PowerBar 上的命令按钮,可以打开一个 PowerBuilder 画板、浏览器、调试器以及运行当前应用程序、打开其他应用和修改库文件搜索路径。在 PowerBar 上单击 New、Inherit 或 Open 按钮可以打开所有的 PowerBuilder 画板。

(2) PainterBar 是 PowerBuilder 提供的操作当前画板组件的工具栏。

当打开一画板时,PowerBuilder 会显示一个带有工作区的新窗口,用户能在这个工作区中对指定对象进行编辑。同时,PowerBuilder 也会显示一个新的工具条 PainterBar。这个 PainterBar 包含了在当前画板中进行操作的按钮。PainterBar 是对当前的画板组件操作的。因此,当打开不同的画板时,PainterBar 是不一样的。

PainterBar 和 PowerBar 的区别在于 PowerBar 是第一层工具条,而 PainterBar 是当第一层工具条的某个画板打开后才出现的第二层工具条。

(3) StyleBar 是用来设置文本显示格式的工具栏,当打开的任意画板(如 Windows 画板)中含有文本类控件时就会出现 StyleBar,使用 StyleBar 上的按钮可以修改文本的属性(如字体、字的大小等)。

2. 定制工具栏

(1) 工具栏的定位。

PowerBuilder 的工具栏不仅可以固定在屏幕的顶部,也可以把它安置在屏幕底部、左部、右部或其他任意位置。方法是选择 Tool → Toolbars 命令,进入 Toolbars 对话框,如图 13.3 所示。在 Select Toolbar 列表框中选择要定制的工具栏,通过选择 Move 选项区域中的单选按钮,可以将 PowerBar、PainterBar 或 StyleBar 定位在屏幕的任意位置。在屏幕顶部的默认选择是 Top,设置到左部选择 Left,设置到右部选择 Right,设置在底部选择 Bottom,如果要使工具栏能随意移动则选择 Floating。

(2) 在图标按钮中显示小提示。

新用户一般对工具栏中图标按钮的含义都不太清楚,为了更具直观性也可以将此图标的简短小提示直接显示在图标按钮上,这样的图标就要比原来大一些。具体操作是在图 13.3 所示的接口上选中 Show Text 复选框。

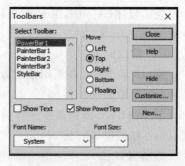

图 13.3　Toolbars 对话框

(3) PowerBar 的定制。

PowerBuilder 允许用户自己定制 PowerBar,可以把常用的图标按钮添加到 PowerBar

上,也可以把不常用的图标按钮从 PowerBar 上去掉。具体操作如下所述。

在图 13.3 中的 Select Toolbar 列表框中选择所要定制的工具栏 PowerBar1,然后单击 Customize 按钮,弹出 Customize 对话框,如图 13.4 所示。该对话框包括上下两部分:上半部分 Selected palette 给出了 PowerBuilder 可供选择的全部图标按钮,下半部分 Current toolbar 列出了当前 PowerBar 上的图标按钮。可以通过鼠标拖曳的方式为 PowerBar 添加和删除图标按钮,单击 OK 按钮定制完成。此外,在 PowerBulder 工具栏区域的空白处双击,也可出现 Toolbars 对话框,重复上述方法,可完成工具栏的定制。

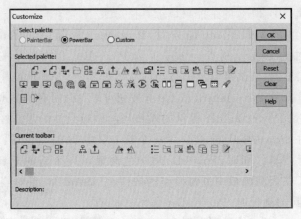

图 13.4　Customize 对话框

13.2.5　画板

PowerBuilder 为开发人员提供了一个高度集成的开发环境;这个环境由一系列"画板" (Painter,它的实际含义是工具或工具箱,或者把它看作 PowerBuilder 大环境下的一个小环境)构成,包括窗口、菜单、数据窗口、数据库、应用程序管理、调试等。在 PowerBuilder 中是使用画板来建立应用程序的各个部件,PowerBuilder 为每一类对象提供了一个画板,也就是说画板提供了建立对象的分类工具。例如,用窗口画板建立了一个窗口,在此窗口中,就可以定义窗口的属性,增加控件,如按钮和文本框等。

PowerBuilder 为每种类型的对象都提供了一个画板。下面简单介绍八个最主要的画板。

(1) 应用程序画板。

应用程序(Application)画板用于设定应用程序的信息,如名称和用来存放应用对象的 PowerBuilder 库文件。

(2) 窗口画板。

窗口(Window)画板用于建立应用程序所需要的窗口。

(3) 菜单画板。

菜单(Menu)画板用于建立窗口所需要的菜单。

(4) 数据窗口画板。

数据窗口(Data Window)画板用于建立一个数据窗口对象,它能显示数据库信息。数据窗口是 PowerBuilder 应用软件中使用的一种特殊对象。数据窗口是智能的,它们知道如何执行显示数据库信息所必需的动作。根据应用的不同,甚至可能不用写任何代码就可以访问、显示和报告数据库中的信息。

（5）数据库画板。

数据库（Database）画板用于维护数据库，管理用户对数据库的访问，以及处理数据库中的数据。

（6）库画板。

库（Library）画板用于创建和维护 Powerbuilder 对象库。

（7）工程画板。

工程（Project）画板通过设定应用的组成来建立工程文件，编译应用，创建可执行程序。

（8）调试画板。

调试（Debug）画板用于设置断点，单步运行应用程序，并在执行过程中观测变量。

13.3　PB 2018 连接 SQL 数据库实例

连接数据库是 PowerBuilder 开发数据库应用程序时，首先要完成的任务。PowerBuilder 在访问数据库之前，必须首先与要使用的数据库建立连接。这种连接是建立在驱动程序（数据库接口）之上的。PB 2018 除了支持标准的 ODBC 驱动程序接口外，还为常用的大型数据库管理系统（如 SQL Server、Sybase、Oracle、Informix 等）提供了专用的数据库接口。本节主要介绍 PB 2018 如何使用 ODBC 驱动程序接口连接 SQL 数据库。

13.3.1　创建数据源

不管是在 PowerBuilder 环境下操作数据库，还是在应用程序中使用数据库，如果是通过 ODBC 连接数据库，则必须先创建 ODBC 数据源。可以通过 PB 2018 的 Database Profiles（数据库配置文件）对话框调用 ODBC 管理程序（也可以在桌面的其他地方调用）来进行创建。在本实例中，使用 SOL Server 2016 已经建立了的数据库 STUDENT。创建数据源的操作步骤如下所述。

（1）单击 PowerBar 上的 DB Profiles 画板图标，进入数据库配置文件画板工作窗口，选择 ODB ODBC→Utilities 选项，如图 13.5 所示。

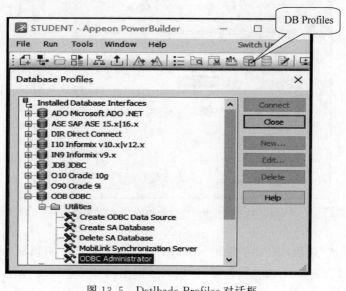

图 13.5　Datlbade Profiles 对话框

（2）双击 ODBC Administrator 命令，出现如图 13.6 所示的"ODBC 数据源管理程序"对话框。

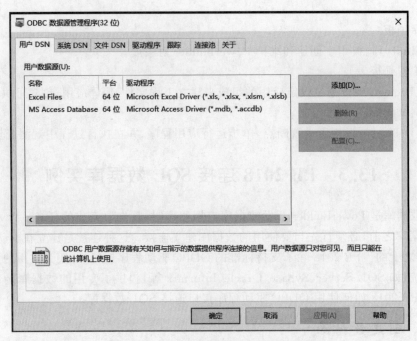

图 13.6　"ODBC 数据源管理器"对话框

（3）在"用户 DSN"选项卡中，单击"添加"按钮，进入"创建新数据源"对话框后，从列表框中选择 SQL Server 选项，如图 13.7 所示。

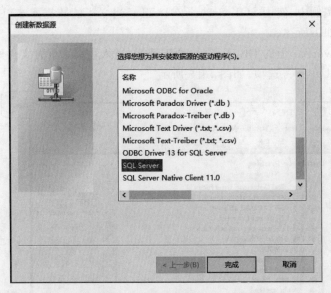

图 13.7　"创建新数据源"对话框

（4）单击"完成"按钮，进入"创建到 SQL Server 的新数据源"对话框后，在"名称"文本框中输入 STUDENT_SQL，在"服务器"下拉列表框中选择要连接的 SQL Server 服务器：

local(表示选择本机安装的 SQL Server),如图 13.8 所示。

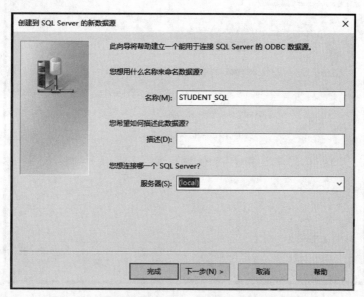

图 13.8　"创建到 SQL Server 的新数据源"对话框一

(5) 单击"下一步"按钮,进入"创建到 SQL Server 的新数据源"对话框二,如图 13.9
所示。

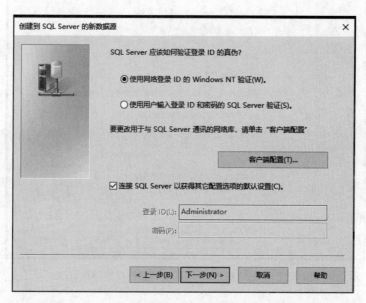

图 13.9　"创建到 SQL Server 的新数据源"对话框二

(6) 使用默认选择,单击"下一步"按钮,进入"创建到 SQL Server 的新数据源"对话框
三,选中"更改默认的数据库为"复选框,在下拉列表框中选择 STUDENT 选项,如图 13.10
所示。

(7) 单击"下一步"按钮,进入"创建到 SQL Server 的新数据源"对话框四,如图 13.11
所示。

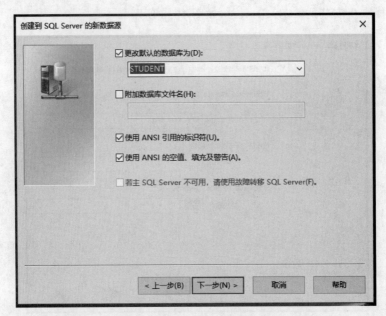

图 13.10 "创建到 SQL Server 的新数据源"对话框三

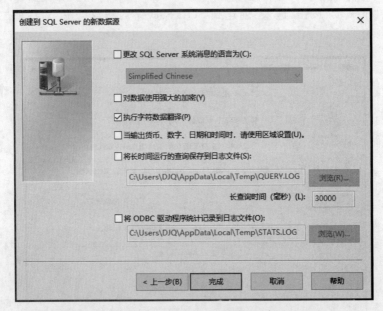

图 13.11 "创建到 SQL Server 的新数据源"对话框四

(8) 使用默认选择,单击"完成"按钮,进入"ODBC Microsoft SQL Server 安装"界面,如图 13.12 所示。

(9) 单击"测试数据源"按钮,进入"SQL Server ODBC 数据源测试"窗口,在此窗口中报告了数据源建立成功与否的信息,如图 13.13 所示,至此,SQL Server ODBC 数据源已成功创建。

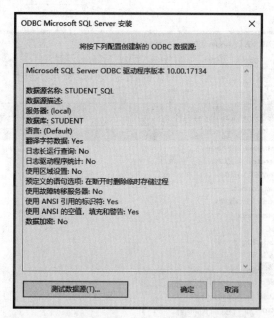

图 13.12　"ODBC Microsoft SQL Server 安装"界面

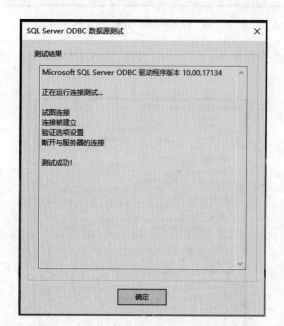

图 13.13　SQL Server ODBC 数据源测试

13.3.2　定义数据库描述文件

在创建 ODBC 数据源以后,必须先定义数据库描述文件,才能与数据源建立联系。定义数据库描述文件步骤如下所述。

(1) 单击 PowerBar 上的 Database 画板图标,进入数据库配置文件 Database Connections 画板窗口,右击树窗口中的 ODB ODBC,如图 13.14 所示。

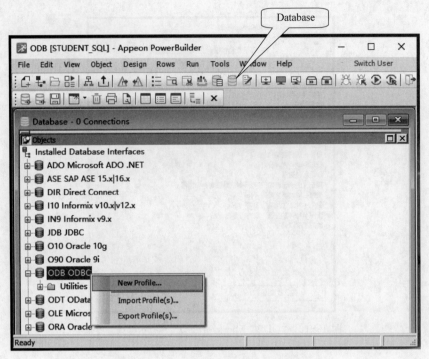

图 13.14　Datebase Connictions 画板窗口

（2）在弹出的菜单中选择 New Profile 选择，进入 Database Profile Setup-ODBC 对话框，如图 13.15 所示。

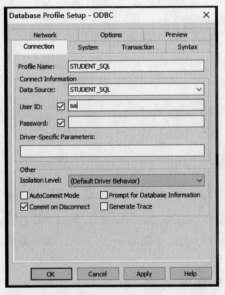

图 13.15　Datebase Profile Setup-ODBC 对话框

（3）在 Profile Name 文本框中输入配置文件名 STUDENT_SQL，在 Data Source 下拉列表框中选择前面已建立的数据源 STUDENT_SQL。在 User ID 文本框输入数据库用户名，默认值为 sa；在 Password 文本框中输入密码，默认值为空。

（4）单击 OK 按钮，返回 Database Connections 窗口。

（5）单击窗口中 ODBC 前的"＋"号，显示中多了一个名为 STUDENT_SQL 的配置文件，如图 13.16 所示。

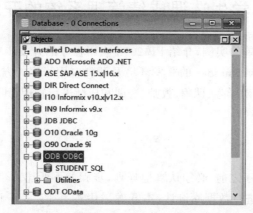

图 13.16　STUDENT_SQL 配置文件建立后

13.3.3　连接数据源

定义数据库描述文件后，还必须连接数据库，步骤如下所述。

（1）单击 PowerBar 上的 Database 画板图标，进入数据库配置文件 Database Connections 画板窗口。

（2）单击窗口中 ODBC 前的"＋"号，右键之前创建的数据库描述文件 STUDENT_SQL。

（3）单击 Connect 按钮，PowerBuilder 就可以成功地连接 STUDENT_SQL 数据库，如图 13.17 所示。

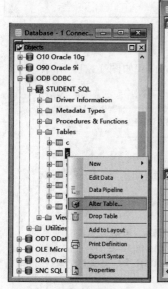

(a) 修改S表结构

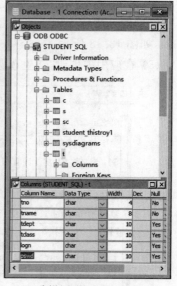

(b) S表增加两个字段logn和pswd　　(c) T表增加两个字段logn和pswd

图 13.17　Database 画板

313

第 13 章

在此数据库画板中,可以对 STUDENT_SQL 数据库中的表进行所需的各种操作,如图 13.17(a)~(c)所示。

13.4 学生选课成绩管理系统的开发过程

本节将通过一个简单的实例,介绍 PB 2018 应用程序的开发步骤,目的是在尽可能短的时间内,使读者了解 Powerbuilder 的开发环境及开发应用程序的方法和步骤。

在本实例完成后,可对学生、课程、教师、选课和成绩进行管理,其运行主窗口如图 13.18~图 13.23 所示。

13.4.1 规划

在开发一个应用程序之前,必须认真地规划,步骤如下所述。

(1) 首先根据需求进行数据库设计,本开发采用本书 13.3 节 PB 2018 连接 SQL 数据库实例的方法。

(2) 在 D 盘 STUDENT 子目录下建立一个工作空间(Workspace)STUDENT 包含一个应用(Application)对象 student。

(3) 在应用中,创建 10 个数据窗口(Data Windows),其中包括五个不带参数的数据窗口:课程表(d_c)、学生表(d_s)、教师表(d_t)和教师列表(d_t_select)、成绩分布情况(d_score_dis);另外还有五个带参数的数据窗口:学生选课情况(d_select_student_cours)、学生详细信息(d_select_student)、学生成绩(d_select_student_score)、学生成绩报告单(d_student_score_report)、成绩输入(d_score_input)。

图 13.18 "系统登录"主窗口

(4) 在应用中创建"系统登录"主窗口:w_login,如图 13.18 所示。

(5) 在应用中创建"学生选课管理"主窗口:w_select_course,如图 13.19 所示。

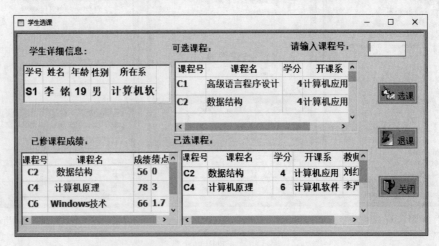

图 13.19 "学生选课管理"主窗口

（6）在应用中创建"学生成绩单"子窗口：w_select_student_score_report，如图 13.20 所示。

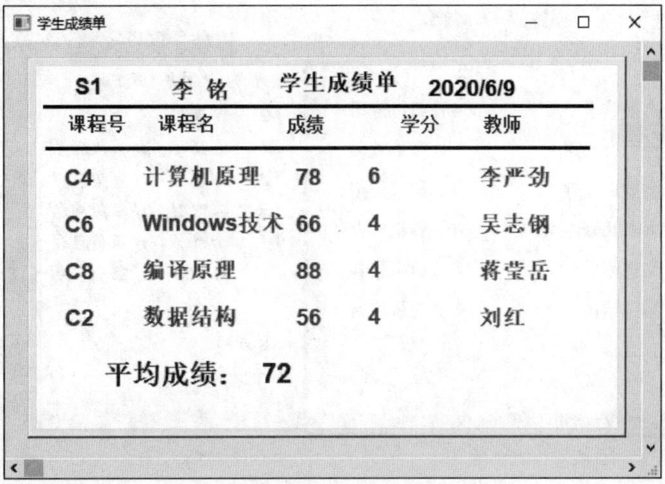

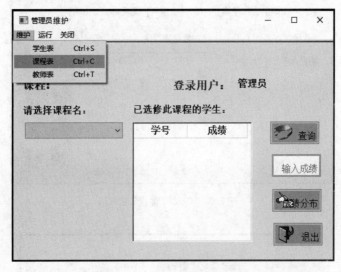

图 13.20　"学生成绩单"窗口

（7）在应用中创建"管理员维护"主窗口：w_ management，如图 13.21 所示。

图 13.21　"管理员维护"主窗口

（8）在应用中创建"课程信息维护"窗口：w_creat_course，如图 13.22 所示。

（9）在应用中创建"成绩管理"主窗口：w_teacher _manage，如图 13.23 所示。

在应用中创建另两个窗口（Windows）w_creat_student 和 w_creat_teacher，分别用于维护学生表和教师表，窗口界面如图 13.24 和图 13.25 所示。

（10）在"系统登录"应用对象中书写脚本，使该应用具有如下功能。

应用开始时，出现系统登录窗口（w_login），等待用户输入用户名和密码，单击"登录"按钮，如图 13.18 所示，系统根据不同的用户身份，分别进入"学生选课管理"主窗口（w_select_course）、"管理员维护"主窗口（w_ management）和教师"成绩管理"主窗口（w_teacher_manage）。

图 13.22 "课程信息维护"窗口

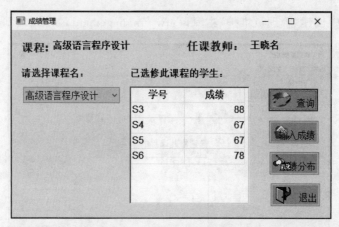

图 13.23 "成绩管理"主窗口

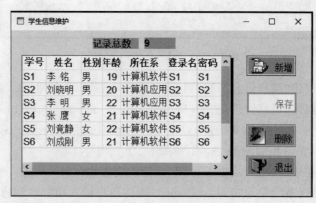

图 13.24 "学生信息维护"窗口

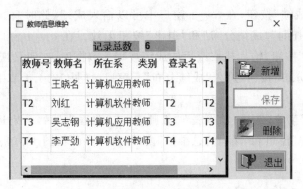

图 13.25　"教师信息维护"窗口

(11) 在"学生选课管理"主窗口的应用对象中书写脚本,使该应用具有如下功能。

① 进入 w_select_course 窗口后,其中 dw_1、dw_2 和 dw_4 窗口分别显示该学生的详细信息、已修课程成绩和已选课程,dw_3 窗口显示可以选修的全部课程,如图 13.26 所示。

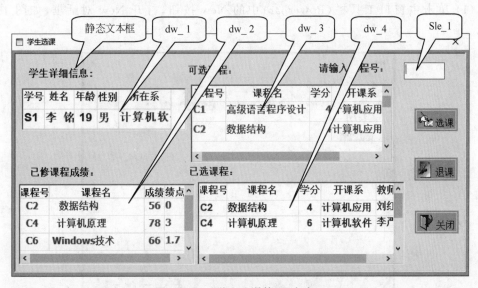

图 13.26　"学生选课管理"主窗口

② 当在 Sle_1 单行文本框中输入课程号,并单击"选课"按钮后,在 dw_4 窗口中显示该学生当前所选课程情况。

③ 当在 Sle_1 单行文本框中输入课程号,并单击"退课"按钮后,在 dw_4 中显示该学生退课后的选课情况。

④ 双击 dw_2 窗口,显示"学生成绩单"子窗口,如图 13.20 所示。

⑤ 单击"关闭"按钮返回(退出应用)。

(12) 在"管理员维护"主窗口的应用对象中书写脚本,使该应用具有如下功能。

① 进入 w_management 窗口,其中下拉列表框(ddlb_cname)和数据窗口(dw_1)显示为空。

② 单击"请选择课程名"下拉列表框,选择一门课程,再单击"查询"按钮后,在 dw_1 窗口中显示该课程所选学生信息。

③ 单击"输入成绩"按钮,在 dw_1 窗口中可以输入成绩,此时"输入成绩"按钮改变为"保存"按钮,并且"查询""成绩分布"和"退出"按钮无效。在 dw_1 窗口中输入成绩或修改成绩后,单击"保存"按钮,输入或修改后的成绩被写入数据库,按钮又恢复为原始状态。

④ 单击"成绩分布"按钮,进入"成绩分布"子窗口,详见 13.4.4 节中创建 Graph 格式的数据窗口。

⑤ 单击"维护"菜单,选择"学生表""教师表"或"课程表"后,分别进入"学生信息维护"窗口"教师信息维护"窗口和"课程信息维护"窗口,窗口界面如图 13.24、图 13.25 和图 13.22 所示。

13.4.2 建立工作空间

在 PB 2018 中用工作空间(Workspace)管理应用程序。在一个工作空间中可以建立多个应用程序,可以同时开发和管理多个应用程序。

用 PB 2018 开发应用程序必须首先建立工作空间,建立新的工作空间的步骤如下所述。

(1) 单击主窗口工具栏(Powerbar)中的 New 按钮,打开 New 对话框,如图 13.27 所示。

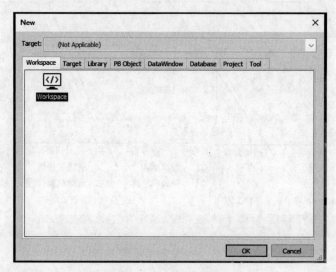

图 13.27 New 对话框

(2) 选择 Workspace 选择卡,双击 Workspace 图标,打开 New Workspace 对话框,如图 13.28 所示。

(3) 选择保存工作空间文件的目录 D:\STUDENT,在"文件名"文本框中输入 STUDENT。

(4) 单击"保存"按钮。

经过以上步骤建立了一个名为 STUDENT 工作空间,可以通过选择 Window→System Tree 选项,打开系统树窗口如图 13.29 所示。

13.4.3 建立目标和应用对象

在 PB 2018 工作空间管理的是目标(Target),每个目标对应一个应用或应用程序,在建立应用程序目标时将自动建立一个应用对象。在一个工作空间中可以建立多个应用程

图 13.28　New Workspace 对话框

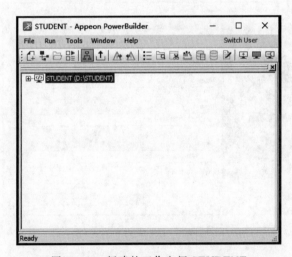

图 13.29　新建的工作空间 STUDENT

序,可以同时开发和管理多个应用程序。建立目标的步骤如下所述。

（1）单击主窗口工具栏（Powerbar）中的 New 按钮,打开 New 对话框,选择 Target 选择卡,如图 13.30 所示。

（2）双击 Application 图标,打开 Specify New Application and Library 对话框。

（3）在 Application Name 文本框中输入 student,按 Enter 键后,PowerBuilder 会自动地在当前打开的工作空间中生成默认的库文件名和目标文件名（也可以修改）,如图 13.31 所示。

（4）单击 Finish 按钮,完成目标的建立。

经过以上步骤建立了一个名为 student 的目标和一个名为 student 的应用程序,展开系统树窗口可以看到应用对象已经自动建立如图 13.32 所示。

第
13
章

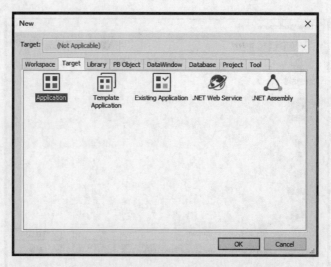

图 13.30　Target 选择卡

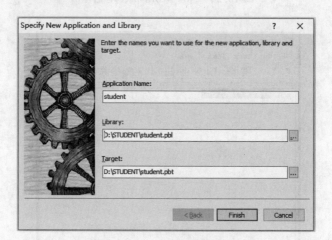

图 13.31　定义应用和库文件

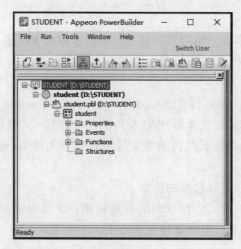

图 13.32　已建立的应用对象

13.4.4 建立数据窗口

数据窗口是 PowerBuilder 提供给开发人员快速建立应用程序的强有力的工具,也是 PowerBuilder 与其他面向对象的数据库应用前端开发工具的最主要区别。

构造数据窗口对象时,要考虑数据信息和显示格式两方面的内容。数据窗口中的数据源决定数据窗口对象从什么地方得到数据。PB 2018 支持 7 种数据源,Quick Select(快速选择)、SQL Select(SQL 选择)、Query(查询对象)、External(外部数据源)、Stored Procedure(存储过程)、Web Service(Web 服务)和 OData Service(ODATA 服务) 每种数据源都有其独到之处,开发应用程序时往往会出现多种数据源并用的情况。

显示风格决定了数据窗口以何种方式展示和表现数据。PowerBuilder 的数据窗口提供了 12 种显示风格:Composite(复合)、Crosstab(交叉列表)、Freeform(自由格式)、Graph(统计图)、Grid(表格)、Group(分组)、Label(选项卡)、N-Up(分栏)、OLE2.0(对象连接与嵌入)、RichText(超文本)、Tabular(列表)、TreeView(树状图)。上述风格只是定义了数据窗口的基本显示样式,通过设置数据窗口对象以及所包含的其他对象的属性,就能够构造出各种显示界面。

1. 创建数据窗口(d_s、d_c、d_t 和 d_t_select)

下面来创建显示学生表 S 的数据窗口,步骤如下所述。

(1) 创建数据窗口(d_s)。

① 单击 PowerBar 上的 New 按钮,打开 New 对话框,选择 DataWindow 选项卡,如图 13.33 所示。图中列出了数据窗口的 12 种显示风格,选择 Grid 格式,单击 OK 按钮。

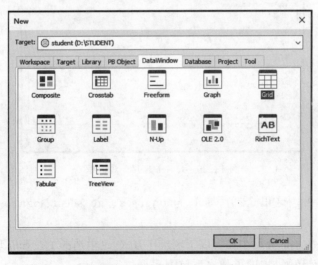

图 13.33　DataWindow 选项卡

② 这时会弹出如图 13.34 所示的 Choose Data Source for Gride Data Window 对话框,用于选择数据源,选择 Quick Select 选项,同时选中 Retrieve on Preview(预览数据窗口时检索数据)复选框,单击 Next 按钮。

③ 在弹出的如图 13.35 所示的 Quick Select 对话框中选择表和列,这里首先在 Tables 列表框中选择 S 表,然后在 Columns 列表框中选择需要的字段,如果全部列都需要,直接单

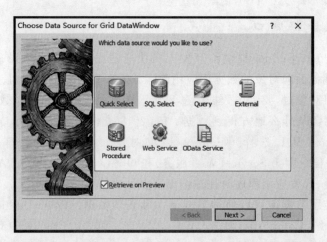

图 13.34　Choose Date Source for Gride DataWindow 对话框

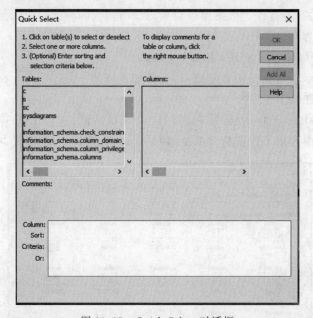

图 13.35　Quick Select 对话框

击 Add All 按钮即可。这里选择了 sno、sname、sex、age、sdept、logn、pswd 七个字段,如图 13.36 所示。

④ 在图 13.36 所示的界面中还可以指定排序方式,这里选择了按 Sno 升序(Ascending)排序(单击 Sno 的 Sort 单元格,即可弹出下拉列表框供选择)。

⑤ 单击 OK 按钮,打开 Select Color and Border Settings(设置颜色和边框)对话框,设置数据窗口的背景颜色属性,如图 13.37 所示。

⑥ 使用默认设置,单击 Next 按钮,PB 2018 显示 Ready to Creat Gride DataWindow 对话框,如图 13.38 所示。这里列出了将要建立的数据窗口对象的属性,如果发现有什么不妥,可以单击 Back 按钮,回退进行修改。

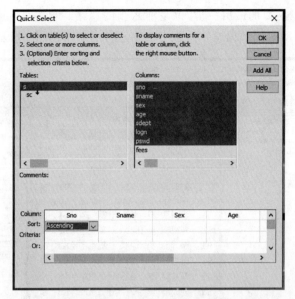

图 13.36　在 Quick Select 对话框中选择表和列

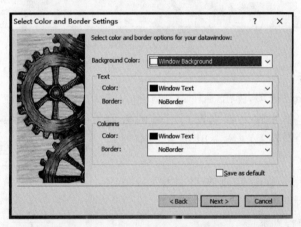

图 13.37　Select Color and Border Settings 对话框

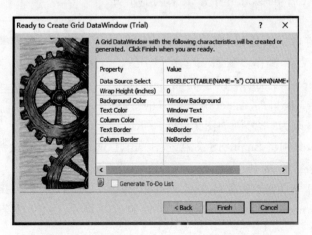

图 13.38　Ready to Create Grid DataWindow 对话框

PowerBuilder 2018 数据库应用开发简介

⑦ 这是创建数据窗口的最后一步,也是前六步的总结。单击 Finish 按钮,生成所需要的数据窗口对象并自动打开数据窗口画板 Design 窗口,如图 13.39 所示。

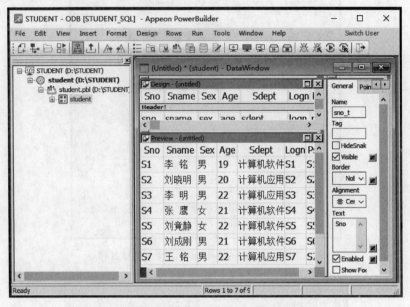

图 13.39　DataWindow 画板

（2）保存数据窗口。

① 选择 File→Save 选项,弹出 Save DataWindow 对话框。在打开的 DataWindow 对话框的 DataWindows 文本框中输入数据窗口对象的名称 d_s(数据窗口对象的名称最好统一用 d_作为前缀),如图 13.40 所示。

② 单击 OK 按钮,保存数据窗口对象后,关闭 Save DataWindow 对话框。

（3）增强数据窗口功能。

创建数据窗口之后,可以在其中修改某列显示方式以及文字颜色等。

例如,将数据窗口中页眉/标题（Header）区域内的各列名称修改为汉字,操作步骤如下所述。

① 单击 Header 区域内的一个列名,如 Sno。

② 在 Properties 窗口的 General 选项卡的 Text 文本框中,将 Sno 修改为"学号",如图 13.41 所示。

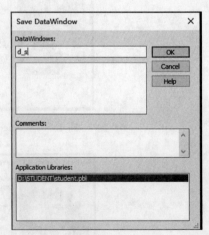

图 13.40　Save DataWindow 对话框

用类似的方法,分别将 Sname、Sex、Age、Sdept、Logn 和 Pswd 修改为"学号""姓名""性别""所在系""登录名"和"密码"。

③ 在图 13.41 所示数据窗口中的四个工作区：页眉/标题（Header）、数据/细节（Detail）、汇总（Summary）和页脚（Footer）,可以修改其尺寸、文字、线条与边框、颜色和字体等。

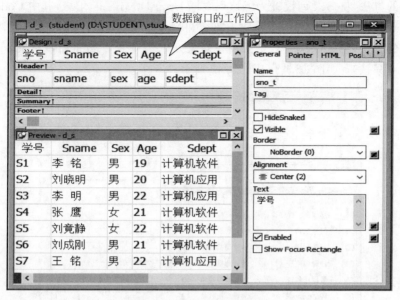

图 13.41　修改 Sno 列名

又如,将数据窗口中 Detail 区域内的所在系 Sdept 列设置为下拉列表框,步骤如下所述。

① 打开数据窗口 d_s,选择 Sdept 列。

② 单击 Edit 选项卡,在 Style type 下拉列表框中选择 Drop Down List Box。

③ 向下移动鼠标到 Code Table(码表),在 Display Value(显示值)中分别输入"计算机软件"和"计算机应用",对应的 Data value(数值)中也输入"计算机软件"和"计算机应用",如图 13.42 所示。

图 13.42　设置 Sdept 列格式

PowerBuilder 2018 数据库应用开发简介

用类似的方法,将 Sex 列设置为下拉列表框 Drop Down List Box,其中 Code Table(码表)和 Display Value(显示值)中分别输入"男"和"女"。

用同样的方法,创建课程表 C 数据窗口对象 d_c、教师表 T 数据窗口对象 d_t 和教师列表 d_t_select(只读),如图 13.43～图 13.45 所示。

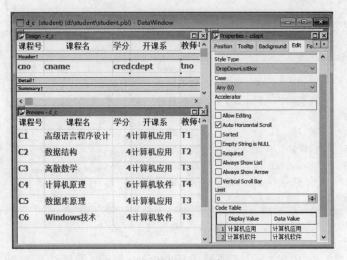

图 13.43　数据窗口对象 d_c

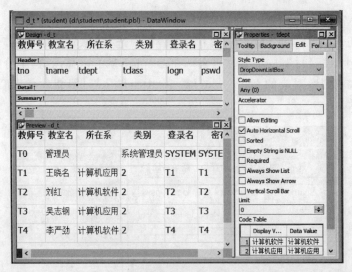

图 13.44　数据窗口对象 d_t

2. 创建带参数的数据窗口

下面来建立第五个数据窗口(d_select_student_course),通过其显示指定学生的选课情况,步骤如下所述。

(1) 指定数据源和选择表列。

① 单击 PowerBar 上的 New 按钮,打开 DataWindow 选项卡,选择其中的 Grid 格式,单击 OK 按钮,进入 Choose Data Source for Gride DataWindow 对话框,选择其中的 SQL Select 作为数据源,如图 13.46 所示。

图 13.45　数据窗口对象 d_t_select

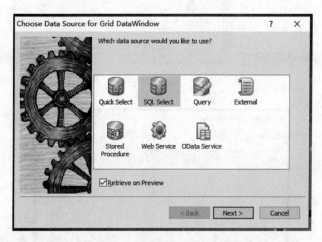

图 13.46　选择 SQL Select 数据

② 单击 Next 按钮,打开 Select 画板,在 Select Table 对话框中选择表 c、表 t 和表 sc,单击 Open 按钮,打开表 c、表 t 和表 sc,并选择表 c 和表 t 中的相关列,如图 13.47 所示。在该窗口中,上部的 Select List 子窗口中显示的是所选的列,在下面的 Syntax 子窗口中,显示的是 PB 2018 自动生成的 SELECT 语句。

(2) 定义获取参数。

为获取指定的学生选课信息,必须定义获取参数和 Where 子句,以在运行时向数据窗口传送参数,要传送的参数设置为 snum。步骤如下所述。

① 选择表列和 SELECT 语句如图 13.47 所示,单击 Design→Retrieval Arguments 按钮,将在 PB 2018 中显示 Specify Retrieval Arguments 对话框,如图 13.48 所示。

② 在 Name 文本框中输入 snum,选择 Type→String 选项。

③ 单击 OK 按钮,关闭 Specify Retrieval Arguments 对话框。

(3) 定义 Where 子句。

在图 13.49 中的 Where 子句要使用图 13.48 定义的获取参数来获取特定的记录。

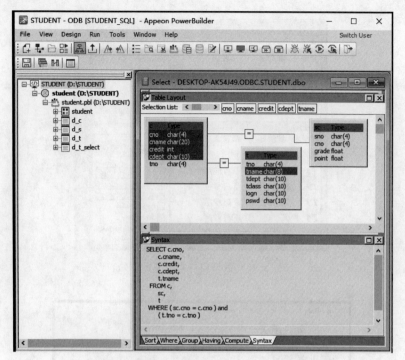

图 13.47　选择表列和 SELECT 语句

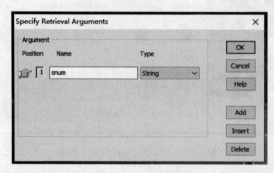

图 13.48　Specify Retrieval Arguments 对话框

定义 Where 子句的操作步骤如下所述。

① 激活 Where 子句窗口,单击 Column 列表框,PB 2018 列出 c、t 和 sc 表的所有列,从中选择 sc. sno,在 Operator 中选择"＝",在 Value 中输入前面定义的获取参数":snum",如图 13.49 所示。

② 激活 Syntax 子句,在 Select 画板的 Syntax 子窗口中显示了所定义的数据窗口的语句,如图 13.50 所示。

③ 单击 Select 画板的"关闭"按钮,在 Select 对话框中,单击"是"按钮后,显示 Select color and Border Settings(选择颜色和边框)对话框,使用默认设置。单击 Next 按钮后,显示 Ready to Creat Grid Datawindow 对话框,单击 Finish 按钮,进入 Specify Retrieval Arguments 对话框,如图 13.51 所示。此 Specify Retrieval Arguments 对话框用于提示用户输入参数值,以便打开带参数的数据窗口。

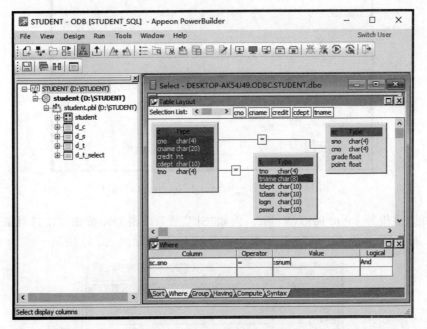

图 13.49 定义 Where 子句

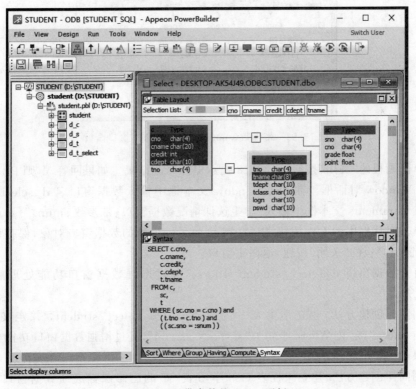

图 13.50 带参数的 Select 画板

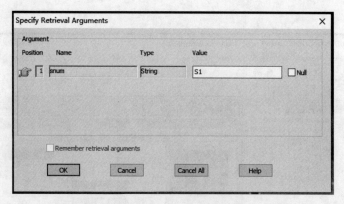

图 13.51　Specify Retrieval Arguments 对话框

④ 输入学生号 snum 的值(Value),例如"S1",然后单击 OK 按钮。窗口对象连接到数据库并获取学号 snum 为"S1"的记录显示在数据窗口中,如图 13.52 所示。

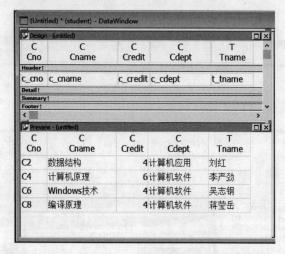

图 13.52　带参数(snum="S1")的数据窗口画板

⑤ 单击画板的"关闭"按钮,PB 2018 提示保存修改结果。如果回答 Y,则 PB 2018 显示 Save DataWindow 对话框。在 DataWindow 文本框中输入数据窗口名 d_select_student_course,在 Comments 文本框中输入"学生选课情况数据窗口(带参数 snum)"。

⑥ 单击对话框中的 OK 按钮,PB 2018 创建了一个新的数据窗口对象,保存设计结果,单击数据窗口画板的"关闭"按钮,返回主窗口。

⑦ 打开数据窗口 d_select_student_course,经过增强数据窗口功能处理后,结果如图 13.53 所示。

* 用同样创建方法,建立学生表 S 的数据窗口 d_select_student,并定义获取参数 ":snum",定义 Where 子句为"s.sno=:snum",经过增强数据窗口功能处理后,结果如图 13.54 所示。

* 用同样创建方法,建立课程表 C 和学习表 SC 的已修课程成绩数据窗口 d_select_student_score,并定义获取参数":snum",定义 Where 子句为 "s.sno=:snum and sc.grade is not null",经过增强数据窗口功能处理后,结果如图 13.55 所示。

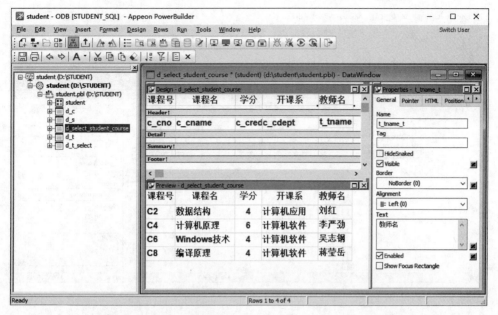

图 13.53 学生选课情况(d_select_student_course)数据窗口

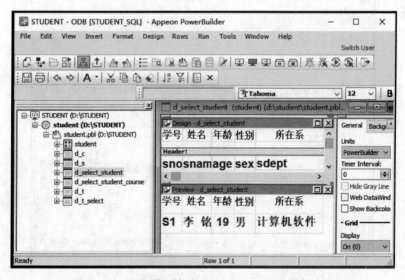

图 13.54 学生详细情况(d_select_student)数据窗口

- 用同样创建方法,建立学习表 SC 的成绩输入数据窗口 d_score_input,并定义获取参数":cnum",定义 Where 子句为"sc.cno=:cnum",经过增强数据窗口功能处理后,结果如图 13.56 所示。

3. 创建分组格式 Group 的数据窗口

下面来创建分组格式 Group 数据窗口 d_student_score_report,用于显示每个学生的成绩单。

PowerBuilder 2018 数据库应用开发简介

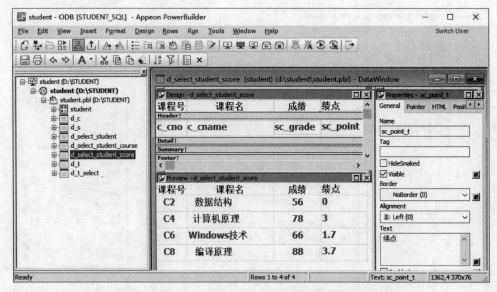

图 13.55　学生已修情况(d_select_student_score)数据窗口

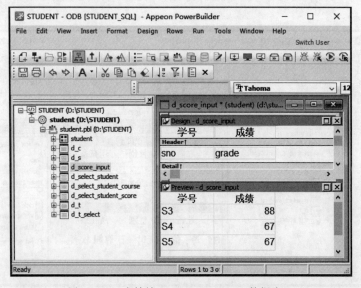

图 13.56　成绩输入(d_score_input)数据窗口

　　方法是单击 PowerBar 上的 New 按钮,打开 New 对话框,选择 DataWindow 选项卡,选择 Group 格式,单击 OK 按钮。在弹出的 Choose Data Source for Group DataWindow 对话框中选择 SQL Select(注意选中 Retrieve on Preview),单击 Next 按钮。在 Select Tables 对话框中选择表 s、c、t 和 sc 后,再选择 sno、sname、cno、cname、crediet、tname、grade 七个字段,定义获取参数":snum",定义 Where 子句使"s. sno=:snum",单击 Select 画板的"关闭"按钮。在弹出的 Select 对话窗口中,单击"是"按钮,进入 Set Report Definition 窗口,将 Source Data 中的 sno、sname 列拖到 Columns 中,单击 Next 按钮,进入 Set Group Page Data 窗口,在 Page Header 中输入"学生成绩单",再单击 Next 按钮,进入 Select Color and

Border Settings 窗口,再单击 Next 按钮,进入 Ready to Creat Gride DataWindow 对话框,单击 Finish 按钮生成所需要的数据窗口对象并自动打开数据窗口画板 Design 窗口,经过增强数据窗口功能处理后,保存数据窗口名为 d_student_score_report,结果如图 13.57 所示。

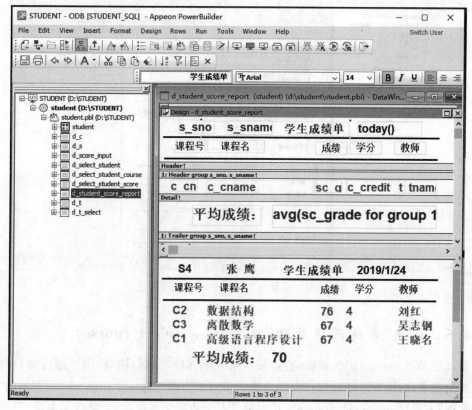

图 13.57 学生成绩报告单(d_select_score_report)数据窗口

4. 创建图形格式 Graph 的数据窗口

下面来创建图形格式(Graph)的数据窗口(d_scro_dis),用于显示各门课程的成绩。

方法是单击 PowerBar 上的 New 按钮,打开 New 对话框,选择 DataWindow 选项卡,选择 Graph 格式,单击 OK 按钮。在弹出的 Choose Data Source for Gride DataWindow 对话框中选择 SQL Select(注意选中 Retrieve on Preview),单击 Next 按钮。在 Select Tables 对话框中选择表 c 和 sc 后,选中 cno、cname 字段;接着定义 Group 子句,将 cno、cname 字段拖动到 Group 窗口的右端;接着定义 Compute 子句,输入"avg(grade) as 平均成绩",单击 Select 画板的"关闭"按钮。进入 Define Graph Data 对话框定义图形的各轴显示列:在 Calegory 下拉列表框中选择 c_cname,在 Values 下拉列表框中选择"平均成绩",选中 Series 复选框,在 Series 下拉列表框中选择"平均成绩",单击 Next 按钮。进入 Define Graph Style 对话框为图形定义标题和图形类型:在 Title 中输入"成绩分布",在 Graph Type 区域选择 Bar,再单击 Next 按钮。进入 Ready to Creat Graph DataWindow 对话框,单击 Finish 按钮生成所需要的数据窗口对象并自动打开数据窗口,经过增强数据窗口功能处理后,保存数据窗口名为 d_score_dis,结果如图 13.58 所示。

至此,已经创建了十个数据窗口。

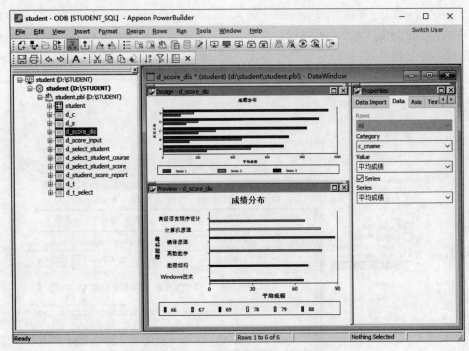

图 13.58　成绩分布(d__scroe_dis)数据窗口

13.4.5　创建"学生选课管理"主窗口(w_select_course)

窗口是 Windows 应用的基础,它是用户与应用程序之间的接口,用户通过窗口向应用对象提交请求,应用程序通过窗口向用户提供信息。下面建立一个如图 13.26 所示的"学生选课管理"主窗口(w_select_course),其中包含五个静态文本框、一个单行文本框、三个命令按钮、四个数据窗口。

1. 创建主窗口

(1) 单击 PB 2018 工具栏 PowerBar 上的 New 按钮,打开 New 对话框,然后单击 PB Object 选项卡,如图 13.59 所示。

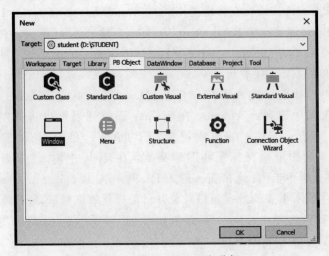

图 13.59　PB Object 选项卡

（2）双击 Window 图标（或者先选定它，然后单击 OK 按钮），即可建立一个窗口对象，并打开窗口画板，如图 13.60 所示。

（3）在窗口画板的工作区中，矩形代表要创建的窗口，可以通过拖动调整其尺寸。

窗口中可添加的控件以图形方式显示在工具栏中，如图 13.61 所示。

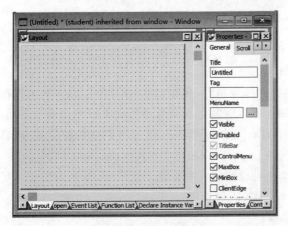

图 13.60　窗口画板

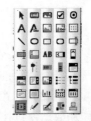

图 13.61　窗口控件

2. 添加五个静态文本框（StaticText）

添加第一个静态文本框 st_1，作为单行文本框的标题，步骤如下所述。

（1）单击 PB 2018 窗口画板 PainterBar 上的 图标，出现可创建的控件列表，如图 13.61 所示，移动鼠标，单击第二行第一个控件 A，或者选择 Insert→Control→StaticText 选项，如图 13.62 所示。

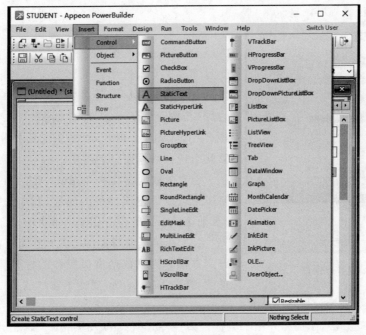

图 13.62　选择控件

PowerBuilder 2018数据库应用开发简介

（2）将鼠标移到窗口设计区域，此时鼠标变为十字形，单击窗口右上角的空白处，单击处出现一个新的静态文本框，默认名为 st_1。

（3）将鼠标定位于静态文本框 st_1 的 Properties 属性子窗口，打开 General 选择卡，在 Text 文本框中输入"请输入课程号："，再打开 Font 选择卡，将 TextColor 设置为红色（LinkActive）。

用类似的方法建立另外四个静态文本框 st_2～st_5，其 General 选择卡的 Text 文本框中分别输入："学生详细信息：""已修课程成绩：""可选课程："和"已选课程："。

3. 添加单行文本框（SinglelineEdit）

应用程序根据当前学号显示该学生的选课情况，根据输入的课程号为该学生进行选课或退课。因此必须提供单行文本框，用于输入课程号。添加单行文本框的步骤如下所述。

（1）单击 PB 2018 窗口画板 PainterBar 上的 ⊞▼ 图标，出现可创建的控件列表，移动鼠标，单击第三行第五个控件 ⊡ ，或者选择 Insert→Control→SingleLineEdit 选项。

（2）将鼠标移到窗口设计区的"请输入课程号："静态文本框下面，单击窗口空白处的适当位置，单击处出现一个新的单行文本框，默认名为 sle_1。

4. 添加数据窗口控件（DataWindow）

要在窗口中调用数据窗口，必须先在窗口中添加一个数据窗口控件，将该数据窗口控件与数据窗口对象相关联，再编写该控件的相应脚本。添加用于显示学生详细信息的数据窗口控件步骤如下所述。

（1）单击 PB 2018 窗口画板 PainterBar 上的 ⊞▼ 图标，出现可创建的控件列表，移动鼠标，单击倒数第二行第二个控件 ▤ ，或者选择 Insert→Control→DataWindow 选项。

（2）将鼠标移到窗口设计区"学生详细信息："静态文本框下面，单击窗口空白处的适当位置，单击处出现一个矩形图形，这就是数据窗口控件，默认名为 dw_1，该数据窗口控件的大小尺寸以及位置均可调整。

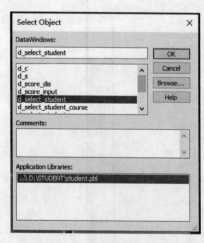

图 13.63　选择数据窗口对象

（3）将鼠标定位于数据窗口控件 dw_1 的 Propeties 属性子窗口，单击 General 选项卡，在 DataObject 文本框中输入要与此控件相关联的数据窗口对象名 d_select_student，也可以单击文本框右边的"…"按钮，在弹出的对话框中选择 d_select_student，如图 13.63 所示，单击 OK 按钮，数据窗口对象就出现在数据窗口控件中。

（4）在数据窗口控件 dw_1 的 Propeties 属性子窗口中可以设置该控件的属性，其中包括 HscrollBar（水平滚动条）和 VscrollBar（垂直滚动条）。

（5）在数据窗口控件 dw_1 上面已添加了一个静态文本框作为该数据窗口控件的标题："学生详细信息："，并在 Properties 属性子窗口的 Font 选项卡中的 TextColor 中，为文字设置字体颜色。

使用类似的方法，添加另外三个数据窗口控件 dw_2、dw_3 和 dw_4，DataObject 分别为 d_select_student_score、d_c 和 d_select_student_course，并为数据窗口控件上面的"已修课

程成绩""可选课程"和"已选课程"静态文本框设置文字字体颜色。

5. 添加命令按钮控件

在窗口中添加命令按钮的操作步骤如下所述。

① 单击 PB 2018 窗口画板 PainterBar 上的 图标,出现可创建的控件列表,移动鼠标,单击第一行第三个控件 ,或者选择 Insert→Control→PictireButter 选项。

② 将鼠标移到窗口设计区域,此时鼠标变为十字形,单击窗口上方靠右的位置,单击处出现一个命令按钮控件,默认名为 pb_1,在 Propeties 子窗口的 General 选项卡的 Text 文本框中输入"选课"。在 PictireName 文本框中输入按钮的图形文件名,也可以通过单击其后的"…"按钮的图形文件名。

使用类似的方法,添加另外两个命令按钮控件 pb_2 和 pb_3,相应地在 Propeties 子窗口的 General 选项卡的 Text 文本框中输入"退课"和"关闭"。

经过以上步骤,完成了主窗口 w_select_course 的界面设计,如图 13.26 所示。下面进一步说明如何编写事件(脚本)驱动程序。

13.4.6 编写事件驱动程序

PowerBuilder 使用 Transaction Object 事务对象将所需要的数据库信息传送给数据窗口控件,PB 2018 提供了默认的事务对象,用户也可以创建自己的事务对象。默认的事务对象名为 SQLCA,它代表 SQL 通信区域,事务对象名 SQLCA 全局有效,即在任何事件驱动程序(脚本)中均可使用。事务对象可以用于向数据库发送信息,也可以从数据库中获取信息。

1. 编写应用对象 student. pbl 的脚本

应用对象 student. pbl 的 Open 事件是在应用启动时执行的事件,它是真正的程序入口。

通常,在程序入口处,应用对象的 Open 事件包括两方面的语句。

- 至少有一条打开主窗口的语句。
- SQLCA 是全局变量,可以在许多窗口中使用,因此,在应用程序开始时必须为其赋值。

建立应用对象 student. pbl 的 open() 事件脚本程序的步骤如下所述。

(1) 在 PB 2018 开发环境左边的系统树窗口中,双击 **student** ,打开应用对象 student 的 script-open for student returns 窗口。

(2) 激活 Open 事件窗口,输入如下代码。

```
// Profile STUDENT_SQL
SQLCA.DBMS = "ODBC"
SQLCA.AutoCommit = False
SQLCA.DBParm = "ConnectString = 'DSN = STUDENT_SQL;UID = sa;PWD = <******>'"
CONNECT;
if  SQLCA.SQLCODE <> 0 then
  messagebox("对不起!不能连接数据库!", SQLCA.SQLERRTEXT)
  halt
  return
else
```

```
            s_info = 'S1'                        //为调试程序,初始化全局变量 s_info 为 S1
            open(w_select_course)                //打开"学生选课管理"主窗口
            //open(w_login)
        end if
```

（3）选择 PB 2018 主窗口中 View 菜单下的 Variable 子菜单，打开 Declare Instance Variables 子窗口，在下拉列表框中选择 Global Variables，在窗口空白区域，输入全局变量。

```
String   s_info,sname_info,s_credit,c_info,cname_info,teacher,t_info,tname_info,tclass_info
int   s_term_credit
```

输入的应用对象脚本如图 13.64 所示。

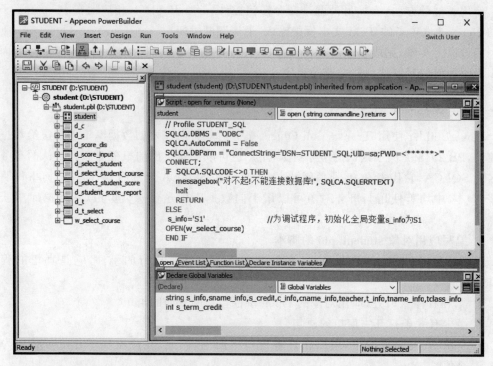

图 13.64　应用对象的脚本

2. 添加"学生选课"主窗口 w_select_course 的 Open 事件脚本

可通过编写主窗口的脚本指定数据窗口获取数据的位置以及执行的数据库操作。

（1）在系统树窗口中，双击窗口对象 w_select_course，打开窗口对象 w_select_course。

（2）选择 PB 2018 主窗口中 View 菜单下的 Script 子菜单，打开 Script-open for w_select_course returns 子窗口。

（3）激活 Open 事件窗口，输入如下代码。

```
//窗口 w_select_course 的 open()事件脚本
dw_1.settransobject(sqlca)                //给数据窗口控件 dw_1 设置通信区域 sqlca
dw_1.retrieve(s_info)                     //从数据库的 S 表中检索数据到控件 dw_1
dw_1.object.datawindow.readonly = "yes"
dw_2.settransobject(sqlca)                //给数据窗口控件 dw_2 设置通信区域 sqlca
dw_2.retrieve(s_info)                     //从数据库的 C 表和 SC 表中检索数据到控件 dw_2
```

```
dw_2.object.datawindow.readonly = "yes"        //设置数据窗口为只读方式
dw_3.settransobject(sqlca)                      //给数据窗口控件 dw_3 设置通信区域 sqlca
dw_3.retrieve()                                 //从数据库的 C 表中检索数据到控件 dw_3
dw_3.object.datawindow.readonly = "yes"
dw_4.settransobject(sqlca)                      //将"已选课程"数据窗口与事务处理对象关联
dw_4.retrieve(s_info)                           //检索数据
dw_4.object.datawindow.readonly = "yes"
sle_1.SetFocus()                                //设置焦点
```

3. 添加主窗口 w_select_course 按钮的事件脚本

(1) 添加"选课"按钮 pb_1 的 clicked()事件脚本的步骤如下所述。

① 双击 w_select_course 窗口中的"选课"按钮,或选择 Script 子窗口分别在 Object 和 Event 下拉列表框中选择对象 pb_1 和事件 clicked,然后在打开的 script-clicked for pb_1 returns 子窗口中,输入下列脚本。

```
//选课按钮 pb_1 的 clicked()事件脚本
string ccname,ccno
c_info = upper(sle_1.text)
if c_info = "" then
  MessageBox("出错","请输入课程号!")
else
      select c.cname into :ccname from c where c.cno = :c_info;
       if SQLCA.SQLCODE <> 0 then
       MessageBox("出错","此课程号不存在!")
       else
             select sc.cno into :ccno from sc where (sc.cno = :c_info and  sc.sno = :s_info);
             if SQLCA.SQLCODE = 0   then
             MessageBox("出错","此课程已选!")
             else
              INSERT INTO sc(sno,cno)
              VALUES (:s_info, :c_info) ;
               dw_4.reset()
             sle_1.text = ""
            dw_4.settransobject(sqlca)
              dw_4.retrieve(s_info)
           dw_4.object.datawindow.readonly = "yes"
         end if
    end if
end if
```

② 单击窗口画板 PainterBar 上的 ⬛ 按钮或右击弹出菜单的 ⬛ Compile 按钮,正确无误后,选择 File→Save 命令,保存修改的结果。

(2) 用上述类似的方法,添加另外两个按钮:"退课"和"关闭"的事件脚本。

① 退课按钮 pb_2 的 clicked()事件脚本如下:

```
//退课   pb_2  clicked()
string ccno,ggrade
if sle_1.text = "" then
    MessageBox("出错","请输入课程号!")
end if
```

PowerBuilder 2018 数据库应用开发简介

```
c_info = upper(sle_1.text)
if c_info <>"" then
    select c.cname into :cname_info from c where c.cno = :c_info;
      if SQLCA.SQLCODE <> 0 then
    MessageBox("出错", "此课程号不存在!")
      else
            select sc.cno, sc.grade   into :ccno, :ggrade from sc
          where (sc.cno = :c_info and   sc.sno = :s_info);
                if SQLCA.SQLCODE <> 0 THEN
              MessageBox("出错", "此课程未选!")
              else
                if ggrade <>""   THEN
                    MessageBox("出错", "此课程已登分!")
                else
                  delete from sc where sno = :s_info and cno = :c_info ;
                      dw_4.reset()
                      sle_1.text = ""
                      dw_4.settransobject(sqlca)
                          dw_4.retrieve(s_info)
            end if
        end if
    end if
end if
```

② 关闭按钮 pb_3 的 clicked()事件脚本如下：

```
//关闭 pb_3 click
close(parent)
```

4. 添加数据窗口控件的事件脚本

双击已修课程成绩数据窗口 dw_2,激活学生成绩报告单窗口(这个窗口的创建见 13.4.8 节图 13.6.8)。

已修课程成绩数据窗口控件 dw_2 的 doubleclicked()脚本如下：

```
//可选课程 dw_2 的 doubleclicked()事件脚本如下：
open(w_select_student_score_report)
```

13.4.7 运行应用程序

(1) 单击 PB 工具栏 Powerbar 上的 ▶ 按钮,或者选择 Run→Run student 命令。

(2) 应用程序开始运行,输入课程号 C1,单击"选课"按钮,在窗口的右下角显示新选课程后的选课情况。

(3) 分别输入课程号 C5 和 C3,并单击"选课"按钮,观察运行结果界面。

(4) 分别输入的课程号 C1 和 C3,单击"退课"按钮,注意观察已选课程数据窗口中的变化情况。

13.4.8 创建其他窗口

1. 创建三个窗口

用 13.4.6 节的方法再创建三个窗口。"学生信息维护"窗口 w_ student _create 如图 13.65,

"教师信息维护"窗口 w_teacher_create 如图 13.66 所示。"课程信息维护"窗口 w_ course _ create 如图 13.67 所示。

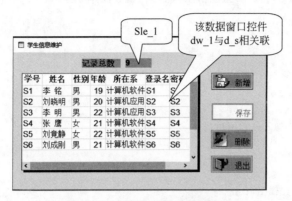

图 13.65　"学生信息维护"窗口

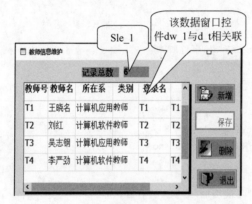

图 13.66　"教师信息维护"窗口

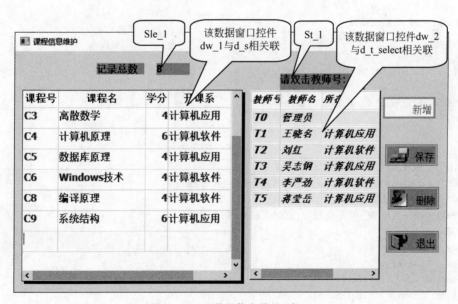

图 13.67　"课程信息维护"窗口

(1)"学生信息维护"窗口相应的脚本如下：

```
//新增"学生信息维护"窗口 w_student_creat 的 open()事件脚本
int sum, hascol
dw_1.Settransobject(sqlca)
dw_1.Retrieve()
dw_1.Enabled = True
hascol = dw_1.Retrieve()
pb_2.Enabled = False
st_1.text = String(hascol)
//"新增"按钮 pb_1 clicked()事件脚本
long l_row
int s
s = dw_1.RowCount()
l_row = dw_1.InsertRow(s + 1)
dw_1.Scrolltorow(s + 1)
dw_1.Setfocus()
pb_1.Enabled = False
pb_2.Enabled = True
// "保存"按钮 pb_2 的 clicked()事件脚本
int s, hascol;
string kk
//pb_1.enabled = false
s = dw_1.Getrow();
s_info = dw_1.Getitemstring(s, "sno")
SELECT s.sno INTO :kk FROM s WHERE (s.sno = :s_info);
 KK = trim(KK)
IF s_info = kk THEN
  MessageBox("出错", "不能增加,此学号已存在!")
ELSE
     dw_1.Update()
 hascol = dw_1.Retrieve()
     st_1.text = String(hascol)
 pb_1.Enabled = True
 pb_2.Enabled = False
END IF
//"删除"按钮 pb_3 的 clicked()事件脚本
int s, hascol;
string kk
s = dw_1.Getrow();
s_info = dw_1.Getitemstring(s, "sno")
SELECT sc.sno INTO :kk FROM sc WHERE (sc.sno = :s_info);
IF s_info = kk THEN
  MessageBox("出错", "不能删除,此学生已选课!")
ELSE
  dw_1.DeleteRow(s);
  dw_1.Update();
  hascol = dw_1.retrieve();
     st_1.text = string(hascol)
END IF
pb_1.Enabled = True
```

```
pb_2.Enabled = False
//"退出"按钮 pb_4 的 clicked()事件脚本
CLOSE(parent);
```

（2）"教师信息维护"窗口相应的脚本如下：

```
//新增"教师信息维护"窗口 w_student_creat 的 open()事件脚本
int sum,hascol
dw_1.Settransobject(sqlca)
dw_1.Retrieve()
dw_1.Enabled = True
hascol = dw_1.Retrieve()
pb_2.Enabled = False
st_1.text = String(hascol)
//"新增"按钮 pb_1 的 clicked()事件脚本
long l_Row
int Row
Row = dw_1.RowCount()
l_Row = dw_1.InsertRow(Row + 1)
dw_1.Scrolltorow(Row + 1)
dw_1.Setfocus()
pb_1.Enabled = False
pb_2.Enabled = True


// "保存"按钮 pb_2 的 clicked()事件脚本
int Row,hascol;
string kk
//pb_1.enabled = false
 Row = dw_1.Getrow();
 t_info = dw_1.Getitemstring( Row,"tno")
SELECT t.tno INTO :kk FROM t WHERE (t.tno = :t_info);
kk = trim(kk)
IF t_info = kk THEN
  MessageBox("出错", "不能增加,此教师号已存在!")
ELSE
      dw_1.Update()
 hascol = dw_1.Retrieve()
    st_1.text = String(hascol)
 pb_1.Enabled = True
 pb_2.Enabled = False
END IF
//"删除"按钮 pb_3 的 clicked()事件脚本
int   Row,hascol;
string kk = ''
 Row = dw_1.Getrow();
t_info = dw_1.Getitemstring( Row,"tno")
SELECT c.tno INTO :kk FROM c WHERE (c.tno = :t_info);
IF t_info = kk THEN
  MessageBox("出错", "不能删除,该教师已排课!")
ELSE
  dw_1.DeleteRow(Row);
```

```
    dw_1. Update();
    hascol = dw_1. retrieve();
      st_1. text = string(hascol)
END IF
pb_1. Enabled = True
pb_2. Enabled = False
//"退出"按钮 pb_4 的 clicked()事件脚本
CLOSE(parent);
```

(3)"课程信息维护"窗口相应的脚本如下：

```
//新增"课程信息维护"窗口 w_course_creat 的 open()事件脚本
int hascol
//char tno_info
dw_1. Settransobject(sqlca)
dw_1. Retrieve()
//dw_1. object. datawindow. readonly = "yes"          //设置数据窗口 dw_1 为只读方式
hascol = dw_1. Retrieve()
dw_2. Visible = False
pb_2. enabled = False
st_3. Visible = False
st_1. text = String(hascol)
//"新增"按钮 pb_1 clicked()事件脚本
long l_row
int s
pb_1. Enabled = False
//dw_1. Enabled = True
dw_1. object. datawindow. readonly = "no"
dw_2. Visible = True
dw_2. Settransobject(sqlca)
dw_2. Retrieve()
dw_2. object. datawindow. readonly = "yes"          //设置数据窗口 dw_2 为只读方式
st_3. Visible = True
s = dw_1. RowCount()
l_row = dw_1. InsertRow(s + 1)
st_3. Enabled = false
dw_1. Scrolltorow(s + 1)
dw_1. SetRow (l_row)
dw_1. Setfocus()
pb_1. Enabled = False
pb_2. Enabled = True
// "保存"按钮 pb_2 的 clicked()事件脚本
int Row, hascol, SQLSTATE;
string ck, tk;
Row = dw_1. GetRow();
c_info = dw_1. Getitemstring(Row, "cno")
SELECT C. CNO INTO :ck FROM C WHERE (C. CNO = :c_info);
ck = trim(ck)
t_tno = dw_1. Getitemstring( Row, "tno")
t_tno = trim(t_tno)
SELECT T. TNO INTO :tk FROM T WHERE (T. TNO = :t_tno);
```

```
    IF c_info = ck THEN
  MessageBox("出错", "不能增加,此课程号已存在!")
  dw_1.DeleteRow(Row)
      ELSE
    IF   tk = "" THEN
      MessageBox("出错", "不能增加,此教师号不存在!")
      dw_1.DeleteRow(Row)
    ELSE
    dw_1.Update()
  dw_1.Object.datawindow.Readonly = "yes"          //设置数据窗口 dw_1 为只读方式
    hascol = dw_1.Retrieve()
    st_1.text = String(hascol)
    END IF
    END IF
dw_2.Visible = False
  st_3.Visible = False
  pb_1.Enabled = True
  pb_2.Enabled = False
```

```
//"退出"按钮 pb_4 的 clicked()事件脚本
  Close(parent);
```

2. 再次创建窗口

再创建如图 13.68 和图 13.69 所示的窗口,"学生成绩单"窗口和"课程成绩分布"窗口分别命名为 w_select_student_score_repor、w_course_score_dis。

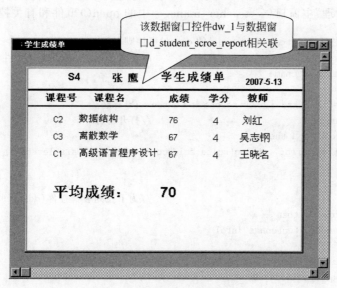

图 13.68 "学生成绩单"窗口

13.4.9 创建"成绩管理"主窗口(**w_teacher_manage**)

(1)用前面的方法再创建"成绩管理"主窗口,如图 13.23 所示。

在该窗口中包含六个静态文本框(StaticText)st_1~st_6,一个下拉列表框,四个按钮

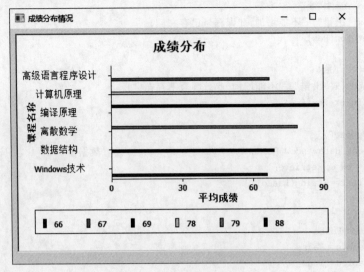

图 13.69 "课程成绩分布"窗口

和一个数据窗口控件的主窗口。其中下拉列表框用于显示可选择的课程,四个静态文本框 st_1~st_4 的 General 选项卡的 Text 文本框中分别输入"课程:""请选修课程:""任课教师:"和"已选修此课程的学生:";另外两个静态文本框 st_5 和 st_6 分别用于显示在下拉列表框中所选课程的课程名称和任课的教师名;数据窗口控件 dw_1 与数据窗口 d_score_input 相关联。

(2)"成绩管理"主窗口(w_teacher_manage)中的 open()事件和有关控件的脚本如下:

```
/"成绩管理"主窗口(w_teacher_manage)的 open()事件脚本
declare cnamecursor cursor for              //定义游标——获取已有学生选课的课程名称
  select   distinct c.cname
  from c,t,sc
  where c.tno = t.tno and c.cno = sc.cno and t.tno = :t_info;
  open cnamecursor;                         //打开游标
if sqlca.sqlcode = -1 then
  messagebox("sql error",string(sqlca.sqldbcode) + ":" + sqlca.sqlerrtext)
else
  cname_info = ""
  do                                        //为下拉列表框控件(ddlb_cname)初始化
  if cname_info <>"" then
    ddlb_cname.additem(cname_info)
  end if
  fetch cnamecursor into :cname_info;
  loop while sqlca.sqlcode = 0
  if sqlca.sqlcode = -1 then
    messagebox("sql error",string(sqlca.sqldbcode) + ":" + sqlca.sqlerrtext)
  end if
end if
close cnamecursor;
st_6.text = tname_info
pb_2.enabled = false                        //使"输入成绩"按钮无效
```

```
//"查询"按钮(pb_1)的 clicked()事件脚本
IF ddlb_cname.text = "" THEN
   MessageBox("出错", "请选择课程名!")
ELSE
   cname_info = upper(ddlb_cname.text)
   SELECT c.cno, t.tname INTO :c_info, :tname_info
   FROM c,t
   WHERE   cname = :cname_info and c.tno = t.tno;
   c_info = Trim(c_info)
   st_5.text = ddlb_cname.text
   //st_6.text = tname_info
   dw_1.Settransobject(sqlca)            //把数据窗口 dw_2 与事务处理对象关联
   dw_1.Retrieve(c_info)                 //数据窗口 dw_2 检索数据
   dw_1.Object.datawindow.Readonly = "yes"   //设置数据窗口 dw_2 为只读方式
   pb_2.Enabled = true
END IF
//"输入成绩"按钮( pb_2 )的 clicked()事件脚本
IF pb_2.text = "输入成绩" THEN
   dw_1.object.datawindow.Readonly = "no"
   pb_2.text = '保存'
   pb_1.enabled = false
   pb_3.enabled = false
   pb_4.enabled = false
   st_4.text = '请输入成绩:'
ELSE
   dw_1.Update()
   dw_1.Retrieve(c_info)
   //dw_1.Update()
   dw_1.Object.datawindow.Readonly = "yes"
   pb_2.text = "输入成绩"
   pb_1.Enabled = true
   pb_3.Enabled = true
   pb_4.Enabled = true
   st_4.text = '已选修此课程的学生:'
END IF
//"成绩分布"按钮( pb_3) clicked()事件脚本
Open(w_course_score_dis)
//"退出"按钮( pb_4)的 clicked()事件脚本
Close(parent)
```

13.4.10　创建"管理员维护"主窗口(w_manage)

(1)将"成绩管理"主窗口"(w_teacher_manage)另存为"管理员维护"主窗口(w_manage)。在该窗口中"任课教师"静态文本框修改为"登录用户"静态文本框。

(2)"成绩管理"主窗口(w_teacher_manage)中的 open()事件中游标定义中的SELECT 语句修改为:

```
SELECT   DISTINCT c.cname
    FROM c,sc
    WHERE c.cno = sc.cno;
```

(3)"查询"按钮 pb_1 的 clicked()事件脚本的末尾增加语句如下：

```
st_2.text = "任课教师"            //将静态文本框 st_2 显示内容修改为"任课教师"
st_6.text = tname_info           //使静态文本框 st_6 显示内容为"所选择课程的任课教师老师"
```

(4)为"管理员维护"主窗口（w_manage）添加菜单参见 13.4.12 节。

13.4.11 创建"系统登录"主窗口（w_login）

1. 创建"系统登录"主窗口

用前面的方法再创建"系统登录"主窗口，如图 13.70 所示。在该窗口中包括两个静态文本框（StaticText），分别用于显示"用户名"和"口令"；两个单行文本框 sle_user 和 sle_pwd，分别用于输入用户名和口令；一个图片控件 p_1，用于显示所需的图片；两个命令按钮"登录"和"退出"。

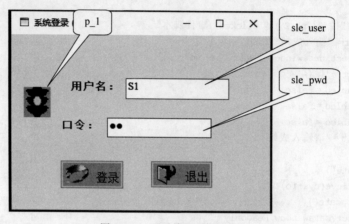

图 13.70 "系统登录"主窗口

2. "系统登录"主窗口中的脚本

```
//w_login 主窗口的 open()事件脚本
p_1.picturename = '3.bmp'
pb_student.picturename = 'button_ok.bmp'
pb_teacher.picturename = 'button_tongji.bmp'
//w_login 窗口的 sle_user 控件 checkkey()事件脚本
if keydown(KeyEnter!) then
    sle_pwd.setfocus()
end if
//"登录"按钮 pb_login 的 clicked()事件脚本
If sle_user.text = "" Then
 MessageBox("提醒","请输入用户名!")
 sle_user.SetFocus()
 return
End If
If sle_pwd.text = "" Then
 MessageBox("提醒","请输入密码!")
 sle_pwd.SetFocus()
 return
```

```
End If
String ls_user, ls_pwd,ls_confirm_user,ls_confirm_pwd
ls_user = upper(sle_user.text)              //将 sle_user 字符串转换为大写字符
ls_pwd = upper(sle_pwd.text)
ls_confirm_pwd = ""
ls_confirm_user = ""
SELECTt.logn,t.pswd,t.tno,t.tname,t.tclass
INTO :ls_confirm_user,:ls_confirm_pwd,:t_info,:tname_info,:tclass_info
FROM t WHERE t.logn = :ls_user ;            // 读教师表 t
t_info = trim(t_info)                        // 从 t_info 字符串中删除开始和结束部分的空格
tname_info = trim(tname_info)
IF   SQLCA.SQLCODE <> 0   THEN
 SELECT s.logn,s.pswd,s.sno,s.sname
 INTO :ls_confirm_user,:ls_confirm_pwd,:s_info,:sname_info
  FROM s WHERE s.logn = :ls_user ;          // 读学生表 s
   s_info = trim(s_info)                      // 从 s_info 字符串中删除开始和结束部分的空格
    IF trim(ls_user)<> trim(upper(ls_confirm_user)) THEN          // 判断学生是否合法
MessageBox("警告!","用户名错!重新注册!",stopSign!)
sle_user.text = ""
sle_pwd.text = ""
sle_user.SetFocus()
    ELSEIF trim(ls_pwd)<> trim(upper(ls_confirm_pwd)) THEN
MessageBox("警告!","口令错!重新注册!",stopSign!)
sle_pwd.text = ""
sle_pwd.SetFocus()
        ELSE
     open(w_select_course)                  // 打开"学生选课管理"主窗口
       close(parent)
        return
           END IF
ELSEIF trim(ls_user)<> trim(upper(ls_confirm_user)) THEN                //  判断老师是否合法
 MessageBox("警告!","用户名错!重新注册!",stopSign!)
 sle_user.text = ""
 sle_pwd.text = ""
 sle_user.SetFocus()
ELSEIF trim(ls_pwd)<> trim(upper(ls_confirm_pwd)) THEN
 MessageBox("警告!","口令错!重新注册!",stopSign!)
 sle_pwd.text = ""
 sle_pwd.SetFocus()
   ELSE
    IF tclass_info = '系统管理员' THEN
     open(w_management)                     // 打开"管理员维护"主窗口
    close(parent)
    ELSE
     open(w_teacher_manage)                 // 打开"成绩管理"主窗口
      close(parent)
    END IF
END IF
//"退出"按钮 pb_exit 的 clicked()事件脚本
  close(parent)
```

3. 修改应用对象(student. pbl)的脚本

激活 script-student for open return,将其中的下列代码注释:

```
//s_info = 'S1'                          // 初始化全局变量 s_info 为 S1
//open(w_select_course)                  // 打开"学生选课管理"窗口
```

增加下列语句:

```
open(w_login)                           // 打开"系统登录"主窗口
```

4. 运行应用程序

(1) 单击 PB 2018 工具栏 PowerBar 上的 ⊙ 按钮,或者选择 Run→Run student 命令。

(2) 应用程序开始运行,以管理员身份进行如下操作。

① 输入用户名:SYSTEM,密码:SYSTEM,并单击"登录"按钮。

② 身份验证合法,进入"管理员管理"主窗口后,单击"请选择课程名"下拉列表框并选择一门课程,再单击"查询"按钮,观察运行界面。

③ 单击"输入成绩"按钮,修改成绩后,再单击"保存"按钮,观察成绩变化情况。

④ 单击"成绩分布"按钮,显示成绩分布情况。

⑤ 单击"退出"按钮返回(退出应用)。

(3) 应用程序开始运行,以教师身份进行如下操作。

① 输入用户名:T1,密码:T1,并单击"登录"按钮。

② 身份验证合法,进入"成绩管理"主窗口后,单击"请选择课程名"下拉列表框并选择一门课程,再单击"查询"按钮,观察运行界面。

③ 单击"输入成绩"按钮,修改成绩后,再单击"保存"按钮,观察成绩变化情况。

④ 单击"成绩分布"按钮,显示成绩分布情况。

⑤ 单击"退出"按钮返回(退出应用)。

(4) 应用程序开始运行,以学生身份进行如下操作。

① 输入登录名和密码后,并单击"登录"按钮,观察运行界面。

注意:当以学生身份进入系统时,输入的登录名和密码要与学生表 S 中的 LOGIN 和 PSWD 字段输入的内容相对应。

② 身份验证合法,进入"学生选课管理"主窗口,操作方法同 13.4.7 节。

13.4.12 添加菜单

本节将在应用程序窗口创建一个菜单,以增强应用程序的功能。菜单是相对比较独立的对象,创建之后,再将其连接到窗口中。

1. 操作菜单画板

(1) 单击 PB 2018 工具栏 PowerBar 上的 New 按钮,或者选择 File 下拉菜单中的 New 选项,打开 New 对话框,然后选择 PB Object 选项卡,如图 13.71 所示。

(2) 在 PB Object 选项卡中,选择 Menu 图标,然后单击 OK 按钮,打开 Menu 画板。默认的 Menu 画板有四个窗口,如图 13.72 所示。在该画板中有一个空的 Meun 对象,WYSIWYG 窗口(What You See Is What You Get 的缩写)和 Tree 窗口都是空的。

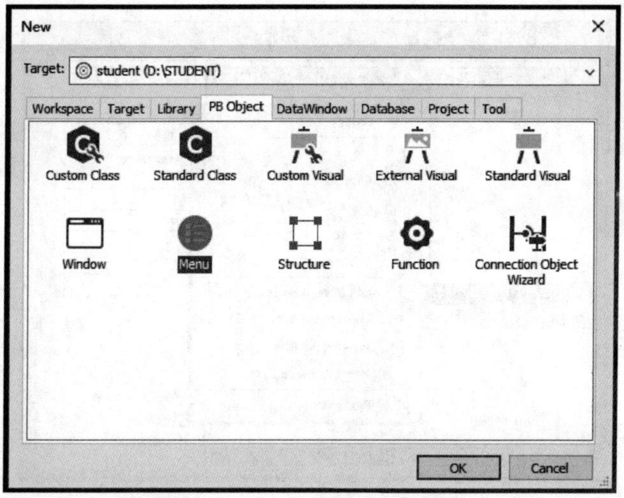

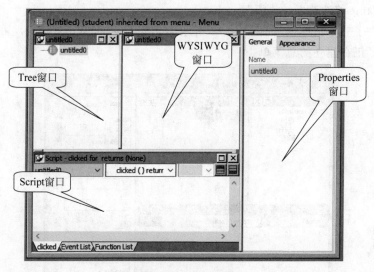

图 13.71　PB Object 选项

图 13.72　Menu 画板

2. 建立主菜单

（1）在 PB 2018 主窗口中，选择 Insert 菜单中的 Submenu Item 子菜单，或者右击 WYSIWYG 窗口，从快捷菜单中选择 Insert Submenu Item，这样就插入了一个菜单对象的子菜单。在空的菜单项名称文本框中输入"维护"，在对应的 Properties 窗口中，将默认的 Name（菜单名）修改为"m_维护"。

（2）右击"维护"命令，弹出的对话框如图 13.73 所示。弹出的对话框中选项的作用是 Insert Meun Item，表示在当前位置插入一个与"维护"平行的菜单项；Insert Meun Item At End 表示在最右边插入一个与"维护"平行的菜单项；Insert Submenu Item 表示插入一个"维护"的子菜单，即应用程序执行时的下拉菜单。

（3）从弹出的菜单中选择 Insert Meun Item At End，输入"运行"，并将默认的 Name 修改为"m_运行"。再右击"运行"，从弹出菜单中选择 Insert Meun Item At End，输入"关闭"，

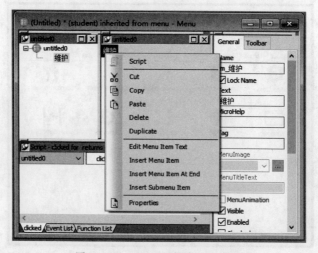

图 13.73　Menu 画板弹出的菜单

并将默认的 Name 修改为"m_关闭"。

至此,建立了三个菜单项,如图 13.74 所示给出了当前的 WYSIWYG 窗口和 Tree 窗口,该图展示了正在建立的总菜单。

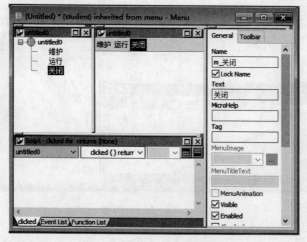

图 13.74　正在建立的总菜单

3. 建立下拉菜单

(1) 在 WYSIWYG 窗口,右击"维护"选项,在弹出的菜单中选择 Insert Submenu Item,在空的菜单项名称文本框中输入"学生表"重复上述过程,输入"课程表"。

(2) 设置子菜单快捷键的方法是在 WYSIWYG 窗口,选择"维护"→"学生表"命令,在 Properties 窗口的下半部分,选择复选框 Shortcut Ctrl,并从 Shortcut Key 下拉列表框中选择 S,实现了将 Ctrl+S 作为子菜单"学生表"的快捷键。用同样的方法为子菜单"课程表"设置的快捷键 Ctrl+C。

(3) 单击 File→Save 按钮,弹出 Save Menu 对话框,输入 m_student 后,单击 OK 按钮,保存已建立的菜单,如图 13.75 所示。

图 13.75　建立的下拉菜单

4. 为菜单添加脚本

菜单必须添加脚本才能运行,为"维护"和"关闭"菜单添加脚本的步骤如下所述。

(1) 为"维护"菜单添加脚本

① 选择 m_student 窗口中的"学生表"选项。

② 在脚本(Scrip)窗口的下拉列表框中选择"m_学生表"选项,在 Event 下拉列表框中选择 Clicked。

③ 输入下列代码:

```
open(w_student_creat)
```

所设计的菜单如图 13.76 所示。

图 13.76　为菜单添加脚本

PowerBuilder 2018 数据库应用开发简介

（2）用同样的方法,在教师表菜单的脚本窗口下拉列表框中选择"m_教师表"选项,在Event下拉列表框中选择Clicked选项。输入代码：open(w_teacher_creat)在课程表菜单的脚本窗口下拉列表框中选择"m_课程表"选项,在Event下拉列表框中选择Clicked选项。输入代码：

```
open(w_course_creat)
```

（3）为"关闭"菜单添加脚本

① 在 m_student 窗口中单击"关闭"按钮。

② 在脚本(Scrip)窗口的下拉列表框中选择"m_关闭"选项,在Event下拉列表框中选择Clicked选项。

③ 输入下列代码：

```
Close (Parentwindow)
```

5. 在窗口中添加菜单

在窗口中添加菜单的步骤如下所述。

（1）打开窗口画板,选择"管理员维护"窗口。

（2）打开 w_manage 属性子窗口的 General 选项卡,单击 MenuName 文本框旁边的按钮,PB 2018 显示 Select Object 对话框,如图 13.77 所示。

（3）选择其中的菜单 m_student,单击 OK 按钮,如图 13.78 所示。

（4）在把菜单添加到应用程序的窗口之后,应当进行检查,步骤如下所述。

① 单击 PB 2018 主菜单中的 Run 按钮,或者选择 File 下拉菜单中的 Run 选项。

② 单击"维护"菜单,下拉菜单中显示"学生表"和"课程表"两项。

③ 单击"关闭"按钮,窗口关闭,返回主窗口。

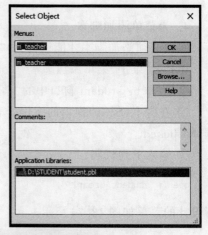

图 13.77　Select Object 对话框

图 13.78　在窗口中添加菜单

13.4.13 生成可执行程序

为了建立可执行文件,必须首先创建工程(Project)对象,创建工程后再生成可执行文件以及配置发布环境。在 Project 对象中包括了可执行程序的一些要求和说明。建立可执行程序的步骤如下所述。

1. 创建工程

① 单击主窗口工具栏中的 New 按钮,或者选择 File 下拉菜单中的 New 选项,打开 New 对话框。打开 Project 选项卡,如图 13.79 所示。

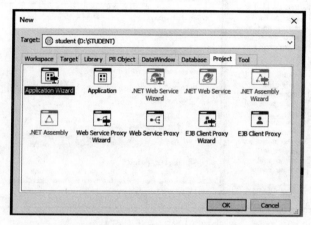

图 13.79   建立 Project 对象

② 选择 Application Wizard 图标,单击 OK 按钮;进入"About the A pplication Project Wizard(创建应用程序工程向导)"对话框后,按照默认方式,连续单击 Next 按钮,直到进入 Ready to Create Application 对话框后,单击 Finish 按钮,完成创建工程,默认名为: p_student_exe。

2. 生成可执行文件

在生成可执行文件前必须关闭所有打开的画板,生成可执行文件的操作步骤如下所述。

① 单击主窗口的 Open 命令,PB 显示 Open 对话框,在 Object 列表框中列出了已经创建的所有工程。选择前面创建的工程(p_student_exe),如图 13.80 所示。

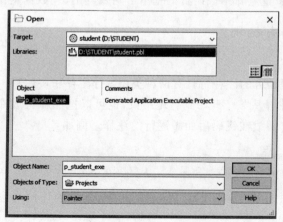

图 13.80   Open 对话框

PowerBuilder 2018 数据库应用开发简介

② 单击 OK 按钮后,进入工程画板,如图 13.81 所示。

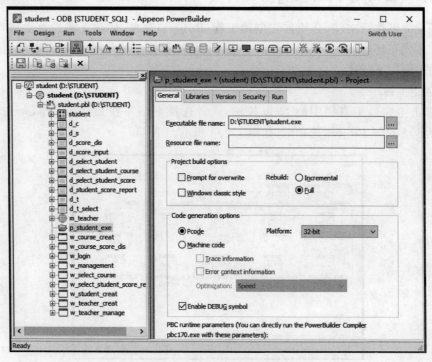

图 13.81　Project 面板对象

③ 在主窗口中,选择 Design→Deploy Project 选项,PB 2018 开始创建 student. exe 可执行文件。创建过程结束后,在 D:\STUDENT 目录下即可显示 student. exe 文件图标。

13.5　PowerScript 编程语言

PowerScript 是 PowerBuilder 的编程语言,它由各种语句、命令、函数、用户自定义函数以及嵌入式 SQL 语句组成。PowerScript 编程语言完全是一种结构化的编程语言,具有易学易用的特点。本章将重点介绍该语言的基本语句及其语法、数据类型、操作符等知识。

13.5.1　基本语法规则

1. 注释行

PowerScript 编程语言的注释行具有两种类型:行注释和块注释。

(1) 行注释:行注释从"//"开始到行尾结束,也可以把注释符放在行首,使整个这一行都成为注释,或者把它们放在代码后面做逐行的注释。例如:

```
//This is a line comment
sle_name. Text = "fred"                    //This is a line comment too
```

(2) 块注释:块注释以"/ * "开始,以" * /"结束,其中的任何内容,不管包含了多少行代码,都是注释。例如:

```
Open(w_student_creat)                    / * 打开 w_student_creat 窗口
                                          对学生基本情况进行维护 * /
```

2. 大小写

PowerScrip 编程语言在编写时一般不区分大小写字母,这就是说 FirstName,FIRATNAME 和 firstname 对于编译器来说都是相同的。

3. 标识符

标识符泛指脚本中使用的变量名、函数名、对象名等。标识符的编写规则如下:

(1) 标识符必须以字母开头(从 A 到 Z),其余字符可以是字母或者数字,最长为 40 个字符。

(2) 可以使用的特殊字符有:连字符"－"、下画线"_"、美元符"￥"、号码符"♯"和百分号"％"等,标识符中不可使用空格。

(3) 不可使用 PB 2018 保留字。

4. 续行符

PB 2018 提供了一个续行符"&",它可以使一条语句分多行编写。例如:

```
MessageBox("SQL ERROR",String(SQLCA.SQLCA.SQLDBCode) + &
":" + SQLCA.SALErrText)
```

5. 保留字

PB 2018 内部使用的一些命令为保留字,这些保留字不可用作标识符,否则,将产生编译错误。

13.5.2 运算符和数据类型

1. 运算符

在 PowerScript 语言中,有四种运算符。

算术运算符:加运算符"＋"、减运算符"－"、乘运算符"＊"、除运算符"/"以及乘方运算符"Λ"。

关系运算符:＝、＞、＜、＞＝、＜＝和〈〉。

逻辑运算符:And、Or 和 Not。

字符串连接运算符:＋。

2. 数据类型

PowerScript 语言使用的数据类型共有三种,分别是标准数据类型、系统对象数据类型和枚举数据类型。

13.5.3 变量及其作用域

用户可以在应用程序的脚本中定义变量,包括定义变量的类型、作用域、数据类型及初值。

变量按其作用域可分为:Global(全局变量)、Instance(实例变量)、Shared(共享变量)和 Local(局部变量)。

Global(全局变量):全局变量是指在整个应用程序中都可访问的变量。

Instance(实例变量)：实例变量在一个对象(窗口、菜单、应用程序等)中定义，可以在该对象的任何地方访问它们。

Shared(共享变量)：共享变量也是在一个对象(窗口、菜单、应用程序等)中定义，只有与该对象相关联的事件才能访问它。

Local(局部变量)：局部变量只能在定义它的脚本中使用。

13.5.4　Instance 的访问权限

(1) 基本访问权限

Instance(实例变量)的访问权限由低到高分为三种：Public(公共的)、Private(私有的)和 Protected(保护的)。

在 Powerscript 中，默认情况下所有实例变量都是 Public。在应用程序的脚本中，随处可用点操作符访问 Public 变量。如果不想让其他对象访问该实例变量，可以把它们限定为私有的，这时可以在变量的定义前加 Private 来实现。

```
Private Integer ii_ItemCount
```

如果有很多变量，可以分别创建公共和私有部分，如下列所示：

```
Public Integer ii_TotalCount
Private Integer ii_ScrewCount
        Integer ii_NutCount
        Integer ii_BoltCount
```

Private 不仅禁止其他对象访问实例变量，它同时还禁止继承该对象的对象访问这些私有实例变量。如果不想限制得这么严格，可以使用 Protected，这将禁止其他对象访问实例变量，但允许对象的后代访问它们。

(2) 扩展访问权限

① ProtectedRead：只有定义变量的对象和其后代的脚本才有权对该变量执行读操作。

② Protectedwrite：只有定义变量的对象和其后代的脚本才有权对该变量执行写操作。

③ PrivateRea：只有定义变量的对象的脚本，才可对该变量执行读操作。

④ Privatewrite；只有定义变量的对象的脚本，才可对该变量执行写操作。

13.5.5　常量

在 PB 2018 中，允许创建任何作用域的常量，与实例变量一样，可以有任意级别的私有性，也可以创建任何标准类型的常量，只要在定义的前面加上关键字 Constant 即可。例如：

```
Constant int li_Threshold = 3072
Constant Private Integer ii_Gain = 52
Constant Protected String is_Greeting = "Hello Everyone!"
```

13.5.6　数组

数组就是一系列数据类型相同的变量，它们共用一个名字，可以通过不同的下标来访问数组中的元素。

1. 一维数组

可以用任何数据类型来创建一维数组。例如：

```
Integer A[5]
```

上面的例子定义了一个名为 A 的整型数组，数组中包含的元素为 A[1]、A[2]、A[3]、A[4]和 A[5]。在定义数组时，将最大下标放在括号内，也可以同时为其赋初值。赋值时，可以每次为一个数组元素赋值。例如：

```
Integer B[3]
B[2] = 50
```

上面的例子定义了一个名为 B 的整型数组，数组中包含的元素为 B[1]、B[2]、B[3]，并将值 50 赋值给数组元素 B[2]。

也可以一次为多个数组元素赋值，例如：

```
Integer Code[5]
Code = {12,3,54,0, − 1}
```

在默认情况下，数组元素的下标值从 1 开始，直到定义的值为止。如有特殊要求，也可以改变它。例如：

```
Integer Disapation[ − 100 To 100]
String Units[30 To 70]
```

第一个例子中共有 201 个元素（包括 0），对 −100～+100 编号；第二个共有 41 个元素，30～70（包括 30 和 70）。

2. 变长数组

定义数组时，中括号中没有定义数字的数组是变长数组，在定义时没有任何元素，但在引用它们时是就会添加元素。例如：

```
Integer TestResults[ ]
```

在后面的脚本中可能会有下面的语句：

```
TestResults[10] = 88
```

此语句将立即创建 10 个元素（编号为 1～10）的数组，并且将 88 赋值给第 10 个元素。

3. 多维数组

上面介绍的都是一维数组，还可以创建二维数组和多维数组。下面通过例子介绍多维数组的定义方法。例如：

```
Integer GameTable[10,10]
```

创建了一个具有 100 个元素的二维整型数组，数组中的每一个元素都可以通过两个索引的唯一组合来访问。

又如：

```
Double PHSample[10,10,10]
```

定义了一个具有 1000 个元素的三维数组。

13.5.7　函数

函数是 PowerScript 语言的重要组成部分。PB 2018 提供了 300 多条函数,每个函数完成自己特定的功能。常用函数请参见 PB 2018 的帮助文件。

13.5.8　代词

当引用一个对象时,可以不使用该对象的名称,而使用相应的代词。在 PB 2018 中使用三个代词: This、Parent 和 Super.

1. This

This 是个代词,指代引用当前对象或现在正在为之编写脚本的对象。

例如,在新增学生信息窗口中放置了新增按钮 pb_1 和保存按钮 pb_2 等,当按下 pb_1 按钮时,在"学生信息数据"窗口(dw_1)增加一个空白行供输入信息,并使 pb_2 按钮有效,而 pb_1 按钮无效,这时即可使用 This 替代 pb_1 按钮,新增按钮 pb_1 的脚本如下:

```
long   l_row
int s
s = dw_1. RowCount()                    //获取学生文件记录数
l_row = dw_1. InsertRow(s + 1)          //在学生文件尾新增一条空白记录
dw_1. scrolltorow(s + 1)                //滚动到新增的空白记录
dw_1. setfocus()                        //设置焦点
this. enabled = false                   //这里的 this 指的是新增按钮 pb_1,使其无效
pb_2. enabled = true                    //使保存按钮 pb_2 有效
```

2. Parent

在 PB 2018 中,几乎所有的对象都有一个父对象,对某个对象的父对象的引用可以使用代词 Parent。例如,在窗口对象中,如果用户在窗口的控件中使用代词 Parent,则该代词替代包含该控件的窗口。

例如:在新增"学生信息"窗口(w_student_creat)中放置了一个关闭按钮 pb_4。当单击该按钮时,窗口关闭,编写关闭按钮 pb_4 的 clicked()事件脚本代码如下:

```
close(parent)                           //该语句等价于 close(w_student_creat)
```

3. Super

Super 用于引用一个后代对象的直接祖先,只有在处理继承时才使用 Super 代词。

例如,如果要在当前窗口(w_student_creat)的 Close 事件中执行其祖先窗口(w_student_xuan)的 Close 事件脚本,应在当前窗口的 Close 事件中添加如下代码。

```
Call   Super:: Close
```

该行代码等效于:

```
Call   w_student_xuan:: Close
```

13.5.9　语句

PB 2018 开发环境提供了许多语句,用于在脚本中控制流程。流程控制语句包括如下。

1. IF…THEN 语句

（1）功能：用于判断单个条件或多个条件。

（2）调用格式有两种：单行格式和多行格式。

① 单行格式：

```
IF condition THEN action1 {ELSE action2}
```

② 多行格式：

```
IF condition1 THEN
action1
{ELSE condition2 THEN
action2
…}
{ELSE
action3
…}
END IF
```

其中 condition、condition1、condition2 为条件表达式。action1、action2、action3 为将执行的语句。

【说明】 在单行格式下，如果 condition 的值为 true，则执行 action1，如果 condition 的值为 false，则计算 action2。在多行格式下，如果 condition1 的值为 true，则执行 action1。如果 condition1 为 false，就测试 condition2，如果若其值为 true，则执行 action2。依此类推，如果所有的条件表达式的值均为 false，则执行 action3。

2. CHOOSE…CASE 语句

（1）功能：分支语句。一般条件语句仅可完成两路分支结构，当需要完成多路分支结构时，应使用分支语句。

（2）调用格式：

```
CHOOSE CASE testexpression
CASE expressionlist
 Statementblock
…
{CASE expressionlist
Statementblock    …
CASE ELSE
Statementblock}
End choose
```

其中，expressionlist 为表达式列表，有如下方式：

① 一个单独的值，如 3、"ab"等。

② 一组用逗号分开的值，如 1,3,5,7。

③ 用 to 表示的一个区间的数据，如 1to20。

④ 用 IS 表示测试值，再加上关系运算符和比较值，如 IS＜20。

⑤ 以上方式的结合使用，之间用逗号分开。

3. DO…LOOP 语句

（1）功能：循环语句

（2）调用格式

① 格式1：

```
DO UNTIL condition
statementblock
LOOP
```

执行循环语句，直到 condition 条件表达式为 true。如果第一次测试表达式的值就为 true，则不执行循环体中的语句。

② 格式2：

```
DO WHILE condition
statementblock
LOOP
```

当 condition 条件表达式为 true，执行循环语句。如果第一次测试表达式的值就为 false，则不执行循环体中的语句。

③ 格式3：

```
DO statementblock
LOOP UNTIL condition
```

这种循环至少运行一次，直到 condition 条件表达式的值就为 true 时为止。

④ 格式4：

```
DO statementblock
LOOP WHILE condition
```

这种循环至少运行一次，当 condition 条件表达式的值为 true 时继续运行，直到 condition 条件表达式的值就为 false 时为止。

4. FOX…NEXT 语句

（1）功能：该语句也是一种循环语句，作用是以一定的次数执行循环体中的语句。

（2）调用格式：

```
FOR varname = start TO end {STEP increment}
statementblock
NEXT
```

其中：varname 为循环变量。start 为起始值。end 为终止值。increment 为步长。statementblock 为循环体要执行的语句。

该语句的工作过程：首先为循环变量赋起始值，然后执行循环体语句。每执行到 NEXT 语句时，该循环变量加上步长值，重复执行循环体语句。如此反复，当循环变量值大于或等于终止值时，循环终止。如果 start 和 end 在循环体中被改变，则循环次数也将随之改变。

小　结

PowerBuilder 是具有图形接口的客户机服务器模式和分布式数据库应用程序的前端开发工具。它以功能强大、使用灵活的数据窗口,面向对象的开发能力等优势在数据库应用领域占据了重要地位。

本章首先介绍了流行的 PB 2018 集成开发环境,以大学的学生选课成绩管理系统的开发过程为例,由浅入深地介绍了该软件开发工具的使用方法,使初学者能快速地掌握开发数据库应用系统的过程。

有条件的读者,最好在学习的同时对本章介绍的内容进行上机练习,在上机练习的过程中进一步深刻理解本章的内容。上机的要点有以下两个方面。

(1) 数据库的基本操作

链接 SQL Server 2016 数据库,使用应用数据库画板,尝试建表、创建主键和外键,数据的插入、查询、删除和修改的交互操作。

(2) 建立数据库应用系统

建立工作空间、应用、数据窗口、窗口;书写脚本;运行应用程序。

实 验 题

实验四　熟悉 PowerBuilder 开发环境

一、目的与要求

1. 初步了解 PowerBuilder 开发环境,学习使用 PowerBuilder 开发环境中的常用工具。

2. 认真阅读并理解 13.3 节的基本步骤和方法。

3. 重点练习并掌握使用 PowerBuilder 数据库环境,掌握操作数据库的方法。

二、实验步骤

1. 观察、使用和熟悉 PB 2018 开发环境所提供的数据库画板。

2. 按照 13.3 节中的方法,创建数据源、定义数据库描述文件、连接 STUDENT-SQL 数据库。

3. 利用数据库画板查看 S、T、C、SC 表结构及其表之间的关系。

4. 向 S、T、C 和 SC 表输入数据。

5. 在 D 盘 STUDENT 目录下创建工作空间和目标"实验四",建立应用(Application)对象。

6. 使用 PowerBuilder 提供的查询工具(Query)进行下列查询操作(即在应用对象中创建 Query1～Query8)。

(1) 检索"王晓名"老师所授课程的课程号和课程名。

(2) 检索"计算机软件"专业的全体女学生的学号、姓名。

(3) 检索至少选修"王晓名"老师所授课程中一门课程的女学生姓名。

(4) 检索至少选修两门课程的学生学号。

(5) 求选修 C2 课程的学生的平均年龄。

(6) 求"王晓名"老师所授课程的每门课程的平均考试成绩。

(7) 检索姓"刘"的所有"计算机应用"专业学生的姓名和年龄。

(8) 在 SC 表中检索成绩为空值的学生学号和课程号。

三、实验前准备

1. 明确实验目的、实验要求和实验内容。

2. 写出完成本实验内容的 SQL 语句。

3. 在表 12.1 的基础上,为完成本实验步骤所要求的查询结果设计 S、T、C 和 SC 表的模拟数据。

四、实验报告要求

1. Student 数据库中各个表的结构定义。

2. 列举该数据库中所有的主键和外键。

3. 各表的模拟数据样式和查询结果。

4. 上机体会。

实验五 "学生选课成绩管理系统"示例程序验证

一、目的与要求

1. 通过示例程序的验证,学习开发管理系统的基本方法。

2. 认真阅读、理解并按照 13.4 节中介绍的内容和本实验要求进行实际操作。

3. 学习和掌握以 PowerBuilder 开发环境所提供的工具建立应用程序的步骤和方法。

4. 学习和初步掌握应用 PowerBuilder 提供的调试程序进行应用程序的调试。

二、实验步骤

1. 在 D 盘 STUDENT 目录下创建工作空间和目标 Student。

2. 建立应用(Application)对象 Student。

3. 在实验四的基础上,连接 STUDENT_SQL 数据库。

4. 按照 13.4 节的开发过程中介绍的内容,在应用中创建十个数据窗口(Data Windows),创建八个窗口(Windows),为各窗口控件添加脚本。

5. 为 student 应用对象中书写脚本,并定义全局变量。

6. 在 Student 应用中添加菜单。

7. 调试并运行应用,检查系统运行的正确性。

三、实验前准备

1. 明确实验目的、实验要求和实验内容。

2. 阅读并理解 13.3 节的示例程序。

四、实验报告要求

1. 系统运行主界面、选课和退课运行过程界面。

2. 上机体会。

实验六 编程实施学分制教务管理信息系统

一、实验目的

1. 通过编程扩展示例程序"学生选课成绩管理系统",使其具有学分制教务管理的特色。

2. 进一步掌握调试程序的基本步骤和方法。

二、实验要求

1. 系统具有为不同的角色(系统管理员、教师、学生)提供不同的操作权限。

2. 系统为系统管理员提供具有学分制教务管理特色的各类功能。

3. 学生根据每个学期所开设的课程进行自主选课,同时该系统具有查询有关信息的功能。

4. 教师根据学生所选课程进行成绩登录,同时该系统具有日常教学管理的功能。

5. 系统为不同的角色提供各类统计分析。

6. 其他辅助功能。

三、实验前准备

1. 明确本实验的目的和要求。

2. 按照实验要求设计"学分制教务管理信息系统"。

3. 在 SQL Server 2016 环境下,根据所设计的系统设计并扩展数据库 STUDENT。

四、实验步骤

1. 在实验一的基础上修改数据库 STUDENT。

2. 根据所设计的系统进行系统创建和调试。

五、实验报告要求

1. 系统设计说明。

2. 程序脚本。

3. 调试报告。

4. 上机体会。

参 考 文 献

[1] 丁宝康,董健全. 数据库实用教程[M].3 版. 北京:清华大学出版社,2007

[2] 丁宝康,董健全. 数据库实用教程[M].1 版. 北京:清华大学出版社,2001

[3] 施伯乐,丁宝康,汪卫. 数据库系统教程[M].2 版. 北京:高等教育出版社,2003

[4] 丁宝康,李大学. 数据库原理[M]. 北京:经济科学出版社,2000

[5] 庄成三,洪玫,杨秋辉. 数据库系统原理及其应用[M]. 北京:电子工业出版社,2000

[6] 朱扬勇,凌力. 客户/服务器数据库应用开发[M]. 上海:复旦大学出版社,1997

[7] 邵佩英. 分布式数据库系统及其应用[M]. 北京:科学出版社,2000

[8] 董健全. 数据库原理自考应试指导[M]. 南京:南京大学出版社,2001

[9] 丁宝康,陈坚. 数据库原理辅导与练习[M]. 北京:经济科学出版社,2001

[10] 丁宝康,董健全,曾宇昆. 数据库实用教程习题解答[M]. 北京:清华大学出版社,2003

[11] Ullman J D,Widom J. 数据库系统基础教程[M]. 北京:清华大学出版社,1999

[12] Date C J. 数据库系统导论[M]. 北京:机械工业出版社,2000

[13] Elmasri R A,Navathe S B. 数据库系统基础[M]. 北京:人民邮电出版社,2002

[14] Silberschatz A,Korth H F,Sudarshan S. 数据库系统概念[M]. 北京:机械工业出版社,2000

[15] Ramakrishnan R,Gehrke J. Database Management Systems[M]. 2nd ed. New York:McGraw-Hill,2000

[16] Gulutzan P,Pelzer T. SQL-3 参考大全[M]. 北京:机械工业出版社,2000

[17] Fortier P J,等. 数据库技术大全[M]. 北京:电子工业出版社,1999

[18] Kroenke D M. 数据库处理——基础、设计与实现[M]. 北京:电子工业出版社,2001

[19] Garcia-Molina H,Ullman J D,Widom J. 数据库系统实现[M]. 北京:机械工业出版社,2001

图书资源支持

感谢您一直以来对清华版图书的支持和爱护。为了配合本书的使用，本书提供配套的资源，有需求的读者请扫描下方的"书圈"微信公众号二维码，在图书专区下载，也可以拨打电话或发送电子邮件咨询。

如果您在使用本书的过程中遇到了什么问题，或者有相关图书出版计划，也请您发邮件告诉我们，以便我们更好地为您服务。

我们的联系方式：

地　　址：北京市海淀区双清路学研大厦 A 座 714

邮　　编：100084

电　　话：010-83470236　　010-83470237

客服邮箱：2301891038@qq.com

QQ：2301891038（请写明您的单位和姓名）

资源下载：关注公众号"书圈"下载配套资源。

资源下载、样书申请

书 圈

获取最新书目

观看课程直播